现代控制系统设计与仿真

——使用 PIMCSD 工具箱

吴志刚　谭述君　彭海军　著

U0262556

科学出版社

北京

内 容 简 介

本书内容分为上下两篇，结合自主研发的 PIMCSD 工具箱讲述 LQG 与 H_∞ 最优控制系统的基本理论，以及设计与仿真的实现。上篇讲述了基于 PIMCSD 工具箱的无限长时间定常控制器(调节器)/滤波器的设计与仿真，包括基于 MATLAB 最优控制系统设计的传统教材的大部分内容；下篇讲述了有限长时间 LQG 与 H_∞ 最优控制系统设计与仿真在 PIMCSD 工具箱中的功能和实现，包括有限长时间 LQG 控制系统的时变软/硬终端控制、跟踪、滤波、平滑与估计，以及有限长时间 H_∞ 控制系统的临界范数、时变 H_∞ 全状态反馈控制、H_∞ 滤波和 H_∞ 输出反馈控制等内容。PIMCSD 工具箱为相关领域有限长时间控制问题的分析与求解提供了强有力的支持，是目前 MATLAB 控制工具箱所不具备的，对它的介绍和使用也是本书的主要特色。

本书可作为大专院校力学、自动控制专业的高年级本科生和研究生的教材，也可供相关研究人员参考。

图书在版编目(CIP)数据

现代控制系统设计与仿真：使用 PIMCSD 工具箱 / 吴志刚，谭述君，彭海军著. —北京：科学出版社，2012.5

ISBN 978-7-03-034102-0

I. ①现… II. ①吴… ②谭…③彭… III. ①控制系统–计算机辅助设计–软件包，PIMCSD②控制系统–计算机仿真–软件包，PIMCSD IV. ①TP273②TP391.9

中国版本图书馆 CIP 数据核字(2012)第 076545 号

责任编辑：赵彦超 刘信力/责任校对：林青梅
责任印制：徐晓晨/封面设计：王 浩

科学出版社出版
北京东黄城根北街 16 号
邮政编码：100717
http://www.sciencep.com
北京中石油彩色印刷有限责任公司 印刷
科学出版社发行 各地新华书店经销
*
2012 年 5 月第 一 版 开本：B5 (720 × 1000)
2018 年 6 月第二次印刷 印张：12 3/4
字数：237 000

定价：89.00 元

(如有印装质量问题，我社负责调换)

序

航空航天是世界科技的前沿领域。20 世纪 90 年代以来的历次战争都表明美军称霸全球现状。战争主导方是在超视距下进行打击的，对手几乎没有还手之力。信息、控制是导航与精确打击的关键。精确打击的关键不是导弹的当量，而是能否快速精确控制、命中。控制理论与计算是其中的关键问题之一。

中国崛起面对**禁运**，核心高科技无法引进，只有**独立自主**，**自力更生**。

在计算技术与航空航天需求的冲击下，20 世纪 60 年代学术界蓬勃开展了现代控制论的研究。现代控制论所奠基的状态空间法的起点至少也应回溯到哈密顿正则方程体系。控制与力学本为一体，但许多大学的工程力学专业并不讲授控制理论。两方面的理论体系与方法各自发展，学科交叉很不够。其实在现代控制论出现前，钱学森先生著《工程控制论》(*Engineering Cybernetics*)作出了榜样，力学家也能深入研究控制理论。状态空间控制理论已经发展成为精确控制不可缺少的工具。当前 PIMCSD(Precise Integration Method-based Control System Design)控制工具箱就是基于现代状态空间控制理论的，其理论特点是基于结构力学与最优控制的模拟理论，其数学基础是辛数学方法，而微分方程求解则有精细积分法。1993 年钱令希先生为拙著《计算结构力学与最优控制》作序时指出“力学工作者应首先虚心地汲取状态空间法成功的经验，重新认识哈密顿体系理论的深刻意义，以及随之而来的辛数学方法对于应用力学的应用”。2007 年我们出版的《状态空间控制理论与计算》，是之前十余年工作的小结。虽然该书所用的数学基本不超出大学微积分的水平，但思路与传统理论差别很大，体系是新的。从学科交叉、辛数学体系与算法的不同，可看到该书区别于其他著作的特色。该书从时变、非线性、系统离散、时间滞后、饱和、自适应滤波到分散控制的理论与计算，都有相应的论述。但学科交叉也可能给读者带来一些困难。从实用与发展的角度看，提供使用方便的控制软件无疑是非常有益处的，因此就有了完全自主的 PIMCSD 工具箱。

我国出版了很多现代控制论的大学教材，其中许多教材只讲到 MATLAB 系统所提供的软件“Control System Toolbox”和“Robust Control Toolbox”的层次。但这些工具箱只能用于无限长时间的时不变系统的定常控制器(也称调节器)的设计层次，用于有限长时间的时不变系统的时变控制器的内容就没有了。然而，有限长时间的时变控制器对于航空、航天、运输、机器人、安全等领域的快速机动控制具有很大的优越性。*Applied Optimal Control*: *Optimization*, *Estimation*, *and Control*

一书的作者、美国控制理论界元老 A. E. Bryson 教授(斯坦福大学)于 1999 年和 2002 年分别出版了著作 *Dynamic Optimization* 和 *Applied Linear Optimal Control*，强调了时变控制器设计的必要性，Bryson 的工作是有软件支持的。

国内广泛使用的 MATLAB 系统中的“Control System Toolbox”，只有时不变系统的定常控制器是最基本的层次，哪怕是 Bryson 指出的时变控制器设计功能也不具备。如果我国的教学仅仅限于最基本层次，则自主创新就难了。唯有**自力更生**、**自主创新**，自主开发更好的软件工具 PIMCSD，才可体现这些自主体系与算法的作用。

当前这本书就是讲述 PIMCSD 工具箱应用的。该书上篇介绍的功能函数相当于 MATLAB 系统“Control System Toolbox”的全部及“Robust Control Toolbox”的一部分；这些功能已经全部为 PIMCSD 工具箱的相应函数所实现，而且可做得更好。书中下篇则全部是新功能，着重于有限长时间的时变反馈控制器和滤波器。内容比定常反馈控制系统广泛多了，有限长时间的 Kalman 滤波、量测反馈控制、鲁棒滤波与控制等，全部有体现。控制的实时(real time)反馈性质要求响应特别快，用 C++语言编制的程序也已经基本就绪。

PIMCSD 工具箱只能作为实际控制应用的一个平台，控制模型等依然要由用户自己建立。当前的 PIMCSD 工具箱已具备线性控制系统设计的主要功能，《状态空间控制理论与计算》中进一步的内容，例如从时变系统、非线性系统、离散系统、时间滞后、饱和、自适应滤波到分散控制系统设计的软件，还应继续研制。这超出了本书的范围，只能留待以后了。

PIMSCD 工具箱已经实现了应用，并且已经嵌入了软件集成系统 SiPESC (Software Integrated Platform for Engineering and Scientific Computations)。PIMSCD 工具箱以后可以与动力学等学科方面的程序相衔接、融合，尤其要结合工程需要而发展，当然还要继续推进。

看到年轻人的成长，我很高兴，故代为作序。

钟万勰

2012 年 2 月

前　言

2007 年出版的《状态空间控制理论与计算》一书系统阐述了结构力学与最优控制的模拟理论，详细介绍了精细积分法在线性系统的最优控制和 H_∞控制问题中的应用，上述研究工作的数学基础是辛数学方法。

近年来，我们在教学、科研工作及学术交流中发现，由于上述专著的内容涉及力学与控制两大领域的专门知识，从事控制系统设计和应用工作的读者难以方便地将书中的理论和算法转化为计算程序和软件，并应用于自己的教学和科研工作。事实上，计算机辅助控制系统设计(CACSD)的算法研究和软件开发工作在国内外都已得到了相当广泛的重视，并取得了大量的研究成果。例如 MATLAB、SLICOT，以及我国 1982~1991 年期间在国家自然科学基金资助下研发的 CADCSC 软件系统等。然而，这些软件都不具备有限长时间时变控制器设计方面的功能。与之相对应地，目前几乎所有控制类教材的重点内容也都放在无限长时间定常控制器设计上，时变控制器设计方面的内容则很少强调。而时变控制器相对于传统定常控制器在控制时间、精度方面却具有非常明显的优势。这一优点在斯坦福大学 Bryson 教授的两本专著，*Dynamic Optimization* (Addison Wesley Longman Inc., 1999)和 *Applied Linear Optimal Control* (Cambridge University Press，2002)中得到了专门的强调，并指出有限长时间时变控制器对于航空航天领域的快速机动控制问题具有传统定常控制器难以企及的优越性。

有鉴于此，我们从 2006 年开始系统地梳理和总结了多年来在算法与软件开发方面的研究工作，从便于用户学习和使用的角度考虑，开发了基于精细积分算法的控制系统设计与仿真工具箱——PIMCSD (Precise Integration Method-based Control System Design)。该工具箱包括的函数基本上涵盖了 LQG 和 H_∞控制系统设计与仿真的所有功能。需要特别指出的是，该工具箱提供了丰富的时变控制器/滤波器设计功能，而这些功能恰恰是 MATLAB 的“Control System Toolbox”和“Robust Control Toolbox”等工具箱所不具备的。

本书分为上下两篇，主要结合 PIMCSD 工具箱讲述 LQG 与 H_∞最优控制的基本理论和方法，以及这两类控制系统的设计与仿真。本书的主要特色体现在有限长时间时变控制器设计与仿真等方面，主要介绍标准的基本问题的求解，并提供了大量的算例，至于不同学科所关注的具体问题如何建模分析则没有在书中介绍，因为这将涉及太多的学科专门知识。

上篇包括第 1~3 章，讲述无限长时间的定常控制器(调节器)设计与仿真，即传统教材中关于 LQG 与 H_∞最优控制理论的主要内容。这部分内容也可以结合 MATLAB 控制工具箱讲述(正如传统教材那样)，但本书中的算例表明，相同功能的函数，如矩阵指数计算、矩阵代数 Riccati 方程求解等基本问题，PIMCSD 工具箱具有更高的精度和稳定性。

第 1 章讲述线性定常控制系统的时域分析(如零输入响应、阶跃响应、任意输入响应等)、连续系统的精确离散化，以及可控性和可观测性分析等。第 2 章讲述 LQG 最优控制系统设计与仿真，包括 LQ 调节器、Kalman 滤波器，以及 LQG 综合等。第 3 章讲述 H_∞最优控制系统设计与仿真，包括定常 H_∞全状态反馈控制器、H_∞最优滤波器、H_∞输出反馈控制，以及 H_∞控制系统临界范数的计算等。

下篇包括第 4~9 章，讲述有限长时间的时变控制器设计与仿真，这是本书相对于传统教材扩展的部分，也是本书的主要特色。这篇所介绍的有限长时间控制系统设计等内容在 MATLAB 的控制工具箱中并没有相应的函数，而 PIMCSD 工具箱填补了这方面的空白，为有限长时间控制问题的分析与求解提供了强有力的支持。

由于时变控制器的引入，即使对于线性定常系统，反馈控制系统也成为时变的，因此，时变控制系统的仿真是必须的。另外，矩阵微分 Riccati 方程、Lyapunov 方程等是有限长时间时变控制器求解的基本问题，这些问题在第 4 章讲述。第 5 章讲述考虑软/硬终端约束的、利用全状态反馈的时变 LQ 终端控制器设计与仿真，以及时变 LQ 全状态反馈跟踪—控制。第 6 章讲述连续/离散系统的时变滤波器设计与仿真，如 Kalman-Bucy/Kalman 滤波器，这些滤波器可以对含噪声输入和量测误差的线性动态系统进行“在线”递推估计；本章还给出了反向滤波器(例如反向方差滤波、反向信息滤波等)，可以完成对初始条件的估计。第 7 章讲述时变滤波—平滑器的设计与仿真。平滑是利用一次测试运行后的所有纪录数据“离线”对状态历程和噪声历程进行估计，可以充分利用 t_1 时刻之前和之后的数据对 t_1 时刻的状态和噪声进行估计，通常包含两个滤波过程。第 8 章讲述时变 LQG 终端控制器和跟踪—控制器的设计与仿真。第 9 章讲述连续/离散系统的时变 H_∞控制器设计与仿真，包括有限长时间 H_∞控制系统临界范数的计算、时变 H_∞全状态反馈控制、时变 H_∞滤波，以及时变 H_∞输出反馈控制等内容。

本书每章节首先将控制问题描述清楚，然后讲解在 PIMCSD 工具箱中的函数实现，最后示以算例。这样或许可以让读者专注于控制问题的理解和解决方法，而不必纠缠于理论和算法的推导。如果读者对理论和算法感兴趣，可参考钟万勰等著的《状态空间控制理论与计算》。

本书配有 PIMCSD 工具箱，以及本书各章节例题的 MATLAB 程序代码，读者可以自行在 SiPESC 网站免费下载(http://www.sipesc.org/index.php/download/viewcategory/1-pimcsd)。使用这些代码可以很容易地完成无限长时间/有限长时间的定常/时变控制器/滤波器等开—闭环控制系统的设计与仿真，有助于读者对书中所介绍的控制理论和方法的理解和应用。作者欢迎任何与本书相关问题的交流与讨论(pimcsd@gmail.com)。

本书从酝酿到修改的整个写作过程一直得到钟万勰院士的鼓励与支持，并且钟院士为本书提出了许多建设性的宝贵意见。作者的一些同事和朋友也先后给予许多有益的建议，这其中包括上海科学院的陆仲绩工程师，大连理工大学的高强博士、李振虎硕士等。本书作为讲义在试用过程中还得到了西北工业大学、哈尔滨工业大学等许多同行的关注，作者在此一并表示感谢。同时，感谢国家自然科学基金(11072044，11002032，11102031)、“973”项目(2011CB711105)、高等学校博士学科点专项基金(20110041130001)、大连理工大学基本科研业务费专项项目(DUT11ZD(G)02)，以及工业装备结构分析国家重点实验室和上海科学院 CAE 公共技术服务平台对我们研究工作的支持。

由于作者水平所限，书中不妥之处在所难免，欢迎读者批评指正。

作　者

2012 年 2 月

目　　录

序
前言
PIMCSD 工具箱函数说明

上篇　定常控制器设计与仿真

第 1 章　定常控制系统分析 …… 3
1.1　线性系统的时域分析 …… 3
1.1.1　零输入响应 …… 3
1.1.2　阶跃响应 …… 5
1.1.3　脉冲响应 …… 7
1.1.4　斜坡响应 …… 9
1.1.5　正弦响应 …… 10
1.1.6　指数响应 …… 12
1.1.7　任意输入响应 …… 14
1.2　连续系统的离散化 …… 15
1.2.1　状态方程和性能指标的精确离散 …… 15
1.2.2　线性随机系统的等效离散 …… 20
1.3　可控性与可观测性 …… 22
第 2 章　LQ 调节器 …… 26
2.1　定常 LQ 控制器 …… 26
2.1.1　状态调节器 …… 26
2.1.2　数字调节器 …… 29
2.1.3　输出调节器 …… 31
2.1.4　矩阵代数 Riccati 方程 …… 33
2.2　定常 Kalman 滤波器 …… 36
2.2.1　Kalman 滤波器 …… 36
2.2.2　数字 Kalman 滤波器 …… 42
2.3　定常 LQG 调节器 …… 45
第 3 章　H_∞调节器 …… 48
3.1　无限长时间控制系统的 H_2 和 H_∞范数 …… 48

3.2 H_∞全状态反馈控制 …… 50
3.3 H_∞最优滤波 …… 56
3.4 H_∞输出反馈控制 …… 63

下篇　时变控制器设计与仿真

第 4 章　时变控制系统分析 …… 75
4.1 线性时变系统仿真 …… 75
4.2 矩阵微分方程(组) …… 77
4.2.1 对称/非对称微分 Riccati 方程(组) …… 78
4.2.2 对称/非对称微分 Lyapunov 方程 …… 83
第 5 章　时变 LQ 控制器 …… 85
5.1 LQ 终端控制 …… 85
5.1.1 软终端控制器 …… 85
5.1.2 硬终端控制器 …… 91
5.2 分段线性定常系统的终端控制 …… 95
5.3 时变 LQ 跟踪—控制 …… 98
第 6 章　时变滤波器 …… 103
6.1 Kalman 滤波(正向方差滤波) …… 103
6.2 正向信息滤波 …… 109
6.3 反向方差滤波 …… 115
6.4 反向信息滤波 …… 120
第 7 章　时变滤波—平滑器 …… 125
7.1 反向信息滤波—平滑 …… 125
7.2 正向—反向信息滤波—平滑 …… 131
7.3 小结 …… 135
第 8 章　时变 LQG 控制器 …… 136
8.1 LQG 终端控制 …… 136
8.1.1 软终端控制器 …… 136
8.1.2 硬终端控制器 …… 144
8.2 时变 LQG 跟踪—控制 …… 151
第 9 章　时变 H_∞控制器 …… 159
9.1 有限长时间控制系统的 H_2 和 H_∞范数 …… 159
9.2 H_∞全状态反馈控制 …… 162
9.3 H_∞最优滤波 …… 170
9.4 H_∞输出反馈控制 …… 178
参考文献 …… 187

PIMCSD 工具箱函数说明

MATRIX EQUATION SOLVERS(矩阵方程求解器)

pim_expm—Computation of matrix exponential based on diagonal Padé approximation (计算矩阵指数)

pim_are—Algebraic Riccati equation solution (求解代数 Riccati 方程)

pim_lyap—Continuous-time algebraic Lyapunov equation solution (求解连续时间代数 Layounov 方程)

pim_dlyap—Discrete-time algebraic Lyapunov equation solution (求解离散时间代数 Lyapunov 方程)

pim_asricc—Asymmetric algebraic Riccati equation solution (求解非对称代数 Riccati 方程)

pim_diffricc—Differential Riccati equation solution (求解微分 Riccati 方程)

pim_diffriccs—Solution of a set of differential Riccati equation (求解微分 Riccati 方程组)

pim_diffasricc—Asymmetric differential Riccati equation solution (求解非对称微分 Riccati 方程)

pim_diffasriccs—Solution of a set of asymmetric differential Riccati equations (求解非对称微分 Riccati 方程组)

pim_difflyap—Differential Lyapunov equation solution (求解微分 Lyapunov 方程)

LINEAR-QUADRATIC OPTIMAL CONTROL SYNTHESIS(线性二次最优控制综合)

LQ Controller (LQ 控制器)

pim_c2d—Conversion of continuous-time models to discrete-time ones (连续时间模型转化为离散时间模型)

pim_c2dgmp—Converting the CGMPs to DGMPs for LTI systems (线性定常系统的连续 Gauss-Markov 过程转化为离散 Gauss-Markov 过程)

pim_care—Solve continuous-time algebraic Riccati equations (求解连续时间代数 Riccati 方程)

pim_dare—Solve discrete-time algebraic Riccati equations (求解离散时间代数 Riccati 方程)

pim_cgram—Controllability and observability Gramians for continuous LTI system (求解连续的线性定常系统的可控性和可观测性 Gram 矩阵)

pim_dgram—Controllability and observability Gramians for discrete LTI system (求解离散的

线性定常系统的可控性和可观测性 Gram 矩阵)

pim_lqr—Linear-quadratic regulator design for continuous-time systems (连续时间系统的线性二次调节器设计)

pim_lqrd—Discrete linear-quadratic regulator design from continuous cost function (离散时间系统的离散线性二次调节器设计)

pim_lqry—Linea-quadratic regulator design with output weighting for continuous-time systems (连续时间系统带有输出加权的线性二次调节器设计)

pim_ltru—Continuous LQG/LTR control synthesis (at plant input) (连续时间系统 LQG/LTR 控制综合(基于系统输入))

pim_ltry—Continuous LQG/LTR control synthesis (at plant output) (连续时间系统 LQG/LTR 控制综合(基于系统输出))

pim_dlqr—Linear-quadratic regulator design for discrete-time systems (离散时间系统线性二次调节器设计)

pim_dlqry—Linear-quadratic regulator design with output weighting for discrete-time systems (离散时间系统带有输出加权的线性二次调节器设计)

pim_tlqfll—TV LQ follower/disturbance-rejector for continuous system (连续系统的时变线性二次跟踪/干扰抑制控制器设计)

pim_tdlqfll—TV LQ follower/disturbance-rejector for discrete system (离散系统的时变线性二次跟踪/干扰抑制控制器设计)

pim_tlqhtc—TV LQ hard terminal controller for continuous system (连续系统的时变线性二次硬终端控制器设计)

pim_tlqstc—TV LQ soft terminal controller for continuous system (连续系统的时变线性二次软终端控制器设计)

pim_tlqtc—TV LQ soft-hard terminal controller for continuous system (连续系统的时变线性二次软—硬终端控制器设计)

pim_tdlqhtc—TV LQ hard terminal controller for discrete system (离散系统的时变线性二次硬终端控制器设计)

pim_tdlqstc—TV LQ soft terminal controller for discrete system (离散系统的时变线性二次软终端控制器设计)

pim_tdlqtc—TV LQ soft-hard terminal controller for discrete system (离散系统的时变线性二次软—硬终端控制器设计)

pim_ttlqhtc—TV LQ hard terminal controller for piece-wise constant continuous system (线性分段定常系统的时变线性二次硬终端控制器设计)

pim_ttlqstc—TV LQ soft terminal controller for piece-wise constant continuous system (线性分段定常系统的时变线性二次软终端控制器设计)

Kalman Filter(Kalman 滤波器)

pim_kalman－TI Kalman-Bucy filter for continuous system with different types (连续系统的定常 Kalman-Bucy 滤波器设计)

pim_dkalman－Computation of discrete time-invariant Kalman filter (离散系统的定常 Kalman 滤波器设计)

pim_kalmd－TI discrete Kalman filter for continuous plant (连续系统的定常数字 Kalman 滤波器设计)

pim_tkalm－TV Kalman-Bucy filters with different types (连续系统的时变 Kalman 滤波器设计)

pim_tfiflt－TV forward information filter for continuous system (连续系统的时变正向信息滤波器设计)

pim_tbcflt－TV backward covariance filter for continuous system (连续系统的时变反向方差滤波器设计)

pim_tbiflt－TV backward information filter for continuous system (连续系统的时变反向信息滤波器设计)

pim_tbiflts－TV backward information filter-smoother for continuous system (连续系统的时变反向信息滤波—平滑器设计)

pim_tfbiflts－TV forward-backward information filter-smoother for continuous system (连续系统的时变正向—反向信息滤波—平滑器设计)

pim_tdkalm－TV Kalman filter for discrete system (离散系统的时变 Kalman 滤波器设计)

pim_tdbcflt－TV backward covariance filter for discrete system (离散系统的时变反向方差滤波器设计)

pim_tdbiflt－TV backward information filter for discrete system (离散系统的时变反向信息滤波器设计)

pim_tdfiflt－TV forward Information filter for discrete system (离散系统的时变正向信息滤波器设计)

pim_tdbiflts－TV backward information filter-smoother for discrete system (离散系统的时变反向信息滤波—平滑器设计)

pim_tdfbiflts－TV forward-backward information filter-smoother for discrete system (离散系统的时变正向—反向信息滤波—平滑器设计)

pim_tdfcbiflts－TV discrete forward covariance and backward information filters-smoothers (离散系统的时变正向方差和反向信息滤波—平滑器设计)

LQG Controller(LQG 控制器)

pim_lqg－TI linear-quadratic-Gaussian control synthesis for continuous system (连续系统的定

常 LQG 控制综合)

pim_tlqgstc－TV LQG soft terminal controller for continuous system (new method) (连续系统的时变 LQG 软终端控制器)

pim_tlqghtc－TV LQG hard terminal controller for continuous system (new method) (连续系统的时变 LQG 硬终端控制器)

pim_tdlqgstc－TV LQG soft terminal controller for discrete system (离散系统的时变 LQG 软终端控制器)

pim_tdlqghtc－TV LQG hard terminal controller for discrete system (离散系统的时变 LQG 硬终端控制器)

pim_tlqgfll－TV LQG follower synthesis for continuous system (new method) (连续系统的时变 LQG 跟踪控制器)

pim_tdlqgfll－TV LQG follower synthesis for discrete system (离散系统的时变 LQG 跟踪控制器)

ROBUST H_∞ CONTROL SYNTHESIS(鲁棒 H_∞控制综合)

Norms/Controller/Filter/Synthesis(范数/控制器/滤波器/综合)

pim_normh2－The continuous LTI system H2-norm (连续线性定常系统的 H2 范数)

pim_normhinf－Hinf norm of continuous LTI system of infinite/finite-time intervals (连续线性定常系统的 Hinf 范数)

pim_normhc－Continuous optimal Hinf-norm of state-feedback control system for infinite/finite-time intervals (无限长时间/有限长时间连续状态反馈控制系统 Hinf 范数)

pim_normhf－Continuous Hinf-norm of optimal filtering system for infinite/finite-time intervals (无限长时间/有限长时间连续最优滤波系统 Hinf 范数)

pim_normhcf－Continuous optimal Hinf-norm of output feedback control system for infinite/finite-time interval (无限长时间/有限长时间连续输出反馈控制系统 Hinf 范数)

pim_normdhc－Discrete optimal Hinf-norm of state-feedback control system for infinite/finite-time intervals (无限长时间/有限长时间离散状态反馈控制系统 Hinf 范数)

pim_normdhf－Discrete Hinf-norm of optimal filtering system for infinite/finite-time intervals (无限长时间/有限长时间离散最优滤波系统 Hinf 范数)

pim_normdhcf－Discrete optimal Hinf-norm of output feedback control system for infinite/finite-time intervals (无限长时间/有限长时间离散输出反馈控制系统 Hinf 范数)

pim_hinfc－TI Hinf state feedback controller for continuous system (连续系统的定常 Hinf 状态反馈控制器设计)

pim_hinff－TI Hinf optimal filter for continuous system (连续系统的定常 Hinf 最优滤波器设计)

pim_dhinfc－TI Hinf state feedback controller for discrete system (离散系统的定常 Hinf 状态

反馈控制器设计)

pim_dhinff—TI Hinf optimal filter for discrete system (离散系统的定常 Hinf 最优滤波器设计)

pim_thinfc—TV Hinf state feedback controller for continuous system (连续系统的时变 Hinf 状态反馈控制器设计)

pim_thinff—TV Hinf optimal filter for continuous system (连续系统的时变 Hinf 最优滤波器设计)

pim_tdhinfc—TV Hinf state feedback controller for discrete system (离散系统的时变 Hinf 状态反馈控制器设计)

pim_tdhinff—TV Hinf optimal filter for discrete system (离散系统的时变 Hinf 最优滤波器设计)

pim_h2lqg—TI H2 control synthesis for continuous system (连续系统的定常 H2 控制综合)

pim_dh2lqg—TI H2 control synthesis for discrete system (离散系统的定常 H2 控制综合)

pim_hinf1—TI Hinf output feedback controller for continuous system (连续系统的定常 Hinf 输出反馈控制器设计)

pim_hinf2—TI Hinf output feedback controller for continuous system (连续系统的定常 Hinf 输出反馈控制器设计)

pim_dhinf2—TI Hinf output feedback controller for discrete system(new method) (离散系统的定常 Hinf 输出反馈控制器设计)

pim_thinf2—TV Hinf output feedback controller for continuous system (连续系统的时变 Hinf 输出反馈控制器设计)

pim_tdhinf2—TV Hinf output feedback controller for discrete system (离散系统的时变 Hinf 输出反馈控制器设计)

pim_thinfhtc—TV Hinf hard terminal controller for continuous system (连续系统的时变 Hinf 硬终端控制器设计)

pim_thinfstc—TV Hinf soft terminal controller for continuous system (连续系统的时变 Hinf 软终端控制器设计)

SIMULATION OF CONTROL SYSTEM(控制系统仿真)

pim_step—Step response of continuous LTI state-space models (连续线性定常系统状态空间模型的阶跃响应)

pim_initial—Initial response of continuous LTI state-space models (连续线性定常系统状态空间模型的初值响应)

pim_impulse—Impulse response of continuous LTI state-space models (连续线性定常系统状态空间模型的脉冲响应)

pim_lsim—Simulate time response of continuous LTI state-space models to arbitrary inputs (连续线性定常系统状态空间模型的任意输入响应)

pim_sinresp—Sine response of continuous LTI state-space models (连续线性定常系统状态空

间模型的三角函数响应)

pim_expresp－Exponential response of continuous LTI state-space models (连续线性定常系统状态空间模型的指数响应)

pim_ramppresp－Ramp response of continuous LTI state-space models (连续线性定常系统状态空间模型的随机输入响应)

pim_ltisim－Simulation of the LTI/PWC (piece-wise constant) control system (线性定常/分段定常系统的仿真)

pim_simkalman－Simulation for continuous TI Kalman-Bucy (forward covariance) filter (连续系统定常 Kalman-Bucy 滤波(正向方差)仿真)

pim_simdkalman－Simulation for discrete TI Kalman (forward covariance) filter (离散定常系统 Kalman 滤波(正向方差)仿真)

pim_simtkalm－Simulation for TV Kalman-Bucy filter of continuous system (连续系统时变 Kalman-Bucy 滤波仿真)

pim_simtdkalm－Simulation for TV Kalman filter of discrete system (离散系统时变 Kalman 滤波仿真)

pim_simtlqgstc－Simulation for TV LQG soft terminal controller of continuous system (连续系统时变 LQG 软终端控制器仿真)

pim_simtlqghtc－Simulation for TV LQG hard terminal controller of continuous system (连续系统时变 LQG 硬终端控制器仿真)

pim_simtdlqgstc－Simulation for TV LQG soft terminal controller of discrete system (离散系统时变 LQG 软终端控制器仿真)

pim_simtdlqghtc－Simulation for TV LQG hard terminal controller of discrete system (离散系统时变 LQG 硬终端控制器仿真)

pim_simtlqgfll－Simulation for TV LQG follower of continuous system (连续系统时变 LQG 跟踪控制器仿真)

pim_simtdlqgfll－Simulation for TV LQG follower of discrete system (离散系统时变 LQG 跟踪控制器仿真)

pim_simthinfc－Simulation for TV Hinf full information controller of continuous system (连续系统时变 Hinf 全信息控制仿真)

pim_simthinf2－Simulation for TV Hinf output-feedback controller of continuous system (连续系统时变 Hinf 输出反馈控制仿真)

pim_simtdhinfc－Simulation for TV Hinf state-feedback controller of discrete system (离散系统时变 Hinf 状态反馈控制仿真)

pim_simtdhinf2－Simulation for TV Hinf output-feedback controller of discrete system (离散系统时变 Hinf 输出反馈控制仿真)

上篇　定常控制器设计与仿真

第 1 章　定常控制系统分析

线性定常控制系统是最基本的，也是时变、非线性控制系统设计的基础，值得花大力气做好。对此，MATLAB 工具箱提供了完善的、稳定的求解功能，可参考薛定宇基于 MATLAB 讲述的《控制系统计算机辅助设计》等专著；PIMCSD 工具箱也提供了高效、高精度的控制系统设计与仿真功能。

通常，一个连续系统模型可以基于微分方程、传递函数以及状态空间方程来描述，它们之间是可以互相转换的。PIMCSD 工具箱是针对现代状态空间控制理论进行设计的，本书也以状态空间描述(1.1a,b)进行讲述。

连续时间的线性系统模型基于状态空间描述，一般可以写成

$$\dot{\boldsymbol{x}}(t) = \boldsymbol{A}\boldsymbol{x}(t) + \boldsymbol{B}\boldsymbol{u}(t) \tag{1.1a}$$

$$\boldsymbol{y}(t) = \boldsymbol{C}\boldsymbol{x}(t) + \boldsymbol{D}\boldsymbol{u}(t) \tag{1.1b}$$

其中，$\boldsymbol{x}$ 和 $\boldsymbol{u}$ 分别是 n 维状态向量和 m 维控制输入向量；$\boldsymbol{y}$ 是 l 维量测(或输出)向量；$\boldsymbol{A},\boldsymbol{B},\boldsymbol{C},\boldsymbol{D}$ 是具有适当维数的系统矩阵，它们可以是时间 t 的函数。对于定常系统，$\boldsymbol{A},\boldsymbol{B},\boldsymbol{C},\boldsymbol{D}$ 不随时间而变化。

相应地，离散时间的线性系统模型基于状态空间描述，一般可以写成

$$\boldsymbol{x}_{k+1} = \boldsymbol{\Phi}\boldsymbol{x}_k + \boldsymbol{G}\boldsymbol{u}_k \tag{1.2a}$$

$$\boldsymbol{y}_k = \boldsymbol{C}\boldsymbol{x}_k + \boldsymbol{D}\boldsymbol{u}_k \tag{1.2b}$$

其中，$\boldsymbol{x}_k$ 和 $\boldsymbol{u}_k$ 分别是 n 维状态向量和 m 维控制输入向量；$\boldsymbol{y}_k$ 是 l 维量测(或输出)向量；$\boldsymbol{\Phi},\boldsymbol{G},\boldsymbol{C},\boldsymbol{D}$ 是具有适当维数的系统矩阵。

1.1　线性系统的时域分析

控制系统的动态特性通常用典型输入下的时间响应来进行描述。典型的输入函数有阶跃函数、脉冲函数、斜坡函数、正弦函数，以及指数函数等。PIMCSD 工具箱也提供了任意输入情况下的时域响应分析。

1.1.1　零输入响应

1)　问题描述

所谓零输入(即 $\boldsymbol{u}(t) \equiv 0$)响应，就是控制系统由初始状态引起的响应，又称初

值响应。

对于连续系统，零输入响应求解下面方程：

$$\begin{cases}\dot{\boldsymbol{x}}(t)=\boldsymbol{A}\boldsymbol{x}(t), & \boldsymbol{x}(0)=\boldsymbol{x}_0\\ \boldsymbol{y}(t)=\boldsymbol{C}\boldsymbol{x}(t)\end{cases} \tag{1.1.1}$$

2) PIMCSD 工具箱中的实现

PIMCSD 工具箱中提供了零输入响应求解的实现函数 pim_initial()，其调用格式如下：

$$[\boldsymbol{y},t]=\text{pim\_initial}(\boldsymbol{A},\boldsymbol{C},\boldsymbol{x}_0,\text{tspan})$$
$$[\boldsymbol{y},t,\boldsymbol{x}]=\text{pim\_initial}(\boldsymbol{A},\boldsymbol{C},\boldsymbol{x}_0,\text{tspan})$$

参数简单说明：

返回参数中 $\boldsymbol{y},\boldsymbol{x},t$ 分别为响应的量测值、状态值和时间序列向量。

输入函数中 $\boldsymbol{A}$ 和 $\boldsymbol{C}$ 分别为系统的状态矩阵和量测矩阵；$\boldsymbol{x}_0$ 为系统初值；tspan 指定了仿真时间区段及仿真步长，即 $\text{tspan}=[t_0:T_s:t_f]$。

3) 设计实例

例 1.1.1 考虑下面的控制系统，试求该系统的零输入响应。

$$\dot{\boldsymbol{x}}=\begin{bmatrix}-0.5572 & -0.7814\\ 0.7814 & 0\end{bmatrix}\boldsymbol{x}+\begin{bmatrix}1 & -1\\ 0 & 2\end{bmatrix}\boldsymbol{u},\quad \boldsymbol{x}_0=\begin{bmatrix}1\\ 0\end{bmatrix}$$
$$\boldsymbol{y}=[1.9691 \quad 6.4493]\boldsymbol{x}$$

解 分别采用 PIMCSD 和 MATLAB 工具箱提供的函数完成零输入响应分析，代码比较如表 1.1.1 所示，可见二者的调用格式是相似的。图 1.1.1 给出了零输入响应的结果，两段代码得到的结果完全一致。

表 1.1.1 零输入响应程序代码

调用 PIMCSD	调用 MATLAB

A = [-0.5572, -0.7814;　0.7814, 0];
B = [1,-1;　0,2];
C = [1.9691, 6.4493];　D = [0,0];
x0 = [1,0]';
figure(1);
t = 0:0.1:20;
[y_t,t,x_t] = pim_initial(A,C,x0,t);
figure(2); plot(t,y_t);　grid on;
xlabel('时间'); ylabel('阶跃响应')
	A = [-0.5572, -0.7814;　0.7814, 0];
	B = [1,-1;　0,2];
	C = [1.9691, 6.4493];　D = [0,0];
	x0 = [1,0]';
	figure(1);
	t = 0:0.1:20;
	[y_t,x_t,t] = initial(A,B,C,D,x0,t);
	figure(2); plot(t,y_t);　grid on;
	xlabel('时间'); ylabel('阶跃响应')

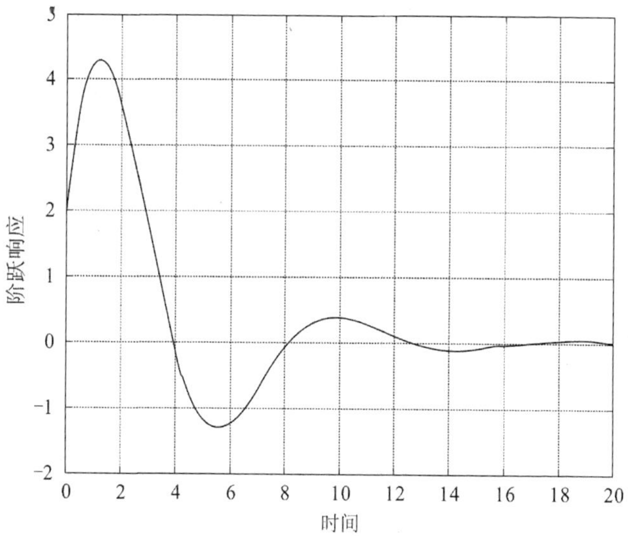

图 1.1.1　零输入响应曲线

1.1.2　阶跃响应

1)　问题描述

所谓阶跃响应，就是在零初值条件下，系统由单位阶跃输入引起的响应。阶跃输入用函数描述为

$$u(t)=\begin{cases}0, & t<0\\ 1, & t\geqslant 0\end{cases}$$

2)　PIMCSD 工具箱中的实现

PIMCSD 工具箱中提供了阶跃响应的实现函数 pim_step()，其调用格式如下：

$$[\boldsymbol{y},t]=\text{pim\_step}(\boldsymbol{A},\boldsymbol{B},\boldsymbol{C},\boldsymbol{D},\text{iu},\text{tspan})$$
$$[\boldsymbol{y},\boldsymbol{t},\boldsymbol{x}]=\text{pim\_step}(\boldsymbol{A},\boldsymbol{B},\boldsymbol{C},\boldsymbol{D},\text{iu},\text{tspan})$$

参数简单说明：

返回参数中 $\boldsymbol{y},\boldsymbol{x},\boldsymbol{t}$ 分别为响应的量测值、状态值和时间序列向量。其中，$\boldsymbol{y}$ 是一个三维数组，

[no. of outputs, no. of specified input channels, length of $\boldsymbol{t}$]

$\boldsymbol{y}(:,k,:)$ 表示对第 k 个输入通道施加单位阶跃输入产生的响应；类似地，$\boldsymbol{x}$ 也是一个三维数组，

[no. of states, no. of specified input channels, length of $\boldsymbol{t}$]

输入参数中 $\boldsymbol{A},\boldsymbol{B},\boldsymbol{C},\boldsymbol{D}$ 表示系统矩阵，如式(1.1a,b)所示； tspan 指定了仿真时间区段及仿真步长，即 tspan $=[t_0:T_s:t_f]$； iu 指定输入 $\boldsymbol{u}$ 的通道号。

3) 设计实例

例 1.1.2 考虑经典的二阶有阻尼振荡系统，

$$\ddot{\boldsymbol{y}}+2\varsigma\omega_n\dot{\boldsymbol{y}}+\omega_n^2\boldsymbol{y}=\omega_n^2\boldsymbol{u}$$

引入状态向量 $\boldsymbol{x}=\{\boldsymbol{y},\dot{\boldsymbol{y}}\}$，上述高阶微分方程可转化为状态空间描述，

$$\dot{\boldsymbol{x}}=\begin{bmatrix}0 & 1\\ -\omega_n^2 & -2\varsigma\omega_n\end{bmatrix}\boldsymbol{x}+\begin{bmatrix}0\\ \omega_n^2\end{bmatrix}\boldsymbol{u}$$
$$\boldsymbol{y}=[1\quad 0]\boldsymbol{x}$$

试分析当无阻尼振荡频率 $\omega_n=1.0$ 时，在不同阻尼比下 ($\varsigma=0, 0.1, 0.3, \cdots, 0.9, 1.0, 3, 5$) 的阶跃响应。

解 分别采用 PIMCSD 和 MATLAB 工具箱提供的函数完成阶跃响应分析，代码比较如表 1.1.2 所示，可见二者的调用格式是相似的。图 1.1.2 给出了阶跃响应的结果，两段代码得到的结果完全一致。

表 1.1.2 阶跃响应程序代码

调用 PIMCSD	调用 MATLAB

Wn=1;
zetas = [0, 0.1, 0.3, 0.5, 0.7, 0.9,...
        1, 1.5, 3, 5];
t = 0:0.1:15;
nzetas = length(zetas);
yy_t = zeros(1,nzetas,length(t));
A = [0,1; -wn*wn, 0]; A22 = -2*wn;
B = [0; wn*wn];   C = [1,0];   D = 0;
for k = 1:nzetas
    A(2,2) = A22*zetas(k);
    [y_t,t,x_t] = pim_step(A,B,C,D,1,t);
    yy_t(:,k,:) = y_t;
end
figure(1); box off;
plotmat3(t,yy_t);
xlabel('时间'); ylabel('阶跃响应');
	Wn=1;
	zetas = [0, 0.1, 0.3, 0.5, 0.7, 0.9,...
	        1, 1.5, 3, 5];
	t = 0:0.1:15;
	nzetas = length(zetas);
	yy_t = zeros(length(t),nzetas);
	A = [0,1; -wn*wn, 0]; A22 = -2*wn;
	B = [0; wn*wn]; C = [1,0]; D = 0;
	for k = 1:nzetas
	    A(2,2) = A22*zetas(k);
	    [y_t,x_t,t] = step(A,B,C,D,1,t);
	    yy_t(:,k) = y_t;
	end
	figure(1); box off;
	plot(t,yy_t);
	xlabel('时间'); ylabel('阶跃响应');

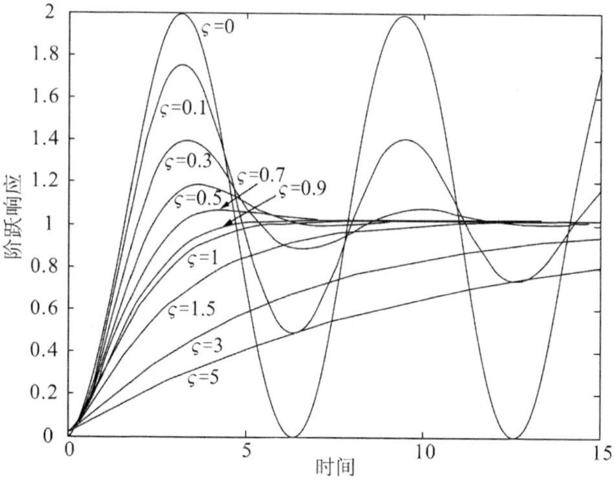

图 1.1.2　不同阻尼比下的阶跃响应

1.1.3　脉冲响应

1)　问题描述

所谓脉冲响应，就是在零初值条件下，系统由单位脉冲输入引起的响应。单位脉冲输入用函数描述为

$$u(t)=\delta(t)=\begin{cases}0, & t\neq 0\\ \infty, & t=0\end{cases}$$

并且 $\int_{-\infty}^{\infty}\delta(t)\mathrm{d}t=1$。

2)　PIMCSD 工具箱中的实现

PIMCSD 工具箱中提供了脉冲响应的实现函数 pim_impulse()，其调用格式如下：

$$[\boldsymbol{y},\boldsymbol{t}]=\text{pim\_impulse}(\boldsymbol{A},\boldsymbol{B},\boldsymbol{C},\boldsymbol{D},\text{iu},\text{tspan})$$
$$[\boldsymbol{y},\boldsymbol{t},\boldsymbol{x}]=\text{pim\_impulse}(\boldsymbol{A},\boldsymbol{B},\boldsymbol{C},\boldsymbol{D},\text{iu},\text{tspan})$$

参数简单说明：

返回参数中 $\boldsymbol{y},\boldsymbol{x},\boldsymbol{t}$ 分别为响应的量测值，状态值和时间序列向量。其中，$\boldsymbol{y}$ 是一个三维数组，

[no. of outputs, no. of specified input channels, length of $\boldsymbol{t}$]

$\boldsymbol{y}(:,k,:)$ 表示对第 k 个输入通道施加单位脉冲输入产生的响应；类似地，$\boldsymbol{x}$ 也是一个三维数组，

[no. of states, no. of specified input channels, length of $\boldsymbol{t}$]

输入参数中 $\boldsymbol{A},\boldsymbol{B},\boldsymbol{C},\boldsymbol{D}$ 表示系统矩阵，如式(1.1a,b)所示；tspan 指定了仿真时间区段及仿真步长，即 $\text{tspan}=[t_0:T_s:t_f]$；iu 指定输入 $\boldsymbol{u}$ 的通道号。

3) 设计实例

例 1.1.3 以示例 1.1.2 中的二阶有阻尼振荡系统为例，试分析当阻尼比 $\varsigma=0.707$ 时，在不同特征频率下（$\omega_n=0.1,\ 0.2,\cdots,\ 1.0$）的脉冲响应。

解 分别采用 PIMCSD 工具箱和 MATLAB 工具箱提供的函数完成脉冲响应分析，表 1.1.3 给出了程序比较，可以看出，二者的函数调用格式是很相似的。图 1.1.3 给出了脉冲响应结果，两段代码得到结果是完全一致的。

表 1.1.3　脉冲响应程序代码

调用 PIMCSD

```
zeta = 0.707;
wns=[ 0.1 : 0.1: 1.0 ];
t = 0:0.1:12;
nwns = length(wns);
yy_t = zeros(1,nwns,length(t));
A = [0,1; 0, 0];   B = [0; 0];
C = [1,0];   D = 0;
for k = 1:nwns
      B(2) = wns(k)*wns(k);
      A(2,1) = -B(2);
      A(2,2) = -2*zeta*wns(k);
      [y_t,t,x_t]=pim_impulse(A,B,C,D,1,t);
      yy_t(:,k,:) = y_t;
end
figure(1); box off;
plotmat3(t,yy_t);
xlabel('时间'); ylabel('脉冲响应');
```

调用 MATLAB

```
zeta = 0.707;
wns=[ 0.1 : 0.1: 1.0 ];
t = 0:0.1:12;
nwns = length(wns);
yy_t = zeros(length(t),nwns);
A = [0,1; 0, 0];   B = [0; 0];
C = [1,0];   D = 0;
for k = 1:nwns
      B(2) = wns(k)*wns(k);
      A(2,1) = -B(2);
      A(2,2) = -2*zeta*wns(k);
      [y_t,x_t,t] = impulse(A,B,C,D,1,t);
      yy_t(:,k) = y_t;
end
figure(1); box off;
plot(t,yy_t);
xlabel('时间'); ylabel('脉冲响应');
```

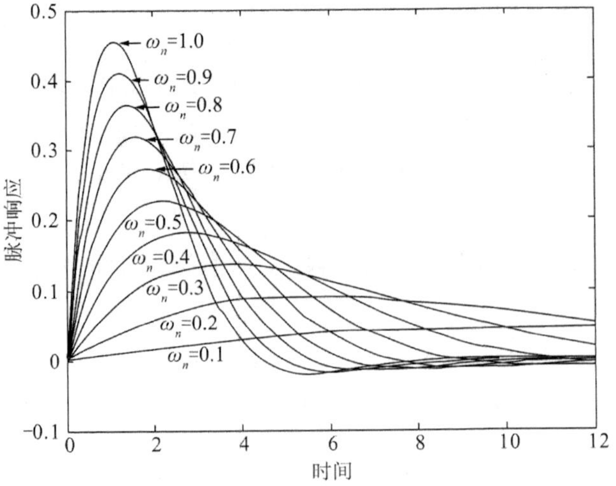

图 1.1.3　不同特征频率下的脉冲响应

1.1.4　斜坡响应

1)　问题描述

所谓斜坡响应，就是在零初值条件下，系统由单位斜坡输入引起的响应。单位斜坡输入用函数描述为

$$u(t)=t, \quad t \geqslant 0$$

2)　PIMCSD 工具箱中的实现

PIMCSD 工具箱中提供了斜坡响应的实现函数 pim_ramprespp()，其调用格式如下：

$$[\boldsymbol{y},\boldsymbol{t}]=\text{pim\_rampresp}(\boldsymbol{A},\boldsymbol{B},\boldsymbol{C},\boldsymbol{D},\text{iu},\text{tspan})$$
$$[\boldsymbol{y},\boldsymbol{t},\boldsymbol{x}]=\text{pim\_rampresp}(\boldsymbol{A},\boldsymbol{B},\boldsymbol{C},\boldsymbol{D},\text{iu},\text{tspan})$$

参数简单说明：

返回参数中 $\boldsymbol{y},\boldsymbol{x},\boldsymbol{t}$ 分别为响应的量测值、状态值和时间序列向量。其中，$\boldsymbol{y}$ 是一个三维数组，

[no. of outputs, no. of specified input channels, length of $\boldsymbol{t}$]

$\boldsymbol{y}(:,k,:)$ 表示对第 k 个输入通道施加单位斜坡输入产生的响应；类似地，$\boldsymbol{x}$ 也是一个三维数组，

[no. of states, no. of specified input channels, length of $\boldsymbol{t}$]

输入参数中 $\boldsymbol{A},\boldsymbol{B},\boldsymbol{C},\boldsymbol{D}$ 表示系统矩阵，如式(1.1a,b)所示； tspan 指定了仿真时间区段及仿真步长，即 $\text{tspan}=[t_0:T_s:t_f]$； iu 指定输入 $\boldsymbol{u}$ 的通道号。

3)　设计实例

例 1.1.4　以示例 1.1.1 提供的控制系统为例，试分析在斜坡输入下的响应。

解　调用 PIMCSD 工具箱提供的函数 pim_rampresp()编写代码，如表1.1.4 所示；图 1.1.4 给出了斜坡输入响应曲线，刻画了系统的动态特性。

注：MATLAB 控制工具箱没有直接提供该仿真功能。

表 1.1.4　斜坡响应程序代码

调用 PIMCSD
A = [-0.5572, -0.7814;　0.7814, 0]; B = [1,-1;　0,2]; C = [1.9691, 6.4493]; D = [0,0];

续表

调用 PIMCSD

t = 0 : 0.1 : 20;
[y_t,t,x_t] = pim_ramprespA,B,C,D,[],t);
figure(2);
subplot(1,2,1); plotmat3(t,y_t,[1,1]);
title('第一输入通道')
xlabel('时间'); ylabel('斜坡输入响应');
subplot(1,2,2); plotmat3(t,y_t,[1,2]);
title('第二输入通道')
Xlabel('时间'); ylabel('斜坡输入响应');

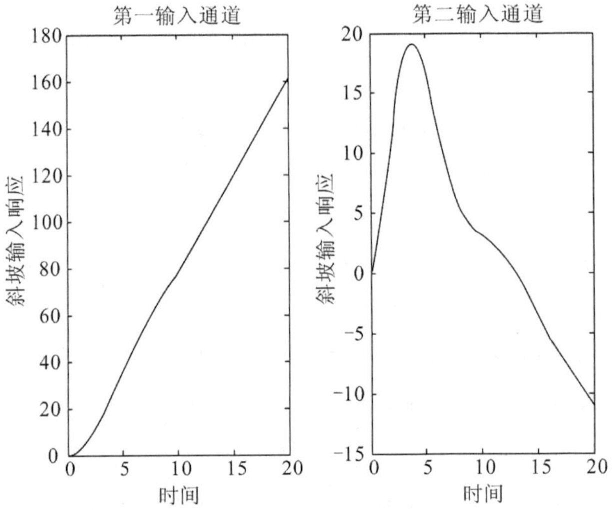

图 1.1.4　斜坡响应曲线

1.1.5　正弦响应

1)　问题描述

所谓正弦响应，就是在零初值条件下，系统由单位正弦输入引起的响应。单位正弦输入用函数描述为

$$u(t) = \sin(\omega t), \quad t \geqslant 0$$

2)　PIMCSD 工具箱中的实现

PIMCSD 工具箱中提供了正弦响应的实现函数 pim_sinresp()，其调用格式如下：

$$[\boldsymbol{y}, \boldsymbol{t}] = \text{pim\_sinresp}(\omega, \boldsymbol{A}, \boldsymbol{B}, \boldsymbol{C}, \boldsymbol{D}, \text{iu}, \text{tspan})$$
$$[\boldsymbol{y}, \boldsymbol{t}, \boldsymbol{x}] = \text{pim\_sinresp}(\omega, \boldsymbol{A}, \boldsymbol{B}, \boldsymbol{C}, \boldsymbol{D}, \text{iu}, \text{tspan})$$

参数简单说明：

返回参数中 $\boldsymbol{y},\boldsymbol{x},\boldsymbol{t}$ 分别为响应的状态值、量测值和时间序列向量。其中，$\boldsymbol{y}$ 是一个三维数组，

[no. of outputs, no. of specified input channels, length of $\boldsymbol{t}$]

$\boldsymbol{y}(:,k,:)$ 表示对第 k 个输入通道施加单位正弦输入产生的响应；类似地，$\boldsymbol{x}$ 也是一个三维数组，

[no. of states, no. of specified input channels, length of $\boldsymbol{t}$]

输入参数中 $\boldsymbol{A},\boldsymbol{B},\boldsymbol{C},\boldsymbol{D}$ 表示系统矩阵，如式(1.1a,b)所示，ω 表示正弦函数的角频率；tspan 指定了仿真时间区段及仿真步长，即 $\text{tspan}=[t_0:T_s:t_f]$；iu 指定输入 $\boldsymbol{u}$ 的通道号。

3）设计实例

例 1.1.5　以示例 1.1.2 中的二阶有阻尼振荡系统为例，试分析当阻尼比 $\varsigma=0.1$，特征频率 $\omega_n=1.0$ 时，不同频率的正弦输入响应。

解　调用 PIMCSD 工具箱提供的函数 pim_ramprespO编写代码，如表 1.1.5 所示；图 1.1.5(a)给出了正弦输入响应曲线，图 1.1.5(b)给出了三维示意图，图中显示出随着正弦输入频率接近系统的特征频率，系统产生共振现象。

注：MATLAB 控制工具箱没有直接提供该仿真功能。

表 1.1.5　正弦响应程序代码

调用 PIMCSD

```
zeta = 0.1;   wn = 1.0;
A = [0,1; -wn*wn, -2*zeta*wn];   B = [0; wn*wn];
C = [1,0];    D = 0;
t = 0:0.1:30;
omgs = [0.1, 0.7, 1.0, 1.3, 2];
% omgs = 0.1 :0.1 : 2.0; %% For mesh
nomgs = length(omgs);
yy_t = zeros(1,nomgs,length(t));
for k = 1:nomgs
     [y_t,t,x_t] = pim_sinresp(omgs(k),A,B,C,D,1,t);
     yy_t(:,k,:) = y_t;
end
figure(1);  _plotmat3(t,yy_t);
xlabel('时间'); ylabel('正弦响应');
yy_t = squeeze(yy_t);
figure(2);   mesh(t,omgs,yy_t);
xlabel('时间'); ylabel('正弦输入频率'); zlabel('响应')
```

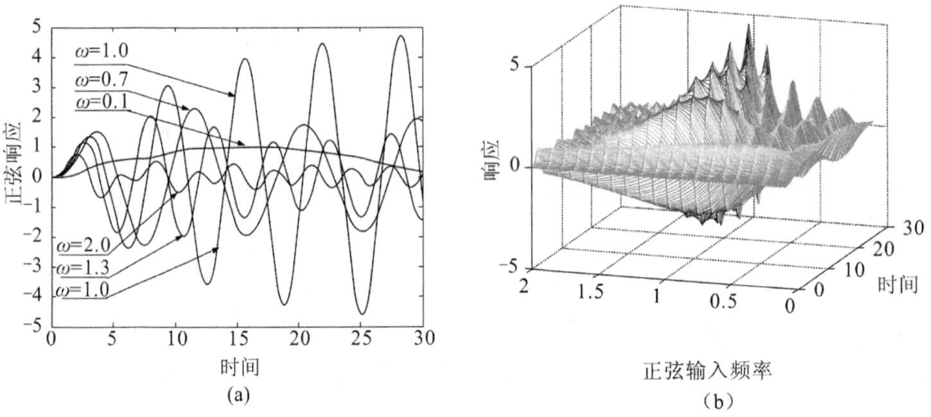

图 1.1.5　(a) 不同频率的正弦响应；(b) 三维图示

1.1.6　指数响应

1)　问题描述

所谓指数响应，就是在零初值条件下，系统由单位指数输入引起的响应。单位指数输入用函数描述为

$$u(t)=\mathrm{e}^{\alpha t},\quad t\geqslant 0$$

其中，α 为指数衰减/增长因子。

2)　PIMCSD 工具箱中的实现

PIMCSD 工具箱中提供了指数响应的实现函数 pim_expresp()，其调用格式如下：

$$[\boldsymbol{y},\boldsymbol{t}]=\text{pim\_expresp}(\alpha,\boldsymbol{A},\boldsymbol{B},\boldsymbol{C},\boldsymbol{D},\text{iu},\text{tspan})$$
$$[\boldsymbol{y},\boldsymbol{t},\boldsymbol{x}]=\text{pim\_expresp}(\alpha,\boldsymbol{A},\boldsymbol{B},\boldsymbol{C},\boldsymbol{D},\text{iu},\text{tspan})$$

参数简单说明：

返回参数中 $\boldsymbol{y},\boldsymbol{x},\boldsymbol{t}$ 分别为响应的量测值、状态值和时间序列向量。其中，$\boldsymbol{y}$ 是一个三维数组，

[no. of outputs, no. of specified input channels, length of $\boldsymbol{t}$]

$\boldsymbol{y}(:,k,:)$ 表示对第 k 个输入通道施加单位指数输入产生的响应；类似地，$\boldsymbol{x}$ 也是一个三维数组，

[no. of states, no. of specified input channels, length of $\boldsymbol{t}$]

输入参数中 $\boldsymbol{A},\boldsymbol{B},\boldsymbol{C},\boldsymbol{D}$ 表示系统矩阵，如式(1.1a,b)所示，α 表示指数函数的衰

减增长/因子；tspan 指定了仿真时间区段及仿真步长，即 $\text{tspan}=[t_0:T_s:t_f]$；iu 指定输入 $\boldsymbol{u}$ 的通道号。

3) 设计实例

例 1.1.6 以示例 1.1.2 中的二阶有阻尼振荡系统为例，当阻尼比 $\varsigma=0.3$，特征频率 $\omega_n=1.0$ 时，试分析指数衰减/增长因子为 $\alpha=-0.5$ 和 $\alpha=0.5$ 的指数响应。

解 调用 PIMCSD 工具箱提供的函数 pim_expresp()编写代码，如表 1.1.6 所示；图 1.1.6 给出了不同指数衰减/增长因子的指数输入响应曲线。

注：MATLAB 控制工具箱没有直接提供该仿真功能。

表 1.1.6 指数响应程序代码

调用 PIMCSD

```
zeta = 0.3;   wn = 1.0;
A = [0,1; -wn*wn, -2*zeta*wn];   B = [0; wn*wn];
C = [1,0];     D = 0;
t = 0:0.1:12;
alfs = [-0.5, 0.5];
nalfs = length(alfs);
yy_t = zeros(1,nalfs,length(t));
for k = 1:nalfs
    [y_t,t,x_t] = pim_expresp(alfs(k),A,B,C,D,1,t);
    yy_t(:,k,:) = y_t;
end
figure(1);
subplot(2,1,1); plotmat3(t,yy_t, [1,1]);
ylabel('指数响应 (\alpha=－0.5)'); grid on;
subplot(2,1,2); plotmat3(t,yy_t, [1,2]);
ylabel('指数响应 (\alpha=0.5)'); xlabel('时间');
```

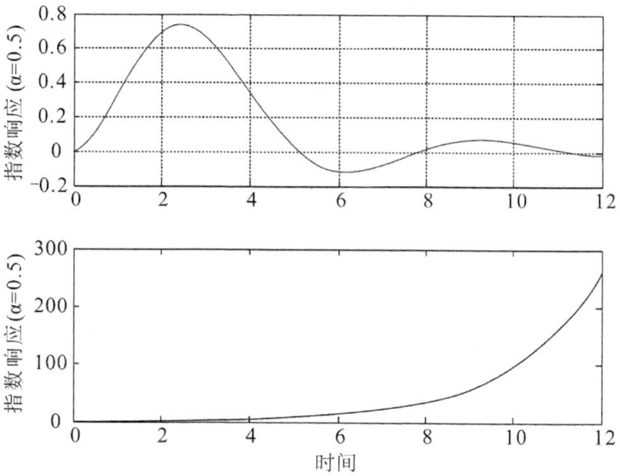

图 1.1.6 不同衰减/增长因子的指数响应

1.1.7　任意输入响应

1)　问题描述

前面给出的都是对于特殊形式的输入函数的分析。当系统输入任意时，可将输入采用多项式近似等技术，进行数值求解动力响应。PIMCSD 提供了线性定常系统任意输入响应的仿真。

2)　PIMCSD 工具箱中的实现

PIMCSD 工具箱中提供了任意输入响应的实现函数 pim_lsim()，其调用格式如下：

$$[\boldsymbol{y},\boldsymbol{t}]=\text{pim\_lsim}(\boldsymbol{A},\boldsymbol{B},\boldsymbol{C},\boldsymbol{D},\boldsymbol{u},\text{tspan})$$
$$[\boldsymbol{y},\boldsymbol{t}]=\text{pim\_lsim}(\boldsymbol{A},\boldsymbol{B},\boldsymbol{C},\boldsymbol{D},\boldsymbol{u},\text{tspan},\ \boldsymbol{x}_0)$$
$$[\boldsymbol{y},\boldsymbol{t}]=\text{pim\_lsim}(\boldsymbol{A},\boldsymbol{B},\boldsymbol{C},\boldsymbol{D},\boldsymbol{u},\text{tspan},\ \boldsymbol{x}_0,\text{mtype})$$
$$[\boldsymbol{y},\boldsymbol{t},\boldsymbol{x}]=\text{pim\_lsim}(\boldsymbol{A},\boldsymbol{B},\boldsymbol{C},\boldsymbol{D},\boldsymbol{u},\text{tspan},\ \boldsymbol{x}_0,\text{mtype})$$

参数简单说明：

返回参数中 $\boldsymbol{y},\boldsymbol{x},\boldsymbol{t}$ 分别为响应的量测值、状态值和时间序列向量。其中，$\boldsymbol{y}$ 是二维数组([no. of outputs, length of $\boldsymbol{t}$])，$\boldsymbol{x}$ 是二维数组([no. of states, length of $\boldsymbol{t}$])。

输入参数中 $\boldsymbol{A},\boldsymbol{B},\boldsymbol{C},\boldsymbol{D}$ 表示系统矩阵，如式(1.1a,b)所示；$\boldsymbol{u}$ 为控制输入序列，tspan 指定了仿真时间区段及仿真步长，即 $\text{tspan}=[t_0:T_s:t_f]$；$\boldsymbol{x}_0$ 为状态初值，默认为零初值。

3)　设计实例

例 1.1.7　对于二阶系统如下

$$\boldsymbol{H}(s)=\begin{bmatrix}\dfrac{2s^2+5s+1}{s^2+2s+3}\\[2ex]\dfrac{s-1}{s^2+s+5}\end{bmatrix}$$

试求出周期为 4s 的方波输出响应。

解　分别采用 PIMCSD 工具箱和 MATLAB 工具箱提供的函数完成任意输入响应分析，表 1.1.7 给出了程序比较，可以看出，二者的函数调用格式是很相似的。图 1.1.7 给出了任意输入响应结果，两段代码得到结果是完全一致的。

表 1.1.7　任意输入响应程序代码

调用 PIMCSD	调用 MATLAB
[u_t,t] = gensig('square',4,10,0.1);	[u_t,t] = gensig('square',4,10,0.1);
H = [tf([2,5,1],[1,2,3]); tf([1,-1],[1,1,5])];	H = [tf([2,5,1],[1,2,3]); tf([1,-1],[1,1,5])];
% figure(1); pim lsim(H,u t,t);	*% figure(1); lsim (H,u t,t);*
[A,B,C,D] = ssdata(H);	[A,B,C,D] = ssdata(H);
[y_t,t,x_t] = pim_lsim(A,B,C,D,u_t',t);	[y_t,x_t] = lsim (A,B,C,D,u_t,t);
figure;	figure;
subplot(2,1,1);	subplot(2,1,1);
plot(t,y_t(1,:),'k-', t,u_t,'b--');	plot(t,y_t(:,1),'k-', t,u_t,'b--');
ylabel('To: y(1)')	ylabel('To: y(1)')
subplot(2,1,2)	subplot(2,1,2)
plot(t,y_t(2,:),'k-', t,u_t,'b--');	plot(t,y_t(:,2),'k-', t,u_t,'b--');
ylabel('To: y(2)'); xlabel('时间')	ylabel('To: y(2)'); xlabel('时间')

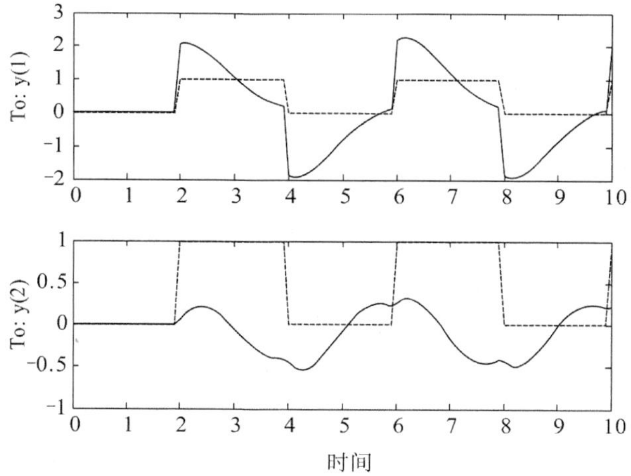

图 1.1.7　周期为 4s 的方波输出响应

1.2　连续系统的离散化

随着计算机技术的普及和发展，数字控制所占的地位越来越重要；而连续系统的数字控制设计首先要完成离散化，离散结果的精确与否直接影响到后续设计的成败。因此，连续系统的离散化在控制系统的分析中占据着重要的地位。

1.2.1　状态方程和性能指标的精确离散

1)　*原理描述*

线性连续系统的二次最优控制设计，就是要求在满足动力方程(1.1a)的条件下，最小化下面的二次性能指标，

$$J[\boldsymbol{u}(t)]=\frac{1}{2}\int_0^{t_f}\left(\boldsymbol{x}^{\mathrm{T}}\boldsymbol{Q}\boldsymbol{x}+2\boldsymbol{x}^{\mathrm{T}}\boldsymbol{N}\boldsymbol{u}+\boldsymbol{u}^{\mathrm{T}}\boldsymbol{R}\boldsymbol{u}\right)\mathrm{d}t\,,\quad \min_{u} J \tag{1.2.1}$$

数字控制设计中最常用的信号重构技术为零阶保持。所谓零阶保持，就是认为输入信号在当前的采样周期内保持不变，即 $\boldsymbol{u}(t)=\boldsymbol{u}(kT_{\mathrm{s}})$，$kT_{\mathrm{s}}\leqslant t<(k+1)T_{\mathrm{s}}$。其中，$T_{\mathrm{s}}$ 为采样周期。

采用零阶保持，连续方程(1.1a)的精确解可以表示成 Duhamel 积分的形式

$$\boldsymbol{x}_{k+1}=\mathrm{e}^{\boldsymbol{A}T_{\mathrm{s}}}\boldsymbol{x}_k+\int_0^{T_{\mathrm{s}}}\mathrm{e}^{\boldsymbol{A}(T_{\mathrm{s}}-\tau)}\boldsymbol{B}\mathrm{d}\tau\cdot\boldsymbol{u}_k \tag{1.2.2}$$

与离散方程(1.2a)比较，不难得到

$$\boldsymbol{\Phi}=\mathrm{e}^{\boldsymbol{A}T_{\mathrm{s}}} \tag{1.2.3}$$

$$\boldsymbol{G}=\int_0^{T_{\mathrm{s}}}\mathrm{e}^{\boldsymbol{A}\tau}\mathrm{d}\tau\cdot\boldsymbol{B} \tag{1.2.4}$$

将式(1.2.2)代入二次性能指标(1.2.1)，得到离散化的性能指标

$$J_{\mathrm{d}}=\frac{1}{2}\sum_{k=0}^{N-1}\left(\boldsymbol{x}_k^{\mathrm{T}}\boldsymbol{Q}_{\mathrm{d}}\boldsymbol{x}_k+2\boldsymbol{x}_k^{\mathrm{T}}\boldsymbol{N}_{\mathrm{d}}\boldsymbol{x}_k+\boldsymbol{u}_k^{\mathrm{T}}\boldsymbol{R}_{\mathrm{d}}\boldsymbol{u}_k\right) \tag{1.2.5}$$

其中，

$$\begin{gathered}\boldsymbol{Q}_{\mathrm{d}}=\int_0^{T_{\mathrm{s}}}\mathrm{e}^{\boldsymbol{A}^{\mathrm{T}}\tau}\boldsymbol{Q}\mathrm{e}^{\boldsymbol{A}\tau}\mathrm{d}\tau,\quad \boldsymbol{N}_{\mathrm{d}}=\boldsymbol{V}\boldsymbol{B}+\boldsymbol{\Phi}_0^{\mathrm{T}}\boldsymbol{N}\\ \boldsymbol{R}_{\mathrm{d}}=\boldsymbol{B}^{\mathrm{T}}\boldsymbol{W}\boldsymbol{B}+\left(\boldsymbol{N}^{\mathrm{T}}\boldsymbol{\Phi}_1+\boldsymbol{\Phi}_1^{\mathrm{T}}\boldsymbol{N}\right)+\boldsymbol{R}T_{\mathrm{s}}\end{gathered} \tag{1.2.6}$$

这里，

$$\begin{gathered}\boldsymbol{\Phi}_1=\int_0^{T_{\mathrm{s}}}\left(\int_0^{\tau}\mathrm{e}^{\boldsymbol{A}\xi}\mathrm{d}\xi\right)\mathrm{d}\tau,\quad \boldsymbol{V}=\int_0^{T_{\mathrm{s}}}\mathrm{e}^{\boldsymbol{A}^{\mathrm{T}}\tau}\boldsymbol{Q}\left(\int_0^{\tau}\mathrm{e}^{\boldsymbol{A}\xi}\mathrm{d}\xi\right)\mathrm{d}\tau\\ \boldsymbol{W}=\int_0^{T_{\mathrm{s}}}\left(\int_0^{\tau}\mathrm{e}^{\boldsymbol{A}^{\mathrm{T}}\xi}\mathrm{d}\xi\right)\boldsymbol{Q}\left(\int_0^{\tau}\mathrm{e}^{\boldsymbol{A}\xi}\mathrm{d}\xi\right)\mathrm{d}\tau\end{gathered} \tag{1.2.6a}$$

因此，连续系统方程以及性能指标的离散归结为矩阵指数(式(1.2.3))，以及含矩阵指数的积分(式(1.2.4)，(1.2.6)和(1.2.7))的精确离散化。对此，PIMCSD 工具箱提供了相应的函数完成离散，由于采用了精细积分算法，比 MATLAB 控制工具箱中的相应函数具有更高的效率和精度(注：MATLAB 控制工具箱中采用 Franklin 专著中的经典算法)。

2） PIMCSD 工具箱中的实现

(1) 矩阵指数(1.2.3)的计算作为一个非常重要的课题，PIMCSD 工具箱提供了实现函数 pim_expm()，调用格式如下：

$$\boldsymbol{T}=\mathrm{pim\_expm}(\boldsymbol{A})$$

其中，$\boldsymbol{A}$ 为 $n\times n$ 方阵，$\boldsymbol{T}=\mathrm{e}^{\boldsymbol{A}}$。

(2) 对于连续系统方程和性能指标的离散化，PIMCSD 工具箱中提供了实现函数 pim_c2d()，其调用格式如下：

$$[\boldsymbol{\Phi},\boldsymbol{G}]=\text{pim\_c2d}(\boldsymbol{A},\boldsymbol{B},T_s)$$
$$[\boldsymbol{\Phi},\boldsymbol{G},\boldsymbol{Q}_d,\boldsymbol{R}_d,\boldsymbol{N}_d]=\text{pim\_c2d}(\boldsymbol{A},\boldsymbol{B},T_s,\boldsymbol{Q},\boldsymbol{R})$$
$$[\boldsymbol{\Phi},\boldsymbol{G},\boldsymbol{Q}_d,\boldsymbol{R}_d,\boldsymbol{N}_d]=\text{pim\_c2d}(\boldsymbol{A},\boldsymbol{B},T_s,\boldsymbol{Q},\boldsymbol{R},\boldsymbol{N})$$

参数简单说明：

返回参数中 $\boldsymbol{\Phi}$ 和 $\boldsymbol{G}$ 为相应离散系统的状态矩阵和输入矩阵；$\boldsymbol{Q}_d,\boldsymbol{R}_d,\boldsymbol{N}_d$ 则为相应离散系统的性能指标矩阵。

输入参数中 $\boldsymbol{A}$ 和 $\boldsymbol{B}$ 分别为连续系统的状态矩阵和输入矩阵；$\boldsymbol{Q},\boldsymbol{R},\boldsymbol{N}$ 为连续系统的性能指标矩阵。注意到，即使连续性能指标阵 $\boldsymbol{N}=\boldsymbol{0}$，也有离散指标阵 $\boldsymbol{N}_d\neq\boldsymbol{0}$。

3) 设计实例

例 1.2.1　试比较 PIMCSD 中 pim_expm()函数与 MATLAB 中 expm()函数计算矩阵指数的稳定性和效率。

解　(1)为验证 pim_expm() 的精度与稳定性，构造一个刚性矩阵

$$\boldsymbol{A}=\begin{bmatrix} n & m \\ -(n-1) & -(m-1) \end{bmatrix}$$

该矩阵指数可以解析地表示出来，如下：

$$\mathrm{e}^{A}=\frac{1}{n-m-1}\begin{bmatrix} (n-1)\mathrm{e}^{n-m}-m\mathrm{e} & m\mathrm{e}^{n-m}-m\mathrm{e} \\ -(n-1)\mathrm{e}^{n-m}+(n-1)\mathrm{e} & -m\mathrm{e}^{n-m}+(n-1)\mathrm{e} \end{bmatrix}$$

可用来检验数值解的精度。

该矩阵特征值为 $\text{eig}(\boldsymbol{A})=[\,1,\ -(m-n)\,]$，所以 m,n 相差越大，矩阵刚性越明显。固定 $n=2$，分别取 $m=2^2,2^4,2^6,\cdots,2^{20}$ 时，计算相应的矩阵指数 e^A。代码如表 1.2.1 所示，图 1.2.1 给出了由 PIMCSD 和 MATLAB 提供的函数给出的结果，可以看出随着 m,n 相差增大，MATLAB 中 expm()的数值精度降低；注意到，当 $m=2^{20}$，精度已丧失了一半。而 PIMCSD 中 pim_expm()的数值精度一直保持在 $10^{-14}\sim10^{-16}$ (接近计算机的精度)。

表 1.2.1　矩阵指数精度与稳定性比较代码

```
n = 2;
ms = 2.^[2,4,6,8,10,12,14,16,18,20];
errs = zeros(2,length(ms));
for k = 1:length(ms)
    m = ms(k);
    A = [n, m; -(n-1), -(m-1)];
    eA = [ (n-1)*exp(n-m)-m*exp(1),          m*exp(n-m)-m*exp(1);
          -(n-1)*exp(n-m)+(n-1)*exp(1), -m*exp(n-m)+(n-1)*exp(1)]/(n-m-1);
```

续表

```
        eA_pimcsd = pim_expm(A);    errs(1,k) = max(max(abs(eA_pimcsd-eA)));
        eA_matlab = expm(A);        errs(2,k) = max(max(abs(eA_matlab-eA)));
end
figure(1)
bar(log2(ms),log10(errs)');
legend('PIM\_EXPM()', 'EXPM()');
xlabel('Matrix for 2^m');    ylabel('log_{10} (Absolute errors)')
```

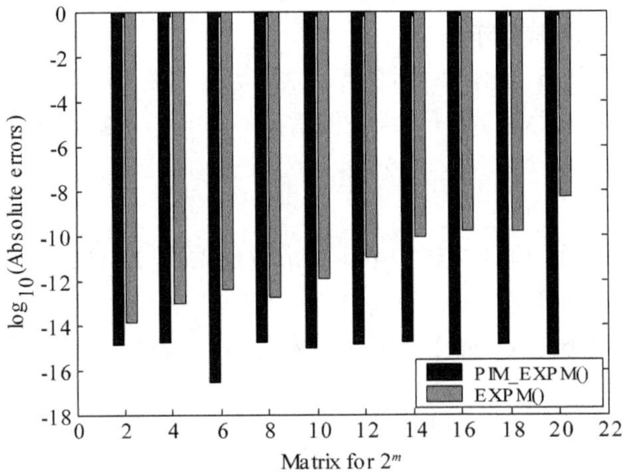

图 1.2.1　矩阵指数计算精度比较

(2) 为检验 PIMCSD 中 pim_expm()的计算效率，随机生成不同规模的矩阵 $\boldsymbol{A}=\text{rand}(n)$，维数分别取为 $n=30:30:300$。程序代码如表 1.2.2 所示，计算效率比较如图 1.2.2 所示，可以看出与 MATLAB 中的 expm()具有相似的效率。

表 1.2.2　矩阵指数计算效率比较代码

```
nx = [30:30:300];    n_itr = 20;
UsedTime = zeros(2,length(nx));
for k = 1:length(nx)
    A = rand(nx(k));
    t0 = cputime;
    for itr = 1:n_itr
        eA_pimcsd = pim_expm(A);
    end
    UsedTime(1,k) = (cputime-t0)/n_itr;

    t0 = cputime;
    for itr = 1:n_itr
        eA_matlab = expm(A);
    end
    UsedTime(2,k) = (cputime-t0)/n_itr;
end

figure(1);    hold on; box on;
plot(nx,UsedTime(1,:),'--rd','linewidth',2,...
```

续表

```
        'markerEdgecolor','k',...
        'markerfacecolor','g');
plot(nx,UsedTime(2,:),'-.ks','linewidth',2,...
        'markerEdgecolor','k',...
        'markerfacecolor','g');
legend('PIM\_EXPM()','EXPM()')
xlabel('矩阵的维数  n'); ylabel('CPU 执行时间  /s')
```

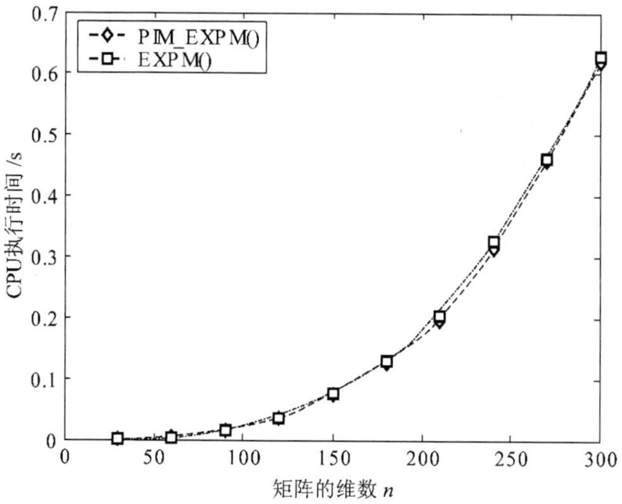

图 1.2.2　矩阵指数计算效率比较

例 1.2.2　试比较 PIMCSD 中 pim_c2d()函数和 MATLAB 中 lqrd()函数中采用的离散化方法(即 Franklin 专著中的经典算法)计算连续系统离散化的精度和效率。

解　为便于比较，我们提取 MATLAB 的函数 lqrd()中关于连续系统及其性能指标离散的部分代码形成 matlab_c2d()(如附表1所示)，与 PIMCSD 的函数 pim_c2d()进行比较。

取系统状态维数依次为 $n=30:30:300$ ，控制输入维数 $m=n/2$ ，生成随机系统矩阵 $\boldsymbol{A},\boldsymbol{B},\boldsymbol{Q},\boldsymbol{R},\boldsymbol{N}$ ，设程序代码表 1.2.3 所示。计算效率比较见图 1.2.3，可见 PIMCSD 工具箱提供的算法效率更高，在精度上与 MATLAB 始终保持 12 位以上的相同有效数字。

表 1.2.3　矩阵指数计算效率比较代码

```
nx = [30 :30 :300] ;    nu = nx/2;
Ts = 0.1;    n_itr = 20;
UsedTime = zeros(2,length(nx));
for k = 1:length(nx)
    nxk = nx(k);    nuk = nu(k);
    A = rand(nxk); B = rand(nxk,nuk);
    Q = eye(nxk);    R = 0.1*eye(nuk);    N = rand(nxk,nuk);
```

续表

```
          t0 = cputime;
          for itr = 1:n_itr
               [Phi_p,Gu_p,Qd_p,Rd_p,Nd_p] = pim_c2d(A,B,Ts,Q,R,N);
          end
          UsedTime(1,k) = (cputime-t0)/n_itr;

          t0 = cputime;
          for itr = 1:n_itr
               [Phi_m,Gu_m,Qd_m,Rd_m,Nd_m] = matlab_c2d(A,B,Ts,Q,R,N);
          end
          UsedTime(2,k) = (cputime-t0)/n_itr;
     end

     figure(1);   hold on;   box on;
     plot(nx,UsedTime(1,:),'--rd','linewidth',2,...
          'markerEdgecolor','k',...
          'markerfacecolor','g');
     plot(nx,UsedTime(2,:),'-.ks','linewidth',2,...
          'markerEdgecolor','k',...
          'markerfacecolor','g');
     legend('PIMCSD','MATLAB');
     xlabel('矩阵的维数  n'); ylabel('CPU 执行时间  /s')
```

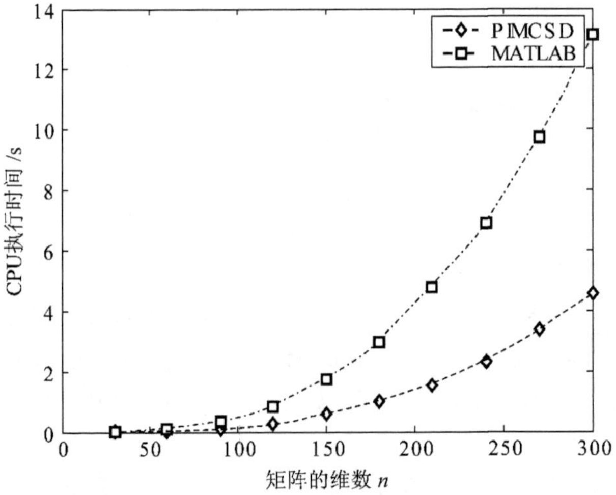

图 1.2.3　连续控制系统的离散化效率比较

1.2.2　线性随机系统的等效离散

1)　原理描述

考虑随时间 t 连续变化的向量函数 $\boldsymbol{x}(t)$ 的线性 Markov 过程，它的导数 $\dot{\boldsymbol{x}}(t)$ 线性的依赖于当前值 $\boldsymbol{x}(t)$ 和输入函数 $\boldsymbol{w}(t)$，即

$$\dot{\boldsymbol{x}} = \boldsymbol{A}\boldsymbol{x} + \boldsymbol{B}_1\boldsymbol{w}(t) \tag{1.2.7}$$

可知，对于给定的系统矩阵 $\boldsymbol{A}$ 和 $\boldsymbol{B}_1$，$\boldsymbol{x}(t)$ 由初始条件 $\boldsymbol{x}(t_0)$ 和输入函数 $\boldsymbol{w}(t)$ 所完全确定，$\boldsymbol{x}(t)$ 又称之为线性系统的状态向量。

连续的 Gauss-Markov 过程(CGMP: Continuous Gauss-Markov Process) $\boldsymbol{x}(t)$ 可以表示成一个由 Gauss 初始条件和纯 Gauss 随机输入确定的连续线性 Markov 过程，即

$$\boldsymbol{x}(t_0)=N[\bar{\boldsymbol{x}}(t_0),\boldsymbol{X}(t_0)],\quad E[\boldsymbol{w}(t)]=\bar{\boldsymbol{w}}(t)=0 \tag{1.2.8}$$

通常，

$$E[\boldsymbol{x}(t_0)-\bar{\boldsymbol{x}}(t_0)][\boldsymbol{w}(t)-\bar{\boldsymbol{w}}(t)]=0 \tag{1.2.9}$$

可以导出，根据噪声函数 $\boldsymbol{w}(t)$ 的方差 $\boldsymbol{W}(t)$，可以导出状态 $\boldsymbol{x}(t)$ 的方差 $\boldsymbol{X}(t)$，

$$\dot{\boldsymbol{X}}=\boldsymbol{A}\boldsymbol{X}+\boldsymbol{X}\boldsymbol{A}^{\mathrm{T}}+\boldsymbol{B}_1\boldsymbol{W}(t)\boldsymbol{B}_1^{\mathrm{T}},\qquad \boldsymbol{X}(t_0)\text{已知} \tag{1.2.10}$$

连续 Gauss-Markov 过程向离散 Gauss-Markov 过程的转换(converting a CGMP to DGMP)：

方程(1.2.7)的解可以描述为

$$\boldsymbol{x}(t)=\boldsymbol{\Phi}(t,t_0)\boldsymbol{x}(t_0)+\int_{t_0}^{t}\boldsymbol{\Phi}(t,\tau)\boldsymbol{B}_1\boldsymbol{w}(\tau)\mathrm{d}\tau \tag{1.2.11}$$

将上式右乘它本身的转置，并利用 $E[\boldsymbol{w}(t)\boldsymbol{w}^{\mathrm{T}}(\tau)]=\boldsymbol{W}(t)\delta(t-\tau)$，可以导出

$$\boldsymbol{X}(t)=\boldsymbol{\Phi}(t,t_0)\boldsymbol{X}(t_0)\boldsymbol{\Phi}^{\mathrm{T}}(t,t_0)+\int_{t_0}^{t}\boldsymbol{\Phi}(t,\tau)\boldsymbol{B}_1\boldsymbol{W}\boldsymbol{B}_1^{\mathrm{T}}\boldsymbol{\Phi}^{\mathrm{T}}(t,\tau)\mathrm{d}\tau \tag{1.2.12}$$

从而，可以导出相应的零均值离散 Gauss-Markov 过程(DGMP)，即

$$\boldsymbol{x}_{k+1}=\boldsymbol{\Phi}\boldsymbol{x}_k+\boldsymbol{w}_{\mathrm{d},k} \tag{1.2.13}$$

其中，

$$E[\boldsymbol{w}_{\mathrm{d},j}\boldsymbol{w}_{\mathrm{d},k}^{\mathrm{T}}]=\boldsymbol{W}_{\mathrm{d}}\delta_{jk} \tag{1.2.14}$$

相应的离散状态方差为

$$\boldsymbol{X}_{k+1}=\boldsymbol{\Phi}(T_{\mathrm{s}})\boldsymbol{X}_k\boldsymbol{\Phi}^{\mathrm{T}}(T_{\mathrm{s}})+\boldsymbol{W}_{\mathrm{d}}(T_{\mathrm{s}}),\quad \boldsymbol{X}_0\text{已知} \tag{1.2.15}$$

其中，

$$\begin{aligned}\boldsymbol{\Phi}(T_{\mathrm{s}})&=\exp(\boldsymbol{A}T_{\mathrm{s}})\\ \boldsymbol{W}_{\mathrm{d}}(T_{\mathrm{s}})&=\int_0^{T_{\mathrm{s}}}\boldsymbol{\Phi}(T_{\mathrm{s}}-\tau)\boldsymbol{B}_1\boldsymbol{W}\boldsymbol{B}_1^{\mathrm{T}}\boldsymbol{\Phi}^{\mathrm{T}}(T_{\mathrm{s}}-\tau)\mathrm{d}\tau\end{aligned} \tag{1.2.16}$$

其中，T_{s} 为离散步长(或采样周期)。

可以看出，$\boldsymbol{w}_{\mathrm{d},k}$ 的维数等于状态的维数，一般不等于(大于) $\boldsymbol{w}(t)$ 的维数，这是随机过程的离散需要注意的。从上面离散公式(1.2.13)~(1.2.16)可以看出，离散的关键问题在于式(1.2.16)中 $\boldsymbol{\Phi}(T_{\mathrm{s}})$ 和 $\boldsymbol{W}_{\mathrm{d}}(T_{\mathrm{s}})$ 的计算。

2)　PIMCSD 工具箱中的实现

PIMCSD 工具箱提供了连续 Gauss-Markov 随机过程离散化的实现函数 pim_c2dgmp()，其调用格式如下：

$$[\boldsymbol{\Phi},\boldsymbol{W}_{\mathrm{d}}]=\mathrm{pim\_c2dgmp}(\boldsymbol{A},\boldsymbol{B}_1,\boldsymbol{W},T_{\mathrm{s}})$$

$$[\boldsymbol{\Phi},\boldsymbol{W}_{\mathrm{d}},\boldsymbol{X}_{\mathrm{s}}]=\mathrm{pim\_c2dgmp}(\boldsymbol{A},\boldsymbol{B}_1,\boldsymbol{W},T_{\mathrm{s}})$$

参数简单说明：

返回参数中 $\boldsymbol{\Phi}$ 和 $\boldsymbol{W}_{\mathrm{d}}$ 由式(1.2.16a,b)定义，$\boldsymbol{X}_{\mathrm{s}}$ 表示递推方程(1.2.15)对应的稳态解，即 $\boldsymbol{X}_{\mathrm{s}}=\boldsymbol{\Phi}(T_{\mathrm{s}})\boldsymbol{X}_{\mathrm{s}}\boldsymbol{\Phi}^{\mathrm{T}}(T_{\mathrm{s}})+\boldsymbol{W}_{\mathrm{d}}(T_{\mathrm{s}})$。

输入参数中 $\boldsymbol{A}$ 和 $\boldsymbol{B}_1$ 表示式(1.2.7)中的系统矩阵，$\boldsymbol{W}$ 为连续噪声的谱密度阵，T_{s} 表示离散步长(或采样周期)。

3)　设计实例

例 1.2.3　考虑某一维连续的随机振荡系统，其中，

$$\boldsymbol{A}=\begin{bmatrix}0 & 1\\ -\omega^2 & 0\end{bmatrix},\quad \boldsymbol{B}_1=\begin{bmatrix}0\\ \omega^2\end{bmatrix}$$

其中，$w(t)$ 为零均值白噪声过程，独立于初始状态 $\boldsymbol{x}(0)$，谱密度为 $\boldsymbol{W}$。试完成该连续 Gauss-Markov 随机过程的离散化。

解　如果时间单位取为 $1/\omega$，x_2 的单位取为 ω，则相当于在上面的系统矩阵中取 $\omega=1$。取离散步长(或采样周期)为 T，代入式(1.2.16a,b)可得到传递矩阵 $\boldsymbol{\Phi}(T)$ 和离散噪声 $\boldsymbol{w}_{\mathrm{d},k}$ 的方差 $\boldsymbol{W}_{\mathrm{d}}(T)$ 的解析表达式，

$$\boldsymbol{\Phi}(T)=\begin{bmatrix}\cos T & \sin T\\ -\sin T & \cos T\end{bmatrix},\qquad \boldsymbol{W}_{\mathrm{d}}(T)=\frac{W}{4}\begin{bmatrix}2T-\sin(2T) & 1-\cos(2T)\\ 1-\cos(2T) & 2T+\sin(2T)\end{bmatrix}$$

取 $T=\pi/8$, $\boldsymbol{W}=5$ 计算，并采用 PIMCSD 工具箱中的 pim_c2dgmp()完成数值计算，程序代码如表 1.2.4 所示，与解析解比较可以发现二者具有 15 位相同的有效数字，说明 pim_c2dgmp()给出的结果是高度精确的。

表 1.2.4　连续随机过程离散化

```
A = [0,1; -1,0];   B1 = [0;1];
T = pi/8.0;   W=5;
[Phi,Wd]=pim_c2dgmp(A,B1,W,T);
```

1.3　可控性与可观测性

在状态空间分析中，系统的可控性和可观测性是非常重要的概念,它们是确定

最优控制系统是否有解的先决条件,是现代控制理论中的两个基本概念。可控性和可观测性 Gram 矩阵是研究该问题的重要手段，特别是可应用于时变系统的研究，而且根据 Gram 矩阵的性质可以进一步考虑均衡实现问题。

1)　原理描述

连续系统的可控性和可观测性 Gram 矩阵分别定义为

$$\boldsymbol{L}_{\mathrm{c}}=\int_{0}^{t_{\mathrm{f}}}\mathrm{e}^{\boldsymbol{A}\tau}\boldsymbol{B}\boldsymbol{B}^{\mathrm{T}}\mathrm{e}^{\boldsymbol{A}^{\mathrm{T}}\tau}\mathrm{d}\tau \tag{1.3.1}$$

$$\boldsymbol{L}_{\mathrm{o}}=\int_{0}^{t_{\mathrm{f}}}\mathrm{e}^{\boldsymbol{A}^{\mathrm{T}}\tau}\boldsymbol{C}^{\mathrm{T}}\boldsymbol{C}\mathrm{e}^{\boldsymbol{A}\tau}\mathrm{d}\tau \tag{1.3.2}$$

其中，$\boldsymbol{L}_{\mathrm{c}}$ 和 $\boldsymbol{L}_{\mathrm{o}}$ 分别称之为连续系统的可控性和可观测性 Gram 矩阵。对于定常系统的无限长时间问题，$\boldsymbol{L}_{\mathrm{c}}$ 和 $\boldsymbol{L}_{\mathrm{o}}$ 归结为求解连续时间的矩阵代数 Lyapnov 方程，

$$\boldsymbol{A}\boldsymbol{L}_{\mathrm{c}}+\boldsymbol{L}_{\mathrm{c}}\boldsymbol{A}^{\mathrm{T}}+\boldsymbol{B}\boldsymbol{B}^{\mathrm{T}}=\boldsymbol{0} \tag{1.3.3}$$

$$\boldsymbol{A}^{\mathrm{T}}\boldsymbol{L}_{\mathrm{o}}+\boldsymbol{L}_{\mathrm{o}}\boldsymbol{A}+\boldsymbol{C}^{\mathrm{T}}\boldsymbol{C}=\boldsymbol{0} \tag{1.3.4}$$

离散系统的可控性和可观测性 Gram 矩阵定义为

$$\boldsymbol{L}_{\mathrm{c}}=\sum_{k=0}^{k_{\mathrm{f}}}\boldsymbol{\Phi}^{k}\boldsymbol{G}\boldsymbol{G}^{\mathrm{T}}(\boldsymbol{\Phi}^{\mathrm{T}})^{k} \tag{1.3.5}$$

$$\boldsymbol{L}_{\mathrm{o}}=\sum_{k=0}^{k_{\mathrm{f}}}(\boldsymbol{\Phi}^{\mathrm{T}})^{k}\boldsymbol{C}^{\mathrm{T}}\boldsymbol{C}\boldsymbol{\Phi}^{k} \tag{1.3.6}$$

其中，$\boldsymbol{L}_{\mathrm{c}}$ 和 $\boldsymbol{L}_{\mathrm{o}}$ 分别称之为离散系统的可控性和可观测性 Gram 矩阵。对于定常系统的无限长时间问题，$\boldsymbol{L}_{\mathrm{c}}$ 和 $\boldsymbol{L}_{\mathrm{o}}$ 归结为求解离散时间的矩阵代数 Lyapnov 方程，

$$\boldsymbol{\Phi}\boldsymbol{L}_{\mathrm{c}}\boldsymbol{\Phi}^{\mathrm{T}}-\boldsymbol{L}_{\mathrm{c}}+\boldsymbol{G}\boldsymbol{G}^{\mathrm{T}}=\boldsymbol{0} \tag{1.3.7}$$

$$\boldsymbol{\Phi}^{\mathrm{T}}\boldsymbol{L}_{\mathrm{o}}\boldsymbol{\Phi}-\boldsymbol{L}_{\mathrm{o}}+\boldsymbol{C}^{\mathrm{T}}\boldsymbol{C}=\boldsymbol{0} \tag{1.3.8}$$

2)　PIMCSD 工具箱中的实现

(1) 对于连续系统的可控性与可观测性的 Gram 矩阵，PIMCSD 工具箱提供函数 pim_cgram()，调用格式如下：

$$[\boldsymbol{L}_{\mathrm{c}},\mathrm{RR},\mathrm{Res}]=\mathrm{pim\_cgram}(\boldsymbol{A},\boldsymbol{B},\text{'c'})$$
$$[\boldsymbol{L}_{\mathrm{o}},\mathrm{RR},\mathrm{Res}]=\mathrm{pim\_cgram}(\boldsymbol{A},\boldsymbol{C},\text{'o'})$$

参数简单说明：

返回参数中 $\boldsymbol{L}_{\mathrm{c}}$ 和 $\boldsymbol{L}_{\mathrm{o}}$ 分别为连续系统的可控性和可观测性 Gram 矩阵，Res 为 Lyapnov 方程的残差阵，RR 为残差阵的相对 Frobenius 范数。

输入参数中 'c' 表示可控性(controllability)，'o' 表示可观测性(observability)。

(2) 对于离散系统的可控性与可观测性的 Gram 矩阵，PIMCSD 工具箱提供函数 pim_dgram()，调用格式如下：

$$[\boldsymbol{L}_{\mathrm{c}},\mathrm{RR},\mathrm{Res}]=\mathrm{pim\_dgram}(\boldsymbol{\Phi},\boldsymbol{G},\text{'c'})$$
$$[\boldsymbol{L}_{\mathrm{o}},\mathrm{RR},\mathrm{Res}]=\mathrm{pim\_dgram}(\boldsymbol{\Phi},\boldsymbol{C},\text{'o'})$$

参数简单说明：

返回参数中 $\boldsymbol{L}_{\mathrm{c}}$ 和 $\boldsymbol{L}_{\mathrm{o}}$ 分别为离散系统的可控性和可观测性 Gram 矩阵，Res 为 Lyapnov 方程的残差阵，RR 为残差阵的相对 Frobenius 范数。

输入参数中'c'表示可控性，'o'表示可观测性。

3) 设计实例

例 1.3.1 考虑下面单变量系统传递函数给定的系统模型

$$\boldsymbol{G}(s)=\frac{s^3+7s^2+24s+24}{s^4+10s^3+35s^2+50s+24}$$

试分析该系统的可控性与可观测性。

解 分别采用 PIMCSD 工具箱提供的 pim_cgram()和 MATLAB 工具箱提供的 gram()进行分析，程序代码如表 1.3.1 所示。两段程序得到的 Gram 矩阵绝对误差在 10^{-15} 左右。从它们的特征值($\mathrm{eig}(\boldsymbol{L}_{\mathrm{o}})=[10^{-8}, 0.0001, 0.0008, 0.6064]$ ， $\mathrm{eig}(\boldsymbol{L}_{\mathrm{c}})=[0.05, 0.43, 6.51, 32.59]$)来看，该系统虽然是可控、可观测的，但某些状态的可控、可观测程度是很低的。根据这些信息，可以进一步完成模型的均衡降阶。

表 1.3.1 可控性和可观测性的 Gram 矩阵代码

调用 PIMCSD	调用 MATLAB
G = tf([1,7,24,24],[1,10,35,50,24]); Gs = ss(G);　[A,B,C,D] = ssdata(Gs); Lc = pim_cgram(A,B,'c'); Lo = pim_cgram(A,C,'o');	G = tf([1,7,24,24],[1,10,35,50,24]); Gs = ss(G); Lc = gram(Gs,'c'); Lo = gram(Gs,'o');

附表 函数 matlab_c2d()的程序代码

```
function [ad, bd, varargout] = matlab_c2d (a, b, Ts, varargin)
% MATLAB_C2D   Conversion of continuous-time models to discrete time ones,
%     including discretization of the quadratic performance. 'ZOH'
%     Using algorithms of Matlab control toolbox: c2d() and lqrd()
%     For comparision with PIM_C2D().
%         [ad,bd] = matlab_c2d(a, b, Ts)
%         [ad,bd,Qd,Rd,Nd] = matlab_c2d(a, b, Ts, q, r)
%         [ad,bd,Qd,Rd,Nd] = matlab_c2d(a, b, Ts, q, r, nn)
% Determine discrete equivalent of continuous cost function
% along with Ad, Bd matrices of discretized system

ni = nargin;     no = nargout;
error(nargchk(3,6,ni));
```

续表

```
[Nx,Ma] = size(a);
[Nb,Nu] = size(b);
if Nx~=Ma
    error('The system matrix A is not SQUARE!');
elseif Nx~=Nb
    error('System matrices A and B are not compatible.');
elseif Nx==0
    ad=[]; bd=[]; return
end
switch ni
    case 3
        [ ad , bd ] = c2d(a, b, Ts);
        return
    case 4
        q = varargin{1};
        r = 0;
        nn = 0;
    case 5
        q = varargin{1};
        r = varargin{2};
        nn = 0;
    case 6
        q = varargin{1};
        r = varargin{2};
        nn = varargin{3};
    otherwise
        error('Number of input arguments is not right.');
end

if isempty(r) | r == 0
    r = zeros(Nu,Nu);
end

if isempty(nn) | nn == 0
    nn = zeros(Nb,Nu);
end

if any(size(q)~=Nx) | any(size(r)~=Nu) | any(size(nn)~=[Nb,Nu])
    error('Dimensions of the Matrix Q or R in performance index is not right.');
end

n = Nx+Nu;
Za = zeros(Nx); Zb = zeros(Nx,Nu); Zu = zeros(Nu);
M = [ -a' Zb    q   nn
      -b' Zu   nn'   r
       Za  Zb    a   b
      Zb' Zu   Zb' Zu];
phi = expm(M*Ts);
phi12 = phi(1:n,n+1:2*n);
phi22 = phi(n+1:2*n,n+1:2*n);
QQ = phi22'*phi12;
QQ = (QQ+QQ')/2;             % Make sure QQ is symmetric
Qd = QQ(1:Nx,1:Nx);
Rd = QQ(Nx+1:n,Nx+1:n);
Nd = QQ(1:Nx,Nx+1:n);
ad = phi22(1:Nx,1:Nx);
bd = phi22(1:Nx,Nx+1:n);

varargout = { Qd, Rd, Nd };
% *** the last line of matlab_c2d.m ***
```

第 2 章　LQ 调节器

最优控制是现代控制理论的核心。20 世纪 60 年代在状态空间发展起来的线性二次(LQ)最优控制理论更是其经典内容(可以参考 Anderson、Burl、Sage 等专著的系统描述)。本章主要分三部分内容介绍 LQG 最优控制理论设计与仿真(LQ 调节器、Kalman 滤波，以及 LQG 调节器)在 PIMCSD 工具箱中的实现。

2.1　定常 LQ 控制器

定常 LQ 控制器实际上是一种状态调节器，可以看作是 LQ 最优控制设计的一个特例，即 $t_{\mathrm{f}} \to \infty$ 时的稳态控制器：状态调节器和输出调节器。

2.1.1　状态调节器

1)　问题描述

(1) 连续系统的 LQ 调节器设计

线性连续系统的动力学方程为

$$\dot{\boldsymbol{x}} = \boldsymbol{A}\boldsymbol{x} + \boldsymbol{B}\boldsymbol{u}, \qquad \boldsymbol{x}(0) = \boldsymbol{x}_0 \tag{2.1.1}$$

要求选择控制输入 $\boldsymbol{u}$，最小化下面二次性能指标

$$J(\boldsymbol{u}) = \frac{1}{2}\int_0^\infty \left(\boldsymbol{x}^{\mathrm{T}}\boldsymbol{Q}\boldsymbol{x} + \boldsymbol{u}^{\mathrm{T}}\boldsymbol{R}\boldsymbol{u} + 2\boldsymbol{x}^{\mathrm{T}}\boldsymbol{N}\boldsymbol{u}\right)\mathrm{d}t \tag{2.1.2}$$

LQ 最优控制问题可以通过变分法或动态规划方法求解。最优控制律为

$$\boldsymbol{u}(t) = -\boldsymbol{K}\boldsymbol{x}(t)\,,\quad \boldsymbol{K} = \boldsymbol{R}^{-1}\left(\boldsymbol{B}^{\mathrm{T}}\boldsymbol{S} + \boldsymbol{N}^{\mathrm{T}}\right) \tag{2.1.3}$$

其中，$\boldsymbol{S}$ 为下面矩阵代数 Riccati 方程的解

$$\boldsymbol{A}^{\mathrm{T}}\boldsymbol{S} + \boldsymbol{S}\boldsymbol{A} + \boldsymbol{Q} - (\boldsymbol{S}\boldsymbol{B} + \boldsymbol{N})\boldsymbol{R}^{-1}(\boldsymbol{S}\boldsymbol{B} + \boldsymbol{N})^{\mathrm{T}} = \boldsymbol{0} \tag{2.1.4}$$

(2) 离散系统的 LQ 调节器设计

线性离散系统的动力学方程为

$$\boldsymbol{x}_{k+1} = \boldsymbol{\Phi}\boldsymbol{x}_k + \boldsymbol{G}\boldsymbol{u}_k\,, \qquad \boldsymbol{x}_0 = \boldsymbol{x}_0 \tag{2.1.5}$$

要求选择控制输入序列 $\boldsymbol{u}_k$，最小化下面二次性能指标

$$J(\boldsymbol{u})=\frac{1}{2}\sum_{k=0}^{\infty}\left(\boldsymbol{x}_k^{\mathrm{T}}\boldsymbol{Q}\boldsymbol{x}_k+\boldsymbol{u}_k^{\mathrm{T}}\boldsymbol{R}\boldsymbol{u}_k+2\boldsymbol{x}_k^{\mathrm{T}}\boldsymbol{N}\boldsymbol{x}_k\right) \tag{2.1.6}$$

离散系统的最优控制律为

$$\boldsymbol{u}_k=-\boldsymbol{K}\boldsymbol{x}_k\,,\qquad \boldsymbol{K}=\left(\boldsymbol{G}^{\mathrm{T}}\boldsymbol{S}\boldsymbol{G}+\boldsymbol{R}\right)^{-1}\left(\boldsymbol{G}^{\mathrm{T}}\boldsymbol{S}\boldsymbol{\Phi}+\boldsymbol{N}^{\mathrm{T}}\right) \tag{2.1.7}$$

其中，$\boldsymbol{S}$ 为离散时间的矩阵代数 Riccati 方程的解

$$\boldsymbol{\Phi}^{\mathrm{T}}\boldsymbol{S}\boldsymbol{\Phi}-\boldsymbol{S}-(\boldsymbol{\Phi}^{\mathrm{T}}\boldsymbol{S}\boldsymbol{G}+\boldsymbol{N})\left(\boldsymbol{G}^{\mathrm{T}}\boldsymbol{S}\boldsymbol{G}+\boldsymbol{R}\right)^{-1}(\boldsymbol{\Phi}^{\mathrm{T}}\boldsymbol{S}\boldsymbol{G}+\boldsymbol{N})^{\mathrm{T}}=\boldsymbol{0} \tag{2.1.8}$$

因此，无论是连续系统还是离散系统，定常系统的调节器设计归结于求解矩阵代数 Riccati 方程的问题，进而求出反馈增益阵 $\boldsymbol{K}$ 。

2)　PIMCSD 工具箱中的实现

PIMCSD 工具箱分别对连续和离散系统提供了定常调节器设计的实现函数 pim_lqr()和 pim_dlqr()，其调用格式分别如下：

(1) pim_lqr()的调用格式如下：

$$[\boldsymbol{K},\boldsymbol{S},E]=\text{pim\_lqr}(\boldsymbol{A},\boldsymbol{B},\boldsymbol{Q},\boldsymbol{R})$$
$$[\boldsymbol{K},\boldsymbol{S},E]=\text{pim\_lqr}(\boldsymbol{A},\boldsymbol{B},\boldsymbol{Q},\boldsymbol{R},\boldsymbol{N})$$

参数简单说明：

返回参数中 $\boldsymbol{K}$ 为最优反馈增益矩阵，$\boldsymbol{S}$ 为连续系统代数 Riccati 方程(2.1.4)的解，E 为闭环控制系统 $(\boldsymbol{A}-\boldsymbol{BK})$ 的特征值。

输入参数中 $\boldsymbol{A}$ 和 $\boldsymbol{B}$ 分别为连续系统的状态矩阵和输入矩阵；$\boldsymbol{Q},\boldsymbol{R},\boldsymbol{N}$ 为相应的性能指标矩阵。

(2) pim_dlqr()的调用格式如下：

$$[\boldsymbol{K},\boldsymbol{S},E]=\text{pim\_dlqr}(\boldsymbol{\Phi},\boldsymbol{G},\boldsymbol{Q},\boldsymbol{R})$$
$$[\boldsymbol{K},\boldsymbol{S},E]=\text{pim\_dlqr}(\boldsymbol{\Phi},\boldsymbol{G},\boldsymbol{Q},\boldsymbol{R},\boldsymbol{N})$$

参数简单说明：

返回参数中 $\boldsymbol{K}$ 为最优反馈增益矩阵，$\boldsymbol{S}$ 为离散系统代数 Riccati 方程(2.1.8)的解，E 为闭环控制系统 $(\boldsymbol{A}-\boldsymbol{BK})$ 的特征值。

输入参数中 $\boldsymbol{\Phi},\boldsymbol{G}$ 分别为离散系统的状态矩阵和输入矩阵；$\boldsymbol{Q},\boldsymbol{R},\boldsymbol{N}$ 为相应的性能指标矩阵。

3)　设计实例

例 2.1.1　考虑直升飞机的着陆问题(precise landing of an helicopter)。直升飞

机的精确着陆对于控制时间和控制精度都有很高的要求，通常用于控制算法的验证，Bryson 在专著 *Applied Linear Optimal Control* 中给出了详尽的描述并广泛应用于控制系统的设计与仿真，本书也采用之。它径向运动的简化模型采用状态空间描述为

$$\dot{\boldsymbol{x}} = \boldsymbol{A}\boldsymbol{x} + \boldsymbol{B}_2\boldsymbol{u} + \boldsymbol{B}_1\boldsymbol{w}$$

其中，状态为 $\boldsymbol{x} = [u, q, \theta, x]^{\mathrm{T}}$，

$$\boldsymbol{A} = \begin{bmatrix} -0.0257 & 0.013 & -0.322 & 0 \\ 1.26 & -1.765 & 0 & 0 \\ 0 & 1 & 0 & 0 \\ 1 & 0 & 0 & 0 \end{bmatrix}, \quad \boldsymbol{B}_2 = \begin{bmatrix} 0.086 \\ -7.408 \\ 0 \\ 0 \end{bmatrix}, \quad \boldsymbol{B}_1 = \begin{bmatrix} 0.0257 \\ -1.26 \\ 0 \\ 0 \end{bmatrix}$$

已知系统状态的初值为 $\boldsymbol{x}(0) = [\ 10,\ 0,\ -0.3550,\ -15\ ]^{\mathrm{T}}$，要求在终端 $t_{\mathrm{f}} = 6.0$ 时到达停机场的正上方，并调整各状态归零。进行 LQ 调节器设计，并仿真控制器。

解 选取性能指标矩阵 $\boldsymbol{Q} = \mathrm{diag}(0,0,0,40)$, $\boldsymbol{R} = 1$, $\boldsymbol{N} = \boldsymbol{0}_{4\times1}$，分别采用 PIMCSD 工具箱和 MATLAB 提供的函数完成程序设计，代码如表 2.1.1 所示。二者得到的反馈增益阵具有 12 位以上的相同有效数字；图 2.1.1 给出含噪声和不含噪声时的仿真曲线比较，二者的效果也是完全一样的。

表 2.1.1 LQ 调节器设计与仿真代码

调用 PIMCSD

```
%%%===OH-6A Data===%%%
A   = [ -0.0257, 0.013, -0.322, 0; ...
          1.26,   -1.765,   0,        0; ...
          0, 1, 0, 0; ...
          1, 0 ,0 ,0];
B2 = [ 0.086, -7.408, 0, 0 ]';
B1 = [ 0.0257, -1.26, 0, 0 ]';
Cy = [0, 0, 0, 1;   0,0,1,0];   D = zeros(2,1);
Q = 40*diag([0,0,0,1]); N=zeros(4,1); R=1;
x0=[10, 0, -0.3550, -15]';
% {   u, q,    theta,    x }
tf=6.0;   Ts = 0.1;     t=0:Ts:tf;

% designing TI Controller
[Kx,S,E] = pim_lqr(A,B2,Q,R);
Ac = A - B2*Kx;

%Simulation for closed-loop system
% without noises
[y_t,t,x_t] = pim_initial(Ac,Cy,x0,t);
u_t = -Kx*x_t;
% with noises
randn('state',0); w_t = 2*randn(size(t));
[y1_t,t,x1_t] = pim_lsim( Ac,B1,Cy,D,w_t,t,x0);
u1_t = -Kx*x1_t;
%%%next to ploting x_t, x1_t, u1_t%%%
```

调用 MATLAB

```
%%%===OH-6A Data===%%%
A   = [ -0.0257, 0.013, -0.322, 0; ...
          1.26,   -1.765,   0,        0; ...
          0, 1, 0, 0; ...
          1, 0 ,0 ,0];
B2 = [ 0.086, -7.408, 0, 0 ]';
B1 = [ 0.0257, -1.26, 0, 0 ]';
Cy = [0, 0, 0, 1;   0,0,1,0];   D = zeros(2,1);
Q = 40*diag([0,0,0,1]); N=zeros(4,1); R=1;
x0=[10, 0, -0.3550, -15]';
% {   u, q,    theta,    x }
tf=6.0;   Ts = 0.1;     t=0:Ts:tf;

% designing TI Controller
 [Kx,S,E] = lqr(A,B2,Q,R);
Ac = A - B2*Kx;     sysc = ss(Ac,B1,Cy,D);

%Simulation for closed-loop system
% without noises
[y_t,t,x_t] = initial(sysc,x0,t);
x_t = x_t';   u_t = -Kx*x_t;
% with noises
randn('state',0); w_t = 2*randn(size(t));
[y1_t,t,x1_t] = lsim( sysc,w_t,t,x0);
x1_t = x1_t';   u1_t = -Kx*x1_t;
%%%next to ploting x_t, x1_t, u1_t%%%
```

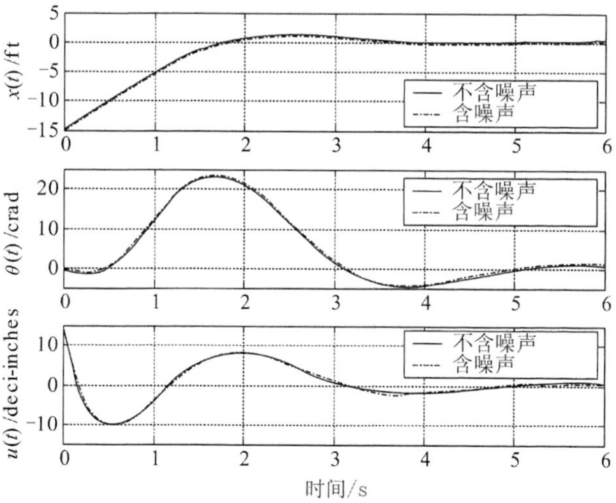

图 2.1.1　最优调节器的仿真

2.1.2　数字调节器

所谓数字调节器，就是对连续系统设计的离散调节器。随着计算机技术的普及和发展，数字控制的应用也越来越广泛。

1)　问题描述

对于连续系统(2.1.1)，要求设计离散控制律

$$\boldsymbol{u}_k = -\boldsymbol{K}_{\rm d}\boldsymbol{x}_k \tag{2.1.9}$$

极小化一个与连续性能指标(2.1.2)相等价的离散性能指标。

因此，数字控制器的设计有两个核心问题：一是对连续系统和连续性能指标的精确离散化，这在第 1 章已经介绍过了；二是对得到的等价离散系统进行设计，要求解离散时间的矩阵代数 Riccati 方程。

2)　PIMCSD 工具箱中的实现

在 PIMCSD 工具箱里提供了数字调节器的实现函数 pim_lqrd()，其调用格式如下：

$$[\boldsymbol{K}_{\rm d}, \boldsymbol{S}, E] = \text{pim\_lqrd}(\boldsymbol{A}, \boldsymbol{B}, \boldsymbol{Q}, \boldsymbol{R}, T_{\rm s})$$

$$[\boldsymbol{K}_{\rm d}, \boldsymbol{S}, E] = \text{pim\_lqrd}(\boldsymbol{A}, \boldsymbol{B}, \boldsymbol{Q}, \boldsymbol{R}, N, T_{\rm s})$$

参数简单说明：

返回参数中 $\boldsymbol{K}_{\rm d}$ 为等价的离散增益矩阵，$\boldsymbol{S}$ 为等价的离散系统代数 Riccati 方程

的解，E 为等价的离散的闭环控制系统 $(\boldsymbol{\Phi}-\boldsymbol{G}\boldsymbol{K}_{\mathrm{d}})$ 的特征值。

输入参数中 $\boldsymbol{A}$ 和 $\boldsymbol{B}$ 分别为连续系统的状态矩阵和输入矩阵；$\boldsymbol{Q}, \boldsymbol{R}, \boldsymbol{N}$ 为相应的连续性能指标矩阵；T_{s} 为采样周期或离散步长。

3）设计实例

例 2.1.2 采用例 2.1.1 的直升机着陆模型。试分析其数字状态调节器设计及其仿真。

解 数字控制器设计直接调用 PIMCSD 工具箱中的 pim_lqrd()或 MATLAB 工具箱中的 lqrd()即可。

值得注意的是关于仿真的实现：数字控制器给出离散信号，而系统是连续的，因此需要有离散信号到连续信号的重构，通常采用零阶保持(zero-holder)，即 $\boldsymbol{u}(t) \equiv \boldsymbol{u}_k,\ t_k \leqslant t < t_k + T_{\mathrm{s}}$，这样，实际地输入信号是与状态是耦合在一起的，而且分段常值变化，不连续的，应用 MATLAB 很难从严格意义上模拟数字仿真(即使通过其微分方程求解器 ODESOLVER)。PIMCSD 工具箱提供了函数 pim_ltisim()(该函数将在后面介绍)可以真实地模拟数字控制，且给出该问题的精确解。

调用 PIMCSD 工具箱和 MATLAB 工具箱的相应函数，完成上述功能设计，程序代码对比如表 2.1.2 所示，得到的控制效果比较如图 2.1.2 所示。可见，使用 PIMCSD 工具箱设计更简便，精度更高。

表 2.1.2 数字调节器的设计与仿真

调用 PIMCSD	调用 MATLAB
%%%===OH-6A Data===%%%	%%%===OH-6A Data===%%%
A =[-0.0257, 0.013, -0.322, 0; ...	A =[-0.0257, 0.013, -0.322, 0; ...
1.26, -1.765, 0, 0; ...	1.26, -1.765, 0, 0; ...
0, 1, 0, 0; ...	0, 1, 0, 0; ...
1, 0 ,0 ,0];	1, 0 ,0 ,0];
B2 = [0.086, -7.408, 0, 0]';	B2 = [0.086, -7.408, 0, 0]';
B1 = [0.0257, -1.26, 0, 0]';	B1 = [0.0257, -1.26, 0, 0]';
Cy = [0, 0, 0, 1; 0,0,1,0]; D = zeros(2,1);	Cy = [0, 0, 0, 1; 0,0,1,0]; D = zeros(2,1);
Q = 40*diag([0,0,0,1]); N=zeros(4,1); R=1;	Q = 40*diag([0,0,0,1]); N=zeros(4,1); R=1;
x0=[10, 0, -0.3550, -15]';	x0=[10, 0, -0.3550, -15]';
% { u, q, theta, x }	% { u, q, theta, x }
tf=6.0; Ts = 0.1; t=0:Ts:tf;	tf=6.0; Ts = 0.1; t=0:Ts:tf;
% Designing the digital regulator	% Designing the digital regulator
[Kd,S,E] = pim_lqrd(A,B2,Q,R,Ts);	[Kd,S,E] = lqrd(A,B2,Q,R,Ts);
% Sim. without noises	% Sim. without noises
schm = [0,tf; Ts,0];	[t,x_t]=ode45(@getm_dx,t,x0,[],A,B2,Kd);
[x_t,u_t,t]= pim_ltisim(A,B2,@getp_u,…	x_t = x_t'; u_t = -Kd*x_t;
schm,x0,'zoh',Kd);	
% Sim. with noises	% Sim. with noises
randn('state',0);	randn('state',0);
[x1_t,u1_t,t]= pim_ltisim(A,[B2,B1],…	[t,x1_t]=ode45(@getmw_dx,t,x0,[],…
@getpw_u,schm,x0,'zoh',Kd);	A,B2,B1,Kd)
	x1_t = x1_t'; u1_t = -Kd*x1_t;

续表

调用 PIMCSD	调用 MATLAB

%%%next to ploting x_t, x1_t, u1_t%%%
 	
%%%%%sub_functions%%%%%
function u0 = getp_u(t,x,Kd)
u0 = -Kd*x;
 	
function uw0 = getpw_u(t,x,Kd)
w0 = 2*randn(1);
u0 = -Kd*x;
uw0 = [u0; w0];
	%%%next to ploting x_t, x1_t, u1_t%%%
	
	%%%%%sub_functions%%%%%
	function dx = getm_dx(t,x,A,B,Kd)
	u0 = -Kd*x;
	dx = A*x+B*u0;
	function dx = getmw_dx(t,x,A,B2,B1,Kd)
	w = randn(1);
	u0 = -Kd*x;
	dx = A*x+B2*u0+B1*w;

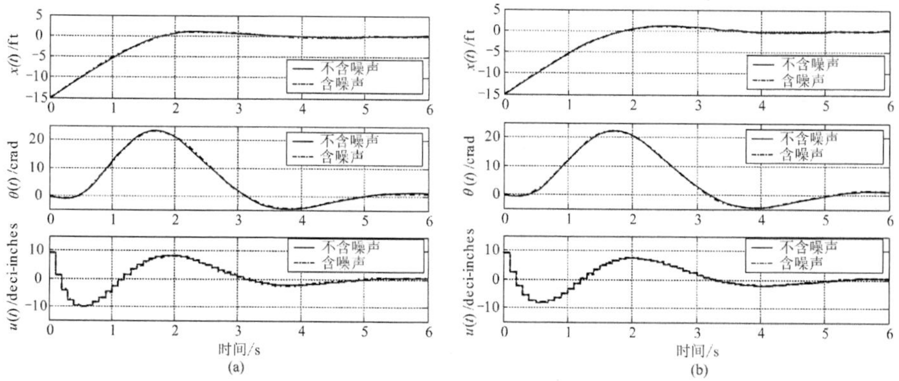

图 2.1.2　数字调节器的仿真比较

(a) PIMCSD；　(b) MATLAB

2.1.3　输出调节器

1)　问题描述

所谓输出调节器，就是在性能指标函数中，将对状态 $\boldsymbol{x}$ 的加权替换为对输出 $\boldsymbol{y}$ 的加权。例如对于连续系统，优化的性能指标改为

$$J(\boldsymbol{u})=\frac{1}{2}\int_0^\infty\left(\boldsymbol{y}^{\mathrm{T}}\boldsymbol{Q}\boldsymbol{y}+\boldsymbol{u}^{\mathrm{T}}\boldsymbol{R}\boldsymbol{u}+2\boldsymbol{y}^{\mathrm{T}}\boldsymbol{N}\boldsymbol{u}\right)\mathrm{d}t \tag{2.1.10}$$

其中，

$$\boldsymbol{y}=\boldsymbol{C}\boldsymbol{x}+\boldsymbol{D}\boldsymbol{u} \tag{2.1.11}$$

类似地，可以写出离散时间系统的输出加权的状态调节器，这里就不重复了。

输出加权的状态调节器也归结于矩阵代数 Riccati 方程的求解。

2) PIMCSD 工具箱中的实现

PIMCSD 工具箱里提供了输出调节器的实现函数 pim_lqry()和 pim_dlqry()，其调用格式分别如下：

(1) pim_lqry()的调用格式如下：

$$[\boldsymbol{K},\boldsymbol{S},E]=\text{pim\_lqry}(\boldsymbol{A},\boldsymbol{B},\boldsymbol{C},\boldsymbol{D},\boldsymbol{Q},\boldsymbol{R})$$
$$[\boldsymbol{K},\boldsymbol{S},E]=\text{pim\_lqry}(\boldsymbol{A},\boldsymbol{B},\boldsymbol{C},\boldsymbol{D},\boldsymbol{Q},\boldsymbol{R},\boldsymbol{N})$$

参数简单说明：

返回参数中 $\boldsymbol{K}$ 为最优反馈增益矩阵，$\boldsymbol{S}$ 为连续系统代数 Riccati 方程(2.1.4)的解，E 为闭环控制系统 $(\boldsymbol{A}-\boldsymbol{BK})$ 的特征值。

输入参数中 $\boldsymbol{A},\boldsymbol{B},\boldsymbol{C},\boldsymbol{D}$ 为连续的系统矩阵；$\boldsymbol{Q},\boldsymbol{R},\boldsymbol{N}$ 为相应的性能指标矩阵。

(2) pim_dlqry()的调用格式如下：

$$[\boldsymbol{K},\boldsymbol{S},E]=\text{pim\_dlqry}(\boldsymbol{\Phi},\boldsymbol{G},\boldsymbol{C},\boldsymbol{D},\boldsymbol{Q},\boldsymbol{R})$$
$$[\boldsymbol{K},\boldsymbol{S},E]=\text{pim\_dlqry}(\boldsymbol{\Phi},\boldsymbol{G},\boldsymbol{C},\boldsymbol{D},\boldsymbol{Q},\boldsymbol{R},\boldsymbol{N})$$

参数简单说明：

返回参数中 $\boldsymbol{K}$ 为最优反馈增益矩阵，$\boldsymbol{S}$ 为离散系统代数 Riccati 方程(2.1.8)的解，E 为闭环控制系统 $(\boldsymbol{A}-\boldsymbol{BK})$ 的特征值。

输入参数中 $\boldsymbol{\Phi},\boldsymbol{G},\boldsymbol{C},\boldsymbol{D}$ 为离散的系统矩阵；$\boldsymbol{Q},\boldsymbol{R},\boldsymbol{N}$ 为相应的性能指标矩阵。

3) 设计实例

例 2.1.3　考虑例 2.1.1 的直升飞机的着陆问题，状态方程如例 2.1.1 所示，量测方程为

$$\boldsymbol{y}=\boldsymbol{C}_y\boldsymbol{x}+\boldsymbol{D}\boldsymbol{u}$$

其中，

$$\boldsymbol{C}_y=\begin{bmatrix}0&0&0&1\\0&0&1&0\end{bmatrix},\quad \boldsymbol{D}=\begin{bmatrix}0\\0\end{bmatrix}$$

已知系统状态的初值为 $\boldsymbol{x}(0)=[10,\ 0,\ -0.3550,\ -15]^{\mathrm{T}}$，要求在终端 $t_{\mathrm{f}}=6.0$ 时到达停机场的正上方，并调整各状态归零。用输出加权的状态调节器进行 LQ 调节器设计，并仿真控制器。

解　选取性能指标矩阵 $\boldsymbol{Q}=\mathrm{diag}(40,0)$，$\boldsymbol{R}=1$，$\boldsymbol{N}=\boldsymbol{0}_{2\times1}$，分别采用 PIMCSD 和 MATLAB 提供的函数完成程序设计，代码如表 2.1.3 所示。二者得到的反馈增益阵具有 12 位以上的相同有效数字；图 2.1.3 分别用 PIMCSD 和 MATLAB 给出含噪声和不含噪声时的仿真曲线比较，二者的效果也是完全一样的。而且用输出加权的状态调节器的仿真曲线和直接用状态调节器的控制效果是相同的。

表 2.1.3　输出调节器的设计与仿真

调用 PIMCSD	调用 MATLAB
%%%===OH-6A Data===%%%	%%%===OH-6A Data===%%%
A = [-0.0257, 0.013, -0.322, 0; ...	A = [-0.0257, 0.013, -0.322, 0; ...
1.26, -1.765, 0, 0; ...	1.26, -1.765, 0, 0; ...
0, 1, 0, 0; ...	0, 1, 0, 0; ...
1, 0 ,0 ,0];	1, 0 ,0 ,0];
B2 = [0.086, -7.408, 0, 0]';	B2 = [0.086, -7.408, 0, 0]';
B1 = [0.0257, -1.26, 0, 0]';	B1 = [0.0257, -1.26, 0, 0]';
Cy = [0, 0, 0, 1; 0,0,1,0]; D = zeros(2,1);	Cy = [0, 0, 0, 1; 0,0,1,0]; D = zeros(2,1);
Q = 40*diag([1,0]); N=zeros(2,1); R=1;	Q = 40*diag([1,0]); N=zeros(2,1); R=1;
x0=[10, 0, -0.3550, -15]';	x0=[10, 0, -0.3550, -15]';
% { u, q, theta, x }	% { u, q, theta, x }
tf=6.0; Ts = 0.1; t=0:Ts:tf;	tf=6.0; Ts = 0.1; t=0:Ts:tf;
% designing TI Controller with pim_lqry	% designing TI Controller with lqry
[Kx,S,E] = pim_lqry(A,B2,Cy,D,Q,R,N);	[Kx,S,E] = lqry(A,B2,Cy,D,Q,R,N);
Ac = A - B2*Kx;	Ac = A - B2*Kx; sysc = ss(Ac,B1,Cy,D);
%Simulation for closed-loop system	%Simulation for closed-loop system
% without noises	% without noises
[y_t,t,x_t] = pim_initial(Ac,Cy,x0,t);	[y_t,t,x_t] = initial(sysc,x0,t);
u_t = -Kx*x_t;	x_t = x_t'; u_t = -Kx*x_t;
% with noises	% with noises
randn('state',0); w_t = 2*randn(size(t));	randn('state',0); w_t = 2*randn(size(t));
[y1_t,t,x1_t] = pim_lsim(Ac,B1,Cy,D,w_t,t,x0);	[y1_t,t,x1_t] = lsim(sysc,w_t,t,x0);
u1_t = -Kx*x1_t;	x1_t = x1_t'; u1_t = -Kx*x1_t;
%%%next to ploting x_t, x1_t, u1_t%%%	%%%next to ploting x_t, x1_t, u1_t%%%

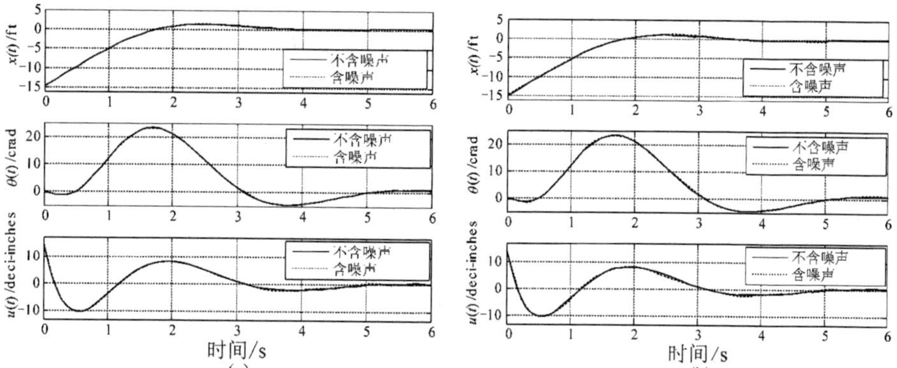

(a)　　　　(b)

图 2.1.3　输出调节器的仿真比较

(a) PIMCSD;　(b) MATLAB

2.1.4　矩阵代数 Riccati 方程

1)　问题描述

从前面 LQ 最优控制的分析可以看出，无论是连续系统还是离散系统，无论是状态调节器还是数字调节器，控制器的设计都归结为矩阵代数 Riccati 方程的求解，如式(2.1.4)和式(2.1.8)所示。其实，Kalman 滤波问题，以及 H_∞ 控制设计问题也需要求解矩阵 Riccati 方程。矩阵微分/代数 Riccati 方程在最优控制系统设计中起着极其重要的作用。而矩阵代数 Riccati 方程则是定常控制器设计的核心。

连续时间系统的矩阵代数 Riccati 方程具有如下形式，

$$\boldsymbol{A}^{\mathrm{T}}\boldsymbol{S}+\boldsymbol{S}\boldsymbol{A}+\boldsymbol{Q}-(\boldsymbol{S}\boldsymbol{B}+\boldsymbol{N})\boldsymbol{R}^{-1}(\boldsymbol{S}\boldsymbol{B}+\boldsymbol{N})^{\mathrm{T}}=\boldsymbol{0}$$

离散时间系统的矩阵代数 Riccati 方程具有如下形式，

$$\boldsymbol{\Phi}^{\mathrm{T}}\boldsymbol{S}\boldsymbol{\Phi}-\boldsymbol{S}-(\boldsymbol{\Phi}^{\mathrm{T}}\boldsymbol{S}\boldsymbol{G}+\boldsymbol{N})\left(\boldsymbol{G}^{\mathrm{T}}\boldsymbol{S}\boldsymbol{G}+\boldsymbol{R}\right)^{-1}(\boldsymbol{\Phi}^{\mathrm{T}}\boldsymbol{S}\boldsymbol{G}+\boldsymbol{N})^{\mathrm{T}}=\boldsymbol{0}$$

一般形式的矩阵代数 Riccati 方程可以描述为，

$$\bar{\boldsymbol{A}}^{\mathrm{T}}\boldsymbol{X}+\boldsymbol{X}\bar{\boldsymbol{A}}-\boldsymbol{X}\bar{\boldsymbol{B}}\boldsymbol{X}+\bar{\boldsymbol{C}}=\boldsymbol{0} \tag{2.1.12}$$

2) PIMCSD 工具箱中的实现

对于矩阵代数Riccati方程的求解，PIMCSD工具箱里提供了实现函数pim_care()和 pim_dare()分别完成最优控制系统设计中连续系统式(2.1.4)和离散系统式(2.1.8)的代数 Riccati 方程求解；同时，还提供了一个通用的矩阵代数 Riccati 方程求解器 pim_are()完成式(2.1.12)的求解。调用格式如下：

(1) pim_care()的调用格式如下：

$$[\boldsymbol{S},E,\boldsymbol{K},\mathrm{RR}]=\mathrm{pim\_care}(\boldsymbol{A},\boldsymbol{B},\boldsymbol{Q},\boldsymbol{R},\boldsymbol{N})$$

参数简单说明：

返回参数中 $\boldsymbol{S}$ 相应 Riccati 方程的解，E 为闭环系统 $(\boldsymbol{A}-\boldsymbol{B}\boldsymbol{K})$ 的特征值，$\boldsymbol{K}=\boldsymbol{R}^{-1}(\boldsymbol{B}^{\mathrm{T}}\boldsymbol{S}+\boldsymbol{N}^{\mathrm{T}})$ 为增益阵，RR 为残差阵的相对 Frobenius 范数。

输入参数如式(2.1.4)所示。

(2) pim_dare()的调用格式如下：

$$[\boldsymbol{S},E,\boldsymbol{K},\mathrm{RR}]=\mathrm{pim\_dare}(\boldsymbol{\Phi},\boldsymbol{G},\boldsymbol{Q},\boldsymbol{R},\boldsymbol{N})$$

参数简单说明：

返回参数中 $\boldsymbol{S}$ 相应 Riccati 方程的解，E 为闭环系统 $(\boldsymbol{A}-\boldsymbol{B}\boldsymbol{K})$ 的特征值，$\boldsymbol{K}=\boldsymbol{R}^{-1}(\boldsymbol{B}^{\mathrm{T}}\boldsymbol{S}+\boldsymbol{N}^{\mathrm{T}})$ 为增益阵，RR 为残差阵的相对 Frobenius 范数。

输入参数如式(2.1.8)所示。

(3) pim_are ()的调用格式如下：

$$[\boldsymbol{X},\mathrm{RR},\mathrm{Res}]=\mathrm{pim\_are}(\bar{\boldsymbol{A}},\bar{\boldsymbol{B}},\bar{\boldsymbol{C}})$$

参数简单说明：

返回参数中 $\boldsymbol{X}$ 为相应 Riccati 方程的解，Res 为矩阵代数方程的残差阵，RR 为残差阵的相对 Frobenius 范数。

输入参数如式(2.1.12)所示。

3) 设计实例

例 2.1.4 考虑下面的最优控制系统

$$\dot{\boldsymbol{x}} = \begin{bmatrix} -\varepsilon & 1 & 0 & 0 \\ -1 & -\varepsilon & 0 & 0 \\ 0 & 0 & \varepsilon & 1 \\ 0 & 0 & -1 & \varepsilon \end{bmatrix} \boldsymbol{x} + \begin{bmatrix} 1 \\ 1 \\ 1 \\ 1 \end{bmatrix} \boldsymbol{u}, \quad \boldsymbol{y} = \boldsymbol{Cx}, \quad \boldsymbol{C} = [1,\ 1,\ 1,\ 1]$$

二次性能指标为

$$J = \int_0^\infty \left(\boldsymbol{y}^{\mathrm{T}} \boldsymbol{y} + \boldsymbol{u}^{\mathrm{T}} \boldsymbol{u} \right) \mathrm{d}t$$

当 $\varepsilon \to 0$ 时，研究最优 LQ 控制设计中的 Riccati 方程的求解注意到，该系统是完全可控和可观的，然而随着 $\varepsilon \to 0$，代数 Riccati 方程对应的 Hamilton 矩阵出现趋近于虚轴的本征值，增加了求解难度。

解 该输出加权的状态调节器设计问题导出的矩阵代数 Riccati 方程为

$$\boldsymbol{A}^{\mathrm{T}} \boldsymbol{S} + \boldsymbol{SA} - \boldsymbol{SBB}^{\mathrm{T}} \boldsymbol{S} + \boldsymbol{C}^{\mathrm{T}} \boldsymbol{C} = \boldsymbol{0}$$

相当于 pim_care()中的指标阵 $\boldsymbol{Q} = \boldsymbol{C}^{\mathrm{T}} \boldsymbol{C}$, $\boldsymbol{R} = 1.0$, $\boldsymbol{N} = \boldsymbol{0}$ 。分别调用 PIMCSD 工具箱中 pim_care()与 MATLAB 工具箱中的 care()完成求解，程序代码如表 2.1.4 所示。表 2.1.5 给出了二者求解结果，可以看出，MATLAB 提供的求解器将出现“本征值太靠近虚轴”的警告提示直至错误中断；而 PIMCSD 提供的 Riccati 方程求解器一直具有很高的精度，且稳定性更好。

表 2.1.4 矩阵代数 Riccati 方程求解代码比较

<table>
<tr><th>调用 PIMCSD</th><th>调用 MATLAB</th></tr>
<tr><td><pre>
B = [1,1,1,1]';   C = [1,1,1,1];
Q = C'*C; R = 1.0;
epss = [1.0, 1.0e-2, 1.0e-4, 1.0e-7, 1.0e-9];
n_eps = length(epss);
RRs = ones(1,n_eps);
eigHs = zeros(8,n_eps);
for k = 1 : n_eps

    epsk = epss(k);
    A = [-epsk, 1, 0, 0;   -1, -epsk, 0, 0;
         0, 0, epsk, 1;   0, 0, -1, epsk];
    H = [A, B*(R\B'); Q, -A'];
    eigHs(:,k) = eig(H);
    [X,L,G,RR] = pim_care(A,B,Q,R);
    RRs(k) = RR;
end
</pre></td><td><pre>
B = [1,1,1,1]';   C = [1,1,1,1];
Q = C'*C; R = 1.0;
epss = [1.0, 1.0e-2, 1.0e-4, 1.0e-7, 1.0e-9];
n_eps = length(epss);
RRs = ones(1,n_eps);
eigHs = zeros(8,n_eps);
for k = 1 : n_eps

    epsk = epss(k);
    A = [-epsk, 1, 0, 0;   -1, -epsk, 0, 0;
         0, 0, epsk, 1;   0, 0, -1, epsk];
    H = [A, B*(R\B'); Q, -A'];
    eigHs(:,k) = eig(H);
    [X,L,G,RR] = care(A,B,Q,R);
    RRs(k) = RR;
end
</pre></td></tr>
</table>

表 2.1.5　矩阵代数 Riccati 方程求解精度与稳定性比较

	Hamilton 矩阵特征值接近虚轴的程度	残差阵的相对 Frobenius 范数	
		PIMCSD	MATLAB
$\varepsilon=1.0$	5.2e−1	1.9e−14	6.4e−15
$\varepsilon=1.0\text{e}-2$	5.0e−5	2.3e−15	1.7e−15
$\varepsilon=1.0\text{e}-4$	5.0e−9	1.6e−15	2.9e−15 (警告)
$\varepsilon=1.0\text{e}-7$	4.8e−15	2.9e−15	------- (错误)
$\varepsilon=1.0\text{e}-9$	5.6e−17	3.7e−15	------- (错误)

2.2　定常 Kalman 滤波器

在实际应用中，系统的状态不是可以全部量测到的，而且量测过程中可能受噪声的干扰。因此，需要从量测到的、含噪声的数据中提取有用信息，重构出控制所需要的状态，这就需要滤波、预测，以及平滑。Kalman 滤波就是一种经典、常见的滤波器。

2.2.1　Kalman 滤波器

1. 连续系统的 Kalman 滤波器设计

1)　问题描述

考虑连续系统方程

状态方程：
$$\dot{\boldsymbol{x}}=\boldsymbol{A}\boldsymbol{x}+\boldsymbol{B}_2\boldsymbol{u}+\boldsymbol{B}_1\boldsymbol{w} \tag{2.2.1}$$

量测方程：
$$\boldsymbol{y}=\boldsymbol{C}_y\boldsymbol{x}+\boldsymbol{v} \tag{2.2.2}$$

控制输入 $\boldsymbol{u}$ 已知，并且过程噪声和量测噪声满足

$$E(\boldsymbol{w})=E(\boldsymbol{v})=\boldsymbol{0},\quad E(\boldsymbol{w}\boldsymbol{w}^{\mathrm{T}})=\boldsymbol{W},\quad E(\boldsymbol{v}\boldsymbol{v}^{\mathrm{T}})=\boldsymbol{V},\quad E(\boldsymbol{w}\boldsymbol{v}^{\mathrm{T}})=\boldsymbol{S} \tag{2.2.3}$$

并且认为初始状态的估计值 $\hat{\boldsymbol{x}}_0$，以及方差 $\boldsymbol{P}_0$ 已知。

Kalman 滤波方程为

$$\dot{\hat{\boldsymbol{x}}}=\boldsymbol{A}\hat{\boldsymbol{x}}+\boldsymbol{L}(\boldsymbol{y}-\boldsymbol{C}_y\hat{\boldsymbol{x}})+\boldsymbol{B}_2\boldsymbol{u}\,,\quad \hat{\boldsymbol{x}}(0)=\hat{\boldsymbol{x}}_0 \tag{2.2.4}$$

其中，$\boldsymbol{L}=\boldsymbol{P}\boldsymbol{C}_y^{\mathrm{T}}\boldsymbol{V}^{-1}+\boldsymbol{B}_1\boldsymbol{S}\boldsymbol{V}^{-1}$ 为定常滤波增益阵。这里，$\boldsymbol{P}$ 为相应矩阵代数 Riccati 方程的解。

连续系统的 Kalman 滤波方程可以精确离散化为下面形式，

$$\hat{\boldsymbol{x}}_{k+1} = \boldsymbol{\Phi}\hat{\boldsymbol{x}}_k + \tilde{\boldsymbol{R}}_y\tilde{\boldsymbol{y}}_k + \tilde{\boldsymbol{R}}_u\tilde{\boldsymbol{u}}_k \tag{2.2.5}$$

其中，$\boldsymbol{\Phi}$ 为状态传递矩阵，设采样周期(或离散步长)为 T_s，则

$$\boldsymbol{\Phi} = \mathrm{e}^{(A-LC_y)T_s} \tag{2.2.5a}$$

而 $\tilde{\boldsymbol{R}}_y$ 和 $\tilde{\boldsymbol{R}}_u$ 可称之为量测和输入响应矩阵，如果对量测或输入在采样周期内采用零阶近似(即零阶保持)则有 $\tilde{\boldsymbol{y}}_k = \boldsymbol{y}_{k,0}$，$\tilde{\boldsymbol{u}}_k = \boldsymbol{u}_{k,0}$

$$\tilde{\boldsymbol{R}}_y = \boldsymbol{R}_{y,0} = \int_0^{T_s} \mathrm{e}^{(A-LC_y)(T_s-\tau)}\mathrm{d}\tau \cdot \boldsymbol{L}, \quad \tilde{\boldsymbol{R}}_u = \boldsymbol{R}_{u,0} = \int_0^{T_s} \mathrm{e}^{(A-LC_y)(T_s-\tau)}\mathrm{d}\tau \cdot \boldsymbol{B}_2 \tag{2.2.5b}$$

如果对量测或输入在采样周期内采用一阶近似(即一阶保持)，即 $\boldsymbol{y}(t_k+\tau) = \boldsymbol{y}_{k,0} + \tau\boldsymbol{y}_{k,1}$，$\boldsymbol{u}(t_k+\tau) = \boldsymbol{u}_{k,0} + \tau\boldsymbol{u}_{k,1}$，则

$$\tilde{\boldsymbol{y}}_k = \begin{Bmatrix} \boldsymbol{y}_{k,0} \\ \boldsymbol{y}_{k,1} \end{Bmatrix}, \quad \tilde{\boldsymbol{u}}_k = \begin{Bmatrix} \boldsymbol{u}_{k,0} \\ \boldsymbol{u}_{k,1} \end{Bmatrix}, \quad \tilde{\boldsymbol{R}}_y = [\boldsymbol{R}_{y,0}, \boldsymbol{R}_{y,1}], \quad \tilde{\boldsymbol{R}}_u = [\boldsymbol{R}_{u,0}, \boldsymbol{R}_{u,1}] \tag{2.2.5c}$$

其中，

$$\boldsymbol{R}_{y,1} = \int_0^{T_s} \tau \cdot \mathrm{e}^{(A-LC_y)(T_s-\tau)}\mathrm{d}\tau \cdot \boldsymbol{L}, \quad \boldsymbol{R}_u = \int_0^{T_s} \tau \cdot \mathrm{e}^{(A-LC_y)(T_s-\tau)}\mathrm{d}\tau \cdot \boldsymbol{B}_2 \tag{2.2.5d}$$

可以此类推，等等。

精确离散式(2.2.5)其实给出了连续系统的离散滤波器，也为其仿真提供了方便。

2) PIMCSD 工具箱中的实现

PIMCSD 工具箱提供了 Kalman 滤波器设计函数 pim_kalman()，以及滤波系统的仿真函数 pim_simkalman()，其调用格式分别如下：

(1) pim_kalman()的调用格式如下：

$$[\boldsymbol{L}, \boldsymbol{P}, E] = \text{pim\_kalman}(\boldsymbol{A}, \boldsymbol{B}_1, \boldsymbol{C}_y, \boldsymbol{W}, \boldsymbol{V}, \boldsymbol{S})$$

$$[\boldsymbol{L}, \boldsymbol{P}, E, \boldsymbol{\Phi}, \tilde{\boldsymbol{R}}_y] = \text{pim\_kalman}(\boldsymbol{A}, \boldsymbol{B}_1, \boldsymbol{C}_y, \boldsymbol{W}, \boldsymbol{V}, \boldsymbol{S}, T_s, \text{flag})$$

$$[\boldsymbol{L}, \boldsymbol{P}, E, \boldsymbol{\Phi}, \tilde{\boldsymbol{R}}_y, \tilde{\boldsymbol{R}}_u] = \text{pim\_kalman}(\boldsymbol{A}, \boldsymbol{B}_1, \boldsymbol{C}_y, \boldsymbol{W}, \boldsymbol{V}, \boldsymbol{S}, T_s, \boldsymbol{B}_2, \text{flag})$$

参数简单说明：

返回参数中 $\boldsymbol{L}$ 为滤波增益阵，$\boldsymbol{P}$ 为相应 Riccati 方程的解，E 为滤波方程系统矩阵 $(\boldsymbol{A}-\boldsymbol{L}\boldsymbol{C}_y)$ 的特征值；$\boldsymbol{\Phi}, \tilde{\boldsymbol{R}}_y, \tilde{\boldsymbol{R}}_u$ 为等价离散化参数。

输入参数中系统参数 $\boldsymbol{A}, \boldsymbol{B}_1, \boldsymbol{B}_2, \boldsymbol{C}_y, \boldsymbol{W}, \boldsymbol{V}, \boldsymbol{S}$ 意义如式(2.2.1)~(2.2.3)所示；T_s 为采样周期(或离散步长)。

(2) pim_simkalman()的调用格式如下：

$$\hat{\boldsymbol{x}} = \text{pim\_simkalman}(\boldsymbol{\Phi}, \tilde{\boldsymbol{R}}_y, \hat{\boldsymbol{x}}_0, \boldsymbol{y}, \text{flag})$$

$$\hat{\boldsymbol{x}} = \text{pim\_simkalman}(\boldsymbol{\Phi}, \tilde{\boldsymbol{R}}_y, \tilde{\boldsymbol{R}}_u, \hat{\boldsymbol{x}}_0, \boldsymbol{y}, \boldsymbol{u}, \text{flag})$$

参数简单说明：

返回参数为测量更新的仿真结果。

输入参数中 $\boldsymbol{\Phi},\tilde{\boldsymbol{R}}_y,\tilde{\boldsymbol{R}}_u$ 是由 pim_kalman()返回的滤波器离散化参数，如式(2.2.5)所示；$\boldsymbol{y}$ 和 $\boldsymbol{u}$ 为量测和输入序列；flag = 0|1，指定 pim_kalman()返回的 $\tilde{\boldsymbol{R}}_y,\tilde{\boldsymbol{R}}_u$ 的次数(也可以看作离散滤波器的次数)，如式(2.2.5b~d)。利用该函数，可以方便地完成对滤波器不同 $\boldsymbol{y},\boldsymbol{u}$ 的仿真。

3) 设计实例

例 2.2.1　考虑例 2.1.1 描述的直升飞机的着陆问题。状态方程和量测方程分别为

$$\dot{\boldsymbol{x}} = \boldsymbol{A}\boldsymbol{x} + \boldsymbol{B}_1\boldsymbol{w}, \quad \boldsymbol{y} = \boldsymbol{C}_y\boldsymbol{x} + \boldsymbol{v}$$

$$\boldsymbol{A} = \begin{bmatrix} -0.0257 & 0.013 & -0.322 & 0 \\ 1.26 & -1.765 & 0 & 0 \\ 0 & 1 & 0 & 0 \\ 1 & 0 & 0 & 0 \end{bmatrix}, \quad \boldsymbol{B}_1 = \begin{bmatrix} 0.0257 \\ -1.26 \\ 0 \\ 0 \end{bmatrix}, \quad \boldsymbol{C}_y = \begin{bmatrix} 0 & 0 & 0 & 1 \\ 0 & 0 & 1 & 0 \end{bmatrix}$$

其中，$\boldsymbol{w}$ 和 $\boldsymbol{v}$ 为互不相关的白噪声，试进行 Kalman 滤波器设计，并仿真。

解　分别调用 PIMCSD 和 MATLAB 提供的函数完成滤波器的设计与仿真，程序代码如表 2.2.1 所示。其中，simcrndnp()是 PIMCSD 提供的对连续系统在高斯随机过程的仿真函数。从程序代码看，MATLAB 好像只能用 lism()函数对得到的滤波器 kest 仿真，对于实时仿真的实现是不灵活的，而 PIMCSD 还提供了专用于 Kalman 滤波的仿真函数 pim_simkalman()，并且得到的等价离散滤波器可完成不同噪声、输入信号的仿真，而不用重新对系统离散。二者得到的滤波增益阵 $\boldsymbol{L}$ 和 Riccati 方程解 $\boldsymbol{P}$ 的绝对误差在 $10^{-14} \sim 10^{-15}$ 量级，高度精确。仿真曲线是一致的，如图 2.2.1 所示。

表 2.2.1　Kalman 滤波器的设计与仿真代码

<table>
<tr><th>调用 PIMCSD</th><th>调用 MATLAB</th></tr>
<tr><td><pre>
%%%===OH-6A Data===%%%
A = [-0.0257, 0.013, -0.322, 0; ...
        1.26,   -1.765,   0,   0; ...
        0, 1, 0, 0; ...
        1, 0 ,0 ,0];
B2 = [0.086, -7.408, 0, 0]';
B1 = [0.0257, -1.26, 0, 0]';
x0e=[10, 0, -0.3550, -15]';
% {   u, q,   theta   x }
Cy = [0, 0, 0, 1;   0,0,1,0];
P0 = 1*diag([1,1,1,1]);
tf=6.0;   Ns=120;   Ts=tf/Ns;   t=0:Ts:tf;
Wd = 4;   Vd   = eye(2);
W = 2*Wd*Ts;   V = 2*Vd*Ts; S=0;
</pre></td><td><pre>
%%%===OH-6A Data===%%%
A = [-0.0257, 0.013, -0.322, 0; ...
        1.26,   -1.765,   0,   0; ...
        0, 1, 0, 0; ...
        1, 0 ,0 ,0];
B2 = [0.086, -7.408, 0, 0]';
B1 = [0.0257, -1.26, 0, 0]';
x0e=[10, 0, -0.3550, -15]';
% {   u, q,   theta   x }
Cy = [0, 0, 0, 1;   0,0,1,0];
P0 = 1*diag([1,1,1,1]);
tf=6.0;   Ns=120;   Ts=tf/Ns;   t=0:Ts:tf;
Wd = 4;   Vd   = eye(2);
W = 2*Wd*Ts;   V = 2*Vd*Ts; S=0;
</pre></td></tr>
</table>

续表

调用 PIMCSD	调用 MATLAB

flt_flag = 0;
[L,P,E,PHI,Rqy]=pim_kalman(A,B1,…
Cy,W,V,S,Ts,flt_flag);
 	
randn('state',0);
[x_t,w_t,y_t,v_t]=simcrndp(A,B1,…
Wd,P0,x0e,t,Cy,Vd);
xe_t=pim_simkalman(PHI,Rqy,
x0e,t,y_t,flt_flag);
%%%*PLOT*%%%
	sys1= ss(A,[B2,B1],Cy,
	zeros(size(Cy,1),size([B2,B1],2)));
	[kest,L,P] = kalman(sys1,W,V,S);
	
	randn('state',0);
	[x_t,w_t,y_t,v_t]=simcrndp(A,B1,
	Wd,P0,x0e,t,Cy,Vd);
	uu_t = [zeros(Ns+1,1),y_t'];
	[ye_t,t,xe_t] = lsim(kest,uu_t,t,x0e);
	%%%*PLOT*%%%

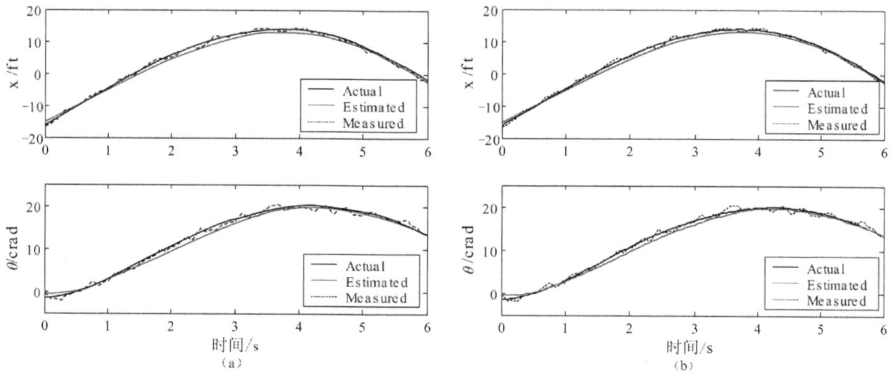

图 2.2.1　Kalman 滤波器设计与仿真比较

(a) PIMCSD；　(b) MATLAB

2. 离散系统的 Kalman 滤波器设计

1)　问题描述

离散系统方程

$$\begin{aligned} \boldsymbol{x}_{k+1} &= \boldsymbol{\Phi x}_{k+1} + \boldsymbol{G}_w \boldsymbol{w}_k \\ \boldsymbol{y}_k &= \boldsymbol{C}_y \boldsymbol{x}_k + \boldsymbol{v}_k \end{aligned} \tag{2.2.6}$$

其中，$\boldsymbol{w}_k$ 和 $\boldsymbol{v}_k$ 为随机高斯噪声，$k = 0,\cdots,N_s$，且

$$E[\boldsymbol{w}] = E[\boldsymbol{v}] = \boldsymbol{0},\quad E[\boldsymbol{ww}^{\mathrm{T}}] = \boldsymbol{W}_{\mathrm{d}},\quad E[\boldsymbol{vv}^{\mathrm{T}}] = \boldsymbol{V}_{\mathrm{d}},\quad E[\boldsymbol{wv}^{\mathrm{T}}] = \boldsymbol{S}_{\mathrm{d}} \tag{2.2.7}$$

这里，初始状态的估计值为 $\bar{\boldsymbol{x}}_0$，方差为 $\bar{\boldsymbol{P}}_0$。

验前估计(time update)为

$$\begin{aligned}\bar{\boldsymbol{x}}_{k+1} &= \boldsymbol{\Phi}\bar{\boldsymbol{x}}_k + \bar{\boldsymbol{L}}(\boldsymbol{y}_k - \boldsymbol{C}_y\bar{\boldsymbol{x}}_k + \boldsymbol{G}_u\boldsymbol{u}_k) \\ &= \boldsymbol{\Phi}\hat{\boldsymbol{x}}_k + \boldsymbol{G}_w\boldsymbol{S}_\mathrm{d}\boldsymbol{V}_\mathrm{d}^{-1}(\boldsymbol{y}_k - \boldsymbol{C}_y\hat{\boldsymbol{x}}_k + \boldsymbol{G}_u\boldsymbol{u}_k)\end{aligned} \tag{2.2.8}$$

其中，$\bar{\boldsymbol{L}} = (\boldsymbol{\Phi}\bar{\boldsymbol{P}}\boldsymbol{C}_y^T + \boldsymbol{G}_w\boldsymbol{S}_\mathrm{d})(\boldsymbol{V}_\mathrm{d} + \boldsymbol{C}_y\bar{\boldsymbol{P}}\boldsymbol{C}_y^T)$，为定常的验前滤波增益阵。这里，$\bar{\boldsymbol{P}}$ 为相应矩阵代数 Riccati 方程的解。

验后估计(measurement update)为

$$\hat{\boldsymbol{x}}_k = \bar{\boldsymbol{x}}_k + \hat{\boldsymbol{L}}(y_k - \boldsymbol{C}_y\bar{\boldsymbol{x}}_k) \tag{2.2.9}$$

其中，$\hat{\boldsymbol{L}} = \bar{\boldsymbol{P}}\boldsymbol{C}_y^T(\boldsymbol{V}_\mathrm{d} + \boldsymbol{C}_y\bar{\boldsymbol{P}}\boldsymbol{C}_y^T)^{-1}$ 为定常的验后滤波增益阵，

$$\begin{aligned}\hat{\boldsymbol{P}} &= (\bar{\boldsymbol{P}}^{-1} + \boldsymbol{C}_y^T\boldsymbol{V}_\mathrm{d}^{-1}\boldsymbol{C}_y)^{-1} = (I + \bar{\boldsymbol{P}}\boldsymbol{C}_y^T\boldsymbol{V}_\mathrm{d}^{-1}\boldsymbol{C}_y)^{-1}\bar{\boldsymbol{P}} \\ &= \bar{\boldsymbol{P}} - \bar{\boldsymbol{P}}\boldsymbol{C}_y^T(\boldsymbol{V}_\mathrm{d} + \boldsymbol{C}_y\bar{\boldsymbol{P}}\boldsymbol{C}_y^T)^{-1}\boldsymbol{C}_y\bar{\boldsymbol{P}}\end{aligned} \tag{2.2.10}$$

$\bar{\boldsymbol{P}}$ 满足的矩阵代数 Riccati 方程为

$$\bar{\boldsymbol{P}} = (\boldsymbol{\Phi} - \boldsymbol{G}_w\boldsymbol{S}_\mathrm{d}\boldsymbol{V}_\mathrm{d}^{-1}\boldsymbol{C}_y)\boldsymbol{\Phi}(\boldsymbol{\Phi} - \boldsymbol{G}_w\boldsymbol{S}_\mathrm{d}\boldsymbol{V}_\mathrm{d}^{-1}\boldsymbol{C}_y)^\mathrm{T} + \boldsymbol{G}_w(\boldsymbol{W}_\mathrm{d} - \boldsymbol{S}_\mathrm{d}\boldsymbol{V}_\mathrm{d}^{-1}\boldsymbol{S}_\mathrm{d}^\mathrm{T})\boldsymbol{G}_w^\mathrm{T} \tag{2.2.11}$$

求出 $\bar{\boldsymbol{P}}$ 就可代入相应方程进行滤波器设计。

2) PIMCSD 工具箱中的实现

PIMCSD 工具箱提供了离散系统 Kalman 滤波器设计函数 pim_dkalman()，以及滤波系统的仿真函数 pim_simdkalman()。

pim_dkalman()和 pim_simdkalman()的调用格式如下：

$$[\bar{\boldsymbol{L}}, \bar{\boldsymbol{P}}, \hat{\boldsymbol{L}}, \hat{\boldsymbol{P}}] = \text{pim\_dkalman}(\boldsymbol{\Phi}, \boldsymbol{G}_w, \boldsymbol{C}_y, \boldsymbol{W}_\mathrm{d}, \boldsymbol{V}_\mathrm{d}, \boldsymbol{S}_\mathrm{d})$$

$$[\bar{\boldsymbol{x}}, \hat{\boldsymbol{x}}] = \text{pim\_simdkalman}(\bar{\boldsymbol{L}}, \hat{\boldsymbol{L}}, \boldsymbol{\Phi}, \boldsymbol{C}_y, \bar{\boldsymbol{x}}_0, \boldsymbol{y})$$

$$[\bar{\boldsymbol{x}}, \hat{\boldsymbol{x}}] = \text{pim\_simdkalman}(\bar{\boldsymbol{L}}, \hat{\boldsymbol{L}}, \boldsymbol{\Phi}, \boldsymbol{C}_y, \bar{\boldsymbol{x}}_0, \boldsymbol{y}, \boldsymbol{G}_u, \boldsymbol{u})$$

参数简单说明：

返回参数中 $\bar{\boldsymbol{L}}$ 为定常的验前滤波增益阵，$\hat{\boldsymbol{L}}$ 为定常验后滤波增益阵，$\bar{\boldsymbol{P}}$ 为矩阵代数Riccati 方程(2.2.11)的解，$\hat{\boldsymbol{P}}$ 如式(2.2.10)所示；$\bar{\boldsymbol{x}}, \hat{\boldsymbol{x}}$ 为用滤波器设计的相应增益阵进行仿真的验前和验后估计值。

输入参数中系统矩阵和方差矩阵如式(2.2.6)和(2.2.7)所示，$\bar{\boldsymbol{x}}_0$ 为对初始状态的验前估计值。

3) 设计实例

例 2.2.2 直升机试运行的定常 Kalman 滤波：在直升机 OH6A 接近悬停时，向前的速度和俯仰运动可用状态向量 $\boldsymbol{x} = [u,\ q,\ \theta]^\mathrm{T}$ 和扰动 $\boldsymbol{w}$ 近似描述。其中，u 为向前的速度，q 为俯仰角速度，θ 为俯仰角，而 $\boldsymbol{w}$ 为风速，假设 $\boldsymbol{w}(t)$ 为白噪声且

其噪声密度为 $\boldsymbol{W}$。对俯仰角的离散测量为 $y_k=\theta_k+v_k$，其中，v_k 为纯随机序列且其方差为 $\boldsymbol{V}_\mathrm{d}$。试用离散滤波器进行 Kalman 滤波器设计，并仿真。

解　用函数 pim_c2dgmp 对原连续系统进行离散得到等价的离散矩阵 $\boldsymbol{W}_\mathrm{d}$ 和 $\boldsymbol{\Phi}$，表 2.2.2 为分别调用 PIMCSD 和 MATLAB 对离散系统进行滤波器设计和仿真的程序代码，其数值计算结果如图 2.2.2 所示。与例 2.2.1 类似，MATLAB 好像只能用 lism()函数对得到的滤波器 kest 仿真，对于实时仿真的实现是不灵活的，而 PIMCSD 还提供了专用于离散 Kalman 滤波的仿真函数 pim_simdkalman()。从数值结果看，二者仿真曲线一致。

表 2.2.2　Kalman 滤波器的设计与仿真代码

调用 PIMCSD	调用 MATLAB

%%%===OH-6A Data===%%%
A=[-.0257 .013 -.322; 1.26 -1.765 0; 0 1 0]; B1=[.0257 -1.26 0]';
Cs=[0 0 1]; W=18; Ts=.1;
[Phi,Wd]=pim_c2dgmp(A,B1,W,Ts);
x0=[0 0 0]'; X0=eye(3);
tf=4; Ns=tf/Ts;　　t = 0:Ts:tf;
Gw=eye(3); Vd=1; randn('seed',2);
% {　u, q,　　theta　}
[x_t,w_t,y_t,v_t]=simdrndp(Phi,Gw,Wd,X0,x0,Ns,Cs,Vd);
 	
[Lb,Pb,Lh,Ph] = pim_dkalman (Phi,Gw, Cs,Wd, Vd,0);
%% simulation
[xb_t,xh_t]=pim_simdkalman(Lb,Lh,Phi,Cs,x0,y_t);
Rxb = cov2dev(Pb);
eb_t= xb_t - x_t;
%%%PLOT%%%
	%%%===OH-6A Data===%%%
	A=[-.0257 .013 -.322; 1.26 -1.765 0; 0 1 0]; B1=[.0257 -1.26 0]';
	Cs=[0 0 1]; W=18; Ts=.1;
	[Phi,Wd]=pim_c2dgmp(A,B1,W,Ts);
	x0=[0 0 0]'; X0=eye(3);
	tf=4; Ns=tf/Ts;　　t = 0:Ts:tf;
	Gw=eye(3); Vd=1; randn('seed',2);
	% {　u, q,　　theta　　x }
	[x_t,w_t,y_t,v_t]=simdrndp(Phi,Gw,Wd,X0,x0,Ns,Cs,Vd);
	sys1= ss(Phi,Gw,Cs,eye(1,3),Ts);
	[kest,L,P,M,Z] = kalman(sys1,Wd,Vd, zeros(3,1));
	uu_t = y_t';
	[ye_t,t,xe_t] = lsim(kest,uu_t,t,x0);
	
	ee_t= xe_t' - x_t;
	%%%PLOT%%%

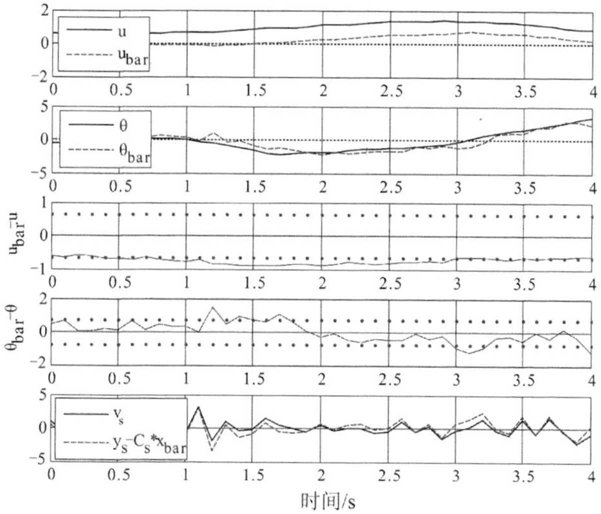

(a)

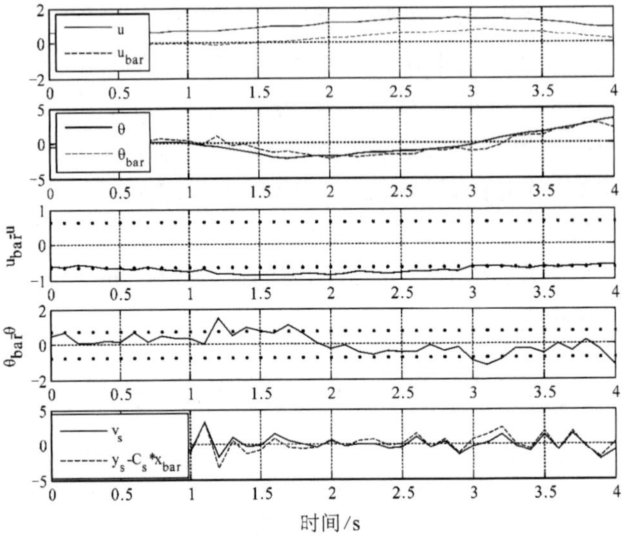

(b)

图 2.2.2　离散 Kalman 滤波器设计与仿真比较

(a) PIMCSD；　(b) MATLAB

2.2.2　数字 Kalman 滤波器

所谓数字滤波器就是对连续系统设计的离散滤波器。

1)　问题描述

连续系统如式(2.2.1)~(2.2.3)所示，为其设计的离散滤波器首先将连续系统离散化，取采样周期为 T_s，

$$\begin{aligned} \boldsymbol{x}_{k+1} &= \boldsymbol{\Phi}\boldsymbol{x}_k + \boldsymbol{w}_{\mathrm{d},k} \\ \boldsymbol{y}_k &= \boldsymbol{C}_y\boldsymbol{x}_k + \boldsymbol{v}_{\mathrm{d},k} \end{aligned} \tag{2.2.12}$$

其中，$E(\boldsymbol{w}_\mathrm{d}\boldsymbol{w}_\mathrm{d}^\mathrm{T}) = \boldsymbol{W}_{nd}, E(\boldsymbol{v}_\mathrm{d}\boldsymbol{v}_\mathrm{d}^\mathrm{T}) = \boldsymbol{V}_{nd}, E(\boldsymbol{w}_\mathrm{d}\boldsymbol{v}_\mathrm{d}^\mathrm{T}) = \boldsymbol{0}$，值得注意的是离散化的系统中 $\boldsymbol{w}_{\mathrm{d},k}$ 与 $\boldsymbol{x}_k$ 维数相同。然后就可以对离散系统进行 Kalman 滤波器设计了。

验前估计为

$$\bar{\boldsymbol{x}}_{k+1} = \boldsymbol{\Phi}\hat{\boldsymbol{x}}_k + \boldsymbol{G}_u\boldsymbol{u}_k \tag{2.2.13}$$

验后估计为

$$\hat{\boldsymbol{x}}_k = \bar{\boldsymbol{x}}_k + \hat{\boldsymbol{L}}(\boldsymbol{y}_k - \boldsymbol{C}_y\bar{\boldsymbol{x}}_k) \tag{2.2.14}$$

上述两个过程合并可以得到在线递推格式，

$$\bar{\boldsymbol{x}}_{k+1} = \boldsymbol{\Phi}\bar{\boldsymbol{x}}_k + \bar{\boldsymbol{L}}(\boldsymbol{y}_k - \boldsymbol{C}_y\bar{\boldsymbol{x}}_k) + \boldsymbol{G}_u\boldsymbol{u}_k \tag{2.2.15}$$

其中，$\bar{\boldsymbol{L}}, \hat{\boldsymbol{L}}$ 分别为验前和验后滤波增益阵。

2)　PIMCSD 工具箱中的实现

PIMCSD 中提供了函数 pim_kalmd()，对连续系统进行数字滤波器设计，其调用格式如下：

$$[\bar{\boldsymbol{L}},\bar{\boldsymbol{P}},\hat{\boldsymbol{L}},\hat{\boldsymbol{P}}]=\text{pim\_kalmd}(\boldsymbol{A},\boldsymbol{B}_1,\boldsymbol{C}_y,\boldsymbol{W},\boldsymbol{V},T_s)$$

$$[\bar{\boldsymbol{L}},\bar{\boldsymbol{P}},\hat{\boldsymbol{L}},\hat{\boldsymbol{P}},\boldsymbol{\Phi},\boldsymbol{W}_d,\boldsymbol{V}_d]=\text{pim\_kalmd}(\boldsymbol{A},\boldsymbol{B}_1,\boldsymbol{C}_y,\boldsymbol{W},\boldsymbol{V},T_s)$$

参数简单说明：

返回参数中 $\bar{\boldsymbol{L}}$ 为离散系统的时间更新定常滤波增益阵，$\hat{\boldsymbol{L}}$ 为离散系统的测量更新定常滤波增益阵，$\bar{\boldsymbol{P}}$ 为离散系统的矩阵代数 Riccati 方程(2.2.11)的解，$\hat{\boldsymbol{P}}$ 如式(2.2.10)所示；$\boldsymbol{W}_d$ 和 $\boldsymbol{V}_d$ 为相应离散系统的方差矩阵。

输入参数中系统矩阵和方差矩阵如式(2.2.1)~(2.2.3)所示，T_s 为采样周期。

3)　设计实例

例 2.2.3　直升机试运行的数字 Kalman 滤波：在直升机 OH6A 接近悬停时，向前的速度和俯仰运动可用状态向量 $\boldsymbol{x}=[u,\ q,\ \theta]^{\mathrm{T}}$ 和扰动 w 近似描述，其中 u 为向前的速度，q 为俯仰角速度，θ 为俯仰角，而 w 为风速，假设 $w(t)$ 为白噪声且其噪声密度为 $\boldsymbol{W}$ 。对俯仰角的离散测量为 $y_k=\theta_k+v_k$ ，其中，v_k 为纯随机序列且其方差为 $\boldsymbol{V}_d$ 。试用数字滤波器进行 Kalman 滤波器设计，并仿真。

解　首先用 PIMCSD 进行数字滤波器的设计和仿真：用函数 pim_kalmd()对例 2.2.1 所示连续系统进行数字滤波器设计，然后用函数 pim_simdkalman()，进行数值仿真，程序代码如表 2.2.3 所示，数值仿真结果如图 2.2.3 所示。然后用 MATLAB 进行数字滤波器的设计和仿真：用函数 kalmd()对连续系统进行数字滤波器设计，然后用函数 lsim()进行仿真计算，程序代码如表 2.2.3 所示，数值结果如图 2.2.3 所示。与例 2.2.1 类似，MATLAB 好像只能用 lism()函数对得到的滤波器 kest 仿真，对于实时仿真的实现是不灵活的，而 PIMCSD 还提供了专用于离散 Kalman 滤波的仿真函数 pim_simdkalman()。从图 2.2.3 可以看出用 PIMCSD 和用 MATLAB 仿真结果基本是一样的。

表 2.2.3　数字 Kalman 滤波器的设计与仿真代码

调用 PIMCSD	调用 MATLAB
%%%===OH-6A Data===%%% A=[-.0257 .013 -.322; 1.26 -1.765 0; 0 1 0]; B1=[.0257 -1.26 0]'; Cs=[0 0 1]; W=18; V=1;Ts=.1; x0=[0 0 0]'; X0=eye(3); % {　u, q,　　theta } tf=4; Ns=tf/Ts;　　t = 0:Ts:tf;	%%%===OH-6A Data===%%% A=[-.0257 .013 -.322; 1.26 -1.765 0; 0 1 0]; B1=[.0257 -1.26 0]'; Cs=[0 0 1]; W=18; V=1;Ts=.1; x0=[0 0 0]'; X0=eye(3); % {　u, q,　　theta } tf=4; Ns=tf/Ts;　　t = 0:Ts:tf;

续表

调用 PIMCSD	调用 MATLAB

%design digital kalman filter using pim_kalmd
[Lb,Pb,Lh,Ph, Phi,Wd,Vd] = pim_kalmd (A,B1,Cs,W,V,Ts);
 	
Gw=eye(3); randn('seed',2);
[x_t,w_t,y_t,v_t]=simdrndp(Phi,Gw,Wd,X0,x0,Ns,Cs,Vd);
% simulation
[xb_t,xh_t]=pim_simdkalman(Lb,Lh,Phi,Cs,x0,y_t);
Rxb = cov2dev(Pb);
eb_t= xb_t - x_t;
%%%*PLOT*%%%
	%design digital kalman filter using pim_kalmd
	Gw=eye(3); randn('seed',2);
	[x_t,w_t,y_t,v_t]=simdrndp(Phi,Gw,Wd,X0,x0,Ns,Cs,Vd);
	[kest,L,P,M,Z] = kalmd(sys1,W,V,Ts);
	sys1= ss(A,[zeros(3,1) B1],Cs,[zeros(1,1) zeros(1,1)]);
	% simulation
	uu_t = [zeros(Ns+1,1),y_t'];
	[ye_t,t,xe_t] = lsim(kest,uu_t,t,x0);
	ee_t= xe_t' - x_t;
	
	%%%*PLOT*%%%

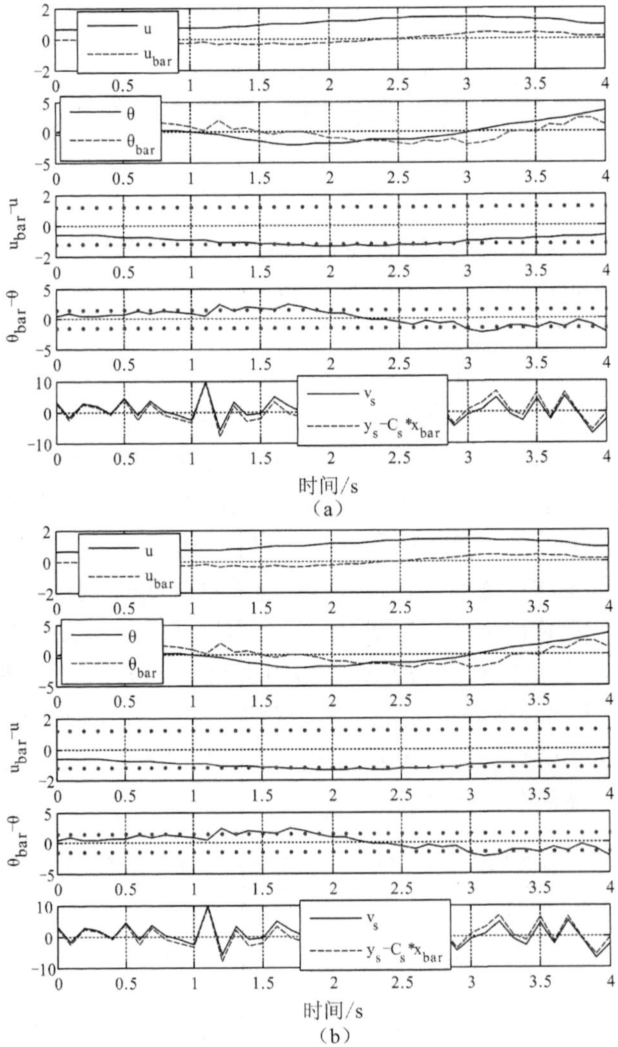

图 2.2.3　数字 Kalman 滤波器设计与仿真比较

(a) PIMCSD；　(b) MATLAB

2.3　定常 LQG 调节器

考虑系统随机输入噪声和随机量测噪声的线性二次型的最优控制称之为线性二次型 Gauss(LQG)最优控制。通过分离性原理将 LQ 全状态反馈最优控制与 Kalman 滤波结合在一起。这是一种输出反馈控制，对解决线性二次最优控制问题更具有实用性。

1)　问题描述

如果对象模型的状态方程为

$$\dot{\boldsymbol{x}}=\boldsymbol{A}\boldsymbol{x}+\boldsymbol{B}_2\boldsymbol{u}+\boldsymbol{B}_1\boldsymbol{w} \tag{2.3.1}$$

$$\boldsymbol{y}=\boldsymbol{C}_y\boldsymbol{x}+\boldsymbol{D}\boldsymbol{u}+\boldsymbol{v} \tag{2.3.2}$$

其中，$\boldsymbol{w}$ 为系统的过程噪声，$\boldsymbol{v}$ 为传感器带来的量测噪声。假设这些信号为零均值的 Gauss 过程

$$E(\boldsymbol{w})=E(\boldsymbol{v})=\boldsymbol{0},\quad E(\boldsymbol{w}\boldsymbol{w}^{\mathrm{T}})=\boldsymbol{W},\quad E(\boldsymbol{v}\boldsymbol{v}^{\mathrm{T}})=\boldsymbol{V},\quad E(\boldsymbol{w}\boldsymbol{v}^{\mathrm{T}})=\boldsymbol{S} \tag{2.3.3}$$

定义最优控制的目标函数为

$$J=E\left\{\int_0^{\infty}\left[\boldsymbol{x}^{\mathrm{T}}\boldsymbol{Q}\boldsymbol{x}+\boldsymbol{u}^{\mathrm{T}}\boldsymbol{R}\boldsymbol{u}+2\boldsymbol{x}^{\mathrm{T}}\boldsymbol{N}\boldsymbol{u}\right]\right\} \tag{2.3.4}$$

其中，$\boldsymbol{Q},\boldsymbol{R},\boldsymbol{N}$ 为系统的性能指标矩阵。

根据分离性原理，状态反馈增益矩阵 $\boldsymbol{K}_{\mathrm{c}}$ 和 Kalman 滤波增益矩阵 $\boldsymbol{K}_{\mathrm{f}}$ 可以分别通过 LQ 全状态最优控制和 Kalman 滤波设计得到。考虑 Kalman 滤波器方程，

$$\dot{\hat{\boldsymbol{x}}}=\boldsymbol{A}\hat{\boldsymbol{x}}+\boldsymbol{K}_{\mathrm{f}}(\boldsymbol{y}-\boldsymbol{C}_y\hat{\boldsymbol{x}})+\boldsymbol{B}_2\boldsymbol{u} \tag{2.3.5}$$

以及 LQ 最优控制器，

$$\boldsymbol{u}=-\boldsymbol{K}_{\mathrm{c}}\hat{\boldsymbol{x}} \tag{2.3.6}$$

由式(2.3.5)和式(2.3.6)可以组合出基于观测器的负反馈形式的 LQG 调节器，

$$\boldsymbol{u}=-\boldsymbol{F}(s)\boldsymbol{y}$$

其中，

$$\boldsymbol{F}(s)=\left[\begin{array}{cc}\boldsymbol{A}_{\mathrm{f}} & \boldsymbol{B}_{\mathrm{f}}\\ \boldsymbol{C}_{\mathrm{f}} & \boldsymbol{D}_{\mathrm{f}}\end{array}\right],\qquad \begin{array}{l}\boldsymbol{A}_{\mathrm{f}}=\boldsymbol{A}-\boldsymbol{B}_2\boldsymbol{K}_{\mathrm{c}}-\boldsymbol{K}_{\mathrm{f}}\boldsymbol{C}_y+\boldsymbol{K}_{\mathrm{f}}\boldsymbol{D}\boldsymbol{K}_{\mathrm{c}}\\ \boldsymbol{B}_{\mathrm{f}}=\boldsymbol{K}_{\mathrm{f}},\quad \boldsymbol{C}_{\mathrm{f}}=\boldsymbol{K}_{\mathrm{c}},\quad \boldsymbol{D}_{\mathrm{f}}=\boldsymbol{0}\end{array} \tag{2.3.7}$$

2)　PIMCSD 工具箱中的实现

PIMCSD 工具箱提供了实现函数 pim_lqg()。其调用格式如下：

$$[\boldsymbol{A}_{\mathrm{f}},\boldsymbol{B}_{\mathrm{f}},\boldsymbol{C}_{\mathrm{f}},\boldsymbol{D}_{\mathrm{f}}]=\mathrm{pim\_lqg}(\boldsymbol{A},\boldsymbol{B}_1,\boldsymbol{B}_2,\boldsymbol{C}_y,\boldsymbol{D},\boldsymbol{X}_{\mathrm{p}},\boldsymbol{X}_{\mathrm{n}})$$
$$[\boldsymbol{A}_{\mathrm{f}},\boldsymbol{B}_{\mathrm{f}},\boldsymbol{C}_{\mathrm{f}},\boldsymbol{D}_{\mathrm{f}},\boldsymbol{K}_{\mathrm{c}},\boldsymbol{K}_{\mathrm{f}}]=\mathrm{pim\_lqg}(\boldsymbol{A},\boldsymbol{B}_1,\boldsymbol{B}_2,\boldsymbol{C}_y,\boldsymbol{D},\boldsymbol{X}_{\mathrm{p}},\boldsymbol{X}_{\mathrm{n}})$$

参数简单说明：

返回参数中 $\boldsymbol{A}_{\mathrm{f}},\boldsymbol{B}_{\mathrm{f}},\boldsymbol{C}_{\mathrm{f}},\boldsymbol{D}_{\mathrm{f}}$ 为 LQG 调节器的状态空间实现，如(2.3.7)所示，还可以返回状态反馈增益矩阵 $\boldsymbol{K}_{\mathrm{c}}$ 和 Kalman 滤波增益矩阵 $\boldsymbol{K}_{\mathrm{f}}$ 。

输入参数中 $\boldsymbol{A},\boldsymbol{B}_1,\boldsymbol{B}_2,\boldsymbol{C}_y,\boldsymbol{D}$ 如式(2.3.1)和式(2.3.2)所示，$\boldsymbol{X}_{\mathrm{p}}$ 和 $\boldsymbol{X}_{\mathrm{n}}$ 分别由性能指标阵和白噪声方差阵组合成，如下：

$$\boldsymbol{X}_{\mathrm{p}}=\begin{bmatrix}\boldsymbol{Q} & \boldsymbol{N}\\ \boldsymbol{N}^{\mathrm{T}} & \boldsymbol{R}\end{bmatrix},\quad \boldsymbol{X}_{\mathrm{n}}=\begin{bmatrix}\boldsymbol{W} & \boldsymbol{S}\\ \boldsymbol{S}^{\mathrm{T}} & \boldsymbol{V}\end{bmatrix}$$

其中，性能指标阵 $\boldsymbol{Q},\boldsymbol{R},\boldsymbol{N}$ 如式(2.3.4)所示，噪声方差阵 $\boldsymbol{W},\boldsymbol{V},\boldsymbol{S}$ 如式(2.3.3)所示。

3) 设计实例

例 2.3.1 考虑例 2.2.1 的直升飞机着陆模型，进行 LQG 控制的设计与仿真。

解 采用 PIMCSD 和 MATLAB 工具箱提供的 LQG 控制器设计函数进行设计，程序代码如表 2.3.1 所示，可见代码是很相似的，二者的控制结果如图 2.3.1 所示，完全一致，事实上它们得到 LQG 调节器 $(\boldsymbol{A}_{\mathrm{f}},\boldsymbol{B}_{\mathrm{f}},\boldsymbol{C}_{\mathrm{f}},\boldsymbol{D}_{\mathrm{f}})$ 数值绝对误差在 $10^{-14}\sim10^{-15}$ 量级上，非常精确。

表 2.3.1　LQG 调节器的设计与仿真代码

<table>
<tr><th>调用 PIMCSD</th><th>调用 MATLAB</th></tr>
<tr><td><pre>
%%%===OH-6A Data===%%%
A   = [-0.0257, 0.013, -0.322, 0; ...
        1.26,   -1.765,   0,   0; ...
        0, 1, 0, 0; ...
        1, 0 ,0 ,0];
B2 = [0.086, -7.408, 0, 0]';
B1 = [0.0257, -1.26, 0, 0]';
Cy = [0, 0, 0, 1;   0,0,1,0];   D = zeros(2,1);
Q = 40*diag([0,0,0,1]); N=zeros(4,1); R=1;
W = 1;   V = eye(2);   S = [0,0];
x0=[10, 0, -0.3550, -15]';
% { u, q,   theta,   x }

Xp = [Q,N; N',R];
Xn = [W,S; S',V];
[Af,Bf,Cf,Df]=pim_lqg(A,B1,B2,…
Cy,D,Xp,Xn);
% Simulation
F0 = ss(Af,Bf,Cf,Df); G0 = ss(A,B2,Cy,D);
Gc0 = feedback(G0,F0);
figure(1); initial(Gc0,[x0;x0]),
</pre></td><td><pre>
%%%===OH-6A Data===%%%
A   = [-0.0257, 0.013, -0.322, 0; ...
        1.26,   -1.765,   0,   0; ...
        0, 1, 0, 0; ...
        1, 0 ,0 ,0];
B2 = [0.086, -7.408, 0, 0]';
B1 = [0.0257, -1.26, 0, 0]';
Cy = [0, 0, 0, 1;   0,0,1,0];   D = zeros(2,1);
Q = 40*diag([0,0,0,1]); N=zeros(4,1); R=1;
W = 1;   V = eye(2);   S = [0,0];
x0=[10, 0, -0.3550, -15]';
% { u, q,   theta,   x }

Xp = [Q,N; N',R];
Xn = [B1*W*B1',B1*S; (B1*S)',V];
[Af,Bf,Cf,Df] = lqg(A,B2,Cy,D,Xp,Xn);

% Simulation
F0 = ss(Af,Bf,Cf,Df); G0 = ss(A,B2,Cy,D);
Gc0 = feedback(G0,F0);
figure(1); initial(Gc0,[x0;x0]),
</pre></td></tr>
</table>

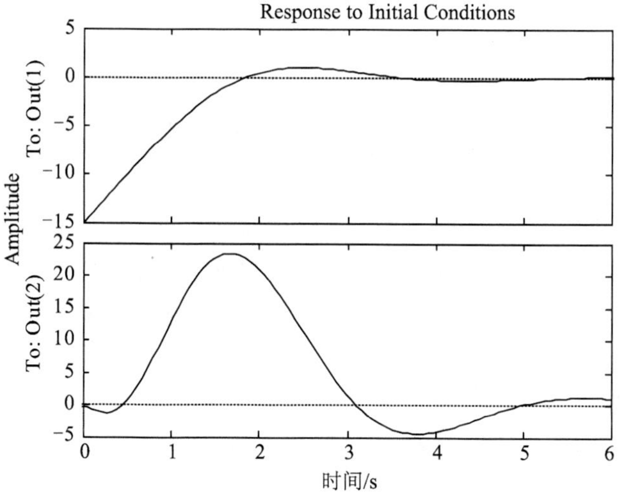

图 2.3.1　LQG 调节器的仿真

第 3 章　H_∞调节器

LQG 最优控制理论为多变量控制系统的设计提供了一套系统的设计方法，得到了广泛的应用。然而，LQG 控制理论是针对确定性系统和环境而言的，要求模型是精确的，从而限制了其应用范围。为了适应鲁棒控制设计的要求，1980 年前后发展了 H_∞ 最优控制理论和 μ - 综合技术，可以将系统模型的不确定性、干扰抑制，以及输入限制等因素纳入控制系统的设计，取得了巨大的成功。特别是 H_∞ 理论为鲁棒控制器的设计提供了更为直观、可靠的设计过程，详见 Doyle、Green 等的论著。本章主要讲述 H_∞控制系统设计与仿真在 PIMCSD 工具箱中的实现。

3.1　无限长时间控制系统的 H_2 和 H_∞范数

范数是对系统性能的一种度量，在鲁棒控制设计中具有重要的意义。

1)　问题描述

设连续时间线性时不变系统的状态空间描述 $(\boldsymbol{A},\boldsymbol{B},\boldsymbol{C},\boldsymbol{D})$ 为广义被控对象 $\boldsymbol{G}(s)$ 的一个实现，即：

$$\boldsymbol{G}(s)=\boldsymbol{C}(s\boldsymbol{I}-\boldsymbol{A})^{-1}\boldsymbol{B}+\boldsymbol{D} \tag{3.1.1}$$

其中，$\boldsymbol{A}$ 为稳定阵。

广义被控对象 $\boldsymbol{G}(s)$ 的 H_2 范数可以表示为

$$\|\boldsymbol{G}(s)\|_2=\sqrt{\mathrm{trace}\{\boldsymbol{C}\boldsymbol{L}_\mathrm{c}\boldsymbol{C}^\mathrm{T}\}} \tag{3.1.2a}$$

$$\|\boldsymbol{G}(s)\|_2=\sqrt{\mathrm{trace}\{\boldsymbol{B}^\mathrm{T}\boldsymbol{L}_\mathrm{o}\boldsymbol{B}\}} \tag{3.1.2b}$$

其中，$\boldsymbol{L}_\mathrm{c}$ 为 Lyapunov 方程 $\boldsymbol{A}\boldsymbol{L}_\mathrm{c}+\boldsymbol{L}_\mathrm{c}\boldsymbol{A}^\mathrm{T}=-\boldsymbol{B}\boldsymbol{B}^\mathrm{T}$ 的非负定解，也称为对 $(\boldsymbol{A},\boldsymbol{B})$ 的能控性 Gramian 矩阵。$\boldsymbol{L}_\mathrm{o}$ 为 Lyapunov 方程 $\boldsymbol{A}^\mathrm{T}\boldsymbol{L}_\mathrm{o}+\boldsymbol{L}_\mathrm{o}\boldsymbol{A}=-\boldsymbol{C}^\mathrm{T}\boldsymbol{C}$ 的非负定解，也称为对 $(\boldsymbol{A},\boldsymbol{C})$ 的可观测性 Gramian 矩阵。

广义被控对象 $\boldsymbol{G}(s)$ 的 H_∞ 范数可以表示为

$$\|\boldsymbol{G}(s)\|_\infty=\sup_\omega\bar{\sigma}[\boldsymbol{G}(\mathrm{j}\omega)]=\sup_\omega\bar{\sigma}[\boldsymbol{C}(s\boldsymbol{I}-\boldsymbol{A})^{-1}\boldsymbol{B}+\boldsymbol{D}]<\gamma \tag{3.1.3}$$

成立的条件是 Hamilton 矩阵 $\boldsymbol{H}_M$ 在虚轴上没有特征值，即

$$\boldsymbol{H}_M = \begin{bmatrix} \boldsymbol{A}_M & \boldsymbol{B}_M\boldsymbol{B}_M^{\mathrm{T}} \\ -\boldsymbol{C}_M^{\mathrm{T}}\boldsymbol{C}_M & -\boldsymbol{A}_M^{\mathrm{T}} \end{bmatrix} \tag{3.1.4}$$

其中，$\boldsymbol{A}_M = \boldsymbol{A}+\boldsymbol{B}\boldsymbol{R}^{-1}\boldsymbol{D}^{\mathrm{T}}\boldsymbol{C}$，$\boldsymbol{B}_M = \boldsymbol{B}\boldsymbol{R}^{-1/2}$，$\boldsymbol{C}_M = [\boldsymbol{I}+\boldsymbol{D}\boldsymbol{R}^{-1}\boldsymbol{D}^{\mathrm{T}}]^{-1/2}\boldsymbol{C}$，并且，$\boldsymbol{R}=\gamma^2\boldsymbol{I}-\boldsymbol{D}^{\mathrm{T}}\boldsymbol{D}>0$。

2) PIMCSD 工具箱中的实现

PIMCSD工具箱提供计算标准时不变控制系统(3.1.1)的H_2范数和H_∞范数的现函数 pim_normh2()和 pim_normhinf()，其调用格式分别如下：

(1) pim_normh2()的调用格式如下：

$$\text{nmh2} = \text{pim\_normh2}(\boldsymbol{A},\boldsymbol{B},\boldsymbol{C},\boldsymbol{D})$$

参数简单说明：

返回参数 nmh2 表示控制系统的 H_2 范数，如(3.1.2)所示；输入参数 $\boldsymbol{A},\boldsymbol{B},\boldsymbol{C},\boldsymbol{D}$ 表示连续控制系统的矩阵，与式(3.1.1)所对应。

(2) pim_normhinf()的调用格式如下：

$$\text{nmhinf} = \text{pim\_normhinf}(\boldsymbol{A},\boldsymbol{B},\boldsymbol{C},\boldsymbol{D},\text{tol})$$

参数简单说明：

返回参数 nmhinf 表示控制系统的 H_∞ 范数，如式(3.1.3)所示。

输入参数中 $\boldsymbol{A},\boldsymbol{B},\boldsymbol{C},\boldsymbol{D}$ 表示连续控制系统的矩阵，与式(3.1.1)所对应；tol 是指定的求解精度，默认情况下为 0.001。

3) 设计实例

例 3.1.1 考虑下面的传递函数模型，并求解无限长时间的稳态 H_2 和 H_∞ 范数。

$$\boldsymbol{G}(s) = \frac{s^3+7s^2+24s+24}{s^4+10s^3+35s^2+50s+24}$$

解 分别采用 PIMCSD 和 MATALB 工具箱提供的函数完成系统的 H_2 和 H_∞ 范数的计算。代码比较如表 3.1.1 所示，可见二者的调用格式是相似的，数值结果具有 10 位以上的相同有效数字。

表 3.1.1 无限长时间连续系统 H_2 和 H_∞ 范数的计算

调用 PIMCSD	调用 MATLAB

G = tf([1,7,24,24],[1,10,35,50,24]);
[A,B,C,D] = ssdata(G);
nmh2 = pim_normh2(A,B,C,D)
Nmhinf= pim_normhinf(A,B,C,D,1.0e-10);
	G = tf([1,7,24,24],[1,10,35,50,24]);
	[A,B,C,D] = ssdata(G);
	nmh2 = normh2(A,B,C,D);
	nmhinf = normhinf(A,B,C,D,1.0e-10);

3.2　H_∞全状态反馈控制

H_∞ 全状态反馈控制器可以同时利用系统的全部状态实现控制。控制器的设计目标是极小化闭环系统从干扰输入到参考输出的 H_∞ 诱导范数。本节介绍无限长时间 H_∞ 全状态反馈控制器的设计和控制系统诱导范数的计算，以及在 PIMCSD 工具箱中的实现。

1. 连续系统的定常 H_∞全状态反馈控制

1)　问题描述

连续系统状态方程实现为

$$\dot{\boldsymbol{x}} = \boldsymbol{A}\boldsymbol{x} + \boldsymbol{B}_1\boldsymbol{w} + \boldsymbol{B}_2\boldsymbol{u}\,,\quad \boldsymbol{x}(0) = \boldsymbol{x}_0 \tag{3.2.1}$$

$$\boldsymbol{z} = \boldsymbol{C}_1\boldsymbol{x} + \boldsymbol{D}_{12}\boldsymbol{u} \tag{3.2.2}$$

其中，$\boldsymbol{x}$ 为 n 维状态向量，$\boldsymbol{w}$ 为 l 维外扰向量，$\boldsymbol{u}$ 为 m 维控制向量，$\boldsymbol{z}$ 为 p 维输出向量，$p \geqslant m$，且 $\boldsymbol{D}_{12}^{\mathrm{T}}\boldsymbol{D}_{12} = \boldsymbol{I}_m$，$\boldsymbol{I}_m$ 为 m 维单位阵；一般有正交关系 $\boldsymbol{C}_1^{\mathrm{T}}\boldsymbol{D}_{12} = 0$。

H_∞ 全状态反馈控制的目的是寻找线性状态反馈控制 $\boldsymbol{u} = \Gamma(\boldsymbol{x})$ 该控制器使闭环系统的 H_∞ 诱导范数，

$$\left\|\boldsymbol{G}_{zw}(\boldsymbol{u})\right\|_{\infty,[0,t_{\mathrm{f}}]} = \sup_{\|\boldsymbol{w}(t)\|_{2,[0,t_{\mathrm{f}}]}\neq 0}\left\{\frac{\left\|\boldsymbol{z}(t)\right\|_{2,[0,t_{\mathrm{f}}]}}{\left\|\boldsymbol{w}(t)\right\|_{2,[0,t_{\mathrm{f}}]}}\right\} < \gamma^2 \tag{3.2.3}$$

其中，

$$\left\|\boldsymbol{z}(t)\right\|_{2,[0,t_{\mathrm{f}}]} = \int_0^{t_{\mathrm{f}}} \boldsymbol{z}^{\mathrm{T}}\boldsymbol{z}\mathrm{d}t + \boldsymbol{x}^{\mathrm{T}}(t_{\mathrm{f}})\boldsymbol{S}_{\mathrm{f}}\boldsymbol{x}(t_{\mathrm{f}}),\quad \left\|\boldsymbol{w}(t)\right\|_{2,[0,t_{\mathrm{f}}]} = \int_0^{t_{\mathrm{f}}} \boldsymbol{w}^{\mathrm{T}}\boldsymbol{w}\mathrm{d}t \tag{3.2.3a}$$

这里，$\boldsymbol{S}_{\mathrm{f}}$ 是对称半正定矩阵，γ 是给定的正数。

注意到，如果给定的 γ 太小，上述提法可能不存在相应的控制器。因此，存在一个临界的 γ，记为 γ_{cr}，即

$$\max_{\boldsymbol{w}}\min_{\boldsymbol{u}} \gamma^2 = \gamma_{\mathrm{cr}}^2 \tag{3.2.4}$$

临界诱导范数 γ_{cr}^2 的计算对于 H_∞ 控制器设计是非常重要的问题。

定常 H_∞ 控制器设计是针对 $t_{\mathrm{f}} \to \infty$ 的情况。采用变分方法等可以得到 H_∞ 全状态反馈控制律，

$$\boldsymbol{u} = -\boldsymbol{K}\boldsymbol{x} \tag{3.2.5}$$

其中，$\boldsymbol{K}$ 为状态反馈增益矩阵，

$$\boldsymbol{K} = \boldsymbol{B}_2^{\mathrm{T}}\boldsymbol{S} + \boldsymbol{D}_{12}^{\mathrm{T}}\boldsymbol{C}_1 \tag{3.2.5a}$$

这里，$\boldsymbol{S}$ 为下面矩阵代数 Riccati 方程的解，

$$\tilde{\boldsymbol{A}}^{\mathrm{T}}\boldsymbol{S}+\boldsymbol{S}\tilde{\boldsymbol{A}}+\tilde{\boldsymbol{C}}^{\mathrm{T}}\tilde{\boldsymbol{C}}-\boldsymbol{S}(\boldsymbol{B}_2\boldsymbol{B}_2^{\mathrm{T}}-\gamma^{-2}\boldsymbol{B}_1\boldsymbol{B}_1^{\mathrm{T}})\boldsymbol{S}=\boldsymbol{0} \tag{3.2.6}$$

其中，$\tilde{\boldsymbol{A}}=\boldsymbol{A}-\boldsymbol{B}_2\boldsymbol{D}_{12}^{\mathrm{T}}\boldsymbol{C}_1$，$\tilde{\boldsymbol{C}}^{\mathrm{T}}\tilde{\boldsymbol{C}}=\boldsymbol{C}_1^{\mathrm{T}}(\boldsymbol{I}-\boldsymbol{D}_{12}\boldsymbol{D}_{12}^{\mathrm{T}})\boldsymbol{C}_1$。

可以看出，式(3.2.6)中出现了 γ，体现了与 H_∞ 反馈控制与 LQ 反馈控制的区别之处。如果 $\gamma^2>\gamma_{\mathrm{cr}}^2$，那么代数 Riccati 不存在半正定解，控制器求解失效，这也反映了临界诱导范数 γ_{cr}^2 的重要性。

此时，可得到最不利的噪声干扰为

$$\boldsymbol{w}(t)=\gamma^{-2}\boldsymbol{B}_1^{\mathrm{T}}\boldsymbol{S}\boldsymbol{x}(t) \tag{3.2.7}$$

2)　PIMCSD 工具箱中的实现

PIMCSD 工具箱提供了连续系统 H_∞全状态反馈控制系统临界诱导范数计算的实现函数 pim_normhc()，以及 H_∞ 全状态反馈控制器设计的实现函数 pim_hinfc()，其调用格式分别如下：

(1) pim_normhc()的调用格式如下：

$$\gamma_{\mathrm{cr}}^{-2}=\mathrm{pim\_normhc}(\boldsymbol{A},\boldsymbol{B}_1,\boldsymbol{B}_2,\boldsymbol{C}_1,\boldsymbol{D}_{12},\mathrm{tol})$$

参数简单说明：

返回参数 $\gamma_{\mathrm{cr}}^{-2}$ 表示连续 H_∞全状态反馈控制系统临界诱导范数 $\gamma_{\mathrm{cr}}^{-2}$。

输入参数中 $\boldsymbol{A}$ 是系统状态矩阵，$\boldsymbol{B}_1$ 是干扰输入阵，$\boldsymbol{B}_2$ 是控制输入阵，$\boldsymbol{C}_1$ 是状态输出阵，$\boldsymbol{D}_{12}$ 是控制输出阵，如系统方程(3.2.1)和(3.2.2)中所述；tol 是指定的求解精度，默认情况下为 0.001。

(2) pim_hinfc()的调用格式如下：

$$[\boldsymbol{K},\boldsymbol{S},E]=\mathrm{pim\_hinfc}(\gamma^{-2},\boldsymbol{A},\boldsymbol{B}_1,\boldsymbol{B}_2,\boldsymbol{C}_1,\boldsymbol{D}_{12})$$

参数简单说明：

返回参数中 $\boldsymbol{K},\boldsymbol{S},E$ 分别为状态反馈增益矩阵、矩阵代数 Riccati 方程的解，以及闭环控制系统的特征值。

输入参数中 γ^{-2} 是指定的 H_∞设计参数，应满足 $\gamma^{-2}<\gamma_{\mathrm{cr}}^{-2}$；$\boldsymbol{A},\boldsymbol{B}_1,\boldsymbol{B}_2,\boldsymbol{C}_1,\boldsymbol{D}_{12}$ 是与系统方程式(3.2.1)和(3.2.2)中矩阵相对应。

3)　设计实例

例 3.2.1　考虑某连续时间控制系统，系统矩阵参数如下，

$$\boldsymbol{A}=\begin{bmatrix}0.0 & -2.0\\ 1.0 & 0.0\end{bmatrix},\quad \boldsymbol{B}_1=\begin{bmatrix}0.0\\ 2.0\end{bmatrix},\quad \boldsymbol{B}_2=\begin{bmatrix}0.0\\ 1.0\end{bmatrix},\quad \boldsymbol{C}_1=\begin{bmatrix}0.1 & 0.5\\ 0 & 0\end{bmatrix},\quad \boldsymbol{D}_{12}=\begin{bmatrix}0\\ 1.0\end{bmatrix}$$

试完成定常 H_∞全状态反馈控制器的设计并完成控制系统的仿真，取状态初始条件 $\boldsymbol{x}^{\mathrm{T}}(0)=\left[-2.0,\ \ 1.0\right]$。

解　首先采用 PIMCSD 工具箱中的函数 pim_normhc()求解临界 H_∞诱导范数 $\gamma_{\mathrm{cr}}^{-2}$，得到 $\gamma_{\mathrm{cr}}^{-2}=0.24999999999988$，然后选取 H_∞设计参数 $\gamma^{-2}=0.3\times\gamma_{\mathrm{cr}}^{-2}$，采用 pim_hinfc()进行全状态反馈控制器设计，并完成控制系统的仿真。程序代码如表 3.2.1 所示，控制系统仿真结果如图 3.2.1 所示

表 3.2.1　定常 H_∞全状态反馈控制器设计与仿真

调用 PIMCSD	调用 MATLAB

%%%===*Data Preparation*===%%%
A=[0,-2;1,0]; B1=[0,2]';B2=[0,1]';
C1=[0.1,0.5; 0,0,]; D12 = [0; 1]; D11 = [0;0];
x0=[-2,1]';
tf = 15; t0 =0; eta=0.1;　t=t0:eta:tf;
tol = 1e-12;
% *Design of H∞ full-state feedback controller*
gmf2opt = pim_normhc(A,B1,B2,C1,D12,tol);
gmf2 = 0.3*gmf2opt;
[K,S,E] = pim_hinfc(gmf2,A,B1,B2,C1,D12);
% *Simulation*
randn('seed',1);
w_t = 0.15*randn(size(t));
[y_t,t,x_t] =
pim_lsim(A-B2*K,B1,C1-D12*K,zeros(2,1),w_t,t,x
0,'foh');
u_t = -K*x_t;
%%% *plot figure* %%%
	%%%===*Data Preparation*===%%%
	A=[0,-2;1,0]; B1=[0,2]';B2=[0,1]';
	C1=[0.1,0.5; 0,0,]; D12 = [0; 1];
	x0=[-2,1]';
	tf = 15; t0 =0; eta=0.1;　t=t0:eta:tf;
	tol = 1e-12;
	% *Design of H∞ full-state feedback controller*
	gmf2opt = pim_normhc(A,B1,B2,C1,D12,tol);
	gmf2 = 0.3*gmf2opt;
	gm = sqrt(1/gmf2);
	Plant = pck(A, [B1 B2], C1, [D11 D12]);
	[K,g,gfin] = hinffi(Plant,1,gm,gm,tol);
	K = -K(:,1:2);
	% *Simulation*
	randn('seed',1);
	w_t = 0.15*randn(size(t));
	[y_t,t,x_t]=pim_lsim(A-B2*K,B1,C1-D12*K,zeros(2,1),
	w_t,t,x0,'foh');
	u_t = -K*x_t;
	%%% *plot figure* %%%

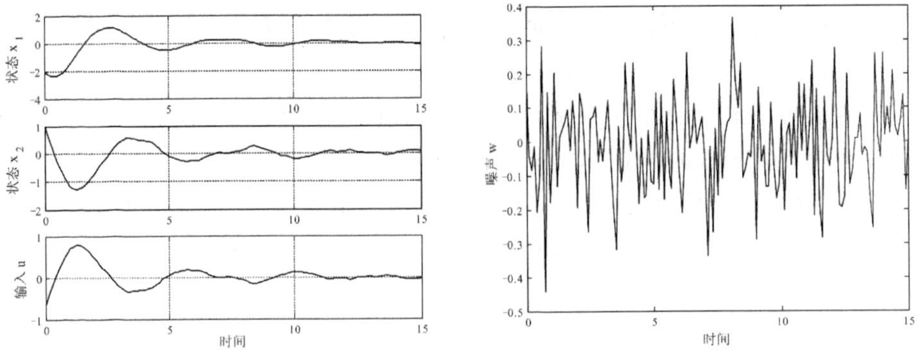

(a)　　　　　　　　　　　　　　　　(b)

图 3.2.1　定常 H_∞全状态反馈控制器设计与仿真

(a) 最优状态轨迹和最优输入；　(b) 仿真噪声历程

2. 离散系统的定常 H_∞全状态反馈控制

1) 问题描述

离散系统的基本方程可以写成为

$$\boldsymbol{x}_{k+1} = \boldsymbol{\Phi}\boldsymbol{x}_k + \boldsymbol{G}_u\boldsymbol{u}_k + \boldsymbol{G}_w\boldsymbol{w}_k \tag{3.2.8}$$

$$\boldsymbol{z}_k = \boldsymbol{C}_1\boldsymbol{x}_k + \boldsymbol{D}_{12}\boldsymbol{u}_k \tag{3.2.9}$$

其中，$k \in [0, N-1]$，状态向量 $\boldsymbol{x}_k \in \boldsymbol{R}^n$，干扰向量 $\boldsymbol{w}_k \in \boldsymbol{R}^l$，控制向量 $\boldsymbol{u}_k \in \boldsymbol{R}^m$，输出向量 $\boldsymbol{z}_k \in \boldsymbol{R}^p$。$\boldsymbol{\Phi}, \boldsymbol{G}_u, \boldsymbol{G}_w, \boldsymbol{C}_1, \boldsymbol{D}_{12}$ 均为具有恰当维数的矩阵，且 $\boldsymbol{D}_{12}^{\mathrm{T}}\boldsymbol{D}_{12} = \boldsymbol{I}$，通常满足 $\boldsymbol{D}_{12}^{\mathrm{T}}\boldsymbol{C}_1 = \boldsymbol{0}$。

离散最优 H_∞全状态反馈控制是指确定控制序列 $\boldsymbol{u}^* = \Gamma(\boldsymbol{x})$ 使得

$$\left\|\boldsymbol{G}_{zw}(\boldsymbol{u}_k)\right\|_{\infty,[0,N]} = \sup_{\|w_k\|_{2,[0,N]} \neq 0} \left\{ \frac{\left\|\boldsymbol{z}_k\right\|_{2,[0,N]}}{\left\|\boldsymbol{w}_k\right\|_{2,[0,N]}} \right\} < \gamma^2 \tag{3.2.10}$$

其中，

$$\left\|\boldsymbol{z}_k\right\|_{2,[0,N]} = \sum_{k=0}^{N-1} \boldsymbol{z}_k^{\mathrm{T}}\boldsymbol{z}_k + \boldsymbol{x}_{\mathrm{f}}^{\mathrm{T}}\boldsymbol{S}_{\mathrm{f}}\boldsymbol{x}_{\mathrm{f}}, \quad \left\|\boldsymbol{w}_k\right\|_{2,[0,N]} = \sum_{k=0}^{N-1} \boldsymbol{w}_k^{\mathrm{T}}\boldsymbol{w}_k \tag{3.2.10a}$$

这里，$\boldsymbol{S}_{\mathrm{f}}$ 是对称半正定矩阵，γ 是给定的正数。

与连续系统的 H_∞全状态反馈控制相类似，如果给定的 γ 太小，上述提法可能不存在相应的控制器。因此，存在一个临界的 γ，记为 γ_{cr}^2，即

$$\max_{w} \min_{u} \gamma^2 = \gamma_{\mathrm{cr}}^2 \tag{3.2.11}$$

临界诱导范数 γ_{cr}^2 的计算对于 H_∞ 控制器设计是非常重要的问题。

定常 H_∞ 控制器设计是针对 $N \to \infty$ 的情况。采用变分方法等可以得到离散 H_∞ 全状态反馈控制律，

$$\boldsymbol{u}_k = -\boldsymbol{K}_{\mathrm{d}}\boldsymbol{x}_k \tag{3.2.12}$$

其中，$\boldsymbol{K}_{\mathrm{d}}$ 为定常状态反馈增益矩阵，

$$\boldsymbol{K}_{\mathrm{d}} = \boldsymbol{G}_u^{\mathrm{T}}\boldsymbol{S} + \boldsymbol{D}_{12}^{\mathrm{T}}\boldsymbol{C}_1 \tag{3.2.12a}$$

这里，$\boldsymbol{S}$ 为离散系统矩阵代数 Riccati 方程的解，

$$\boldsymbol{S} = \tilde{\boldsymbol{C}}^{\mathrm{T}}\tilde{\boldsymbol{C}} + \tilde{\boldsymbol{\Phi}}^{\mathrm{T}}\boldsymbol{S}[\boldsymbol{I} + (\boldsymbol{G}_u\boldsymbol{G}_u^{\mathrm{T}} - \gamma^{-2}\boldsymbol{G}_w\boldsymbol{G}_w^{\mathrm{T}})\boldsymbol{S}]^{-1}\tilde{\boldsymbol{\Phi}} \tag{3.2.13}$$

其中，$\tilde{\boldsymbol{\Phi}} = \boldsymbol{\Phi} - \boldsymbol{G}_u\boldsymbol{D}_{12}^{\mathrm{T}}\boldsymbol{C}_1$，$\tilde{\boldsymbol{C}}^{\mathrm{T}}\tilde{\boldsymbol{C}} = \boldsymbol{C}_1^{\mathrm{T}}(\boldsymbol{I} - \boldsymbol{D}_{12}\boldsymbol{D}_{12}^{\mathrm{T}})\boldsymbol{C}_1$。

式(3.2.13)中出现的 γ 体现了与 H_∞ 反馈控制与 LQ 反馈控制的区别之处。须 $\gamma^2 > \gamma_{cr}^2$，代数 Riccati 才存在半正定解。

此时，可得到最不利的噪声干扰为

$$\boldsymbol{w}_k = \gamma^{-2}\boldsymbol{G}_w^{\mathrm{T}}\boldsymbol{S}\boldsymbol{x}_k \tag{3.2.14}$$

2) PIMCSD 工具箱中的实现

PIMCSD 工具箱提供了离散系统 H_∞全状态反馈控制系统临界诱导范数计算的实现函数 pim_normdhc()，以及 H_∞全状态反馈控制器设计的实现函数 pim_dhinfc()，其调用格式分别如下：

(1) pim_normdhc()的调用格式如下：

$$\gamma_{cr}^{-2} = \text{pim\_normdhc}(\boldsymbol{\Phi}, \boldsymbol{G}_w, \boldsymbol{G}_u, \boldsymbol{C}_1, \boldsymbol{D}_{12}, \text{tol})$$

参数简单说明：

返回参数 γ_{cr}^{-2} 表示离散 H_∞全状态反馈控制系统临界诱导范数。

输入参数中 $\boldsymbol{\Phi}, \boldsymbol{G}_w, \boldsymbol{G}_u, \boldsymbol{C}_1, \boldsymbol{D}_{12}$ 是与系统方程(3.2.8)和(3.2.9)中矩阵相对应； tol 是指定的求解精度。

(2) pim_dhinfc()的调用格式如下：

$$[\boldsymbol{K}_d, \boldsymbol{S}, E] = \text{pim\_dhinfc}(\gamma^{-2}, \boldsymbol{\Phi}, \boldsymbol{G}_w, \boldsymbol{G}_u, \boldsymbol{C}_1, \boldsymbol{D}_{12})$$

参数简单说明：

返回参数 $\boldsymbol{K}_d, \boldsymbol{S}, E$ 分别为状态反馈增益矩阵、矩阵代数 Riccati 方程的解，以及闭环控制系统的特征值；

输入参数中 γ^{-2} 是指定的 H_∞设计参数，应满足 $\gamma^{-2} < \gamma_{cr}^{-2}$；$\boldsymbol{\Phi}, \boldsymbol{G}_w, \boldsymbol{G}_u, \boldsymbol{C}_1, \boldsymbol{D}_{12}$ 是与系统方程式(3.2.1)和(3.2.2)中矩阵相对应。

3) 设计实例

例 3.2.2　将例 3.2.1 所描述的连续系统离散化，试对离散化模型进行定常 H_∞全状态反馈控制器设计与仿真。

解　首先采用 pim_c2d()将连续系统离散化，然后采用 pim_normdhc()计算离散 H_∞全状态反馈控制系统的临界诱导范数 γ_{cr}^{-2}，得到 $\gamma_{cr}^{-2} = 0.99999999999953$，选取设计参数 $\gamma^{-2} = 0.3\times\gamma_{cr}^{-2}$，采用 pim_dhinfc()进行全状态反馈控制器设计，并完成仿真。程序代码如表 3.2.2 所示，控制系统仿真结果如图 3.2.2 所示。可以看出与例 3.2.1 连续系统的控制效果是相似的，也说明了 H_∞离散控制器的正确性。

表 3.2.2　离散 H_∞全状态反馈控制器设计与仿真

```
%%%====Data Preparation====%%%
A=[0,-2;1,0]; B1=[0,2]';B2=[0,1]';
C1=[0.1,0.5; 0,0,]; D12 = [0; 1];
x0=[-2,1]';
tf = 15; t0 =0; eta=0.1;   t=t0:eta:tf;
% convert to discrete-time model
Ts = eta;   Ns = length(t)-1;
[Phi,Gwu] = pim_c2d(A, [B1,B2], Ts);
nw = size(B1,2);    nu = size(B2,2);
Gw = Gwu(:,1:nw);    Gu = Gwu(:,1:nu);
% Critical H-inf norm and
% time-invariant H∞ full-state feedback controller
tol = 1.0e-12;
gmf2opt = pim_normdhc(Phi,Gw,Gu,C1,D12,tol);
gmf2 = 0.3*gmf2opt;
[K,S,E] = pim_dhinfc(gmf2,Phi,Gw,Gu,C1,D12);
Phi_c = Phi - Gu*K;
% Simulation
randn('seed',1);
w_t = 0.15*randn(size(t));
x_t = zeros(size(B2,1),Ns+1);   x_t(:,1)=x0;
for k=1:Ns
    x_t(:,k+1) = Phi_c*x_t(:,k) + Gw*w_t(:,k);
end
u_t = -K*x_t; A=[0,-2;1,0]; B1=[0,2]';B2=[0,1]';
%%% plot figure %%%
```

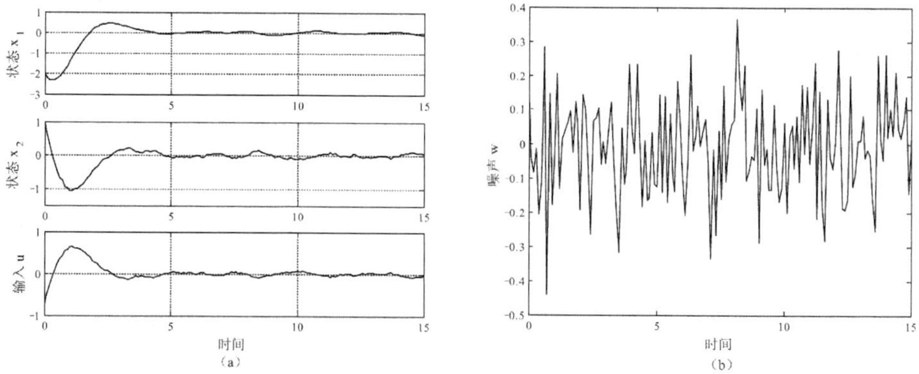

图 3.2.2　离散系统的定常 H_∞全状态反馈控制器设计与仿真

(a) 最优状态轨迹和最优输入；　(b) 仿真噪声历程

3.3　H_∞最优滤波

Kalman 滤波器在含噪声信号的处理中应用非常广泛，这种滤波器要求知道信号的产生机理以及噪声的统计特性，然而在许多情况下只能得到信号的近似模型，有时甚至无法获得信号的统计特性，这在一定程度上限制了卡尔曼滤波器的应用。另外，当信号模型存在不确定性时，Kalman 滤波器的鲁棒性也较差。从而考虑不确定性的 H_∞滤波器引起越来越多的兴趣，并且已经取得许多理论研究成果。H_∞滤波器可以确保从噪声到估计误差之间传递函数的 H_∞范数小于某个给定的正数，且噪声可以是任意的有界信号。与 Kalman 滤波器相比，H_∞滤波器对模型参数的不确定性不太敏感，鲁棒性较好。

1. 连续系统的定常 H_∞最优滤波

1)　问题描述

连续系统状态方程实现为

系统方程：
$$\dot{\boldsymbol{x}} = \boldsymbol{A}\boldsymbol{x} + \boldsymbol{B}_1\boldsymbol{w} + \boldsymbol{B}_2\boldsymbol{u} \tag{3.3.1}$$

量测方程：
$$\boldsymbol{y} = \boldsymbol{C}_2\boldsymbol{x} + \boldsymbol{D}_{21}\boldsymbol{w} \tag{3.3.2}$$

输出方程：
$$\boldsymbol{z} = \boldsymbol{C}_1\boldsymbol{x} + \boldsymbol{D}_{12}\boldsymbol{u} \tag{3.3.3}$$

其中，$\boldsymbol{x}$ 为 n 维状态向量；$\boldsymbol{w}$ 为 l 维噪声向量；$\boldsymbol{u}$ 为 m 维输入向量，在滤波中认为是已知的确定性输入；$\boldsymbol{y}$ 为 q 维量测向量；$\boldsymbol{z}$ 为 p 维输出向量；$\boldsymbol{A}, \boldsymbol{B}_1, \boldsymbol{B}_2, \boldsymbol{C}_1, \boldsymbol{D}_{12}, \boldsymbol{C}_2, \boldsymbol{D}_{21}$ 是具有适当维数的矩阵，且 $\boldsymbol{D}_{12}^{\mathrm{T}}\boldsymbol{D}_{12} = \boldsymbol{I}_m, \boldsymbol{D}_{21}\boldsymbol{D}_{21}^{\mathrm{T}} = \boldsymbol{I}_q$，通常也有 $\boldsymbol{C}_1^{\mathrm{T}}\boldsymbol{D}_{12} = \boldsymbol{0},\ \boldsymbol{B}_1\boldsymbol{D}_{21}^{\mathrm{T}} = \boldsymbol{0}$。

H_∞滤波问题就是要找出线性、满足因果律的算子Γ，使估计 $\hat{\boldsymbol{z}} = \Gamma(\boldsymbol{y}, \boldsymbol{u})$ 的误差范数在最不利噪声的干扰下最小，可以描述为

$$\max_{w}\min_{\Gamma}\frac{\|\hat{\boldsymbol{z}} - \boldsymbol{C}_1\boldsymbol{x} - \boldsymbol{D}_{12}\boldsymbol{u}\|_{2,[0,t_{\mathrm{f}}]}}{\|\boldsymbol{w}\|_{2,[0,t_{\mathrm{f}}]}} = \gamma_{\mathrm{cr}}^2 \tag{3.3.4}$$

其中，

$$\begin{aligned}\|\hat{\boldsymbol{z}} - \boldsymbol{C}_1\boldsymbol{x} - \boldsymbol{D}_{12}\boldsymbol{u}\|_{2,[0,t_{\mathrm{f}}]} = &\int_0^{t_{\mathrm{f}}}(\hat{\boldsymbol{z}} - \boldsymbol{C}_1\boldsymbol{x} - \boldsymbol{D}_{12}\boldsymbol{u})^{\mathrm{T}}(\hat{\boldsymbol{z}} - \boldsymbol{C}_1\boldsymbol{x} - \boldsymbol{D}_{12}\boldsymbol{u})\mathrm{d}t\\ &+[\boldsymbol{x}(t_0) - \hat{\boldsymbol{x}}_0]^{\mathrm{T}}\boldsymbol{P}_0^{-1}[\boldsymbol{x}(t_0) - \hat{\boldsymbol{x}}_0]\end{aligned} \tag{3.3.4a}$$

$$\|\boldsymbol{w}\|_{2,[0,t_{\mathrm{f}}]} = \int_0^{t_{\mathrm{f}}}\boldsymbol{w}^{\mathrm{T}}\boldsymbol{w}\mathrm{d}t \tag{3.3.4b}$$

这里，$\hat{\boldsymbol{x}}_0$ 和 $\boldsymbol{P}_0$ 分别是初始状态的估计值和方差。

这里显示了临界值 γ_{cr}^2 的鞍点性质，是博弈论中双方零和对弈的情形。式(3.3.4)的提法给出了临界情况，在实际问题中难以应用。通常选取参数 $\gamma^2 > \gamma_{\text{cr}}^2$，转化为下面形式的次优 H_∞滤波问题，

$$\max_{w} \min_{\Gamma} \frac{\|\hat{\boldsymbol{z}} - \boldsymbol{C}_1 \boldsymbol{x} - \boldsymbol{D}_{12} \boldsymbol{u}\|_{2,[0,t_{\text{f}}]}}{\|\boldsymbol{w}\|_{2,[0,t_{\text{f}}]}} < \gamma^2 \tag{3.3.5}$$

γ_{cr}^2 给出了参数 γ^2 选取的下界；否则，问题(3.3.5)将不存在相应的滤波器。因此，临界值 γ_{cr}^2 的计算对于 H_∞滤波器的设计是非常重要的。

当 $t_{\text{f}} \to \infty$ 时，导出定常滤波器。滤波微分方程如下：

$$\dot{\hat{\boldsymbol{x}}} = \boldsymbol{A}\hat{\boldsymbol{x}} + \boldsymbol{L}(\boldsymbol{y} - \boldsymbol{C}_2 \hat{\boldsymbol{x}}) + \boldsymbol{B}_2 \boldsymbol{u}, \quad \hat{\boldsymbol{x}}(0) = \hat{\boldsymbol{x}}_0 \tag{3.3.6}$$

其中，$\boldsymbol{L}$ 为定常滤波增益矩阵，

$$\boldsymbol{L} = \boldsymbol{P}\boldsymbol{C}_2^{\text{T}} + \boldsymbol{B}_1 \boldsymbol{D}_{21}^{\text{T}} \tag{3.3.6a}$$

这里，$\boldsymbol{P}$ 是下面矩阵代数 Riccati 方程的解，

$$\bar{\boldsymbol{B}}\bar{\boldsymbol{B}}^{\text{T}} + \bar{\boldsymbol{A}}\boldsymbol{P} + \boldsymbol{P}\bar{\boldsymbol{A}}^{\text{T}} - \boldsymbol{P}(\boldsymbol{C}_2^{\text{T}}\boldsymbol{C}_2 - \gamma^{-2}\boldsymbol{C}_1^{\text{T}}\boldsymbol{C}_1)\boldsymbol{P} = \boldsymbol{0} \tag{3.3.7}$$

其中，

$$\bar{\boldsymbol{B}}\bar{\boldsymbol{B}}^{\text{T}} = \boldsymbol{B}_1(\boldsymbol{I} - \boldsymbol{D}_{21}^{\text{T}}\boldsymbol{D}_{21})\boldsymbol{B}_1^{\text{T}}, \quad \bar{\boldsymbol{A}} = \boldsymbol{A} - \boldsymbol{B}_1\boldsymbol{D}_{21}^{\text{T}}\boldsymbol{C}_2 \tag{3.3.7a}$$

滤波微分方程式(3.3.6)需要根据当前量测“在线”实时计算，因此应尽量做好计算的准备工作，以提高在线计算效率。假设采样周期为 T_{s}，式(3.3.6)可以根据量测 $\boldsymbol{y}$ 和输入 $\boldsymbol{u}$ 进行相应的离散。

当只能得到当前的量测 $\boldsymbol{y}_k$ 和输入 $\boldsymbol{u}_k$ 时得到下面离散形式，

$$\hat{\boldsymbol{x}}_{k+1} = \boldsymbol{\Phi}(T_{\text{s}})\hat{\boldsymbol{x}}_k + \boldsymbol{R}_{y0}(T_{\text{s}})\boldsymbol{y}_k + \boldsymbol{R}_{u0}(T_{\text{s}})\boldsymbol{u}_k \tag{3.3.8}$$

其中，

$$\begin{aligned} \boldsymbol{\Phi}(T_{\text{s}}) &= \exp\left[(\boldsymbol{A} - \boldsymbol{L}\boldsymbol{C}_2)T_{\text{s}}\right] \\ \boldsymbol{R}_{y0}(T_{\text{s}}) &= \int_0^{T_{\text{s}}} \boldsymbol{\Phi}(T_{\text{s}} - \tau)\mathrm{d}\tau \cdot \boldsymbol{L} \\ \boldsymbol{R}_{u0}(T_{\text{s}}) &= \int_0^{T_{\text{s}}} \boldsymbol{\Phi}(T_{\text{s}} - \tau)\mathrm{d}\tau \cdot \boldsymbol{B}_2 \end{aligned} \tag{3.3.8a}$$

当除了可以得到当前的 $\boldsymbol{y}_k$ 和 $\boldsymbol{u}_k$，还可以得到其一阶导数值 $\dot{\boldsymbol{y}}_k$ 和 $\dot{\boldsymbol{u}}_k$ 时，式(3.3.6)可以相应地离散为

$$\begin{aligned} \hat{\boldsymbol{x}}_{k+1} = {} & \boldsymbol{\Phi}(T_{\text{s}})\hat{\boldsymbol{x}}_k + \boldsymbol{R}_{y0}(T_{\text{s}})\boldsymbol{y}_k + \boldsymbol{R}_{u0}(T_{\text{s}})\boldsymbol{u}_k \\ & + \boldsymbol{R}_{y1}(T_{\text{s}})\dot{\boldsymbol{y}}_k + \boldsymbol{R}_{u1}(T_{\text{s}})\dot{\boldsymbol{u}}_k \end{aligned} \tag{3.3.9}$$

其中，

$$\begin{aligned}\boldsymbol{R}_{y1}(T_s) &= \int_0^{T_s} \tau \cdot \boldsymbol{\Phi}(T_s-\tau)\mathrm{d}\tau \cdot \boldsymbol{L} \\ \boldsymbol{R}_{u1}(T_s) &= \int_0^{T_s} \tau \cdot \boldsymbol{\Phi}(T_s-\tau)\mathrm{d}\tau \cdot \boldsymbol{B}_2\end{aligned} \tag{3.3.9a}$$

因此，对于采样周期不变的情况下，预先算好并存储$\boldsymbol{\Phi}(T_s), \boldsymbol{R}_{y0}(T_s), \boldsymbol{R}_{u0}(T_s)$或$\boldsymbol{R}_{y1}(T_s), \boldsymbol{R}_{u1}(T_s)$等矩阵，那么在线滤波就是简单的矩阵—向量乘法运算了，效率可以大大提高；这些矩阵也可以由 PIMCSD 工具箱给出。

2) PIMCSD 工具箱中的实现

PIMCSD 工具箱提供了计算无限长时间连续系统的 H_∞最优滤波临界诱导范数的实现函数 pim_normhf(),以及定常 H_∞最优滤波器设计的实现函数 pim_hinff(),其调用格式分别如下：

(1) pim_ normhf()的调用格式如下：

$$\gamma_{cr}^{-2} = \text{pim\_normhf}(\boldsymbol{A}, \boldsymbol{B}_1, \boldsymbol{C}_1, \boldsymbol{C}_2, \boldsymbol{D}_{21}, \text{tol})$$

参数简单说明：

返回参数γ_{cr}^{-2}表示连续 H_∞滤波系统临界诱导范数。

输入参数中$\boldsymbol{A}, \boldsymbol{B}_1, \boldsymbol{C}_1, \boldsymbol{C}_2, \boldsymbol{D}_{21}$对应于连续系统方程(3.3.1)~(3.3.3)的参数矩阵；tol 是指定的求解精度，默认情况下为 0.001。

(2) pim_hinff()的调用格式如下：

$$[\boldsymbol{L}, \boldsymbol{P}, E] = \text{pim\_hinff}(\gamma^{-2}, \boldsymbol{A}, \boldsymbol{B}_1, \boldsymbol{C}_1, \boldsymbol{C}_2, \boldsymbol{D}_{21})$$
$$[\boldsymbol{L}, \boldsymbol{P}, E, \boldsymbol{\Phi}, \boldsymbol{R}_y] = \text{pim\_hinff}(\gamma^{-2}, \boldsymbol{A}, \boldsymbol{B}_1, \boldsymbol{C}_1, \boldsymbol{C}_2, \boldsymbol{D}_{21}, T_s, \text{flag})$$
$$[\boldsymbol{L}, \boldsymbol{P}, E, \boldsymbol{\Phi}, \boldsymbol{R}_y, \boldsymbol{R}_u] = \text{pim\_hinff}(\gamma^{-2}, \boldsymbol{A}, \boldsymbol{B}_1, \boldsymbol{C}_1, \boldsymbol{C}_2, \boldsymbol{D}_{21}, T_s, \boldsymbol{B}_2, \text{flag})$$

参数简单说明：

返回参数中$\boldsymbol{L}, \boldsymbol{P}, E$分别为状态滤波增益矩阵、矩阵代数 Riccati 方程的解，以及滤波系统的特征值。

该函数调用格式还可以返回滤波微分方程的离散化矩阵$\boldsymbol{\Phi}, \boldsymbol{R}_y, \boldsymbol{R}_u$(如离散化方程式(3.3.8)和(3.3.9)所示)，与离散的阶次 flag 相对应：若 flag = 0，则$\boldsymbol{\Phi} = \boldsymbol{\Phi}(T_s)$，$\boldsymbol{R}_y = \boldsymbol{R}_{y0}(T_s)$，$\boldsymbol{R}_u = \boldsymbol{R}_{u0}(T_s)$；若 flag = 1，则$\boldsymbol{\Phi} = \boldsymbol{\Phi}(T_s)$，$\boldsymbol{R}_y = \begin{bmatrix}\boldsymbol{R}_{y0}(T_s) & \boldsymbol{R}_{y1}(T_s)\end{bmatrix}$，$\boldsymbol{R}_u = \begin{bmatrix}\boldsymbol{R}_{u0}(T_s) & \boldsymbol{R}_{u1}(T_s)\end{bmatrix}$。这些参数可以方便地应用于滤波器的仿真运算，例如 pim_simkalman()。

输入参数中γ^{-2}是指定的 H_∞滤波设计参数，应满足$\gamma^{-2} < \gamma_{cr}^{-2}$；$\boldsymbol{A}, \boldsymbol{B}_1, \boldsymbol{C}_1, \boldsymbol{C}_2, \boldsymbol{D}_{21}$对应于系统方程式(3.3.1)~(3.3.3)中的参数矩阵；flag 指定滤波微分方程离散化的阶次，也可以看作滤波器的阶次。

3) 设计实例

例 3.3.1　考虑下面连续系统的 H_∞滤波问题，

$$\begin{bmatrix}\dot{x}_1\\ \dot{x}_2\end{bmatrix}=\begin{bmatrix}0.0 & 1.0\\ -1.0 & 0.0\end{bmatrix}\begin{bmatrix}x_1\\ x_2\end{bmatrix}+\begin{bmatrix}0.0\\ 1.0\end{bmatrix}\boldsymbol{w}$$

$$\boldsymbol{y}=[1.0\quad 0.0]\begin{bmatrix}x_1\\ x_2\end{bmatrix}+\boldsymbol{v}$$

$$\boldsymbol{z}=[0.0\quad 0.2]\begin{bmatrix}x_1\\ x_2\end{bmatrix}$$

其中，噪声 $\boldsymbol{w}$ 和 $\boldsymbol{v}$ 互不相关。

解　首先将上述系统转化为(3.3.1)~(3.3.3)描述的标准形式，然后调用 PIMCSD 工具箱中的 pim_normhf()得到该系统的临界诱导范数 $\gamma_{\rm cr}^{-2}=17.6775$，然后取设计参数 $\gamma^{-2}=0.3\gamma_{\rm cr}^{-2}$ 利用 pim_hinff()进行定常 H_∞滤波器设计，最后利用 pim_simkalman()函数完成仿真，表 3.3.1 给出了程序代码，图 3.3.1 给出了相应的滤波效果。

表 3.3.1　连续系统的定常 H_∞最优滤波器设计与仿真

```
%data preparation
A=[0,1;-1,0]; B1=[0,1]';   C2=[1,0]; C1=[0,0.2];   D21 = 1;
x0=[-1,1]';   x0e=[0,0]';
tf = 25; t0 =0;   eta=0.1;      t=t0:eta:tf;
%Generate noise
randn('seed',1);
Wd = 0.1; Vd =0.1; P0=eye(2)*0.01;
[xn_t,w_t,yn_t,v_t]=simcrndp(A,B1,Wd,P0,x0,t,C2,Vd);
% convert to the standard forms:
% dx/dt = A*x + B1e*[w;v] + B2*u;
%       y1 = C1*x + D12*u;
%       y2 = C2*x + D21e [w;v]
[nx,nw] = size(B1);    [ny,nv] = size(D21);
B1e = [B1,zeros(nx,nv)];   D21e = [zeros(ny,nw),D21];
we_t = [w_t;v_t];
% Critical induced norm and H-inf filter
gmf2min = pim_normhf(A,B1e,C1,C2,D21e,1e-5);
gmf2 = 0.3*gmf2min;   flag = 0;
[L,P,E,PHI,Rqy] = pim_hinff(gmf2,A,B1e,C1,C2,D21e,eta,flag);
xe_t=pim_simkalman(PHI,Rqy,x0e,t,yn_t,flag);
%%% PLOT FIGURE %%%
```

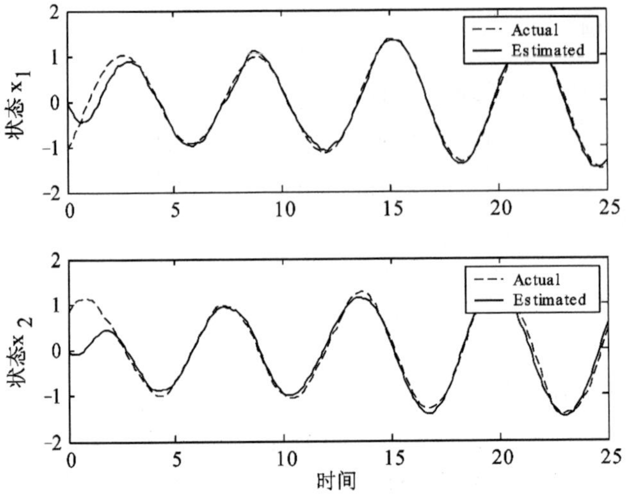

图 3.3.1　连续系统的定常 H_∞最优滤波器设计与仿真

2. 离散系统的定常 H_∞最优滤波

1) 问题描述

离散系统状态方程实现为

系统方程： $$\boldsymbol{x}_{k+1} = \boldsymbol{\Phi}\boldsymbol{x}_k + \boldsymbol{G}_w\boldsymbol{w}_k + \boldsymbol{G}_u\boldsymbol{u}_k \tag{3.3.10}$$

量测方程： $$\boldsymbol{y}_k = \boldsymbol{C}_2\boldsymbol{x}_k + \boldsymbol{D}_{21}\boldsymbol{w}_k \tag{3.3.11}$$

输出方程： $$\boldsymbol{z}_k = \boldsymbol{C}_1\boldsymbol{x}_k + \boldsymbol{D}_{12}\boldsymbol{u}_k \tag{3.3.12}$$

其中，$k\in[0,N]$，状态向量 $\boldsymbol{x}_k\in\boldsymbol{R}^n$，量测向量 $\boldsymbol{y}_k\in\boldsymbol{R}^q$，过程噪声向量 $\boldsymbol{w}_k\in\boldsymbol{R}^l$，输入 $\boldsymbol{u}_k\in\boldsymbol{R}^m$ (在滤波中认为是已知的确定性输入量)，量测噪声向量 $\boldsymbol{v}_k\in\boldsymbol{R}^m$，状态向量的线性组合 $\boldsymbol{z}_k\in\boldsymbol{R}^p$ 是需要估计的输出向量，$\boldsymbol{\Phi},\boldsymbol{G}_w,\boldsymbol{G}_u,\boldsymbol{C}_1,\boldsymbol{D}_{12},\boldsymbol{C}_2,\boldsymbol{D}_{21}$ 是具有适当维数的矩阵，且 $\boldsymbol{D}_{12}^{\mathrm{T}}\boldsymbol{D}_{12}=\boldsymbol{I}_m$，$\boldsymbol{D}_{21}\boldsymbol{D}_{21}^{\mathrm{T}}=\boldsymbol{I}_q$，通常也有 $\boldsymbol{C}_1^{\mathrm{T}}\boldsymbol{D}_{12}=\boldsymbol{0}$，$\boldsymbol{G}_w\boldsymbol{D}_{21}^{\mathrm{T}}=\boldsymbol{0}$。

类似连续系统 H_∞最优滤波的提法，离散 H_∞滤波问题就是要找出线性、满足因果律的算子Γ，使估计 $\hat{\boldsymbol{z}}_k=\Gamma(\boldsymbol{y}_k,\boldsymbol{u}_k)$ 的误差范数在最不利噪声的干扰下最小，可以描述为

$$\max_{w}\min_{\Gamma}\frac{\left\|\hat{\boldsymbol{z}}_k-\boldsymbol{z}_k\right\|_{2,[0,N]}}{\left\|\boldsymbol{w}_k\right\|_{2,[0,N-1]}}=\gamma_{\mathrm{cr}}^2 \tag{3.3.13}$$

其中，

$$\left\|\hat{\boldsymbol{z}}_k-\boldsymbol{z}_k\right\|_{2,[0,N]}=\sum_{k=0}^{N-1}(\hat{\boldsymbol{z}}_k-\boldsymbol{z}_k)^{\mathrm{T}}(\hat{\boldsymbol{z}}_k-\boldsymbol{z}_k)+(\boldsymbol{x}_0-\bar{\boldsymbol{x}}_0)^{\mathrm{T}}\bar{\boldsymbol{P}}_0^{-1}(\boldsymbol{x}_0-\bar{\boldsymbol{x}}_0) \tag{3.3.13a}$$

$$\left\| \boldsymbol{w}_k \right\|_{2,[0,N-1]} = \sum_{k=0}^{N-1} \boldsymbol{w}_k^{\mathrm{T}} \boldsymbol{w}_k \tag{3.3.13b}$$

这里，$\bar{\boldsymbol{x}}_0$ 和 $\bar{\boldsymbol{P}}_0$ 分别是初始状态的估计值和方差。

H_∞最优滤波问题的描述显示了临界值 γ_{cr}^2 的鞍点性质，是博弈论中双方零和对弈的情形。式(3.3.13)的提法给出了临界情况，在实际问题中难以应用。通常选取参数 $\gamma^2 > \gamma_{\mathrm{cr}}^2$，转化为下面形式的次优 H_∞滤波问题，

$$\max_{w} \min_{\Gamma} \frac{\left\| \hat{\boldsymbol{z}}_k - \boldsymbol{z}_k \right\|_{2,[0,N]}}{\left\| \boldsymbol{w}_k \right\|_{2,[0,N-1]}} < \gamma^2 \tag{3.3.14}$$

γ_{cr}^2 给出了参数 γ^2 选取的下界；否则，问题(3.3.14)将不存在相应的滤波器。因此临界值 γ_{cr}^2 的计算对于 H_∞滤波器的设计是非常重要的。

定常滤波器设计对应于无限长时间 $N \to \infty$ 时的情况，因此初始估计条件 $\bar{\boldsymbol{P}}_0$ 不影响滤波器的设计。

利用变分法等可以导出离散 H_∞滤波器的形式：

验后估计：

$$\hat{\boldsymbol{x}}_k = \bar{\boldsymbol{x}}_k + \hat{\boldsymbol{L}}_{\mathrm{d}}(\boldsymbol{y}_k - \boldsymbol{C}_2 \bar{\boldsymbol{x}}_k) \tag{3.3.15}$$

验前估计：

$$\bar{\boldsymbol{x}}_{k+1} = \boldsymbol{\Phi} \bar{\boldsymbol{x}}_k + \bar{\boldsymbol{L}}_{\mathrm{d}}(\boldsymbol{y}_k - \boldsymbol{C}_2 \bar{\boldsymbol{x}}_k) + \boldsymbol{G}_u \boldsymbol{u}_k \tag{3.3.16}$$

其中，$\hat{\boldsymbol{L}}_{\mathrm{d}}$ 和 $\bar{\boldsymbol{L}}_{\mathrm{d}}$ 分别称为验后和验前滤波增益矩阵，

$$\bar{\boldsymbol{L}}_{\mathrm{d}} = \left(\boldsymbol{\Phi} - \boldsymbol{G}_w \boldsymbol{D}_{21}^{\mathrm{T}} \boldsymbol{C}_2 \right) \hat{\boldsymbol{L}}_{\mathrm{d}} + \boldsymbol{G}_w \boldsymbol{D}_{21}^{\mathrm{T}} \tag{3.3.17}$$

$$\hat{\boldsymbol{L}}_{\mathrm{d}} = \hat{\boldsymbol{P}} \boldsymbol{C}_2^{\mathrm{T}}, \quad \hat{\boldsymbol{P}} = \left(\bar{\boldsymbol{P}}^{-1} + \boldsymbol{C}_2^{\mathrm{T}} \boldsymbol{C}_2 - \gamma^{-2} \boldsymbol{C}_1^{\mathrm{T}} \boldsymbol{C}_1 \right)^{-1} \tag{3.3.18}$$

这里，$\hat{\boldsymbol{P}}$ 和 $\bar{\boldsymbol{P}}$ 称为验后和验前的状态估计方差阵，$\bar{\boldsymbol{P}}$ 为下面矩阵代数 Riccati 方程的解，

$$\bar{\boldsymbol{P}} = \bar{\boldsymbol{G}} \bar{\boldsymbol{G}} + \bar{\boldsymbol{\Phi}} \left(\bar{\boldsymbol{P}}^{-1} + \boldsymbol{C}_2^{\mathrm{T}} \boldsymbol{C}_2 - \gamma^{-2} \boldsymbol{C}_1^{\mathrm{T}} \boldsymbol{C}_1 \right)^{-1} \bar{\boldsymbol{\Phi}}^{\mathrm{T}} \tag{3.3.19}$$

其中，$\bar{\boldsymbol{\Phi}} = \boldsymbol{\Phi} - \boldsymbol{G}_w \boldsymbol{D}_{21}^{\mathrm{T}} \boldsymbol{C}_2$，$\bar{\boldsymbol{G}}\bar{\boldsymbol{G}} = \boldsymbol{G}_w \left(\boldsymbol{I} - \boldsymbol{D}_{21}^{\mathrm{T}} \boldsymbol{D}_{21} \right) \boldsymbol{G}_w^{\mathrm{T}}$。

2)　PIMCSD 工具箱中的实现

PIMCSD 工具箱提供了计算离散系统的定常 H_∞最优滤波临界诱导范数的实现函数 pim_normdhf()，以及定常 H_∞最优滤波器设计的实现函数 pim_dhinff()，其调用格式分别如下：

(1) pim_normdhf()的调用格式如下：

$$\gamma_{\mathrm{cr}}^{-2} = \text{pim\_normdhf}(\boldsymbol{\Phi}, \boldsymbol{G}_w, \boldsymbol{C}_1, \boldsymbol{C}_2, \boldsymbol{D}_{21}, \text{tol})$$

参数简单说明：

返回参数 $\gamma_{\mathrm{cr}}^{-2}$ 表示无限长时间离散 H_∞滤波系统的临界诱导范数。

输入参数中 $\boldsymbol{\Phi}, \boldsymbol{G}_w, \boldsymbol{C}_1, \boldsymbol{C}_2, \boldsymbol{D}_{21}$ 对应于离散系统方程(3.3.10)~(3.3.12)的参数矩阵；tol 是指定的求解精度，默认情况下为 0.001。

(2) pim_dhinff()的调用格式如下：

$$[\bar{\boldsymbol{L}}, \bar{\boldsymbol{P}}, \hat{\boldsymbol{L}}, \hat{\boldsymbol{P}}] = \text{pim\_dhinff}(\gamma^{-2}, \boldsymbol{\Phi}, \boldsymbol{G}_w, \boldsymbol{C}_1, \boldsymbol{C}_2, \boldsymbol{D}_{21})$$

参数简单说明：

返回参数中 $\bar{\boldsymbol{L}}$ 和 $\hat{\boldsymbol{L}}$ 分别为验前和验后状态滤波增益矩阵，$\bar{\boldsymbol{P}}$ 和 $\hat{\boldsymbol{P}}$ 分别为验前和验后的状态估计方差阵，如式(3.3.17)和(3.3.18)所述。

输入参数中 γ^{-2} 是指定的 H_∞滤波设计参数，应满足 $\gamma^{-2} < \gamma_{\mathrm{cr}}^{-2}$；$\boldsymbol{\Phi}, \boldsymbol{G}_w, \boldsymbol{C}_1, \boldsymbol{C}_2, \boldsymbol{D}_{21}$ 对应于离散系统方程(3.3.10)~(3.3.12)的参数矩阵。

滤波器的仿真(如上式(3.3.15)和(3.3.16))也可以调用 pim_simdkalman()完成。

3) 设计实例

例 3.3.2　将例 3.3.1 中的连续系统离散化，试对离散系统进行 H_∞滤波器设计与仿真。

解　首先采用 pim_c2d()将连续系统离散化，将离散系统转化为式(3.3.10)~(3.3.12)描述的标准形式；然后调用 pim_normdhf()计算离散 H_∞滤波系统的临界诱导范数 $\gamma_{\mathrm{cr}}^{-2} = 17.6620$，取设计参数 $\gamma^{-2} = 0.3\gamma_{\mathrm{cr}}^{-2}$，利用 pim_dhinff()进行定常 H_∞滤波器设计；最后利用 pim_simdkalman()函数完成仿真，表 3.3.2 给出了程序代码，图 3.3.2 给出了相应的滤波效果。

表 3.3.2　离散系统的定常 H_∞最优滤波器设计与仿真

```
%data preparation
A=[0,1;-1,0]; B1=[0,1]';    C2=[1,0]; C1=[0,0.2];    D21 = 1;
x0=[-1,1]';   x0e=[0,0]';
tf = 25; t0 =0;    eta=0.1;        t=t0:eta:tf;
%convert to discrete-time nodel
Ts = eta;    Ns=length(t)-1;
[Phi,Gw] = pim_c2d(A, B1, Ts);
%Generate noise
randn('seed',1);
Wd = 0.1; Vd =0.1; P0=eye(2)*0.01;
[xn_t,w_t,yn_t,v_t]=simdrndp(Phi,Gw,Wd,P0,x0,Ns,C2,Vd);
% convert to standard forms
%          x = Phi*x + Gwe*[w;v];
```

续表

```
%      y1 = C1*x + D12*u;
%      y2 = C2*x + D21e [w;v]
[nx,nw] = size(B1);     [ny,nv] = size(D21);
Gwe = [Gw,zeros(nx,nv)];   D21e = [zeros(ny,nw),D21];
% Critical H-inf norm and H-inf filter
gmf2opt = pim_normdhf(Phi,Gwe,C1,C2,D21e,1.0e-5);
gmf2 = 0.3*gmf2opt;
[Lb,Pb,Lh,Ph] = pim_dhinff(gmf2,Phi,Gwe,C1,C2,D21e);
[xe_t,xh_t]=pim_simdkalman(Lb,Lh,Phi,C2,x0e,yn_t);
%%% PLOT FIGURE %%%
```

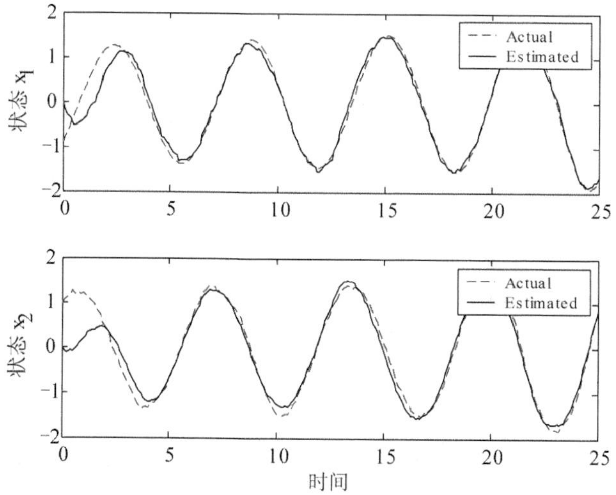

图 3.3.2 离散系统的定常 H_∞最优滤波器设计与仿真

3.4 H_∞输出反馈控制

定常 H_∞输出反馈控制问题也称为广义调节器问题，H_∞输出反馈控制器只能利用系统可测量的状态信号而非全部状态信息，该控制器可以由一个 H_∞全状态反馈控制器和一个 H_∞滤波器构成。H_∞输出反馈控制与 LQG 综合控制问题有一些相似之处，但也有本质的差别：一方面 LQG 控制系统设计中全状态反馈控制问题与滤波问题是完全独立的，而从 3.3 节 H_∞最优滤波理论可以看出，滤波器的设计还要考虑控制问题的目标函数；另一方面，H_∞控制和滤波问题中的矩阵代数 Riccati 方程并不总是有解的，还需要研究 H_∞输出反馈控制器的存在性问题等。

本节首先介绍 H_∞输出反馈控制的求解理论，然后介绍 PIMCSD 工具箱中相应的函数实现。

1. 连续系统的定常 H_∞输出反馈控制

1) 问题描述

连续系统状态方程实现为

系统方程：
$$\dot{\boldsymbol{x}} = \boldsymbol{A}\boldsymbol{x} + \boldsymbol{B}_1\boldsymbol{w} + \boldsymbol{B}_2\boldsymbol{u} \tag{3.4.1}$$

输出方程：
$$\boldsymbol{z} = \boldsymbol{C}_1\boldsymbol{x} + \boldsymbol{D}_{12}\boldsymbol{u} \tag{3.4.2}$$

量测方程：
$$\boldsymbol{y} = \boldsymbol{C}_2\boldsymbol{x} + \boldsymbol{D}_{21}\boldsymbol{w} \tag{3.4.3}$$

其中，$\boldsymbol{x}$ 为 n 维状态向量，$\boldsymbol{w}$ 为 l 维外扰向量，$\boldsymbol{u}$ 为 m 维控制向量，$\boldsymbol{y}$ 为 q 维量测向量，$\boldsymbol{z}$ 为 p 维输出向量，$p \geqslant m$，$l \geqslant q$。系统矩阵 $\boldsymbol{A}, \boldsymbol{B}_1, \boldsymbol{B}_2, \boldsymbol{C}_1, \boldsymbol{C}_2, \boldsymbol{D}_{12}$ 和 $\boldsymbol{D}_{21}$ 分别具有恰当的维数，并且

$$\boldsymbol{D}_{12}^{\mathrm{T}}\boldsymbol{D}_{12} = \boldsymbol{I}_m, \qquad \boldsymbol{D}_{21}\boldsymbol{D}_{21}^{\mathrm{T}} = \boldsymbol{I}_q \tag{3.4.4}$$

$\boldsymbol{I}_m$ 和 $\boldsymbol{I}_q$ 分别是 m 和 q 阶单位矩阵。矩阵对 $(\boldsymbol{A},\boldsymbol{B}_2)$ 和 $(\boldsymbol{A},\boldsymbol{C}_2)$ 分别是可控和可观测的。

次优的 H_∞输出反馈控制问题的提法：寻找系统(3.4.1)和(3.4.2)的线性控制器 $\boldsymbol{u} = \varGamma(\boldsymbol{y})$，对于给定的正数 γ^2，使该控制器闭环系统从外扰 $\boldsymbol{w}$ 到输出 $\boldsymbol{z}$ 的 H_∞诱导范数满足，

$$\|\boldsymbol{G}_{zw}\|_{\infty,[0,t_{\mathrm{f}}]} = \sup_{\|\boldsymbol{w}(t)\|_{2,[0,t_{\mathrm{f}}]}\neq 0} \frac{\|\boldsymbol{z}(t)\|_{2,[0,t_{\mathrm{f}}]}}{\|\boldsymbol{w}(t)\|_{2,[0,t_{\mathrm{f}}]}} < \gamma^2 \tag{3.4.5}$$

其中，

$$\|\boldsymbol{z}(t)\|_{2,[0,t_{\mathrm{f}}]} = \int_0^{t_{\mathrm{f}}} \boldsymbol{z}^{\mathrm{T}}\boldsymbol{z}\mathrm{d}t + \boldsymbol{x}^{\mathrm{T}}(t_{\mathrm{f}})\boldsymbol{S}_{\mathrm{f}}\boldsymbol{x}(t_{\mathrm{f}}), \quad \|\boldsymbol{w}(t)\|_{2,[0,t_{\mathrm{f}}]} = \int_0^{t_{\mathrm{f}}} \boldsymbol{w}^{\mathrm{T}}\boldsymbol{w}\mathrm{d}t \tag{3.4.5a}$$

这里，$\boldsymbol{S}_{\mathrm{f}}$ 是对称半正定矩阵。已知初始状态的估计值和方差，

$$E[\boldsymbol{x}(0)] = \hat{\boldsymbol{x}}_0, \quad E[\boldsymbol{x}(0)\boldsymbol{x}^{\mathrm{T}}(0)] = \boldsymbol{P}_0 \tag{3.4.5b}$$

H_∞诱导范数存在一个临界值 γ_{cr}^2，给定的参数须满足 $\gamma^2 > \gamma_{\mathrm{cr}}^2$；否则，不存在相应的控制器。因此，$\gamma_{\mathrm{cr}}^2$ 的计算就显得非常重要了。

无限长时间的 H_∞输出反馈控制是当 $t_{\mathrm{f}} \to \infty$ 时的情况，此时，边界条件对于控制器的设计不产生影响。输出反馈控制器 $\boldsymbol{u} = \boldsymbol{F}(s)\boldsymbol{y}$ 可用下面状态空间描述：

$$\begin{cases} \dot{\hat{\boldsymbol{x}}} = \boldsymbol{A}_{\mathrm{f}}(t)\hat{\boldsymbol{x}} + \boldsymbol{B}_{\mathrm{f}}(t)\boldsymbol{y} \\ \boldsymbol{u} = \boldsymbol{C}_{\mathrm{f}}(t)\hat{\boldsymbol{x}} + \boldsymbol{D}_{\mathrm{f}}(t)\boldsymbol{y} \end{cases} \tag{3.4.6}$$

其中，$\boldsymbol{A}_{\mathrm{f}}(t), \boldsymbol{B}_{\mathrm{f}}(t), \boldsymbol{C}_{\mathrm{f}}(t), \boldsymbol{D}_{\mathrm{f}}(t)$ 是输出反馈控制器的状态空间矩阵，是时变的，

$$\begin{aligned} A_{\mathrm{f}} &= A - LC_2 - B_2K(I-\gamma^{-2}PS)^{-1}, & B_{\mathrm{f}} &= L \\ C_{\mathrm{f}} &= -K(I-\gamma^{-2}PS)^{-1}, & D_{\mathrm{f}} &= 0 \end{aligned} \tag{3.4.6a}$$

其中，K 和 L 分别是单独设计的全状态反馈增益矩阵和滤波增益矩阵，如下：

$$K = B_2^{\mathrm{T}}S + D_{12}^{\mathrm{T}}C_1, \quad L = PC_2^{\mathrm{T}} + B_1D_{21}^{\mathrm{T}} \tag{3.4.6b}$$

这里，S 和 P 满足分别满足下面的矩阵代数 Riccati 方程，

$$\tilde{A}^{\mathrm{T}}S + S\tilde{A} + \tilde{C}^{\mathrm{T}}\tilde{C} - S(B_2B_2^{\mathrm{T}} - \gamma^{-2}B_1B_1^{\mathrm{T}})S = 0 \tag{3.4.7}$$

其中，$\tilde{A} = A - B_2D_{12}^{\mathrm{T}}C_1$，$\tilde{C}^{\mathrm{T}}\tilde{C} = C_1^{\mathrm{T}}(I - D_{12}D_{12}^{\mathrm{T}})C_1$。

$$\bar{B}\bar{B}^{\mathrm{T}} + \bar{A}P + P\bar{A}^{\mathrm{T}} - P(C_2^{\mathrm{T}}C_2 - \gamma^{-2}C_1^{\mathrm{T}}C_1)P = 0 \tag{3.4.8}$$

这里，$\bar{B}\bar{B}^{\mathrm{T}} = B_1(I - D_{21}^{\mathrm{T}}D_{21})B_1^{\mathrm{T}}$，$\bar{A} = A - B_1D_{21}^{\mathrm{T}}C_2$。同时要求 $\rho(SP) < \gamma^2$。

另外，我们还可以用状态 $\bar{x} = (I - \gamma^{-2}PS)^{-1}\hat{x}$ 来完成输出反馈控制器 $u = F(s)y$ 的实现，

$$\begin{cases} \dot{\bar{x}} = A_{\mathrm{f}}'\bar{x} + B_{\mathrm{f}}'y \\ u = C_{\mathrm{f}}'\bar{x} + D_{\mathrm{f}}'y \end{cases} \tag{3.4.9}$$

其中，

$$\begin{aligned} A_{\mathrm{f}}' &= A - B_2K + \gamma^{-2}B_1B_1^{\mathrm{T}}S - (I-\gamma^{-2}PS)^{-1}P(C_2+\gamma^{-2}D_{21}B_1^{\mathrm{T}}S)^{\mathrm{T}}(C_2+\gamma^{-2}D_{21}B_1^{\mathrm{T}}S) \\ B_{\mathrm{f}}' &= (I-\gamma^{-2}PS)^{-1}P(C_2+\gamma^{-2}D_{21}B_1^{\mathrm{T}}S)^{\mathrm{T}} + B_1D_{21}^{\mathrm{T}} \\ C_{\mathrm{f}}' &= -K \\ D_{\mathrm{f}}' &= 0 \end{aligned} \tag{3.4.9a}$$

其中，K , L 和 S , P 分别与式(3.4.6b)和式(3.4.7)，(3.4.8)所示。

式(3.4.9)是经典的描述，其实是相当于对式(3.4.6)的相似变换。

2)　PIMCSD 工具箱中的实现

PIMCSD 工具箱提供了计算无限长时间连续系统的 H_∞输出反馈控制的临界诱导范数的实现函数 pim_normhcf()，以及定常 H_∞输出反馈控制器设计的实现函数 pim_hinf1()和 pim_hinf2()，其调用格式分别如下：

(1) pim_ normhcf()的调用格式如下：

$$\gamma_{\mathrm{cr}}^{-2} = \text{pim\_normhcf}(A, B_1, B_2, C_1, C_2, D_{12}, D_{21}, \text{tol})$$

参数简单说明：

返回参数 $\gamma_{\mathrm{cr}}^{-2}$ 表示连续系统 H_∞输出反馈控制系统临界诱导范数。

输入参数中 $A, B_1, B_2, C_1, C_2, D_{12}, D_{21}$ 对应于连续系统方程(3.4.1)~(3.4.3)的参数矩阵；tol 是指定的求解精度，默认情况下为 0.001。

(2) pim_hinf1()的调用格式如下：

$$[\boldsymbol{A}_{\mathrm{f}}', \boldsymbol{B}_{\mathrm{f}}', \boldsymbol{C}_{\mathrm{f}}', \boldsymbol{D}_{\mathrm{f}}'] = \text{pim\_hinf1}(\gamma^{-2}, \boldsymbol{A}, \boldsymbol{B}_1, \boldsymbol{B}_2, \boldsymbol{C}_1, \boldsymbol{C}_2, \boldsymbol{D}_{12}, \boldsymbol{D}_{21})$$

$$[\boldsymbol{A}_{\mathrm{f}}', \boldsymbol{B}_{\mathrm{f}}', \boldsymbol{C}_{\mathrm{f}}', \boldsymbol{D}_{\mathrm{f}}', \boldsymbol{K}, \boldsymbol{L}] = \text{pim\_hinf1}(\gamma^{-2}, \boldsymbol{A}, \boldsymbol{B}_1, \boldsymbol{B}_2, \boldsymbol{C}_1, \boldsymbol{C}_2, \boldsymbol{D}_{12}, \boldsymbol{D}_{21})$$

参数简单说明：

返回参数 $\boldsymbol{A}_{\mathrm{f}}', \boldsymbol{B}_{\mathrm{f}}', \boldsymbol{C}_{\mathrm{f}}', \boldsymbol{D}_{\mathrm{f}}'$ 给出了输出反馈 $\boldsymbol{u} = \boldsymbol{F}(s)\boldsymbol{y}$ 的状态空间实现形式，如式(3.4.9)所示，这是常用的描述形式。第二种调用格式还返回全状态反馈增益矩阵 $\boldsymbol{K}$ 以及滤波增益矩阵 $\boldsymbol{L}$。

输入参数 γ^{-2} 是指定的 H_∞ 输出反馈控制设计参数，应满足 $\gamma^{-2} < \gamma_{\mathrm{cr}}^{-2}$；$\boldsymbol{A}, \boldsymbol{B}_1, \boldsymbol{B}_2, \boldsymbol{C}_1, \boldsymbol{C}_2, \boldsymbol{D}_{12}, \boldsymbol{D}_{21}$ 对应于系统方程式(3.4.1)~(3.4.3)中的参数矩阵。

(3) pim_hinf2()的调用格式如下：

$$[\boldsymbol{A}_{\mathrm{f}}, \boldsymbol{B}_{\mathrm{f}}, \boldsymbol{C}_{\mathrm{f}}, \boldsymbol{D}_{\mathrm{f}}] = \text{pim\_hinf2}(\gamma^{-2}, \boldsymbol{A}, \boldsymbol{B}_1, \boldsymbol{B}_2, \boldsymbol{C}_1, \boldsymbol{C}_2, \boldsymbol{D}_{12}, \boldsymbol{D}_{21})$$

$$[\boldsymbol{A}_{\mathrm{f}}, \boldsymbol{B}_{\mathrm{f}}, \boldsymbol{C}_{\mathrm{f}}, \boldsymbol{D}_{\mathrm{f}}, \boldsymbol{K}, \boldsymbol{L}] = \text{pim\_hinf2}(\gamma^{-2}, \boldsymbol{A}, \boldsymbol{B}_1, \boldsymbol{B}_2, \boldsymbol{C}_1, \boldsymbol{C}_2, \boldsymbol{D}_{12}, \boldsymbol{D}_{21})$$

参数简单说明：

该函数给出了 H_∞ 输出反馈不同于 pim_hinf1()的一种状态空间实现形式。

返回参数中 $\boldsymbol{A}_{\mathrm{f}}, \boldsymbol{B}_{\mathrm{f}}, \boldsymbol{C}_{\mathrm{f}}, \boldsymbol{D}_{\mathrm{f}}$ 给出了输出反馈 $\boldsymbol{u} = \boldsymbol{F}(s)\boldsymbol{y}$ 的状态空间实现形式，如式(3.4.6)所示。第二种调用格式还返回全状态反馈增益矩阵 K，以及滤波增益矩阵 $\boldsymbol{L}$。

输入参数中 γ^{-2} 是指定的 H_∞ 输出反馈控制设计参数，应满足 $\gamma^{-2} < \gamma_{\mathrm{cr}}^{-2}$；$\boldsymbol{A}$, $\boldsymbol{B}_1$, $\boldsymbol{B}_2, \boldsymbol{C}_1, \boldsymbol{C}_2, \boldsymbol{D}_{12}, \boldsymbol{D}_{21}$ 对应于系统方程式(3.4.1)~(3.4.3)中的参数矩阵。

3) 设计实例

例 3.4.1 考虑一个包括量测误差和风力矩的卫星跟踪天线，其数学模型为

$$\begin{Bmatrix} \dot{\theta}(t) \\ \ddot{\theta}(t) \end{Bmatrix} = \begin{bmatrix} 0 & 1 \\ 0 & -0.1 \end{bmatrix} \begin{Bmatrix} \theta(t) \\ \dot{\theta}(t) \end{Bmatrix} + \begin{Bmatrix} 0 \\ 0.001 \end{Bmatrix} \boldsymbol{u}(t) + \begin{Bmatrix} 0 \\ 0.001W_{\mathrm{b}} \end{Bmatrix} \boldsymbol{w}_1(t)$$

其中，$\theta(t)$ 为天线指向误差，单位为度，$\boldsymbol{u}(t)$ 为控制力矩，$\boldsymbol{w}(t)$ 为归一化的风扰动力矩，W_{b} 为风扰动的上限。假定归一化风扰动力矩是正弦曲线且其幅值范围为 $|\boldsymbol{w}(t)| \leqslant 1$，即真实风扰动力矩范围为 $|\boldsymbol{w}(t)| = |W_{\mathrm{b}}\boldsymbol{w}_1(t)| \leqslant W_{\mathrm{b}}$。指向误差量测为

$$\boldsymbol{y}(t) = [1 \quad 0] \begin{Bmatrix} \theta(t) \\ \dot{\theta}(t) \end{Bmatrix} + \boldsymbol{v}(t)$$

其中，假设量测误差为正弦曲线且其幅值范围为 $|\boldsymbol{v}(t)| \leqslant 1°$。其输出为

$$\boldsymbol{z}(t) = \begin{bmatrix} W_\theta & 0 \\ 0 & 0 \end{bmatrix} \begin{Bmatrix} \theta(t) \\ \dot{\theta}(t) \end{Bmatrix} + \begin{Bmatrix} 0 \\ 1 \end{Bmatrix} \boldsymbol{u}(t)$$

对 $W_{\mathrm{b}} = 70, W_\theta = 13$ 进行稳态控制器综合，仿真时取真实风扰动为 $\boldsymbol{w}(t) = 70$，量测

误差为分布在[−1,1]之间的白噪声。

解　首先将系统转化为式(3.4.1)~(3.4.3)形式的标准系统，并使相关系数满足(3.4.4)，这样系统方程和量测方程需转变为

$$\begin{Bmatrix}\dot{\theta}(t)\\ \ddot{\theta}(t)\end{Bmatrix}=\begin{bmatrix}0 & 1\\ 0 & -0.1\end{bmatrix}\begin{Bmatrix}\theta(t)\\ \dot{\theta}(t)\end{Bmatrix}+\begin{Bmatrix}0\\ 0.001\end{Bmatrix}\boldsymbol{u}(t)+\begin{bmatrix}0 & 0\\ 0.001W_{\mathrm{b}} & 0\end{bmatrix}\begin{Bmatrix}\boldsymbol{w}_1(t)\\ \boldsymbol{v}(t)\end{Bmatrix}$$

$$\boldsymbol{y}(t)=[1\quad 0]\begin{Bmatrix}\theta(t)\\ \dot{\theta}(t)\end{Bmatrix}+[0\quad 1]\begin{Bmatrix}\boldsymbol{w}(t)\\ \boldsymbol{v}(t)\end{Bmatrix}$$

调用 PIMCSD 最优控制工具箱和 MATLAB 进行编程，程序代码表 3.4.1 所示。用 PIMCSD 工具箱进行设计和仿真时，首先由函数 pim_normhcf()得到$\gamma_{\mathrm{cr}}^{-2}$，然后用函数 pim_hinf1()和 pim_hinf2()分别进行控制器设计，最后用 pim_lsim()进行仿真。用 MATLAB 进行设计和仿真时用函数 hinfopt()进行控制器设计然后用 lsim()进行系统仿真。设计和仿真结果如图 3.4.1 所示，由于用 pim_hinf1 和 pim_hinf2 所得仿真曲线完全相同，我们在此仅列出一组。

表 3.4.1　连续系统的定常 H_∞输出反馈设计与仿真

调用 PIMCSD	调用 MATLAB

%data preparation
Wb = 70; Wthe = 13.; A= [0, 1; 0, -0.1]; B1= [0; 0.001*Wb];
B1 = [B1,zeros(2,1)];B2 = [0; 0.001];
C1 = [Wthe, 0; 0, 0];D12 = [0;1];
C2 = [1,0]; D21 = 1; D21 = [0,D21];
Ts=.1;t=0:Ts:100;x0=zeros(4,1);
randn('state',0);
% Generate critical gamma^-2.
gmf2 = pim_normhcf(A,B1,B2,C1,C2,D12,D21,1e-2);
% Generate the steady-state H-infinity suboptimal controller.
[Af,Bf,Cf,Df] = pim_hinf1(gmf2,A,B1,B2,C1,C2,D12,D21);
[Ae,Be,Ce,De] = pim_hinf2(gmf2,A,B1,B2,C1,C2,D12,D21);
% simulation for [Af,Bf,Cf,Df]
As = [A,B2*Cf;Bf*C2,Af];
Bs = [B1;Bf*D21];Cs = [C1,D12*Cf];
Ds = zeros(size(C1,1),2);
w_t = [1*ones(size(t));1*randn(size(t))];
[y_t,t,x_t] = pim_lsim(As,Bs,Cs,Ds,w_t,t,x0,'foh');u_t = Cf*x_t(3:4,:);
% simulation for [Ae,Be,Ce,De]
Aes = [A,B2*Ce;Be*C2,Ae];
Bes = [B1;Be*D21];
Ces = [C1,D12*Ce];Des = zeros(size(C1,1),2);
[ye_t,t,xe_t] = pim_lsim(Aes,Bes,Ces,Des,w_t,t,x0,'zoh');
ue_t = Ce*xe_t(3:4,:);
%%% PLOT FIGURE %%%
	%data preparation
	Wb = 70;Wthe = 13;A = [0, 1; 0, -0.1];
	B1 = [0; 0.001*Wb];
	B1 = [B1,zeros(2,1)];B2 = [0; 0.001];
	C1 = [Wthe, 0; 0, 0];D12 = [0;1];
	C2 = [1,0]; D21 = 1;D21 =[0,D21];
	D11 = zeros(2); D22 = 0;
	Ts=.1;t=0:Ts:100;x0=zeros(4,1);
	randn('state',0);
	% Generate critical gamma^-2 and the steady-state H-infinity suboptimal controller.
	[gam_opt, Ac, Bc, Cc, Dc] = hinfopt(A,B1,B2, C1, C2, D11, D12, D21,D22);
	% simulation for [Ac,Bc,Cc,Dc]
	Acs = [A,B2*Cc;Bc*C2,Ac];
	Bcs = [B1;Bc*D21];
	Ccs = [C1,D12*Cc];
	Dcs = zeros(size(C1,1),2);
	
	sys = ss(Acs,Bcs,Ccs,Dcs);
	w_t = [1*ones(size(t));1*randn(size(t))];
	
	[yc_t,t,xc_t] = lsim(sys,w_t,t,x0,'zoh');
	
	uc_t = Cc*xc_t(:,3:4)';
	
	%%% PLOT FIGURE %%%

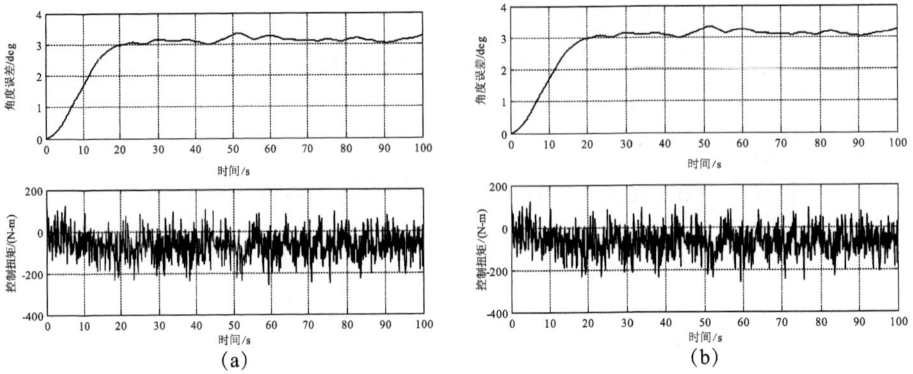

图 3.4.1　连续系统的定常 H_∞ 输出反馈设计与仿真

(a) PIMCSD；　(b) MATLAB

2. 离散系统的定常 H_∞输出反馈控制

1)　问题描述

系统方程：
$$\boldsymbol{x}_{k+1} = \boldsymbol{\Phi}\boldsymbol{x}_k + \boldsymbol{G}_w\boldsymbol{w}_k + \boldsymbol{G}_u\boldsymbol{u}_k \tag{3.4.10}$$

量测方程：
$$\boldsymbol{y}_k = \boldsymbol{C}_2\boldsymbol{x}_k + \boldsymbol{D}_{21}\boldsymbol{w}_k \tag{3.4.11}$$

输出方程：
$$\boldsymbol{z}_k = \boldsymbol{C}_1\boldsymbol{x}_k + \boldsymbol{D}_{12}\boldsymbol{u}_k \tag{3.4.12}$$

其中，$k \in [0, N-1]$，状态向量 $\boldsymbol{x}_k \in \boldsymbol{R}^n$，量测向量 $\boldsymbol{y}_k \in \boldsymbol{R}^q$，过程噪声向量 $\boldsymbol{w}_k \in \boldsymbol{R}^l$，输入 $\boldsymbol{u}_k \in \boldsymbol{R}^m$ (在滤波中认为是已知的确定性输入量)，测噪声向量 $\boldsymbol{v}_k \in \boldsymbol{R}^m$，状态向量的线性组合 $\boldsymbol{z}_k \in \boldsymbol{R}^p$ 是需要估计的输出向量，$\boldsymbol{\Phi}, \boldsymbol{G}_w, \boldsymbol{G}_u, \boldsymbol{C}_1, \boldsymbol{D}_{12}, \boldsymbol{C}_2, \boldsymbol{D}_{21}$ 是具有适当维数的矩阵，且 $\boldsymbol{D}_{12}^{\mathrm{T}}\boldsymbol{D}_{12} = \boldsymbol{I}_m$，$\boldsymbol{D}_{21}\boldsymbol{D}_{21}^{\mathrm{T}} = \boldsymbol{I}_q$，通常也有 $\boldsymbol{C}_1^{\mathrm{T}}\boldsymbol{D}_{12} = \boldsymbol{0}$，$\boldsymbol{G}_w\boldsymbol{D}_{21}^{\mathrm{T}} = \boldsymbol{0}$。

次优的离散 H_∞输出反馈控制问题的提法：寻找方程(3.4.10)~(3.4.12)的线性控制器 $\boldsymbol{u}_k = \Gamma(\boldsymbol{y}_k)$，对于给定的正数 γ^2，使该控制器闭环系统从外扰 $\boldsymbol{w}_k$ 到输出 $\boldsymbol{z}_k$ 的 H_∞诱导范数满足，

$$\|\boldsymbol{G}_{zw}\|_{\infty,[0,N]} = \sup_{\|\boldsymbol{w}(t)\|_{2,[0,t_f]} \neq 0} \frac{\|\boldsymbol{z}_k\|_{2,[0,N-1]}}{\|\boldsymbol{w}_k\|_{2,[0,N-1]}} < \gamma^2 \tag{3.4.13}$$

其中，H_∞诱导范数存在一个临界值 γ_{cr}^2，给定的参数须满足 $\gamma^2 > \gamma_{\mathrm{cr}}^2$；否则，不存在相应的控制器。因此，$\gamma_{\mathrm{cr}}^2$ 的计算是非常重要的。

无限长时间的离散 H_∞输出反馈控制是当 $N \to \infty$ 时的情况。离散 H_∞输出反馈控制器 $\boldsymbol{u}_k = \boldsymbol{F}(z)\boldsymbol{y}_k$ 可用下面状态空间描述：

$$\begin{cases} \hat{\boldsymbol{x}}_{k+1} = \boldsymbol{A}_{\mathrm{f}}\hat{\boldsymbol{x}}_k + \boldsymbol{B}_{\mathrm{f}}\boldsymbol{y}_k \\ \boldsymbol{u}_k = \boldsymbol{C}_{\mathrm{f}}\hat{\boldsymbol{x}}_k + \boldsymbol{D}_{\mathrm{f}}\boldsymbol{y}_k \end{cases} \tag{3.4.14}$$

其中，

$$\begin{aligned} A_{\mathrm{f}} &= \boldsymbol{\Phi} - \bar{\boldsymbol{L}}_{\mathrm{d}} \boldsymbol{C}_2 - \boldsymbol{G}_u \boldsymbol{K}(\boldsymbol{I} - \gamma^{-2} \bar{\boldsymbol{P}} \boldsymbol{S})^{-1}, \quad & \boldsymbol{B}_{\mathrm{f}} &= \bar{\boldsymbol{L}}_{\mathrm{d}} \\ \boldsymbol{C}_{\mathrm{f}} &= -\boldsymbol{K}(\boldsymbol{I} - \gamma^{-2} \bar{\boldsymbol{P}} \boldsymbol{S})^{-1}, & \boldsymbol{D}_{\mathrm{f}} &= \boldsymbol{0} \end{aligned} \tag{3.4.14a}$$

这里，$\boldsymbol{K}_{\mathrm{d}}$ 和 $\bar{\boldsymbol{L}}_{\mathrm{d}}$ 分别是单独设计的离散全状态反馈增益矩阵和滤波增益矩阵，如下：

$$\boldsymbol{K}_{\mathrm{d}} = \boldsymbol{G}_u^{\mathrm{T}} \boldsymbol{S} + \boldsymbol{D}_{12}^{\mathrm{T}} \boldsymbol{C}_1, \quad \bar{\boldsymbol{L}}_{\mathrm{d}} = \left(\boldsymbol{\Phi} - \boldsymbol{G}_w \boldsymbol{D}_{21}^{\mathrm{T}} \boldsymbol{C}_2\right) \hat{\boldsymbol{P}} \boldsymbol{C}_2^{\mathrm{T}} + \boldsymbol{G}_w \boldsymbol{D}_{21}^{\mathrm{T}} \tag{3.4.14b}$$

其中，$\hat{\boldsymbol{P}} = \left(\bar{\boldsymbol{P}}^{-1} + \boldsymbol{C}_2^{\mathrm{T}} \boldsymbol{C}_2 - \gamma^{-2} \boldsymbol{C}_1^{\mathrm{T}} \boldsymbol{C}_1\right)^{-1}$。

上式中的 $\boldsymbol{S}$ 和 $\bar{\boldsymbol{P}}$ 分别满足下面的矩阵代数 Riccati 方程，

$$\boldsymbol{S} = \tilde{\boldsymbol{C}}^{\mathrm{T}} \tilde{\boldsymbol{C}} + \tilde{\boldsymbol{\Phi}}^{\mathrm{T}} \boldsymbol{S} \left[\boldsymbol{I} + (\boldsymbol{G}_u \boldsymbol{G}_u^{\mathrm{T}} - \gamma^{-2} \boldsymbol{G}_w \boldsymbol{G}_w^{\mathrm{T}}) \boldsymbol{S}\right]^{-1} \tilde{\boldsymbol{\Phi}} \tag{3.4.15}$$

其中，$\tilde{\boldsymbol{\Phi}} = \boldsymbol{\Phi} - \boldsymbol{G}_u \boldsymbol{D}_{12}^{\mathrm{T}} \boldsymbol{C}_1$，$\tilde{\boldsymbol{C}}^{\mathrm{T}} \tilde{\boldsymbol{C}} = \boldsymbol{C}_1^{\mathrm{T}} (\boldsymbol{I} - \boldsymbol{D}_{12} \boldsymbol{D}_{12}^{\mathrm{T}}) \boldsymbol{C}_1$。

$$\bar{\boldsymbol{P}} = \overline{\boldsymbol{G}\boldsymbol{G}} + \bar{\boldsymbol{\Phi}} \left[\bar{\boldsymbol{P}}^{-1} + \boldsymbol{C}_2^{\mathrm{T}} \boldsymbol{C}_2 - \gamma^{-2} \boldsymbol{C}_1^{\mathrm{T}} \boldsymbol{C}_1\right]^{-1} \bar{\boldsymbol{\Phi}}^{\mathrm{T}} \tag{3.4.16}$$

其中，$\bar{\boldsymbol{\Phi}} = \boldsymbol{\Phi} - \boldsymbol{G}_w \boldsymbol{D}_{21}^{\mathrm{T}} \boldsymbol{C}_2$，$\overline{\boldsymbol{G}\boldsymbol{G}} = \boldsymbol{G}_w \left(\boldsymbol{I} - \boldsymbol{D}_{21}^{\mathrm{T}} \boldsymbol{D}_{21}\right) \boldsymbol{G}_w^{\mathrm{T}}$。同时要求 $\rho(\boldsymbol{S}\bar{\boldsymbol{P}}) < \gamma^2$。

2) PIMCSD 工具箱中的实现

PIMCSD 工具箱提供了计算无限长时间离散系统的 H_∞输出反馈控制的临界诱导范数的实现函数 pim_normdhcf()，以及定常 H_∞输出反馈控制器设计的实现函数 pim_dhinf 2()，其调用格式分别如下：

(1) pim_ normdhcf()的调用格式如下：

$$\gamma_{\mathrm{cr}}^{-2} = \text{pim\_normdhcf}(\boldsymbol{\Phi}, \boldsymbol{G}_w, \boldsymbol{G}_u, \boldsymbol{C}_1, \boldsymbol{C}_2, \boldsymbol{D}_{12}, \boldsymbol{D}_{21}, \text{tol})$$

参数简单说明：

返回参数 $\gamma_{\mathrm{cr}}^{-2}$ 表示离散系统 H_∞输出反馈控制系统临界诱导范数。

输入参数中 $\boldsymbol{\Phi}, \boldsymbol{G}_w, \boldsymbol{G}_u, \boldsymbol{C}_1, \boldsymbol{C}_2, \boldsymbol{D}_{12}, \boldsymbol{D}_{21}$ 对应于离散系统方程(3.4.10)~(3.4.12)的参数矩阵；tol 是指定的误差控制精度，默认值 1.0e−3。

(2) pim_dhinf2()的调用格式如下：

$$[\boldsymbol{A}_{\mathrm{f}}, \boldsymbol{B}_{\mathrm{f}}, \boldsymbol{C}_{\mathrm{f}}, \boldsymbol{D}_{\mathrm{f}}] = \text{pim\_dhinf 2}(\gamma^{-2}, \boldsymbol{\Phi}, \boldsymbol{G}_w, \boldsymbol{G}_u, \boldsymbol{C}_1, \boldsymbol{C}_2, \boldsymbol{D}_{12}, \boldsymbol{D}_{21})$$

$$[\boldsymbol{A}_{\mathrm{f}}, \boldsymbol{B}_{\mathrm{f}}, \boldsymbol{C}_{\mathrm{f}}, \boldsymbol{D}_{\mathrm{f}}, \boldsymbol{K}_{\mathrm{d}}, \bar{\boldsymbol{L}}_{\mathrm{d}}] = \text{pim\_dhinf 2}(\gamma^{-2}, \boldsymbol{\Phi}, \boldsymbol{G}_w, \boldsymbol{G}_u, \boldsymbol{C}_1, \boldsymbol{C}_2, \boldsymbol{D}_{12}, \boldsymbol{D}_{21})$$

参数简单说明：

返回参数中 $\boldsymbol{A}_{\mathrm{f}}, \boldsymbol{B}_{\mathrm{f}}, \boldsymbol{C}_{\mathrm{f}}, \boldsymbol{D}_{\mathrm{f}}$ 给出了离散输出反馈 $\boldsymbol{u} = \boldsymbol{F}(z)\boldsymbol{y}$ 的状态空间实现形式，如式(3.4.14)所示。第二种调用格式还返回全状态反馈增益矩阵 $\boldsymbol{K}_{\mathrm{d}}$，以及滤波增益矩阵 $\bar{\boldsymbol{L}}_{\mathrm{d}}$。

输入参数中 γ^{-2} 是指定的离散系统 H_∞输出反馈控制设计参数，应满足

$\gamma^{-2}<\gamma_{\rm cr}^{-2}$；$\boldsymbol{\Phi},\boldsymbol{G}_w,\boldsymbol{G}_u,\boldsymbol{C}_1,\boldsymbol{C}_2,\boldsymbol{D}_{12},\boldsymbol{D}_{21}$对应于系统方程式(3.4.10)~(3.4.12)中的参数矩阵。

3) 设计实例

例 3.4.2 将例 3.4.1 所示连续系统模型进行离散化，并进行离散系统的定常H_∞输出反馈控制器设计和仿真。

解 首先用 PIMCSD 提供的函数 pim_c2d 将原连续系统化为离散系统，为此需将原连续方程化为

$$\begin{Bmatrix}\dot{\theta}(t)\\ \ddot{\theta}(t)\end{Bmatrix}=\begin{bmatrix}0 & 1\\ 0 & -0.1\end{bmatrix}\begin{Bmatrix}\theta(t)\\ \dot{\theta}(t)\end{Bmatrix}+\begin{bmatrix}0 & 0 & 0\\ 0.001W_{\rm b} & 0 & 0.001\end{bmatrix}\begin{Bmatrix}\boldsymbol{w}_1(t)\\ \boldsymbol{v}(t)\\ \boldsymbol{u}(t)\end{Bmatrix}$$

即 $\dot{\boldsymbol{x}}=\boldsymbol{A}\boldsymbol{x}+\boldsymbol{B}\boldsymbol{u}$ 的形式。然后用 PIMCSD 提供的函数对所得离散系统进行控制器设计，最后进行系统仿真。其程序代码如表 3.4.2 所示，所得结果如图 3.4.2 所示，与直接用连续系统的定常 H_∞ 输出反馈设计与仿真结果一致。

表 3.4.2　离散系统的定常 H_∞输出反馈设计与仿真

```
% data preparation
Wb = 70;Wthe = 13;A = [0, 1;   0, -0.1];B1 = [0; 0.001*Wb];
B1 = [B1,zeros(2,1)];B2 = [0; 0.001];B    = [B1 B2];
C1 = [Wthe, 0;   0, 0];D12 = [0;1];   C2 = [1,0];   D21 = 1;
D21 = [0,D21];Ts = .1;t = 0:Ts:100;Ns = length(t);x0=zeros(4,1);
w_k = [1*ones(size(t));1*randn(size(t))];
%  Convert continuous system to discrete system.
[Phi,Gu] = pim_c2d(A, B, Ts);
Gw = Gu(:,1:2); Gu = Gu(:,3);
% determine gamma
gmf2g = 90^-2;
gmf2min = pim_normdhcf (Phi,Gw,Gu,C1,C2,D12,D21,1e-4);
if gmf2g<gmf2min
     gmf2 = gmf2g;
else gamf2 = 0.3*gmf2min;
end
%  Generate the steady-state H-infinity suboptimal controller.
[Af,Bf,Cf,Df] = pim_dhinf2(gmf2,Phi,Gw,Gu,C1,C2,D12,D21);
%  Simulation.
x = zeros(4,Ns); u = zeros(1,Ns-1);
x(:,1) = x0;
for k = 2:Ns
     x(:,k) = [Phi,Gu*Cf;Bf*C2,Af]*x(:,k-1)+[Gw;Bf*D21]*w_k(:,k);
     u(k-1)    = Cf*x(3:4,k);
end
%%% PLOT FIGURE %%%
```

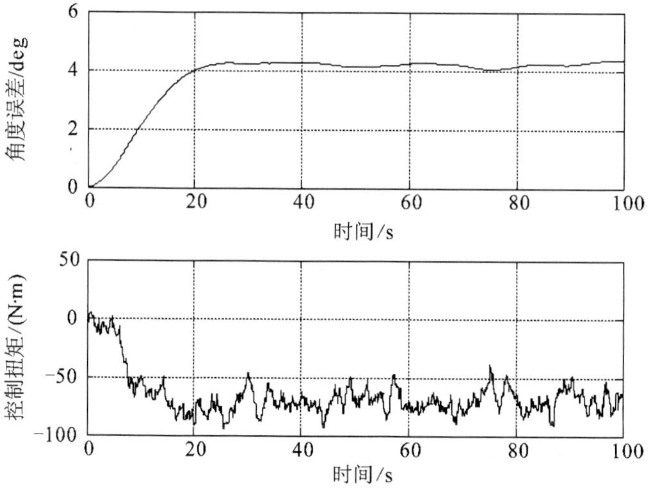

图 3.4.2　离散系统的定常 H_∞输出反馈设计与仿真

下篇　时变控制器设计与仿真

第 4 章　时变控制系统分析

前面章节讲述的是定常控制器/滤波器的设计，这样得到的控制系统仍然是线性定常系统，定常系统的仿真要容易些；当采用时变控制器/滤波器进行设计时，即使原系统是定常的，得到控制系统也将变成时变的了。因此，时变控制系统的仿真对于研究时变控制器的性能等有重要的意义。

另外，类比于矩阵代数Riccati 方程是计算无限长时间定常控制器的基本问题，矩阵微分 Riccati 方程则是计算有限长时间时变控制器的基本问题。相对于定常控制系统，MATLAB 控制工具箱在时变控制系统的分析和设计方面提供功能函数几乎没有，PIMCSD 工具箱则填补了这方面的空白。本章主要介绍时变控制系统关键计算问题在 PIMCSD 工具箱中的实现。

4.1　线性时变系统仿真

1)　问题描述

时变控制系统不同于一般的时变系统，它的时变性主要是由于控制器/滤波器的时变性引起的，与控制器/滤波器的形式密切相关。它的仿真描述如下：

$$\dot{\boldsymbol{x}} = \boldsymbol{A}\boldsymbol{x} + \boldsymbol{B}\boldsymbol{u} \tag{4.1.1}$$

$$\boldsymbol{u} = -\boldsymbol{K}(t)\boldsymbol{x} \tag{4.1.2}$$

显然由于反馈增益矩阵 $\boldsymbol{K}(t)$ 的时变性，使得控制系统(4.1.1)成为时变系统。

实际仿真一般有两种时变情况：一种是 $\boldsymbol{K}(t)$ 虽然是连续的，但实际控制时只能存储有限多个点，考虑到存储量和控制要求，通常对 $\boldsymbol{K}(t)$ 采用分段常值近似，这样的控制系统实际是一个分段定常的时变系统；另一种是数字控制，在每一个采样周期内采用零阶保持(或一阶保持)，这实际上还是一个定常系统，只是输入为分段定常(线性)变化。控制系统矩阵或输入的不连续性都给系统仿真带来了困难。PIMCSD 工具箱提供了 pim_ltisim()函数完成这两种情况的仿真。

2)　PIMCSD 工具箱中的实现

对上面描述的时变控制系统或数字控制，PIMCSD 工具箱中提供了实现函数 pim_ltisim()，其调用格式如下：

$$[\boldsymbol{x},t] = \text{pim\_ltisim}(\boldsymbol{A},\boldsymbol{B},\text{get\_u},\text{schm},\boldsymbol{x}_0,\text{method},p_1,p_2,\cdots)$$

$$[\boldsymbol{x},\boldsymbol{u},t] = \text{pim\_ltisim}(\boldsymbol{A},\boldsymbol{B},\text{get\_u},\text{schm},\boldsymbol{x}_0,\text{method},p_1,p_2,\cdots)$$

其中，get_u 可以是函数句柄或显示的控制输入序列：若 gct_u 为控制输入序列，列数与 schm 描述的计算时间格点数一致；若 get_u 是句柄函数，$p_1,p_2,\cdots$ 是相对于 get_u 的可选参数，get_u 的函数编写格式为

$$[\boldsymbol{u}_0] = \text{get\_u}(t,\boldsymbol{x},p_1,p_2,\cdots) \quad \text{相应于 method='zoh'}$$

$$[\boldsymbol{u}_0,\boldsymbol{u}_1] = \text{get\_u}(t,\boldsymbol{x},p_1,p_2,\cdots) \quad \text{相应于 method='foh'}$$

系统矩阵 $\boldsymbol{A}$ 的维数为 $(nx \times nx \times n\text{interval})$，其中 $n$interval 为 $\boldsymbol{A}$ 分段常值变化的区段数。schm 是一个二维数组，描述了相应于 $\boldsymbol{A}$ 的时间区段信息及不同区段的采样周期(或离散步长)信息，格式如下：

$$\text{schm} = \begin{bmatrix} t_0 & t_1 & t_2 & \cdots & t_{n\text{interval}-1} & t_{n\text{interval}} \\ T_{\text{s},1} & T_{\text{s},2} & \cdots & T_{\text{s},n\text{interval}-1} & T_{\text{s},n\text{interval}} & 0 \end{bmatrix}$$

即第一行表示定常变化区段的划分，第二行表示各区段的采样周期，可见是允许变采样周期的。求解方程的模型如式(4.1.1)所示。

3) 设计实例

例 4.1.1 考虑式(4.1.1)与式(4.1.2)描述的控制系统，系统矩阵和输入矩阵为

$$\boldsymbol{A} = \begin{bmatrix} 0 & 1 \\ 0 & 0 \end{bmatrix}, \quad \boldsymbol{B} = \begin{bmatrix} 0 \\ 1 \end{bmatrix}$$

其中，反馈增益矩阵分三段定常变化，即

$$\boldsymbol{K}(t) = \begin{cases} [3.16 \quad 2.51] \times 0.6, & 0.0 \leqslant t < 0.8 \\ [3.16 \quad 2.51] \times 1.0, & 0.8 \leqslant t < 1.6 \\ [3.16 \quad 2.51] \times 1.5, & 1.6 \leqslant t < 2.4 \end{cases}$$

试求解：

(1)该连续系统在分段定常反馈增益阵 $\boldsymbol{K}(t)$ 下的控制系统的仿真；

(2)该连续系统在数字控制零阶保持器(zero-holder)下的仿真。

解 上面两种提法是不一样的，采用等离散步长(对于情况(1))或采样周期(对于情况(2)) $T_s = 0.1$ 进行仿真，两段代码如表 4.1.1 所示，图 4.1.1 给出了两种情况下的仿真曲线。对于第一种情况，在每个区段内状态、输入都是连续的，但是在区段连接处，由于 $\boldsymbol{K}(t)$ 的不连续性，造成输入 $\boldsymbol{u}$ 的跳跃，如图 4.1.1(a)所示；对于第二种情况，数字控制，系统矩阵 $\boldsymbol{A}$ 在整个区段内是定常不变的，但是零阶保持是控制输入为分段定常变化，不连续的，如图 4.4.1(b)所示。

表 4.1.1　两种情况的仿真代码

情况(1)	情况(2)

A = [0,1; 0,0];　B = [0;1];
x0 = [1,1]';
Ts = 0.1;　tf = 2.4;
t = 0:Ts:tf;
 	
n_intvl = 3;
K_intvl = zeros(1,2,n_intvl);
K_intvl(:,:,1) = 0.6*[3.16, 2.51];
K_intvl(:,:,2) = 1.0*[3.16, 2.51];
K_intvl(:,:,3) = 1.5*[3.16, 2.51];
A_intvl = zeros(2,2,n_intvl);
for k=1:n_intvl
　A_intvl(:,:,k) = A - B*K_intvl(:,:,k);
end
 	
schm = [0, 0.8, 1.6, 2.4;
　Ts, Ts,　Ts,　0];
u_t = zeros(1,length(t));
[x_t,t]= pim_ltisim(A_intvl,B,u_t,schm,x0);
u_t(1:8) = -K_intvl(:,:,1)*x_t(:,1:8);
u_t(9:16) = -K_intvl(:,:,2)*x_t(:,9:16);
u_t(17:25) = -K_intvl(:,:,3)*x_t(:,17:25);
%%%*plot x_t, u_t*
	A = [0,1; 0,0];　B = [0;1];
	x0 = [1,1]';
	Ts = 0.1;　tf = 2.4;
	t = 0:Ts:tf;
	
	n_intvl = 3;
	K_intvl = zeros(1,2,n_intvl);
	K_intvl(:,:,1) = 0.6*[3.16, 2.51];
	K_intvl(:,:,2) = 1.0*[3.16, 2.51];
	K_intvl(:,:,3) = 1.5*[3.16, 2.51];
	t_intvl = [0, 0.8, 1.6, 2.4];
	
	schm = [0,　2.4;
	　Ts, 0];
	[x_t,u_t,t]= pim_ltisim(A,B,@get_u0,
	schm,x0,'zoh',K_intvl,t_intvl);
	%%%*plot x_t, u_t*
	
	%%%*sub-function*%%%
	function u0 = get_u0(t,x,K_itvl,t_intvl)
	k = max(find(t_intvl<=t));
	u0 = -K_itvl(:,:,k)*x;

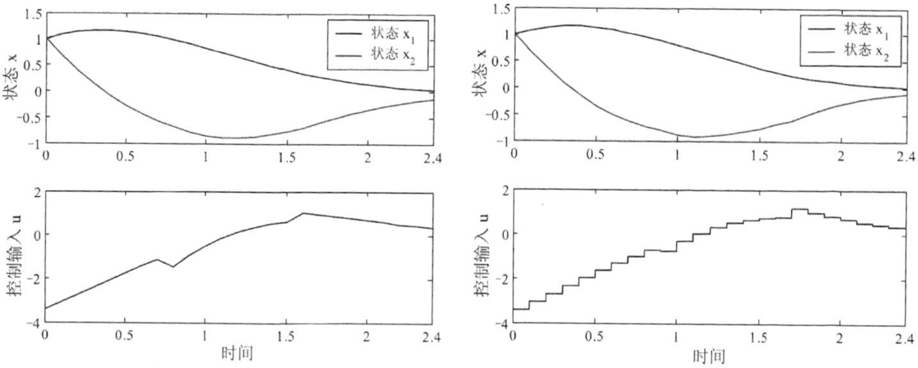

图 4.1.1　(a) 情况(1)的仿真曲线；　(b) 情况(2)的仿真曲线

4.2　矩阵微分方程(组)

矩阵微分Riccati 方程和Lyapunov 方程是有限长时间控制系统设计与分析的重要内容，现依次介绍之。

4.2.1 对称/非对称微分 Riccati 方程(组)

1. 对称微分 Riccati 方程(组)

1) 问题描述

在 LQ 和 H_∞ 最优控制系统的设计中，核心问题归结为下面两种形式的矩阵微分 Riccati 方程的求解

逆向：
$$-\dot{\boldsymbol{S}} = \bar{\boldsymbol{A}}^{\mathrm{T}}\boldsymbol{S} + \boldsymbol{S}\bar{\boldsymbol{A}} - \boldsymbol{S}\bar{\boldsymbol{D}}\boldsymbol{S} + \bar{\boldsymbol{B}}, \quad \boldsymbol{S}(t_{\mathrm{f}}) = \boldsymbol{S}_{\mathrm{f}} \tag{4.2.1a}$$

正向：
$$\dot{\boldsymbol{P}} = \boldsymbol{P}\bar{\boldsymbol{A}}^{\mathrm{T}} + \bar{\boldsymbol{A}}\boldsymbol{P} - \boldsymbol{P}\bar{\boldsymbol{B}}\boldsymbol{P} + \bar{\boldsymbol{D}}, \quad \boldsymbol{P}(t_0) = \boldsymbol{P}_0 \tag{4.2.2a}$$

其中，$\bar{\boldsymbol{A}},\bar{\boldsymbol{B}},\bar{\boldsymbol{D}}$ 皆为 $n\times n$ 的常值矩阵，且 $\bar{\boldsymbol{B}},\bar{\boldsymbol{D}}$ 是对称矩阵。控制系统的可控性和可观测性保证了上述 Riccati 方程有唯一的对称解。

当研究终端控制或者跟踪问题的设计时，还要考虑到非齐次项的影响，此时，除了要求解式(4.2.1a)和式(4.2.2a)描述的矩阵微分 Riccati 方程，还要求解相应的一组矩阵方程组。

与式(4.2.1a)相应地有

$$\dot{\boldsymbol{F}}_m = \boldsymbol{F}_m(\bar{\boldsymbol{A}} - \bar{\boldsymbol{D}}\boldsymbol{S}), \quad \boldsymbol{F}_m(t_{\mathrm{f}}) = \boldsymbol{F}_{m,\mathrm{f}} \tag{4.2.1b}$$

$$\dot{\boldsymbol{G}}_m = \boldsymbol{F}_m\bar{\boldsymbol{D}}\boldsymbol{F}_m^{\mathrm{T}}, \quad \boldsymbol{G}_m(t_{\mathrm{f}}) = \boldsymbol{0} \tag{4.2.1c}$$

其中，$\boldsymbol{F}_m,\boldsymbol{G}_m$ 的维数分别为 $m\times n$ 和 $m\times m$。

与式(4.2.2a)相应地有

$$\dot{\boldsymbol{F}}_m = (\bar{\boldsymbol{A}} - \boldsymbol{P}\bar{\boldsymbol{B}})\boldsymbol{F}_m, \quad \boldsymbol{F}_m(t_0) = \boldsymbol{F}_{m,0} \tag{4.2.2b}$$

$$\dot{\boldsymbol{Q}}_m = \boldsymbol{F}_m^{\mathrm{T}}\bar{\boldsymbol{B}}\boldsymbol{F}_m, \quad \boldsymbol{Q}_m(t_0) = \boldsymbol{0} \tag{4.2.2c}$$

其中，$\boldsymbol{F}_m,\boldsymbol{Q}_m$ 的维数分别为 $n\times m$ 和 $m\times m$。

上面逆向 Riccati 方程组(4.2.1a~c)与正向 Riccati 方程组(4.2.2a~c)分别对应于有限长时间的最优控制设计和滤波设计，由于其重要性，PIMCSD 专门提供了高精度、高稳定性的求解函数。

2) PIMCSD 工具箱中的实现

PIMCSD 工具箱中提供了求解矩阵微分 Riccati 方程(组)的实现函数 pim_diffricc()和 pim_diffriccs()，其调用格式分别如下：

(1) pim_diffricc()的调用格式如下：

$$\boldsymbol{S} = \mathrm{pim\_diffricc}(0, \bar{\boldsymbol{A}}, \bar{\boldsymbol{D}}, \bar{\boldsymbol{B}}, t, \boldsymbol{S}_{\mathrm{f}})$$

$$\boldsymbol{P} = \text{pim\_diffricc}(1, \bar{\boldsymbol{A}}, \bar{\boldsymbol{D}}, \bar{\boldsymbol{B}}, t, \boldsymbol{P}_0)$$

参数简单说明：

第一个输入参数 flag = 0 标识逆向 Riccati 方程(4.2.1a)，参数 $\bar{\boldsymbol{A}}, \bar{\boldsymbol{D}}, \bar{\boldsymbol{B}}, \boldsymbol{S}$ 的意义如式(4.2.1a)中描述，$\boldsymbol{S}_{\mathrm{f}}$ 为终端边界条件，若省略则默认为 $\boldsymbol{S}_{\mathrm{f}} = \boldsymbol{0}$；第一个输入参数 flag = 1 标识正向 Riccati 方程组(4.2.2a)，参数 $\bar{\boldsymbol{A}}, \bar{\boldsymbol{D}}, \bar{\boldsymbol{B}}, \boldsymbol{P}$ 的意义如式(4.2.2a)所描述，$\boldsymbol{P}_0$ 为初始端边界条件，若省略则默认为 $\boldsymbol{P}_0 = \boldsymbol{0}$；$t$ 为等步长时间序列，即 $t = [t_0 : T_{\mathrm{s}} : t_{\mathrm{f}}]$，$T_{\mathrm{s}}$ 为离散步长。

(2) pim_diffriccs()的调用格式如下：

$$[\boldsymbol{S}, \boldsymbol{F}_m, \boldsymbol{G}_m] = \text{pim\_diffriccs}(0, \bar{\boldsymbol{A}}, \bar{\boldsymbol{D}}, \bar{\boldsymbol{B}}, t, \boldsymbol{S}_{\mathrm{f}}, \boldsymbol{F}_{m,\mathrm{f}})$$
$$[\boldsymbol{P}, \boldsymbol{F}_m, \boldsymbol{Q}_m] = \text{pim\_diffriccs}(1, \bar{\boldsymbol{A}}, \bar{\boldsymbol{D}}, \bar{\boldsymbol{B}}, t, \boldsymbol{P}_0, \boldsymbol{F}_{m,0})$$

参数简单说明：

第一个输入参数 flag = 0 标识逆向 Riccati 方程组(4.2.1a~c)，参数 $\bar{\boldsymbol{A}}, \bar{\boldsymbol{D}}, \bar{\boldsymbol{B}}, \boldsymbol{S}, \boldsymbol{F}_m, \boldsymbol{G}_m$ 的意义如式(4.2.1a~c)所描述，$\boldsymbol{S}_{\mathrm{f}}, \boldsymbol{F}_{m,\mathrm{f}}$ 为终端边界条件，若省略则默认为 $\boldsymbol{S}_{\mathrm{f}} = \boldsymbol{0},\ \boldsymbol{F}_{m,\mathrm{f}} = \boldsymbol{I}_n$；第一个输入参数 flag = 1 标识正向 Riccati 方程组(4.2.2a~c)，参数 $\bar{\boldsymbol{A}}, \bar{\boldsymbol{D}}, \bar{\boldsymbol{B}}, \boldsymbol{P}, \boldsymbol{F}_m, \boldsymbol{Q}_m$ 的意义如式(4.2.2a~c)所描述，$\boldsymbol{P}_0, \boldsymbol{F}_{m,0}$ 为初始端边界条件，若省略则默认为 $\boldsymbol{P}_0 = \boldsymbol{0},\ \boldsymbol{F}_{m,0} = \boldsymbol{I}_n$；$t$ 为等步长时间序列，即 $t = [t_0 : T_{\mathrm{s}} : t_{\mathrm{f}}]$，$T_{\mathrm{s}}$ 为离散步长。

3) 设计实例

例 4.2.1 下面刚性矩阵微分 Riccati 方程存在解析解，分别采用 PIMCSD 工具箱提供的 pim_diffrice()函数与 MATLAB 提供的 ode45()函数(即 Runge-Kutta 法)进行求解，并比较数值精度和稳定性。

$$\dot{\boldsymbol{P}}(t) = -\boldsymbol{P}^2(t) + 100\boldsymbol{I}_2，\quad \boldsymbol{P}(0) = \mathrm{diag}(2,1)$$

该方程的解析解为

$$\boldsymbol{P}_{11}(t) = 10 \cdot \frac{5\sinh(10t) + \cosh(10t)}{5\cosh(10t) + \sinh(10t)}, \quad \boldsymbol{P}_{22}(t) = 10 \cdot \frac{10\sinh(10t) + \cosh(10t)}{10\cosh(10t) + \sinh(10t)}$$
$$\boldsymbol{P}_{12}(t) = \boldsymbol{P}_{21}(t) = 0$$

解析解可用来验证数值精度与稳定性。

解 利用PIMCSD工具箱提供的函数 pim_diffricc()可以完成求解，并与解析解比较，如图 4.2.1 所示。可以看出大步长 $\Delta t = 0.1$ 时 PIMCSD 工具箱得到的结果与解析解完全一致。事实上，数值解与解析解有 13 位以上的相同有效数字。如果采用四阶 Runge-Kutta 法，步长 $\Delta t = 0.1$ 得到结果与解析解只有 1 位相同的有效数字，只有当 $\Delta t \leqslant 0.0001$ 时才能达到 PIMCSD 相同的精度。由此可见 PIMCSD 工具箱精细积分算法的优越性。

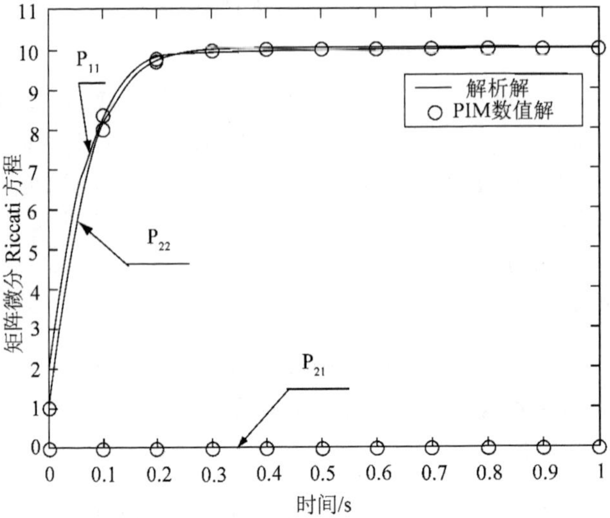

图 4.2.1　矩阵微分 Riccati 方程解的比较

2. 非对称微分 Riccati 方程(组)

1) 问题描述

上节讲述的对称 Riccati 方程都是在最优控制的 Hamilton 体系下，在无阻尼波的传播及最优控制和滤波问题中非常重要。但在阻尼介质中波的传播或输运过程中，导出的 Riccati 方程是非对称的，相应地，也分两种形式

逆向：
$$-\dot{\boldsymbol{S}} = \bar{\boldsymbol{C}}\boldsymbol{S} + \boldsymbol{S}\bar{\boldsymbol{A}} - \boldsymbol{S}\bar{\boldsymbol{D}}\boldsymbol{S} + \bar{\boldsymbol{B}}, \quad \boldsymbol{S}(t_{\mathrm{f}}) = \boldsymbol{S}_{\mathrm{f}} \tag{4.2.3a}$$

正向：
$$\dot{\boldsymbol{P}} = \boldsymbol{P}\bar{\boldsymbol{C}} + \bar{\boldsymbol{A}}\boldsymbol{P} - \boldsymbol{P}\bar{\boldsymbol{B}}\boldsymbol{P} + \bar{\boldsymbol{D}}, \quad \boldsymbol{P}(t_0) = \boldsymbol{P}_0 \tag{4.2.4a}$$

其中，$\bar{\boldsymbol{A}},\bar{\boldsymbol{B}},\bar{\boldsymbol{C}},\bar{\boldsymbol{D}}$ 分别是 $n\times n,\ m\times n,\ m\times m,\ n\times m$ 的常值矩阵，Riccati 方程的解 $\boldsymbol{S}$ 的维数为 $m\times n$，$\boldsymbol{P}$ 的维数为 $n\times m$。

对于非齐次问题，相应地也可导出非对称的矩阵微分 Riccati 方程组。

与逆向式(4.2.3a)相应地有

$$\begin{aligned}
-\dot{\boldsymbol{F}}_m &= \boldsymbol{F}_m(\bar{\boldsymbol{A}} - \bar{\boldsymbol{D}}\boldsymbol{S}), & \boldsymbol{F}_m(t_{\mathrm{f}}) &= \boldsymbol{F}_{m,\mathrm{f}} \\
-\dot{\boldsymbol{E}}_m &= (\bar{\boldsymbol{C}} - \boldsymbol{S}\bar{\boldsymbol{D}})\boldsymbol{E}_m, & \boldsymbol{E}_m(t_{\mathrm{f}}) &= \boldsymbol{E}_{m,\mathrm{f}} \\
-\dot{\boldsymbol{G}}_m &= \boldsymbol{F}_m\bar{\boldsymbol{D}}\boldsymbol{E}_m, & \boldsymbol{G}_m(t_{\mathrm{f}}) &= \boldsymbol{0}
\end{aligned} \tag{4.2.3b~d}$$

与正向式(4.2.4a)相应地有

$$
\begin{aligned}
\dot{\boldsymbol{F}}_m &= (\bar{\boldsymbol{A}} - \boldsymbol{P}\bar{\boldsymbol{B}})\boldsymbol{F}_m, & \boldsymbol{F}_m(t_0) &= \boldsymbol{F}_{m,0} \\
\dot{\boldsymbol{E}}_m &= \boldsymbol{E}_m(\bar{\boldsymbol{C}} - \bar{\boldsymbol{B}}\boldsymbol{P}), & \boldsymbol{E}_m(t_0) &= \boldsymbol{E}_{m,0} \\
\dot{\boldsymbol{Q}}_m &= \boldsymbol{E}_m\bar{\boldsymbol{B}}\boldsymbol{F}_m, & \boldsymbol{Q}_m(t_0) &= \boldsymbol{0}
\end{aligned}
\qquad (4.2.4\text{b}\sim\text{d})
$$

方程组(4.2.3a~d)和(4.2.4a~d)分别构成了逆向和正向两组非对称矩阵微分 Riccati 方程，PIMCSD 也提供了高精度，高稳定性的求解函数。

2)　PIMCSD 工具箱中的实现

PIMCSD 工具箱中提供了求解非对称矩阵微分 Riccati 方程的实现函数 pim_diffasricc()和 pim_diffasriccs()，其调用格式分别如下：

(1) pim_diffasricc()的调用格式如下：

$$
\begin{aligned}
\boldsymbol{S} &= \text{pim\_diffasricc}(0, \bar{\boldsymbol{A}}, \bar{\boldsymbol{D}}, \bar{\boldsymbol{B}}, \bar{\boldsymbol{C}}, t, \boldsymbol{S}_{\text{f}}) \\
\boldsymbol{P} &= \text{pim\_diffasricc}(1, \bar{\boldsymbol{A}}, \bar{\boldsymbol{D}}, \bar{\boldsymbol{B}}, \bar{\boldsymbol{C}}, t, \boldsymbol{P}_0)
\end{aligned}
$$

参数简单说明：

第一个输入参数 flag = 0 标识逆向 Riccati 方程(4.2.3a)，参数 $\bar{\boldsymbol{A}}, \bar{\boldsymbol{D}}, \bar{\boldsymbol{B}}, \bar{\boldsymbol{C}}, \boldsymbol{S}$ 的意义如式(4.2.3a)中描述，$\boldsymbol{S}_{\text{f}}$ 为终端边界条件，若省略则默认为 $\boldsymbol{S}_{\text{f}} = \boldsymbol{0}$；第一个输入参数 flag = 1 则标识正向 Riccati 方程组(4.2.4a)，参数 $\bar{\boldsymbol{A}}, \bar{\boldsymbol{D}}, \bar{\boldsymbol{B}}, \bar{\boldsymbol{C}}, \boldsymbol{P}$ 的意义如式(4.2.4a)所描述，$\boldsymbol{P}_0$ 为初始端边界条件，若省略则默认为 $\boldsymbol{P}_0 = \boldsymbol{0}$；$t$ 为等步长时间序列，即 $t = [t_0 : T_{\text{s}} : t_{\text{f}}]$，$T_{\text{s}}$ 为离散步长。

(2) pim_diffriccs()的调用格式如下：

$$
\begin{aligned}
[\boldsymbol{S}, \boldsymbol{F}_m, \boldsymbol{E}_m, \boldsymbol{G}_m] &= \text{pim\_diffasriccs}(0, \bar{\boldsymbol{A}}, \bar{\boldsymbol{D}}, \bar{\boldsymbol{B}}, \bar{\boldsymbol{C}}, t, \boldsymbol{S}_{\text{f}}, \boldsymbol{F}_{m,\text{f}}, \boldsymbol{E}_{m,\text{f}}) \\
[\boldsymbol{P}, \boldsymbol{F}_m, \boldsymbol{E}_m, \boldsymbol{Q}_m] &= \text{pim\_diffasriccs}(1, \bar{\boldsymbol{A}}, \bar{\boldsymbol{D}}, \bar{\boldsymbol{B}}, \bar{\boldsymbol{C}}, t, \boldsymbol{P}_0, \boldsymbol{F}_{m,0}, \boldsymbol{E}_{m,0})
\end{aligned}
$$

参数简单说明：

第一个输入参数 flag = 0 标识逆向 Riccati 方程组(4.2.3a~c)，参数 $\bar{\boldsymbol{A}}, \bar{\boldsymbol{D}}, \bar{\boldsymbol{B}}, \bar{\boldsymbol{C}}, \boldsymbol{S}, \boldsymbol{F}_m, \boldsymbol{E}_m, \boldsymbol{G}_m$ 的意义如式(4.2.3a~d)所描述，$\boldsymbol{S}_{\text{f}}, \boldsymbol{F}_{m,\text{f}}, \boldsymbol{E}_{m,\text{f}}$ 为终端边界条件，若省略则默认为 $\boldsymbol{S}_{\text{f}} = \boldsymbol{0},\ \boldsymbol{F}_{m,\text{f}} = \boldsymbol{I}_n,\ \boldsymbol{E}_{m,\text{f}} = \boldsymbol{I}_m$；参数 flag = 1 标识正向 Riccati 方程组(4.2.4a~d)，参数 $\bar{\boldsymbol{A}}, \bar{\boldsymbol{D}}, \bar{\boldsymbol{B}}, \bar{\boldsymbol{C}}, \boldsymbol{P}, \boldsymbol{F}_m, \boldsymbol{E}_m, \boldsymbol{Q}_m$ 的意义如式(4.2.4a~d)所描述，$\boldsymbol{P}_0, \boldsymbol{F}_{m,0}, \boldsymbol{E}_{m,0}$ 为初始端边界条件，若省略则默认为 $\boldsymbol{P}_0 = \boldsymbol{0},\ \boldsymbol{F}_{m,0} = \boldsymbol{I}_n,\ \boldsymbol{E}_{m,0} = \boldsymbol{I}_m$；$t$ 为等步长时间序列，即 $t = [t_0 : T_{\text{s}} : t_{\text{f}}]$，$T_{\text{s}}$ 为离散步长。

3)　设计实例

例 4.2.2　考虑下面系统矩阵，

$$
\boldsymbol{A}=\begin{bmatrix} 7.28571 & 9.64286 & -9.75466 & -12.82764 \\ 5.0 & 5.5 & -6.73913 & -9.52717 \\ 8.21429 & 10.60714 & -12.77795 & -15.71584 \\ 0.0 & 0.0 & 0.86957 & -0.17391 \end{bmatrix},\quad \boldsymbol{D}=\begin{bmatrix} -6.04037 \\ -4.73913 \\ -7.49224 \\ 0.86957 \end{bmatrix}
$$

$$
\boldsymbol{B}=\begin{bmatrix} -8.21429 & -10.60714 & 9.45186 & 14.65606 \end{bmatrix},\qquad \boldsymbol{C}=-4.16615
$$

取初始条件 $\boldsymbol{P}(0)=\boldsymbol{0}_{4\times1}, \boldsymbol{F}_m(0)=\boldsymbol{I}_{4\times4}, \boldsymbol{E}_m(0)=1, \boldsymbol{Q}_m(0)=\boldsymbol{0}_{1\times4}$，完成非对称矩阵微分 Riccati 方程组(4.2.4a~d)的求解。

解　调用 PIMCSD 工具箱中的 pim_diffasriccs()函数可以完成上述非对称矩阵微分 Riccati 方程组的求解。程序代码如表 4.2.1 所示，图 4.2.2 给出了矩阵 $\boldsymbol{P}(t), \boldsymbol{F}_m(t), \boldsymbol{E}_m(t), \boldsymbol{Q}_m(t)$ 部分元素随时间的变化曲线。

表 4.2.1　非对称矩阵微分 Riccati 方程求解代码

```
%%% Data Preparation
A = [7.28571,   9.64286,   -9.75466,   -12.82764; ...
         5.0,        5.5,     -6.73913,    -9.52717; ...
     8.21429, 10.60714, -12.77795,   -15.71584; ...
         0.0,        0.0,      0.86957,     -0.17391];
D = [-6.04037, -4.73913, -7.49224,   0.86957]';
B = [-8.21429, -10.60714,   9.45186,   14.65606];
C = -4.16615;
tf=4.0;   eta=0.1;   t = 0:eta:tf;   lenTm=length(t);
P0=zeros(4,1); Fm0=eye(4); Em0=1; Qm0=zeros(1,4);

% P_t = pim_diffasricc(1,A,D,B,C,t,P0);
[P_t,Fm_t,Em_t,Qm_t] = pim_diffasriccs(1,A,D,B,C,t,P0,Fm0,Em0);
%%%=====plot figure=====%%%
```

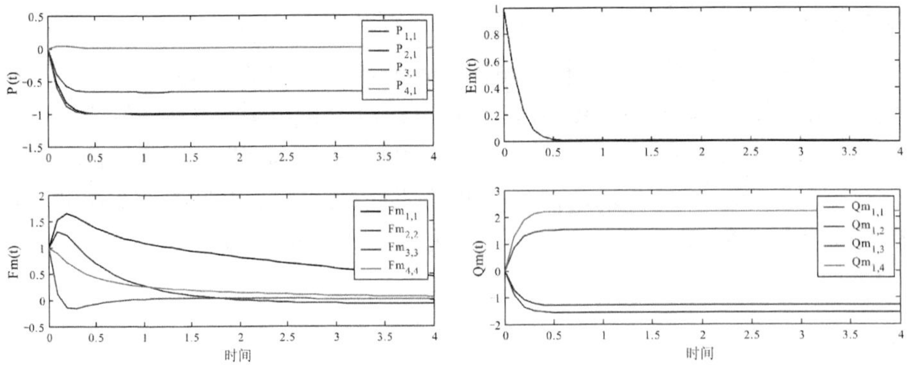

图 4.2.2　非对称矩阵微分 Riccati 方程的解

4.2.2　对称/非对称微分 Lyapunov 方程

矩阵微分 Lyapunov 方程对于研究时变控制器构成的控制系统的稳定性、可控性，以及可观测性等内容起着重要的作用。

1)　问题描述

对称矩阵微分 Lyapunov 方程为

$$\dot{\boldsymbol{L}}=\bar{\boldsymbol{A}}\boldsymbol{L}+\boldsymbol{L}\bar{\boldsymbol{A}}^{\mathrm{T}}+\bar{\boldsymbol{D}},\quad \boldsymbol{L}(t_0)=\boldsymbol{L}_0 \tag{4.2.5}$$

其中，$\bar{\boldsymbol{A}}$ 为 $n\times n$ 的矩阵，$\bar{\boldsymbol{D}}$ 为 $n\times n$ 的对称矩阵，$\boldsymbol{L}$ 为 $n\times n$ 的 Lyapunov 方程解，也是对称矩阵。

非对称矩阵微分 Lyapunov 方程为

$$\dot{\boldsymbol{L}}=\bar{\boldsymbol{A}}\boldsymbol{L}+\boldsymbol{L}\bar{\boldsymbol{B}}^{\mathrm{T}}+\bar{\boldsymbol{D}},\quad \boldsymbol{L}(t_0)=\boldsymbol{L}_0 \tag{4.2.6}$$

其中，$\bar{\boldsymbol{A}}$ 为 $n\times n$ 的矩阵，$\bar{\boldsymbol{B}}$ 为 $m\times m$ 的对称矩阵，$\bar{\boldsymbol{D}}$ 为 $n\times m$ 的矩阵，$\boldsymbol{L}$ 为 $n\times m$ 的 Lyapunov 方程非对称解。

2)　PIMCSD 工具箱中的实现

PIMCSD 工具箱中提供了对称/非对称矩阵微分 Lyapunov 方程的实现函数 pim_difflyap()，其调用格式如下：

$$\boldsymbol{L}=\text{pim\_difflyap}(\bar{\boldsymbol{A}},\bar{\boldsymbol{D}},t,\boldsymbol{L}_0)$$
$$\boldsymbol{L}=\text{pim\_difflyap}(\bar{\boldsymbol{A}},\bar{\boldsymbol{D}},\bar{\boldsymbol{B}},t,\boldsymbol{L}_0)$$

参数简单说明：

返回参数 $\boldsymbol{L}$ 为微分方程的解，是随时间变化的矩阵序列，最后一维的大小对应于时间序列离散的点数。输入参数中 $\bar{\boldsymbol{A}},\bar{\boldsymbol{D}},\bar{\boldsymbol{B}}$ 与式(4.2.5)和式(4.2.6)中的矩阵相对应；$\boldsymbol{L}_0$ 是初始条件；t 表示时间序列，即 $t=[0:T_{\mathrm{s}}:t_{\mathrm{f}}]$，其中 T_{s} 表示离散步长。

3)　设计实例

例 4.2.3　(a)考虑下面对称矩阵微分 Lyapunov 方程，其中系统矩阵为

$$\bar{\boldsymbol{A}}=\begin{bmatrix}-0.25 & 1.00 & 0\\ 0 & -0.25 & 1.0\\ 0 & 0 & -0.25\end{bmatrix},\quad \bar{\boldsymbol{D}}=\begin{bmatrix}10 & 1 & 5\\ 1 & 7 & 4\\ 5 & 4 & 9\end{bmatrix}$$

取初值 $\boldsymbol{L}(0)=\boldsymbol{0}_{3\times 3}$，$t_{\mathrm{f}}=30$，试完成微分方程的求解。

(b) 考虑下面非对称矩阵微分 Lyapunov 方程，其中系统矩阵为

$$\bar{A}=\begin{bmatrix}-0.25 & 1.00 & 0\\ 0 & -0.25 & 1.0\\ 0 & 0 & -0.25\end{bmatrix},\quad \bar{D}=\begin{bmatrix}10 & 2 & 1 & 1\\ 2 & 5 & 2 & 1\\ 1 & 2 & 9 & -1\end{bmatrix},\quad \bar{B}=\begin{bmatrix}-4 & 2 & 1 & 1\\ 0 & -3 & 2 & 1\\ 1 & -4 & -9 & -1\\ 0.5 & 1 & 0 & -2\end{bmatrix}$$

取初值 $\boldsymbol{L}(0)=\boldsymbol{0}_{3\times 4}$，$t_{\mathrm{f}}=30$，试完成该微分方程的求解。

解　利用 PIMCSD 工具箱中的函数 pim_difflyap()可以方便的完成上述对称/非对称 Lyapunov 方程的求解。程序代码如表 4.2.2 所示，图 4.2.3(a,b)分别给出了矩阵部分元素随时间的变化曲线。由于 PIMCSD 工具箱中的函数算法采用精细积分算法，无论多大步长，都得到计算机意义上的精确解。

表 4.2.2　对称/非对称矩阵微分 Lyapunov 方程求解代码

(a) 对称	(b)非对称
%%%*Data preparation* tf = 30;　eta=0.1;　t= 0: eta : tf; A = [-0.25, 1.0, 0;　0, -0.25, 1.0;　0, 0, -0.25]; D = [10.0, 1.0, 5.0;　1.0, 7.0, 4.0;　5.0, 4.0, 9.0]; L0 = zeros(3); L_t = pim_difflyap(A,D,t,L0); %%%===*plot figure*===%%%	%%%*Data preparation* tf = 4;　eta=0.1;　t= 0: eta : tf; A = [-0.25, 1.0, 0;　0, -0.25, 1.0;　0, 0, -0.25]; B = [-4, 2, 1, 1; 0, -3, 2, 1; 1, -4, -9, -1; 0.5, 1, 0, -2]; D = [10.0, 2.0, 1.0, 1.0;　2.0, 5.0, 2.0, 1.0;　1.0, 2.0, 9.0, -1.0]; L0 = zeros(size(D)); L_t = pim_difflyap(A,D,B,t,L0); %%%===*plot figure*===%%%

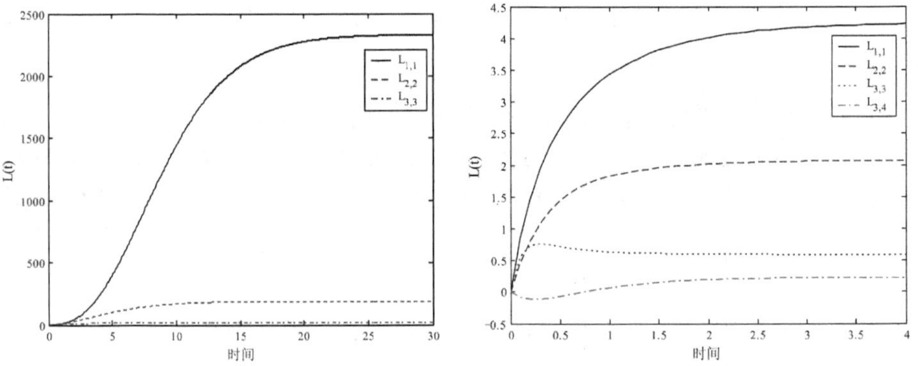

(a)　　　　(b)

图 4.2.3　对称非对称矩阵微分 Riccati 方程的解

(a) 对称；　(b) 非对称

第 5 章　时变 LQ 控制器

第 1~3 章讲述的是定常控制器设计，也是 MATLAB 工具箱对现代控制系统设计提供的主要功能，定常控制器是面向无限长时间的。然而，实际的控制系统存在大量的有限长时间控制系统设计的要求，例如，飞机起飞、降落阶段姿态的快速调整，机械臂的快速、精确定位，制导武器的精确打击，以及卫星编队飞行的队形重构等，有限长时间的控制问题导向时变控制器的设计。时变控制器在控制时间、精度方面却具有非常明显的优势，特别是对于航空航天领域的快速机动控制问题具有传统定常控制器难以企及的优越性。这一优点在斯坦福大学 Bryson 教授的两本专著 *Dynamic Optimization* (Addison Wesley Longman Inc., 1999)和 *Applied Linear Optimal Control* (Cambridge University Press, 2002)中得到了专门的强调。本书后面章节将对 LQG 和 H_∞最优控制系统的有限长时间时变控制器的设计与仿真进行论述。本章则主要讲述有限长时间时变 LQ 控制器设计与仿真在 PIMCSD 工具箱中的实现。

5.1　LQ 终端控制

所谓终端控制器，就是通过控制器的作用，在有限长时间内使系统能够达到期望的终端状态。Bryson 在专著中指出，根据终端控制理论得到时变控制器可以在相同大小控制输入峰值的情况下，仅花费定常控制器一半的时间就达到系统期望的终端状态，而且几乎没有超调量。因此，考虑终端条件的时变控制器设计对于有限长时间的控制系统有着特殊的意义。本节讲述两种处理终端约束的方法及其控制器的设计与仿真。

5.1.1　软终端控制器

1. 连续系统的软终端控制器

1)　问题描述

考虑连续时间的线性系统，

$$\dot{\boldsymbol{x}} = \boldsymbol{A}\boldsymbol{x} + \boldsymbol{B}\boldsymbol{u}\,,\quad \boldsymbol{x}(t_0) = \boldsymbol{x}_0 \tag{5.1.1}$$

要求设计最优控制输入 $\boldsymbol{u}$，使系统状态在终端时刻 t_f 达到曲面上，

$$\boldsymbol{M}_{\mathrm{f}}\boldsymbol{x}(t_{\mathrm{f}})=\boldsymbol{\psi} \tag{5.1.2}$$

并极小化下面的二次型性能指标，

$$J=\frac{1}{2}\int_{t_0}^{t_{\mathrm{f}}}\left(\boldsymbol{x}^{\mathrm{T}}\boldsymbol{Q}\boldsymbol{x}+\boldsymbol{u}^{\mathrm{T}}\boldsymbol{R}\boldsymbol{u}+2\boldsymbol{x}^{\mathrm{T}}\boldsymbol{N}\boldsymbol{u}\right)\mathrm{d}x \tag{5.1.3}$$

以上便是连续系统终端控制器问题的一般提法。根据对终端条件(5.1.2)的处理不同可得到软终端控制器和硬终端控制器。

对于软终端控制器设计，引入终端条件的误差变量 $\boldsymbol{e}_{\mathrm{f}}$，

$$\boldsymbol{e}_{\mathrm{f}}=\boldsymbol{M}_{\mathrm{f}}\boldsymbol{x}(t_{\mathrm{f}})-\boldsymbol{\psi} \tag{5.1.2a}$$

对终端误差的加权能量作为惩罚项加入性能指标(5.1.3)，即

$$J_{\mathrm{e}}=\frac{1}{2}\int_{t_0}^{t_{\mathrm{f}}}\left(\boldsymbol{x}^{\mathrm{T}}\boldsymbol{Q}\boldsymbol{x}+\boldsymbol{u}^{\mathrm{T}}\boldsymbol{R}\boldsymbol{u}+2\boldsymbol{x}^{\mathrm{T}}\boldsymbol{N}\boldsymbol{u}\right)\mathrm{d}x+\frac{1}{2}\boldsymbol{e}_{\mathrm{f}}^{\mathrm{T}}\boldsymbol{Q}_{\mathrm{f}}\boldsymbol{e}_{\mathrm{f}} \tag{5.1.3a}$$

其中，$\boldsymbol{Q}_{\mathrm{f}}$ 是对终端误差的加权阵，也可以称之为惩罚因子，$\boldsymbol{Q}_{\mathrm{f}}$ 越大，终端精度越高。

这样，问题就转化成为在动力约束(5.1.1)下，对扩展性能指标(5.1.3)的优化问题。可以采用 Riccati 矩阵变换的方法或生成函数的方法等完成软终端约束控制器的设计，得到控制律如下：

$$\begin{aligned}\boldsymbol{u}(t)&=-\boldsymbol{K}_x(t)\boldsymbol{x}(t)+\boldsymbol{K}_{\psi}(t)\boldsymbol{\psi}\\&=-\boldsymbol{K}_x(t)\boldsymbol{x}(t)+\boldsymbol{u}_{\mathrm{f}}(t)\end{aligned} \tag{5.1.4}$$

其中，$\boldsymbol{u}_{\mathrm{f}}(t)\overset{\mathrm{def}}{=}\boldsymbol{K}_{\psi}(t)\boldsymbol{\psi}$，这是反馈—前馈的控制律形式。

这里，

$$\begin{aligned}\boldsymbol{K}_x(t)&=\boldsymbol{R}^{-1}(\boldsymbol{N}^{\mathrm{T}}+\boldsymbol{B}^{\mathrm{T}}\boldsymbol{S}(t))\\\boldsymbol{K}_{\psi}(t)&=\boldsymbol{R}^{-1}\boldsymbol{B}^{\mathrm{T}}\boldsymbol{F}_{\mathrm{m}}^{\mathrm{T}}(t)\boldsymbol{Q}_{\mathrm{f}}\end{aligned} \tag{5.1.4a}$$

其中，$\boldsymbol{S}(t)$ 和 $\boldsymbol{F}_{\mathrm{m}}(t)$ 为矩阵微分 Riccati 方程(组)的解，如下：

$$-\dot{\boldsymbol{S}}(t)=\bar{\boldsymbol{A}}^{\mathrm{T}}\boldsymbol{S}+\boldsymbol{S}\bar{\boldsymbol{A}}-\boldsymbol{S}\bar{\boldsymbol{D}}\boldsymbol{S}+\bar{\boldsymbol{B}},\qquad \boldsymbol{S}(t_{\mathrm{f}})=\boldsymbol{M}_{\mathrm{f}}^{\mathrm{T}}\boldsymbol{Q}_{\mathrm{f}}\boldsymbol{M}_{\mathrm{f}} \tag{5.1.5a}$$

$$-\dot{\boldsymbol{F}}_{\mathrm{m}}(t)=\boldsymbol{F}_{\mathrm{m}}(\bar{\boldsymbol{A}}-\bar{\boldsymbol{D}}\boldsymbol{S}),\qquad \boldsymbol{F}_{\mathrm{m}}(t_{\mathrm{f}})=\boldsymbol{M}_{\mathrm{f}} \tag{5.1.5b}$$

这里，$\bar{\boldsymbol{A}}=\boldsymbol{A}-\boldsymbol{B}\boldsymbol{R}^{-1}\boldsymbol{N}^{\mathrm{T}},\ \bar{\boldsymbol{D}}=\boldsymbol{B}\boldsymbol{R}^{-1}\boldsymbol{B}^{\mathrm{T}},\ \bar{\boldsymbol{B}}=\boldsymbol{Q}-\boldsymbol{N}\boldsymbol{R}^{-1}\boldsymbol{N}^{\mathrm{T}}$；矩阵 $\boldsymbol{F}_{\mathrm{m}}$ 表示该矩阵是由于终端约束矩阵 $\boldsymbol{M}_{\mathrm{f}}$ 而引入的，与 $\boldsymbol{M}_{\mathrm{f}}$ 的维数一致。

由上述反馈—前馈控制器(5.1.4)构成控制系统为

$$\dot{\boldsymbol{x}}=\left(\boldsymbol{A}-\boldsymbol{B}\boldsymbol{K}_x(t)\right)\boldsymbol{x}+\boldsymbol{B}\boldsymbol{u}_{\mathrm{f}}(t) \tag{5.1.6}$$

是一个非齐次时变系统。然而，PIMCSD 工具箱对于软终端控制器的设计(5.1.4)以及控制系统的仿真(5.1.6)都可以给出计算机上的精确解。

2)　PIMCSD 工具箱中的实现

PIMCSD 工具箱提供了连续系统软终端控制器设计与仿真的实现函数 pim_tlqstc()，其调用格式如下：

$$[\boldsymbol{K}_x,\boldsymbol{K}_\psi]=\text{pim\_tlqstc}(\boldsymbol{A},\boldsymbol{B},\boldsymbol{Q},\boldsymbol{R},\boldsymbol{N},\boldsymbol{Q}_\text{f},\boldsymbol{M}_\text{f},\boldsymbol{\psi},t)$$
$$[\boldsymbol{K}_x,\boldsymbol{K}_\psi,\boldsymbol{x},\boldsymbol{u}]=\text{pim\_tlqstc}(\boldsymbol{A},\boldsymbol{B},\boldsymbol{Q},\boldsymbol{R},\boldsymbol{N},\boldsymbol{Q}_\text{f},\boldsymbol{M}_\text{f},\boldsymbol{\psi},t,\boldsymbol{x}_0)$$
$$[\boldsymbol{K}_x,\boldsymbol{K}_\psi,\boldsymbol{S},\boldsymbol{F}_\text{m}]=\text{pim\_tlqstc}(\boldsymbol{A},\boldsymbol{B},\boldsymbol{Q},\boldsymbol{R},\boldsymbol{N},\boldsymbol{Q}_\text{f},\boldsymbol{M}_\text{f},\boldsymbol{\psi},t)$$
$$[\boldsymbol{K}_x,\boldsymbol{K}_\psi,\boldsymbol{x},\boldsymbol{u},\boldsymbol{S},\boldsymbol{F}_\text{m}]=\text{pim\_tlqstc}(\boldsymbol{A},\boldsymbol{B},\boldsymbol{Q},\boldsymbol{R},\boldsymbol{N},\boldsymbol{Q}_\text{f},\boldsymbol{M}_\text{f},\boldsymbol{\psi},t,\boldsymbol{x}_0)$$

参数简单说明：

返回参数中 $\boldsymbol{K}_x$ 和 $\boldsymbol{K}_\psi$ 分别为 $\boldsymbol{x}$ 和 $\boldsymbol{\psi}$ 的反馈增益矩阵，如式(5.1.4a)所示。$\boldsymbol{S}$ 为离散形式的矩阵微分 Riccati 方程(5.1.5a)的解；$\boldsymbol{x}$ 和 $\boldsymbol{u}$ 为连续线性系统的最优状态曲线和控制律；$\boldsymbol{F}_\text{m}$ 为伴随方程(5.1.5b)的解。

输入参数中 $\boldsymbol{A}$ 和 $\boldsymbol{B}$ 分别为连续系统的状态矩阵和输入矩阵，如式(5.1.1)所示；$\boldsymbol{Q},\boldsymbol{R},\boldsymbol{N},\boldsymbol{Q}_\text{f},\boldsymbol{M}_\text{f},\boldsymbol{\psi}$ 为相应的性能指标矩阵和终端条件，如式(5.1.2)和(5.1.3)所示。

有两种调用格式，若输入参数中含有初始状态 $\boldsymbol{x}_0$，则同时返回最优控制系统的轨迹 $\boldsymbol{x}$ 和输入 $\boldsymbol{u}$；也可以返回相关矩阵微分 Riccati 方程的解 $\boldsymbol{S}(t)$ 和 $\boldsymbol{F}_\text{m}(t)$，以便用于其他方面的设计。

3)　设计实例

例 5.1.1　考虑直升飞机的着陆问题(详见 Bryson 专著 *Applied Linear Optimal Control* 中的描述)。简化的径向运动模型为

$$\dot{\boldsymbol{x}}=\boldsymbol{A}\boldsymbol{x}+\boldsymbol{B}\boldsymbol{u}$$

其中，状态为 $\boldsymbol{x}=[u,q,\theta,x]^\text{T}$，

$$\boldsymbol{A}=\begin{bmatrix}-0.0257 & 0.013 & -0.322 & 0\\ 1.26 & -1.765 & 0 & 0\\ 0 & 1 & 0 & 0\\ 1 & 0 & 0 & 0\end{bmatrix},\quad \boldsymbol{B}=\begin{bmatrix}0.086\\ -7.408\\ 0\\ 0\end{bmatrix}$$

已知系统状态的初值为 $\boldsymbol{x}(0)=[10,\ 0,\ -0.3550,\ -15]^\text{T}$，要求在终端 $t_\text{f}=3.0$ 时到达停机场的正上方，并调整各状态归零。进行时变控制器设计，并绘出控制系统的仿真曲线(注意与例 2.1.1 中 LQ 调节器设计提法的区别)。

解　上述问题实际上是一个终端控制问题，即在终端要求 $\boldsymbol{x}(t_\text{f})=\boldsymbol{0}$，对比终端条件式(5.1.2)，可知 $\boldsymbol{M}_\text{f}=\boldsymbol{I},\ \boldsymbol{\psi}=\boldsymbol{0}$；选取终端误差惩罚因子 $\boldsymbol{Q}_\text{f}=1000\boldsymbol{I}$，选取性能指标加权阵 $\boldsymbol{Q}=\text{diag}(0,0,0,1]),\ \boldsymbol{R}=1,\ \boldsymbol{N}=\boldsymbol{0}_{4\times1}$，进行控制器设计。程序代码如表

5.1.1 所示。图 5.1.1 给出了控制系统的最优轨迹和输入仿真曲线。与该问题的定常控制器(图 2.1.1)作比较，可以看出，时变控制器同定常控制器得到的输入峰值大致相同，然而只用了定常控制器一半的时间就达到了系统期望的终端归零状态，而且过渡过程平滑，几乎没有超调量。

表 5.1.1　软终端控制器设计及仿真代码

```
%%%====OH-6A Data====%%%
A   = [ -0.0257, 0.013, -0.322, 0; ...
        1.26,   -1.765,   0,     0; ...
        0, 1, 0, 0; ...
        1, 0 ,0 ,0];
B = [ 0.086, -7.408, 0, 0 ]';
Q=1*diag( [ 0, 0, 0, 1]) ;     N=zeros(4,1);      R=1;
Qf=1e3;     Mf=eye(4);     psi=zeros(4,1);
x0=[10, 0, -0.3550, -15]';
% {   u, q,   theta      x }
tf=3.0;     Ns=60;     Ts=tf/Ns;    t=0:Ts:tf;
[Kx_t,Kpsi_t,x_t,u_t] = pim_tlqstc(A,B,Q,R,N,Qf,Mf,psi,t,x0);
%%%====plot figure====%%%
```

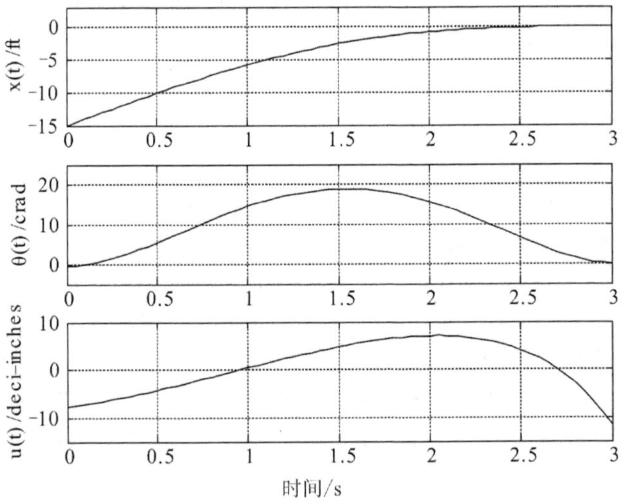

图 5.1.1　时变的软终端控制器仿真

2. 离散系统的软终端控制器

1) 问题描述

对有终端约束的离散步长动力系统

$$\boldsymbol{x}_{k+1}=\boldsymbol{\Phi}\boldsymbol{x}_k+\boldsymbol{G}_u\boldsymbol{u}_k,\quad \boldsymbol{x}_0=\boldsymbol{x}_0,\quad \boldsymbol{e}_{\mathrm{f}}=\boldsymbol{M}_{\mathrm{f}}\boldsymbol{x}_N-\boldsymbol{\psi} \tag{5.1.7}$$

其中，$k=0,\cdots,N-1$。相应的控制问题是寻找控制向量序列 $\boldsymbol{u}(i)$ 极小化性能指标，

$$J_{\mathrm{d}}=\frac{1}{2}\boldsymbol{e}_{\mathrm{f}}^{\mathrm{T}}\boldsymbol{Q}_{\mathrm{f}}\boldsymbol{e}_{\mathrm{f}}+\frac{1}{2}\sum_{k=0}^{N-1}\begin{bmatrix}\boldsymbol{x}_k^{\mathrm{T}}(k) & \boldsymbol{u}_k^{\mathrm{T}}\end{bmatrix}\begin{bmatrix}\boldsymbol{Q}_{\mathrm{d}} & \boldsymbol{N}_{\mathrm{d}}\\ \boldsymbol{N}_{\mathrm{d}}^{\mathrm{T}} & \boldsymbol{R}_{\mathrm{d}}\end{bmatrix}\begin{bmatrix}\boldsymbol{x}_k\\ \boldsymbol{u}_k\end{bmatrix} \tag{5.1.8}$$

其中，$\boldsymbol{M}_{\mathrm{f}}$ 和 $\boldsymbol{Q}_{\mathrm{f}}$ 为给定加权阵；$\boldsymbol{\Phi},\boldsymbol{G},\boldsymbol{Q}_{\mathrm{d}},\boldsymbol{N}_{\mathrm{d}},\boldsymbol{R}_{\mathrm{d}}$ 为给定的定常矩阵。

类似于连续系统的软终端控制器，采用 Riccati 矩阵变换的方法或生成函数的方法等完成软终端约束控制器的设计，得到控制律

$$\begin{aligned}\boldsymbol{u}_k&=-\boldsymbol{K}_{x,k}\boldsymbol{x}_k+\boldsymbol{K}_{\psi,k}\boldsymbol{\psi}\\&=-\boldsymbol{K}_{x,k}\boldsymbol{x}_k+\boldsymbol{u}_{\mathrm{f},k}\end{aligned} \tag{5.1.9}$$

也是反馈—前馈形式的控制律，其中，

$$\begin{aligned}\boldsymbol{K}_{x,k}&=\left(\boldsymbol{R}_{\mathrm{d}}+\boldsymbol{G}_u^{\mathrm{T}}\boldsymbol{S}_{k+1}\boldsymbol{G}_u\right)^{-1}(\boldsymbol{N}_{\mathrm{d}}^{\mathrm{T}}+\boldsymbol{G}_u\boldsymbol{S}_{k+1}\boldsymbol{\Phi})\\ \boldsymbol{K}_{\psi,k}&=\left(\boldsymbol{R}_{\mathrm{d}}+\boldsymbol{G}_u^{\mathrm{T}}\boldsymbol{S}_{k+1}\boldsymbol{G}_u\right)^{-1}\boldsymbol{G}_u^{\mathrm{T}}\boldsymbol{F}_{\mathrm{m},k+1}^{\mathrm{T}}\boldsymbol{Q}_{\mathrm{f}}\end{aligned} \tag{5.1.9a}$$

这里，$\boldsymbol{S}_{k+1},\boldsymbol{F}_{\mathrm{m},k+1}$ 通过类似于(5.1.5a,b)的离散形式的矩阵差分 Riccati 方程解出：

$$\boldsymbol{S}_k=\boldsymbol{Q}_{\mathrm{d}}+\boldsymbol{\Phi}^{\mathrm{T}}\boldsymbol{S}_{k+1}\boldsymbol{\Phi}-(\boldsymbol{G}_u^{\mathrm{T}}\boldsymbol{S}_{k+1}\boldsymbol{\Phi}+\boldsymbol{N}_{\mathrm{d}}^{\mathrm{T}})^{\mathrm{T}}(\boldsymbol{R}_{\mathrm{d}}+\boldsymbol{G}_u^{\mathrm{T}}\boldsymbol{S}_{k+1}\boldsymbol{G}_u)^{-1}(\boldsymbol{G}_u^{\mathrm{T}}\boldsymbol{S}_{k+1}\boldsymbol{\Phi}+\boldsymbol{N}_{\mathrm{d}}^{\mathrm{T}}) \tag{5.1.9b}$$

$$\boldsymbol{S}_N=\boldsymbol{S}(t_{\mathrm{f}})=\boldsymbol{M}_{\mathrm{f}}^{\mathrm{T}}\boldsymbol{Q}_{\mathrm{f}}\boldsymbol{M}_{\mathrm{f}} \tag{5.1.9c}$$

$$\boldsymbol{F}_{\mathrm{m},k}=\boldsymbol{F}_{\mathrm{m},k+1}\left[\boldsymbol{\Phi}-\boldsymbol{G}_u(\boldsymbol{R}_{\mathrm{d}}+\boldsymbol{G}_u^{\mathrm{T}}\boldsymbol{S}_{k+1}\boldsymbol{G}_u)^{-1}(\boldsymbol{G}_u^{\mathrm{T}}\boldsymbol{S}_{k+1}\boldsymbol{\Phi}+\boldsymbol{N}_{\mathrm{d}}^{\mathrm{T}})\right] \tag{5.1.9d}$$

$$\boldsymbol{F}_{\mathrm{m},N}=\boldsymbol{F}_{\mathrm{m}}(t_{\mathrm{f}})=\boldsymbol{M}_{\mathrm{f}} \tag{5.1.9e}$$

由(5.1.9)给出的反馈—前馈控制器构成离散控制系统为

$$\boldsymbol{x}_{k+1}=(\boldsymbol{\Phi}-\boldsymbol{G}_u\boldsymbol{K}_{x,k}\boldsymbol{x}_k)+\boldsymbol{G}_u\boldsymbol{u}_{\mathrm{f},k} \tag{5.1.10}$$

2) PIMCSD 工具箱中的实现

PIMCSD 工具箱提供了离散系统软终端控制器设计与仿真的实现函数 pim_tdlqstc()，其调用格式如下：

$$[\boldsymbol{K}_x,\boldsymbol{K}_\psi]=\text{pim\_tdlqstc}(\boldsymbol{\Phi},\boldsymbol{G}_u,\boldsymbol{Q}_{\mathrm{d}},\boldsymbol{R}_{\mathrm{d}},\boldsymbol{N}_{\mathrm{d}},\boldsymbol{Q}_{\mathrm{f}},\boldsymbol{M}_{\mathrm{f}},\boldsymbol{\psi},N_{\mathrm{s}})$$
$$[\boldsymbol{K}_x,\boldsymbol{K}_\psi,\boldsymbol{x},\boldsymbol{u}]=\text{pim\_tdlqstc}(\boldsymbol{\Phi},\boldsymbol{G}_u,\boldsymbol{Q}_{\mathrm{d}},\boldsymbol{R}_{\mathrm{d}},\boldsymbol{N}_{\mathrm{d}},\boldsymbol{Q}_{\mathrm{f}},\boldsymbol{M}_{\mathrm{f}},\boldsymbol{\psi},N_{\mathrm{s}},\boldsymbol{x}_0)$$
$$[\boldsymbol{K}_x,\boldsymbol{K}_\psi,\boldsymbol{S},\boldsymbol{F}_{\mathrm{m}}]=\text{pim\_tdlqstc}(\boldsymbol{\Phi},\boldsymbol{G}_u,\boldsymbol{Q}_{\mathrm{d}},\boldsymbol{R}_{\mathrm{d}},\boldsymbol{N}_{\mathrm{d}},\boldsymbol{Q}_{\mathrm{f}},\boldsymbol{M}_{\mathrm{f}},\boldsymbol{\psi},N_{\mathrm{s}})$$
$$[\boldsymbol{K}_x,\boldsymbol{K}_\psi,\boldsymbol{x},\boldsymbol{u},\boldsymbol{S},\boldsymbol{F}_{\mathrm{m}}]=\text{pim\_tdlqstc}(\boldsymbol{\Phi},\boldsymbol{G}_u,\boldsymbol{Q}_{\mathrm{d}},\boldsymbol{R}_{\mathrm{d}},\boldsymbol{N}_{\mathrm{d}},\boldsymbol{Q}_{\mathrm{f}},\boldsymbol{M}_{\mathrm{f}},\boldsymbol{\psi},N_{\mathrm{s}},\boldsymbol{x}_0)$$

参数简单说明：

返回参数中 $\boldsymbol{K}_x$ 和 $\boldsymbol{K}_\psi$ 分别为 $\boldsymbol{x}$ 和 $\boldsymbol{\psi}$ 的最优反馈增益矩阵，如式(5.1.9)所示；$\boldsymbol{S}$ 为离散形式的矩阵差分 Riccati 方程(5.1.9b,c)的解；$\boldsymbol{x}$ 和 $\boldsymbol{u}$ 为离散线性系统的最优状态曲线和控制律；$\boldsymbol{F}_{\mathrm{m}}$ 为伴随方程(5.1.9d,e)的解。

输入参数中 $\boldsymbol{\Phi}$ 和 $\boldsymbol{G}_u$ 分别为离散系统的状态矩阵和输入矩阵；$\boldsymbol{Q}_{\mathrm{d}},\boldsymbol{R}_{\mathrm{d}},\boldsymbol{N}_{\mathrm{d}}$ 为相应

的性能指标矩阵，如式(5.1.7)和(5.1.8)所示。

3) 设计实例

例 5.1.2 考虑横向交会问题离散系统模型：

$$\begin{bmatrix} y_{k+1} \\ v_{k+1} \end{bmatrix} = \begin{bmatrix} 1 & T \\ 0 & 1 \end{bmatrix} \begin{bmatrix} y_k \\ v_k \end{bmatrix} + \begin{bmatrix} T^2/2 \\ T \end{bmatrix} \boldsymbol{u}_k$$

其中，T 为采样周期。已知系统初始状态为$[y_0 \quad v_0]^{\mathrm{T}} = [0 \quad 1]^{\mathrm{T}}$，要求在终端$t_{\mathrm{f}}$=1s 时使位移和速度为零。进行离散时间控制器设计，并绘出离散控制系统的仿真曲线。

解 上述问题是离散系统的终端控制问题，对比终端条件可知$\boldsymbol{M}_{\mathrm{f}} = \boldsymbol{I}$，$\boldsymbol{\psi} = \boldsymbol{0}$；终端惩罚因子选取为$\boldsymbol{Q}_{\mathrm{f}} = 3\times10^4$，性能指标中的其他加权阵选取为：$\boldsymbol{Q}_{\mathrm{d}} = \boldsymbol{0}_{2\times2}$，$\boldsymbol{N}_{\mathrm{d}} = \boldsymbol{0}_{2\times2}$，$\boldsymbol{R}_{\mathrm{d}} = 1$。程序代码如表 5.1.2 所示。

表 5.1.2 离散系统软终端控制器设计及仿真代码

```
%%%====OH-6A Data====%%%
tf = 1;   Ns = 40;   Ts = tf/Ns;
t = 0:Ts:tf;
Phi = [1,Ts; 0,1];     Gu   = [Ts*Ts/2, Ts]';
Qd = zeros(2);   Nd = zeros(2,1);   Rd = 1;   x0 = [0,1]';
Mf = eye(2);   Qf = 21.0e4;   psi = [0,0]';   Sf =zeros(2);

[Ksx_t,Kspsi_t,xs_t,us_t] = pim_tdlqstc(Phi,Gu,Qd,Rd,Nd,Qf,Mf,psi,Ns,x0);
%%%====plot figure====%%%
```

最优轨迹和最优输入的仿真结果如图 5.1.2 所示，可以看出，PIMCSD 所得控制律很好地满足了题目要求。

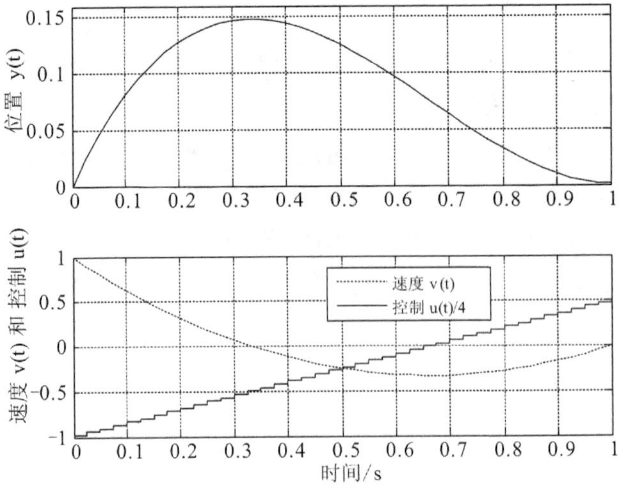

图 5.1.2 离散交会问题软终端控制器仿真

5.1.2　硬终端控制器

1. 连续系统的硬终端控制器

1)　问题描述

所谓硬终端控制器，就是对于式(5.1.1)~(5.1.3)描述的终端控制系统，要求严格地满足终端条件(5.1.2)，即“硬约束”要求。

对于硬终端控制器设计，通常将终端条件(5.1.2)通过引入 Lagrange 乘子的方法求解，将问题转化为在满足动力约束(5.1.1)的条件下，极小化下面的扩展性能指标

$$\bar{J}_{\mathrm{e}}=\frac{1}{2}\int_{t_0}^{t_{\mathrm{f}}}\left(\boldsymbol{x}^{\mathrm{T}}\boldsymbol{Q}\boldsymbol{x}+\boldsymbol{u}^{\mathrm{T}}\boldsymbol{R}\boldsymbol{u}+2\boldsymbol{x}^{\mathrm{T}}\boldsymbol{N}\boldsymbol{u}\right)\mathrm{d}x+\frac{1}{2}\boldsymbol{e}^{\mathrm{T}}(t_{\mathrm{f}})\boldsymbol{Q}_{\mathrm{f}}\boldsymbol{e}(t_{\mathrm{f}})+\boldsymbol{v}^{\mathrm{T}}\left(\boldsymbol{M}_{\mathrm{f}}\boldsymbol{x}(t_{\mathrm{f}})-\boldsymbol{\psi}\right)\tag{5.1.11}$$

其中，$\boldsymbol{v}$ 是相应于终端条件的 Lagrange 乘子，相对于原性能指标(5.1.3)，扩展性能指标还加了一项对终端状态的约束，更具一般性。

采用Riccati矩阵变换的方法或生成函数的方法等完成软终端约束控制器的设计，可以得到控制律如下：

$$\begin{aligned}\boldsymbol{u}(t)&=-\boldsymbol{K}_x(t)\boldsymbol{x}(t)+\boldsymbol{K}_{\psi}(t)\left(\boldsymbol{\psi}-\boldsymbol{F}_{\mathrm{m}}(t_0)\boldsymbol{x}_0\right)\\&=-\boldsymbol{K}_x(t)\boldsymbol{x}(t)+\boldsymbol{u}_{\mathrm{f}}(t)\end{aligned}\tag{5.1.12}$$

其中，$\boldsymbol{u}_{\mathrm{f}}(t)=\boldsymbol{K}_{\psi}(t)\left(\boldsymbol{\psi}-\boldsymbol{F}_{\mathrm{m}}(t_0)\boldsymbol{x}_0\right)$，这同样是反馈—前馈的控制律形式。这里，

$$\begin{aligned}\boldsymbol{K}_x(t)&=\boldsymbol{R}^{-1}(\boldsymbol{N}^{\mathrm{T}}+\boldsymbol{B}^{\mathrm{T}}\boldsymbol{S}(t))\\\boldsymbol{K}_{\psi}(t)&=\boldsymbol{R}^{-1}\boldsymbol{B}^{\mathrm{T}}\boldsymbol{F}_{\mathrm{m}}^{\mathrm{T}}(t)\boldsymbol{G}_{\mathrm{m}}^{-1}(t_0)\end{aligned}\tag{5.1.12a}$$

其中，$\boldsymbol{S}(t),\boldsymbol{F}_{\mathrm{m}}(t),\boldsymbol{G}_{\mathrm{m}}(t)$ 为矩阵微分 Riccati 方程(组)的解，如下：

$$-\dot{\boldsymbol{S}}(t)=\bar{\boldsymbol{A}}^{\mathrm{T}}\boldsymbol{S}+\boldsymbol{S}\bar{\boldsymbol{A}}-\boldsymbol{S}\bar{\boldsymbol{D}}\boldsymbol{S}+\bar{\boldsymbol{B}},\quad \boldsymbol{S}(t_{\mathrm{f}})=\boldsymbol{S}_{\mathrm{f}}\tag{5.1.13a}$$

$$-\dot{\boldsymbol{F}}_{\mathrm{m}}(t)=\boldsymbol{F}_{\mathrm{m}}(\bar{\boldsymbol{A}}-\bar{\boldsymbol{D}}\boldsymbol{S}),\quad \boldsymbol{F}_{\mathrm{m}}(t_{\mathrm{f}})=\boldsymbol{M}_{\mathrm{f}}\tag{5.1.13b}$$

$$-\dot{\boldsymbol{G}}_{\mathrm{m}}(t)=\boldsymbol{F}_{\mathrm{m}}\bar{\boldsymbol{D}}\boldsymbol{F}_{\mathrm{m}}^{\mathrm{T}},\quad \boldsymbol{G}_{\mathrm{m}}(t_{\mathrm{f}})=\boldsymbol{0}\tag{5.1.13c}$$

这里，$\bar{\boldsymbol{A}}=\boldsymbol{A}-\boldsymbol{B}\boldsymbol{R}^{-1}\boldsymbol{N}^{\mathrm{T}},\ \bar{\boldsymbol{D}}=\boldsymbol{B}\boldsymbol{R}^{-1}\boldsymbol{B}^{\mathrm{T}},\ \bar{\boldsymbol{B}}=\boldsymbol{Q}-\boldsymbol{N}\boldsymbol{R}^{-1}\boldsymbol{N}^{\mathrm{T}}$。

由上述反馈—前馈控制器(5.1.12)构成控制系统为

$$\dot{\boldsymbol{x}}=\left(\boldsymbol{A}-\boldsymbol{B}\boldsymbol{K}_x(t)\right)\boldsymbol{x}+\boldsymbol{B}\boldsymbol{u}_{\mathrm{f}}(t)\tag{5.1.14}$$

是一个非齐次时变系统。然而，PIMCSD 工具箱对于硬终端控制器的设计(5.1.4)，以及控制系统的仿真(5.1.14)都可以给出计算机上的精确解。

2) PIMCSD 工具箱中的实现

PIMCSD 工具箱提供了连续系统软终端控制器设计与仿真的实现函数 pim_tlqhtc()，其调用格式如下：

$$[\boldsymbol{K}_x,\boldsymbol{K}_\psi,\boldsymbol{F}_{\mathrm{m},0}]=\mathrm{pim\_tlqhtc}(\boldsymbol{A},\boldsymbol{B},\boldsymbol{Q},\boldsymbol{R},\boldsymbol{N},\boldsymbol{Q}_\mathrm{f},\boldsymbol{M}_\mathrm{f},\boldsymbol{\psi},t)$$

$$[\boldsymbol{K}_x,\boldsymbol{K}_\psi,\boldsymbol{F}_{\mathrm{m},0},\boldsymbol{x},\boldsymbol{u}]=\mathrm{pim\_tlqhtc}(\boldsymbol{A},\boldsymbol{B},\boldsymbol{Q},\boldsymbol{R},\boldsymbol{N},\boldsymbol{Q}_\mathrm{f},\boldsymbol{M}_\mathrm{f},\boldsymbol{\psi},t,\boldsymbol{x}_0)$$

$$[\boldsymbol{K}_x,\boldsymbol{K}_\psi,\boldsymbol{F}_{\mathrm{m},0},\boldsymbol{S},\boldsymbol{F}_\mathrm{m},\boldsymbol{G}_\mathrm{m}]=\mathrm{pim\_tlqhtc}(\boldsymbol{A},\boldsymbol{B},\boldsymbol{Q},\boldsymbol{R},\boldsymbol{N},\boldsymbol{Q}_\mathrm{f},\boldsymbol{M}_\mathrm{f},\boldsymbol{\psi},t)$$

$$[\boldsymbol{K}_x,\boldsymbol{K}_\psi,\boldsymbol{F}_{\mathrm{m},0},\boldsymbol{x},\boldsymbol{u},\boldsymbol{S},\boldsymbol{F}_\mathrm{m},\boldsymbol{G}_\mathrm{m}]=\mathrm{pim\_tlqhtc}(\boldsymbol{A},\boldsymbol{B},\boldsymbol{Q},\boldsymbol{R},\boldsymbol{N},\boldsymbol{Q}_\mathrm{f},\boldsymbol{M}_\mathrm{f},\boldsymbol{\psi},t,\boldsymbol{x}_0)$$

参数简单说明：

返回参数中 $\boldsymbol{K}_x$ 和 $\boldsymbol{K}_\psi$ 分别为 $\boldsymbol{x}$ 和 $\boldsymbol{\psi}$ 的反馈增益矩阵，如式(5.1.12)所示； $\boldsymbol{S}$ 为矩阵微分 Riccati 方程(5.1.5a)的解； $\boldsymbol{F}_\mathrm{m}$ 为伴随方程(5.1.5b)的解。

输入参数中 $\boldsymbol{A}$ 和 $\boldsymbol{B}$ 分别为连续系统的状态矩阵和输入矩阵，如式(5.1.1)所示；$\boldsymbol{Q},\boldsymbol{R},\boldsymbol{N},\boldsymbol{Q}_\mathrm{f},\boldsymbol{M}_\mathrm{f},\boldsymbol{\psi}$ 为相应的性能指标矩阵和终端条件，如式(5.1.2)和(5.1.3)所示。

有两种调用格式，若输入参数中含有初始状态 $\boldsymbol{x}_0$，则同时返回最优控制系统的轨迹 $\boldsymbol{x}$ 和输入 $\boldsymbol{u}$；也可以返回相关矩阵微分Riccati 方程的解 $\boldsymbol{S}(t)$ 和 $\boldsymbol{F}_\mathrm{m}(t)$，以便用于其他方面的设计。

3) 设计实例

例 5.1.3　考虑例 5.1.1 中的直升飞机的精确着陆问题。试采用硬终端控制器设计方法解决此问题，并绘出控制系统的仿真曲线。

解　这是一个终端控制问题，即在终端要求 $\boldsymbol{x}(t_\mathrm{f})=\boldsymbol{0}$，对比终端条件式(5.1.2)，可知 $\boldsymbol{M}_\mathrm{f}=\boldsymbol{I}$, $\boldsymbol{\psi}=\boldsymbol{0}$；选取性能指标加权阵 $\boldsymbol{Q}=\mathrm{diag}(0,0,0,1)$, $\boldsymbol{R}=1$, $\boldsymbol{N}=\boldsymbol{0}_{4\times1}$，$\boldsymbol{S}_\mathrm{f}=10\boldsymbol{I}$ 进行硬终端控制器设计。程序代码如表 5.1.3 所示。图 5.1.3 给出了控制系系统的最优轨迹和输入仿真曲线，与软终端控制器结果类似。但值得强调的是，在终端 $t_\mathrm{f}=3.0$，软终端控制器的仿真结果为 $\boldsymbol{x}(t_\mathrm{f})=10^{-3}\times[9.2,-1.5,-4.5,0.5]^\mathrm{T}$，而硬终端控制器的仿真结果为 $\boldsymbol{x}(t_\mathrm{f})=10^{-15}\times[4.4,-0.3,-0.5,5.0]^\mathrm{T}$，精度大大提高；而且，它们得到的反馈增益阵和前馈信号的形式是不一样的。

表 5.1.3　硬终端控制器设计及仿真代码

```
%%%====OH-6A Data====%%%
A  = [ -0.0257, 0.013, -0.322, 0; ...
        1.26,   -1.765,   0,       0; ...
        0, 1, 0, 0; ...
        1, 0 ,0 ,0];
B2 = [ 0.086, -7.408, 0, 0 ]';
B1 = [ 0.0257, -1.26, 0, 0 ]';
Q=1*diag( [ 0, 0, 0, 1]) ;   N=zeros(4,1);   R=1;
```

续表

```
Sf=10*eye(4);   Mf=eye(4); psi=zeros(4,1);
x0=[10, 0, -0.3550, -15]';
% {   u, q,    theta,     x }
tf=3.0;      Ns=60;     Ts=tf/Ns;   t=0:Ts:tf;
[Kx_t,Kpsi_t,Fm0,x_t,u_t] = pim_tlqhtc(A,B2,Q,R,N,Sf,Mf,psi,t,x0);
%%%====plot figure====%%%
```

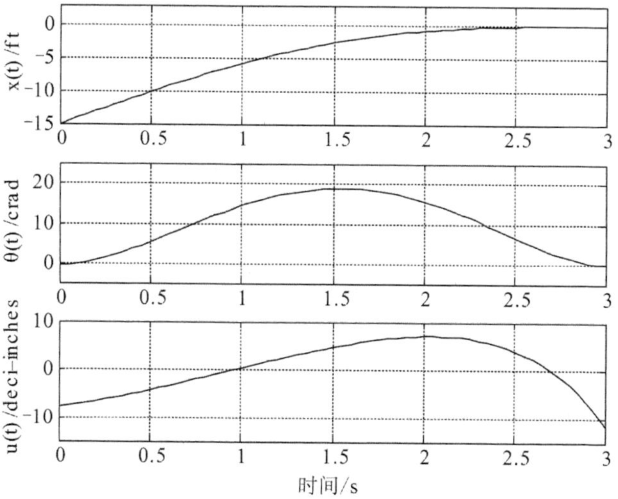

图 5.1.3　时变的硬终端控制器仿真

与例 2.1.1 的仿真结果相比容易发现，时变 LQ 控制器只需定常 LQ 控制器的一半时间即可达到控制要求。

2. 离散系统的硬终端控制器

1)　问题描述

系统如(5.1.7)所示，只是要将软终端约束换为硬终端约束，变换方式同连续系统的硬终端控制器，将终端约束条件通过 Lagrange 乘子 $\boldsymbol{v}$ 加入到性能指标中：

$$\overline{J}_{\mathrm{d}} = J_{\mathrm{d}} + \boldsymbol{v}^{\mathrm{T}}\left(\boldsymbol{M}_{\mathrm{f}}\boldsymbol{x}_N - \boldsymbol{\psi}\right) \tag{5.1.15}$$

采用Riccati 矩阵变换的方法或生成函数的方法等完成软终端约束控制器的设计，可以得到前馈—反馈形式的控制律如下：

$$\begin{aligned}\boldsymbol{u}_k &= -\boldsymbol{K}_{x,k}\boldsymbol{x}_k + \boldsymbol{K}_{\psi,k}\left(\boldsymbol{\psi} - \boldsymbol{F}_{\mathrm{m},0}\boldsymbol{x}_0\right)\\ &= -\boldsymbol{K}_{x,k}\boldsymbol{x}_k + \boldsymbol{u}_{\mathrm{f},k}\end{aligned} \tag{5.1.16a}$$

还可以写为

$$\begin{aligned}\boldsymbol{u}_k &= -\boldsymbol{K}_{x,k}\boldsymbol{x}_k + \boldsymbol{K}_{\psi,k}\boldsymbol{\psi} - \boldsymbol{K}_{x_0,k}\boldsymbol{x}_0 \\ &= -\boldsymbol{K}_{x,k}\boldsymbol{x}_k + \boldsymbol{K}_{\nu,k}\boldsymbol{\nu}\end{aligned} \tag{5.1.16b}$$

其中，

$$\boldsymbol{K}_{x,k} = \left(\boldsymbol{R}_{\mathrm{d}} + \boldsymbol{G}_u^{\mathrm{T}}\boldsymbol{S}_{k+1}\boldsymbol{G}_u\right)^{-1}(\boldsymbol{N}_{\mathrm{d}}^{\mathrm{T}} + \boldsymbol{G}_u^{\mathrm{T}}\boldsymbol{S}_{k+1}\boldsymbol{\Phi})$$

$$\boldsymbol{K}_{\psi,k} = \left(\boldsymbol{R}_{\mathrm{d}} + \boldsymbol{G}_u^{\mathrm{T}}\boldsymbol{S}_{k+1}\boldsymbol{G}_u\right)^{-1}\boldsymbol{G}_u^{\mathrm{T}}\boldsymbol{F}_{\mathrm{m},k+1}\boldsymbol{G}_{\mathrm{m},0}^{-1}$$

$$\boldsymbol{K}_{x_0,k} = \boldsymbol{K}_{\psi}(k)\boldsymbol{F}_{\mathrm{m},0}$$

$$\boldsymbol{K}_{\nu,k} = (\boldsymbol{R}_{\mathrm{d}} + \boldsymbol{G}_u^{\mathrm{T}}\boldsymbol{S}_{k+1}\boldsymbol{G}_u)^{-1}\boldsymbol{G}_u^{\mathrm{T}}\boldsymbol{F}_{\mathrm{m},k+1}^{\mathrm{T}}$$

$$\boldsymbol{\nu} = \boldsymbol{G}_{\mathrm{m},0}^{-1}(\boldsymbol{\psi} - \boldsymbol{F}_{\mathrm{m},0}x_0)$$

这里，$\boldsymbol{S}_k,\boldsymbol{F}_{\mathrm{m},k}$ 满足(5.1.9a,b)，$\boldsymbol{G}_{\mathrm{m},k}$ 满足：

$$\boldsymbol{G}_{\mathrm{m},k} = \boldsymbol{G}_{\mathrm{m},k+1} + \boldsymbol{F}_{\mathrm{m},k+1}\left[\boldsymbol{G}_u(\boldsymbol{R}_{\mathrm{d}} + \boldsymbol{G}_u^{\mathrm{T}}\boldsymbol{S}_{k+1}\boldsymbol{G}_u^{\mathrm{T}})^{-1}\boldsymbol{G}_u\right]\boldsymbol{F}_{\mathrm{m},k+1}^{\mathrm{T}}, \quad \boldsymbol{G}_{\mathrm{m},N} = \boldsymbol{0} \tag{5.1.16c}$$

由上述反馈—前馈控制器(5.1.12)构成的离散控制系统为

$$\boldsymbol{x}_{k+1} = (\boldsymbol{\Phi} - \boldsymbol{G}_u\boldsymbol{K}_{x,k})\boldsymbol{x}_k + \boldsymbol{G}_u\boldsymbol{u}_{\mathrm{f},k}$$

2) PIMCSD 工具箱中的实现

PIMCSD 工具箱提供了离散系统软终端控制器设计与仿真的实现函数 pim_tdlqhtc()，其调用格式如下：

$$[\boldsymbol{K}_x,\boldsymbol{K}_\psi,\boldsymbol{F}_{\mathrm{m},0}] = \text{pim\_tdlqhtc}(\boldsymbol{\Phi},\boldsymbol{G}_u,\boldsymbol{Q}_{\mathrm{d}},\boldsymbol{R}_{\mathrm{d}},\boldsymbol{N}_{\mathrm{d}},\boldsymbol{S}_{\mathrm{f}},\boldsymbol{M}_{\mathrm{f}},\boldsymbol{\psi},N_{\mathrm{s}})$$

$$[\boldsymbol{K}_x,\boldsymbol{K}_\psi,\boldsymbol{F}_{\mathrm{m},0},\boldsymbol{x},\boldsymbol{u}] = \text{pim\_tdlqhtc}(\boldsymbol{\Phi},\boldsymbol{G}_u,\boldsymbol{Q}_{\mathrm{d}},\boldsymbol{R}_{\mathrm{d}},\boldsymbol{N}_{\mathrm{d}},\boldsymbol{S}_{\mathrm{f}},\boldsymbol{M}_{\mathrm{f}},\boldsymbol{\psi},N_{\mathrm{s}},\boldsymbol{x}_0)$$

$$[\boldsymbol{K}_x,\boldsymbol{K}_\psi,\boldsymbol{F}_{\mathrm{m},0},\boldsymbol{S},\boldsymbol{F}_{\mathrm{m}},\boldsymbol{G}_{\mathrm{m}}] = \text{pim\_tdlqhtc}(\boldsymbol{\Phi},\boldsymbol{G}_u,\boldsymbol{Q}_{\mathrm{d}},\boldsymbol{R}_{\mathrm{d}},\boldsymbol{N}_{\mathrm{d}},\boldsymbol{S}_{\mathrm{f}},\boldsymbol{M}_{\mathrm{f}},\boldsymbol{\psi},N_{\mathrm{s}})$$

$$[\boldsymbol{K}_x,\boldsymbol{K}_\psi,\boldsymbol{F}_{\mathrm{m},0},\boldsymbol{x},\boldsymbol{u},\boldsymbol{S},\boldsymbol{F}_{\mathrm{m}},\boldsymbol{G}_{\mathrm{m}}] = \text{pim\_tdlqhtc}(\boldsymbol{\Phi},\boldsymbol{G}_u,\boldsymbol{Q}_{\mathrm{d}},\boldsymbol{R}_{\mathrm{d}},\boldsymbol{N}_{\mathrm{d}},\boldsymbol{S}_{\mathrm{f}},\boldsymbol{M}_{\mathrm{f}},\boldsymbol{\psi},N_{\mathrm{s}},\boldsymbol{x}_0)$$

参数简单说明：

返回参数中 $\boldsymbol{K}_x$ 和 $\boldsymbol{K}_\psi$ 分别为 $\boldsymbol{x}$ 和 $\boldsymbol{\psi}$ 的反馈增益矩阵，如式(5.1.16)所示；$\boldsymbol{S}$ 和 $\boldsymbol{F}_{\mathrm{m}}$ 分别为离散形式的矩阵差分Riccati方程，及其伴随方程(5.1.9a,b)的解；$\boldsymbol{G}_{\mathrm{m}}$ 为伴随方程(5.1.16b)的解。

输入参数中 $\boldsymbol{\Phi}$ 和 $\boldsymbol{G}_u$ 分别为连续系统的状态矩阵和输入矩阵，如式(5.1.7)所示；$\boldsymbol{Q}_{\mathrm{d}},\boldsymbol{R}_{\mathrm{d}},\boldsymbol{N}_{\mathrm{d}},\boldsymbol{Q}_{\mathrm{f}},\boldsymbol{M}_{\mathrm{f}},\boldsymbol{\psi}$ 为相应的性能指标矩阵和终端条件，如式(5.1.7)和(5.1.8)所示。

有两种调用格式，若输入参数中含有初始状态 $\boldsymbol{x}_0$，则同时返回最优控制系统的轨迹 $\boldsymbol{x}$ 和输入 $\boldsymbol{u}$；也可以返回相关矩阵差分 Riccati 方程的解 $\boldsymbol{S}_k,\boldsymbol{F}_{\mathrm{m},k}$，以便用于其他方面的设计。

3) 设计实例

例 5.1.4　考虑例 5.1.2 中的横向交会问题(lateral rendezvous)。试采用硬终端

控制器设计方法解决此问题，并绘出控制系统的仿真曲线。

解　对于该离散系统的终端控制问题，选取与软终端控制器相同的参数，调用硬终端控制器设计函数 pim_tdlqhtc()并进行仿真，程序代码如表 5.1.4 所示数值结果如图 5.1.4 所示，可以看出与软终端控制器数值仿真结果类似，但值得注意的是，在终端时刻 $t_f = 1\text{s}$ 时，软终端控制器的仿真结果为 $\boldsymbol{x}(t_f) = 10^{-3} \times [1.1, -0.4]^T$ 而硬终端控制器的仿真结果为 $\boldsymbol{x}(t_f) = 10^{-18} \times [-4.662, -6.939]^T$，精度大大提高；而且，它们得到的反馈增益阵和前馈信号的形式是不一样的。

表 5.1.4　离散系统硬终端控制器设计及仿真代码

```
%%%====OH-6A Data====%%%
tf = 1;   Ns = 40;   Ts = tf/Ns;
t = 0:Ts:tf;
Phi = [1,Ts; 0,1];     Gu   = [Ts*Ts/2, Ts]';
Qd = zeros(2);   Nd = zeros(2,1);   Rd = 1;   x0 = [0,1]';
Mf = eye(2);   Qf = 21.0e4;   psi = [0,0]';   Sf =zeros(2);

[Ksx_t,Kspsi_t,xs_t,us_t] = pim_tdlqhtc(Phi,Gu,Qd,Rd,Nd,Qf,Mf,psi,Ns,x0);
%%%====plot figure====%%%
```

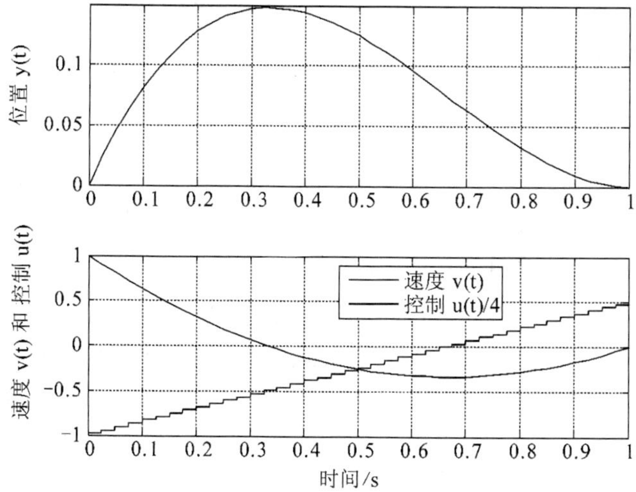

图 5.1.4　时变的离散系统硬终端控制器仿真

5.2　分段线性定常系统的终端控制

实际控制系统中，有时很难采用定常系统来描述整个过程的变化，例如导弹、火箭在发射阶段往往伴随着剧烈的物理参数或环境参数的变化等；另外，对于本身定常的系统进行最优控制设计，设计参数(如 LQ 最优控制中性能指标阵 $\boldsymbol{Q}, \boldsymbol{R}, \boldsymbol{N}$)的变化也会导致控制系统的时变性。处理线性时变系统的一种简单、有效的方法，就是在系统性质差别较大的阶段采用不同控制模型，这样在整个区段来看，系统模型变成分段定常变化了。也可以说分段定常系统是时变系统最简单的一种近似处理。

1)　问题描述

系统模型虽然是分段定常变化的，但仍然是线性系统，因此在 5.1 节中关于 LQ 终端控制器的理论依然成立。只不过系统模型矩阵 $\boldsymbol{A}(t), \boldsymbol{B}(t)$，以及性能指标阵 $\boldsymbol{Q}(t), \boldsymbol{R}(t), \boldsymbol{N}(t)$ 成为时变的，采用分段定常描述为

$$\begin{aligned} &\boldsymbol{A}(t)=\boldsymbol{A}_i,\quad \boldsymbol{B}(t)=\boldsymbol{B}_i,\quad t_i \leqslant t < t_{i+1} \\ &\boldsymbol{Q}(t)=\boldsymbol{Q}_i,\quad \boldsymbol{R}(t)=\boldsymbol{R}_i,\quad \boldsymbol{N}(t)=\boldsymbol{N}_i,\quad t_i \leqslant t < t_{i+1} \end{aligned} \tag{5.2.1}$$

其中，$\boldsymbol{A},\boldsymbol{B},\boldsymbol{Q},\boldsymbol{R},\boldsymbol{N}$ 可以同时都具有分段定常的变化特性，也可以只有某几个变化。在 PIMCSD 工具箱中，采用三维数组来描述 $\boldsymbol{A},\boldsymbol{B},\boldsymbol{Q},\boldsymbol{R},\boldsymbol{N}$ 的分段定常变化，最后一维表示划分的区段数，例如 $\boldsymbol{A}$ 的维数为

$$[\text{no. of states} \times \text{no. of states} \times \text{no. of intervals for the plant}]$$

$\boldsymbol{B},\boldsymbol{Q},\boldsymbol{R},\boldsymbol{N}$ 具有类似的结构。

2)　PIMCSD 工具箱中的实现

PIMCSD 工具箱提供了求解分段定常控制系统的软终端控制器和硬终端控制器的设计与仿真的函数 pim_ttlqstc()和 pim_ttlqhtc()，其调用格式分别如下：

(1) pim_ttlqstc()的调用格式如下：

$$[\boldsymbol{K}_x, \boldsymbol{K}_\psi, t] = \text{pim\_ttlqstc}(\text{schm}, \boldsymbol{A}, \boldsymbol{B}, \boldsymbol{Q}, \boldsymbol{R}, \boldsymbol{N}, \boldsymbol{Q}_\text{f}, \boldsymbol{M}_\text{f}, \boldsymbol{\psi})$$

$$[\boldsymbol{K}_x, \boldsymbol{K}_\psi, t, \boldsymbol{x}, \boldsymbol{u}] = \text{pim\_ttlqstc}(\text{schm}, \boldsymbol{A}, \boldsymbol{B}, \boldsymbol{Q}, \boldsymbol{R}, \boldsymbol{N}, \boldsymbol{Q}_\text{f}, \boldsymbol{M}_\text{f}, \boldsymbol{\psi}, \boldsymbol{x}_0)$$

$$[\boldsymbol{K}_x, \boldsymbol{K}_\psi, t, \boldsymbol{S}, \boldsymbol{F}_\text{m}] = \text{pim\_ttlqstc}(\text{schm}, \boldsymbol{A}, \boldsymbol{B}, \boldsymbol{Q}, \boldsymbol{R}, \boldsymbol{N}, \boldsymbol{Q}_\text{f}, \boldsymbol{M}_\text{f}, \boldsymbol{\psi})$$

$$[\boldsymbol{K}_x, \boldsymbol{K}_\psi, t, \boldsymbol{x}, \boldsymbol{u}, \boldsymbol{S}, \boldsymbol{F}_\text{m}] = \text{pim\_ttlqstc}(\text{schm}, \boldsymbol{A}, \boldsymbol{B}, \boldsymbol{Q}, \boldsymbol{R}, \boldsymbol{N}, \boldsymbol{Q}_\text{f}, \boldsymbol{M}_\text{f}, \boldsymbol{\psi}, \boldsymbol{x}_0)$$

(2) pim_ttlqhtc()的调用格式如下：

$$[\boldsymbol{K}_x, \boldsymbol{K}_\psi, \boldsymbol{F}_{\text{m},0}, t] = \text{pim\_ttlqhtc}(\text{schm}, \boldsymbol{A}, \boldsymbol{B}, \boldsymbol{Q}, \boldsymbol{R}, \boldsymbol{N}, \boldsymbol{S}_\text{f}, \boldsymbol{M}_\text{f}, \boldsymbol{\psi})$$

$$[\boldsymbol{K}_x, \boldsymbol{K}_\psi, \boldsymbol{F}_{\text{m},0}, t, \boldsymbol{x}, \boldsymbol{u}] = \text{pim\_ttlqhtc}(\text{schm}, \boldsymbol{A}, \boldsymbol{B}, \boldsymbol{Q}, \boldsymbol{R}, \boldsymbol{N}, \boldsymbol{S}_\text{f}, \boldsymbol{M}_\text{f}, \boldsymbol{\psi}, \boldsymbol{x}_0)$$

$$[\boldsymbol{K}_x, \boldsymbol{K}_\psi, \boldsymbol{F}_{\text{m},0}, t, \boldsymbol{S}, \boldsymbol{F}_\text{m}, \boldsymbol{G}_\text{m}] = \text{pim\_ttlqhtc}(\text{schm}, \boldsymbol{A}, \boldsymbol{B}, \boldsymbol{Q}, \boldsymbol{R}, \boldsymbol{N}, \boldsymbol{S}_\text{f}, \boldsymbol{M}_\text{f}, \boldsymbol{\psi})$$

$$[\boldsymbol{K}_x, \boldsymbol{K}_\psi, \boldsymbol{F}_{\text{m},0}, t, \boldsymbol{x}, \boldsymbol{u}, \boldsymbol{S}, \boldsymbol{F}_\text{m}, \boldsymbol{G}_\text{m}] = \text{pim\_ttlqhtc}(\text{schm}, \boldsymbol{A}, \boldsymbol{B}, \boldsymbol{Q}, \boldsymbol{R}, \boldsymbol{N}, \boldsymbol{S}_\text{f}, \boldsymbol{M}_\text{f}, \boldsymbol{\psi}, \boldsymbol{x}_0)$$

参数简单说明：

与定常系统的终端控制器设计函数(pim_tlqstc()和 pim_tlqhtc())比较，因为相同的理论，二者的输入参数与输出参数基本一致。但注意到，分段定常变化系统的终端控制器设计函数(pim_ttlqstc()和 pim_ttlqhtc())中参数 $\boldsymbol{A},\boldsymbol{B},\boldsymbol{Q},\boldsymbol{R},\boldsymbol{N}$ 皆可以分段定常变化，如式(5.2.1)所描述，用参数 schm 来描述这种变化，

$$\text{schm}=\begin{bmatrix} t_0 & t_1 & t_2 & & \cdots & t_{n\text{interval}-1} & t_{n\text{interval}} \\ T_{\text{s},1} & T_{\text{s},2} & \cdots & T_{\text{s},n\text{interval}-1} & & T_{\text{s},n\text{interval}} & 0 \end{bmatrix}$$

其中，第一行表示系统定常变化的区段划分，第二行表示各区段的采用周期/离散步长，是允许不同区段进行变采样周期的(schm 已在时变系统的仿真 pim_ltisim()中描述过)。该函数同时返回计算的时间序列。

3) 设计实例

例 5.2.1　考虑简单的横向拦截模型，

$$\dot{\boldsymbol{x}}=\begin{bmatrix}0 & 1\\0 & 0\end{bmatrix}\boldsymbol{x}+\begin{bmatrix}0\\1\end{bmatrix}\boldsymbol{u}$$

其中，$\boldsymbol{x}=[y,\dot{y}]^{\mathrm{T}}$，$y$ 和 $\dot{y}$ 分别为相对横向位移和速度，要求在终端 $t_{\mathrm{f}}=1.0$ 时，相对横向位移为 $y(t_{\mathrm{f}})=0$ 。二次型性能指标采取能量指标

$$J=\frac{1}{2}\int_0^{t_{\mathrm{f}}}\boldsymbol{R}\boldsymbol{u}^2\mathrm{d}t$$

试分析性能指标 $\boldsymbol{R}$ 分段定常变化时，得到的终端控制器控制效果的变化。

解　与前面终端条件比较可知 $\boldsymbol{M}_{\mathrm{f}}=[1,0],\ \psi=0$ ，如果性能指标加权阵 $\boldsymbol{R}\equiv 1$ ，则是定常系统的终端控制器设计。现让性能指标阵 $\boldsymbol{R}(t)$ 分段定常变化，如图 5.2.1(a)所示。程序代码如表 5.2.1 所示，按定常指标阵和分段定常变化的指标阵进行终端控制器设计结果如图 5.2.1(b)所示。图中显示，通过合适地改变 $\boldsymbol{R}(t)$ 的变化，可以有效地减小端部输入的峰值，本题得到输入峰值降低了 20.28%。

表 5.2.1　变性能指标设计及仿真

```
%%%═══OH-6A Data═══%%%
A = [0,1; 0,0];
B2 = [0,1]';
Q = zeros(2); N = zeros(2,1); R = 1;
Mf = [1,0];   Qf = 3.0e4;   psi = 0;
tf = 1; eta = 0.1; Ts = eta;
t = 0 : eta : tf;     lenTm = length(t);
x0 = [0,1]';
% constant Q,R,N
[K0x_t,K0psi_t,x0_t,u0_t] = pim_tlqstc(A,B2,Q,R,N,Qf,Mf,psi,t,x0);
```

续表

```
% piece-wise constant Q_t,R_t,N_t
schm = [0, 0.3, 0.5, 0.7, tf
        Ts, Ts,   Ts,   Ts,   0];
schm_rho = [1, 0.7, 0.5, 0.3, 0];
R_t = zeros([size(R),length(schm_rho)-1]);
for k = 1:length(schm_rho)-1
    R_t(:,:,k) = schm_rho(k)*R;
end
[Kx_t,Kpsi_t,t,x_t,u_t] = pim_ttlqstc(schm,A,B2,Q,R_t,N,Qf,Mf,psi,x0);
%%%===plot figure===%%%
```

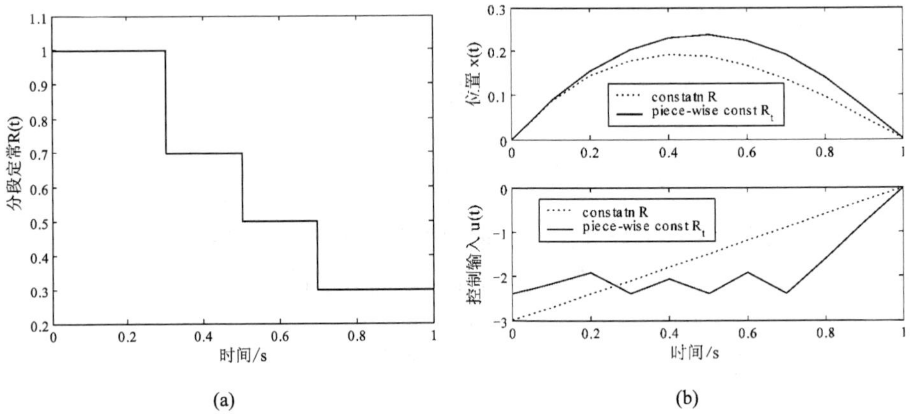

图 5.2.1　变性能指标设计与仿真

(a) 分段定常变化的指标阵 $\boldsymbol{R}$；　(b) 控制结果比较

5.3　时变 LQ 跟踪—控制

所谓跟踪控制，就是设计前馈—反馈的控制输入，使控制系统的输出尽量逼近一组预先制定的轨迹。最优跟踪器通过极小化对输出误差和控制输入加权的性能指标来得到。跟踪器设计是一种“逆控制(inverse control)”形式，即已经指定系统的输出，设计控制输入。

1. 连续系统的时变 LQ 跟踪—控制器

1)　问题描述

具有一般性的跟踪误差抑制问题可以描述为：寻求最优控制输入 $\boldsymbol{u}$ 和初始设

计状态 $\boldsymbol{x}(0)$，极小化下面二次型性能指标：

$$J=\frac{1}{2}\boldsymbol{v}_0^{\mathrm{T}}\boldsymbol{Q}_0\boldsymbol{v}_0+\frac{1}{2}\boldsymbol{v}_{\mathrm{f}}^{\mathrm{T}}\boldsymbol{Q}_{\mathrm{f}}\boldsymbol{v}_{\mathrm{f}}+\frac{1}{2}\int_0^{t_{\mathrm{f}}}\left(\boldsymbol{v}^{\mathrm{T}}\boldsymbol{Q}\boldsymbol{v}+\boldsymbol{u}^{\mathrm{T}}\boldsymbol{R}\boldsymbol{u}\right)\mathrm{d}t \tag{5.3.1}$$

并满足动力方程

$$\dot{\boldsymbol{x}}=\boldsymbol{A}\boldsymbol{x}+\boldsymbol{B}_2\boldsymbol{u}+\boldsymbol{B}_1\boldsymbol{w} \tag{5.3.2}$$

其中，

$$\boldsymbol{v}_0\overset{\mathrm{def}}{=}\boldsymbol{y}_0-\boldsymbol{C}_0\boldsymbol{x}(0),\quad \boldsymbol{v}_{\mathrm{f}}\overset{\mathrm{def}}{=}\boldsymbol{y}_{\mathrm{f}}-\boldsymbol{C}_{\mathrm{f}}\boldsymbol{x}(t_{\mathrm{f}}),\quad \boldsymbol{v}(t)\overset{\mathrm{def}}{=}\boldsymbol{y}_{\mathrm{c}}(t)-\boldsymbol{C}_{\mathrm{c}}\boldsymbol{x}(t) \tag{5.3.3}$$

其中，$\boldsymbol{v}_0,\boldsymbol{v}_{\mathrm{f}},\boldsymbol{v}(t)$ 分别表示在初端、终端和过程中的输出误差；$\boldsymbol{Q}_0,\boldsymbol{Q}_{\mathrm{f}},\boldsymbol{Q}$ 则为相应输出误差的加权阵；已预先指定输出轨迹 $\boldsymbol{y}_0,\boldsymbol{y}_{\mathrm{f}},\boldsymbol{y}_{\mathrm{c}}(t)$。

采用 Riccati 变换方法或生成函数方法等可以得到前馈—反馈形式的控制律

$$\boldsymbol{u}(t)=\boldsymbol{u}_{\mathrm{ff}}(t)-\boldsymbol{K}(t)\boldsymbol{x}(t) \tag{5.3.4}$$

其中，$\boldsymbol{u}_{\mathrm{ff}}(t)$ 为控制输入的前馈信号，$\boldsymbol{K}(t)$ 为时变的反馈增益阵。

2) PIMCSD 工具箱中的实现

PIMCSD 工具箱提供了时变 LQ 跟踪—控制器设计与仿真的实现函数 pim_tlqfll()，其调用格式如下：

$$[\boldsymbol{K},\boldsymbol{u}_{\mathrm{ff}}]=\mathrm{pim\_tlqfll}(\boldsymbol{A},\boldsymbol{B}_2,\boldsymbol{C}_{\mathrm{c}},\boldsymbol{Q},\boldsymbol{R},\boldsymbol{y}_{\mathrm{c}},t_{\mathrm{r}},\boldsymbol{C}_{\mathrm{f}},\boldsymbol{Q}_{\mathrm{f}},\boldsymbol{y}_{\mathrm{f}})$$
$$[\boldsymbol{K},\boldsymbol{u}_{\mathrm{ff}},\boldsymbol{x},\boldsymbol{u},\boldsymbol{v}]=\mathrm{pim\_tlqfll}(\boldsymbol{A},\boldsymbol{B}_2,\boldsymbol{C}_{\mathrm{c}},\boldsymbol{Q},\boldsymbol{R},\boldsymbol{y}_{\mathrm{c}},t_{\mathrm{r}},\boldsymbol{C}_{\mathrm{f}},\boldsymbol{Q}_{\mathrm{f}},\boldsymbol{y}_{\mathrm{f}})$$
$$[\boldsymbol{K},\boldsymbol{u}_{\mathrm{ff}},\boldsymbol{x},\boldsymbol{u},\boldsymbol{v}]=\mathrm{pim\_tlqfll}(\boldsymbol{A},\boldsymbol{B}_2,\boldsymbol{C}_{\mathrm{c}},\boldsymbol{Q},\boldsymbol{R},\boldsymbol{y}_{\mathrm{c}},t_{\mathrm{r}},\boldsymbol{C}_{\mathrm{f}},\boldsymbol{Q}_{\mathrm{f}},\boldsymbol{y}_{\mathrm{f}},\boldsymbol{B}_1,\boldsymbol{w})$$
$$[\boldsymbol{K},\boldsymbol{u}_{\mathrm{ff}},\boldsymbol{x},\boldsymbol{u},\boldsymbol{v}]=\mathrm{pim\_tlqfll}(\boldsymbol{A},\boldsymbol{B}_2,\boldsymbol{C}_{\mathrm{c}},\boldsymbol{Q},\boldsymbol{R},\boldsymbol{y}_{\mathrm{c}},t_{\mathrm{r}},\boldsymbol{C}_{\mathrm{f}},\boldsymbol{Q}_{\mathrm{f}},\boldsymbol{y}_{\mathrm{f}},\boldsymbol{C}_0,\boldsymbol{Q}_0,\boldsymbol{y}_0)$$
$$[\boldsymbol{K},\boldsymbol{u}_{\mathrm{ff}},\boldsymbol{x},\boldsymbol{u},\boldsymbol{v}]=\mathrm{pim\_tlqfll}(\boldsymbol{A},\boldsymbol{B}_2,\boldsymbol{C}_{\mathrm{c}},\boldsymbol{Q},\boldsymbol{R},\boldsymbol{y}_{\mathrm{c}},t_{\mathrm{r}},\boldsymbol{C}_{\mathrm{f}},\boldsymbol{Q}_{\mathrm{f}},\boldsymbol{y}_{\mathrm{f}},\boldsymbol{C}_0,\boldsymbol{Q}_0,\boldsymbol{y}_0,\boldsymbol{B}_1,\boldsymbol{w})$$

参数简单说明：

输出参数可以返回最优跟踪系统的仿真 $\boldsymbol{x},\boldsymbol{u},\boldsymbol{v}$。其中，$\boldsymbol{v}$ 为控制系统的实际输出与指定输出的误差。

输入参数中 $\boldsymbol{A},\boldsymbol{B}_2,\boldsymbol{C}_{\mathrm{c}},\boldsymbol{Q},\boldsymbol{R},\boldsymbol{y}_{\mathrm{c}},\boldsymbol{C}_{\mathrm{f}},\boldsymbol{Q}_{\mathrm{f}},\boldsymbol{y}_{\mathrm{f}},\boldsymbol{C}_0,\boldsymbol{Q}_0,\boldsymbol{y}_0$ 如式(5.3.1)~(5.3.3)所描述。$\boldsymbol{y}_{\mathrm{c}}$ 为指定的期望输出向量序列，如果它的行数为 $n_{y_{\mathrm{c}}}$ (输出向量的维数)，那么其列数与时间序列 t_{r} 一致；如果它的行数为 $n_{y_{\mathrm{c}}}+1$，那么其第一行数据为 $\boldsymbol{y}_{\mathrm{c}}(t)$ 对应的时间序列 $t_{y_{\mathrm{c}}}$，后面 $n_{y_{\mathrm{c}}}$ 为对应的输出向量序列，可表示为 $\boldsymbol{y}_{\mathrm{c}}=[t_{y_{\mathrm{c}}};\boldsymbol{y}_{\mathrm{c}}(t)]$。$t_{\mathrm{r}}$ 则指定期望返回的时变控制 $\boldsymbol{K},\boldsymbol{u}_{\mathrm{ff}}$ 的时间序列。输入参数中若 $\boldsymbol{C}_0,\boldsymbol{Q}_0,\boldsymbol{y}_0$ 省略，则默认为 $\boldsymbol{C}_0=\boldsymbol{C}_{\mathrm{c}},\boldsymbol{Q}_0=\boldsymbol{Q},\boldsymbol{y}_0=\boldsymbol{y}_{\mathrm{c}}(0)$。

3) 设计实例

例 5.3.1 考虑某一阶连续系统的跟踪问题，式(5.3.1)~(5.3.3)中的系统参数为，

$$\boldsymbol{A}=-1,\quad \boldsymbol{B}_2=1,\quad \boldsymbol{C}_{\mathrm{c}}=1$$

假设没有噪声干扰，指定的输出轨迹为 $y_{\mathrm{c}}(t)=1-2t/t_{\mathrm{f}}$，$\boldsymbol{y}_0=\boldsymbol{y}_{\mathrm{f}}=0$，$\boldsymbol{C}_0=\boldsymbol{C}_{\mathrm{f}}=1$，性能指标加权阵为 $\boldsymbol{Q}_0=\boldsymbol{Q}_{\mathrm{f}}=10^4$，$\boldsymbol{Q}=100$，$\boldsymbol{R}=1$。试设计最优跟踪器并仿真。

解 采用 PIMCSD 工具箱提供的 pim_tlqfll()函数进行设计与仿真。程序代码如表 5.3.1 所示。图 5.3.1 显示了最优跟踪轨迹和最优输入曲线。

表 5.3.1　最优跟踪设计及仿真代码

```
%%% A first order continuous follower %%%
A=-1; B2=1;
Q=100; R=1; Q0=1e4; Qf=1e4; % Qf=3e2;
C=1; C0=1; Cf=1;
y0=0; yf=0;
tf=3; Ns=30; Ts = tf/Ns;
ts = 0:Ts:tf;     tr = 0:Ts/10:tf;
tc=tf*[0:1/Ns:1]'; yc_t=ones(Ns+1,1)-2*tc/tf;
[K_t,uff_t,x_t,u_t,v_t] = pim_tlqfll(A,B2,C,Q,R,yc_t,ts,tr,Cf,Qf,yf,C0,Q0,y0);
%%%=====plot figure=====%%%
```

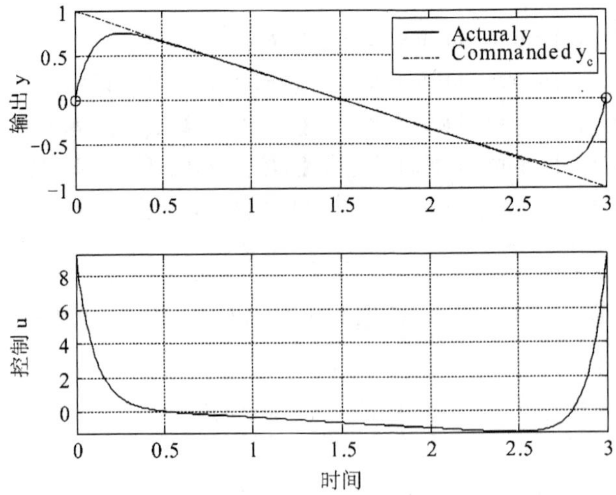

图 5.3.1　一阶系统的最优跟踪

2. 离散系统的时变 LQ 跟踪—控制

1)　问题描述

离散系统跟踪控制器问题可表述为

对离散系统

$$\boldsymbol{x}_{k+1}=\boldsymbol{\Phi}\boldsymbol{x}_k+\boldsymbol{G}_u\boldsymbol{u}_k+\boldsymbol{G}_w\boldsymbol{w}_k \tag{5.3.5}$$

寻找 $\boldsymbol{x}(0)$ 和 $\boldsymbol{u}_d(k)$，$k=0,\cdots,N_s-1$，使下面的二次型性能指标最小

$$J=\frac{1}{2}\boldsymbol{v}_0^{\mathrm{T}}\boldsymbol{Q}_0\boldsymbol{v}_0+\frac{1}{2}\boldsymbol{v}_{\mathrm{f}}^{\mathrm{T}}\boldsymbol{Q}_{\mathrm{f}}\boldsymbol{v}_{\mathrm{f}}+\frac{1}{2}\sum_{k=0}^{N_s}\boldsymbol{v}_k^{\mathrm{T}}\boldsymbol{Q}_{\mathrm{d}}\boldsymbol{v}_k+\frac{1}{2}\sum_{k=0}^{N_s-1}\boldsymbol{u}_k^{\mathrm{T}}\boldsymbol{R}_{\mathrm{d}}\boldsymbol{u}_k \tag{5.3.6}$$

其中，

$$\boldsymbol{v}_0\overset{\text{def}}{=\!=}\boldsymbol{C}_0\boldsymbol{x}_0-\boldsymbol{y}_0,\quad \boldsymbol{v}_{\mathrm{f}}\overset{\text{def}}{=\!=}\boldsymbol{C}_{\mathrm{f}}\boldsymbol{x}_{N_s}-\boldsymbol{y}_{\mathrm{f}},\quad \boldsymbol{v}_k\overset{\text{def}}{=\!=}\boldsymbol{C}_{\mathrm{c}}\boldsymbol{x}_k-\boldsymbol{y}_{\mathrm{c},k} \tag{5.3.7}$$

而 $\boldsymbol{C}_0,\boldsymbol{Q}_0,\boldsymbol{y}_0,\boldsymbol{C}_{\mathrm{f}},\boldsymbol{Q}_{\mathrm{f}},\boldsymbol{y}_{\mathrm{f}},\boldsymbol{C}_{\mathrm{c}},\boldsymbol{Q}_{\mathrm{d}},\boldsymbol{y}_{\mathrm{c}},\boldsymbol{w},\boldsymbol{R}_{\mathrm{d}},\boldsymbol{\Phi},\boldsymbol{G}_u,\boldsymbol{G}_w,N_{\mathrm{s}}$ 为给定数据。$\boldsymbol{x}_k$ 是动力系统的状态向量，$\boldsymbol{u}_k$ 是控制输入向量，$\boldsymbol{y}_{\mathrm{c},k}$ 是输出 $\boldsymbol{C}_{\mathrm{c}}\boldsymbol{x}_k$ 的期望序列，$\boldsymbol{w}_k$ 为已知干扰输入，$\boldsymbol{y}_0$ 和 $\boldsymbol{y}_{\mathrm{f}}$ 分别为 $\boldsymbol{C}_0\boldsymbol{x}_0$ 和 $\boldsymbol{C}_{\mathrm{f}}\boldsymbol{x}_{N_s}$ 的期望输出。

对最优跟踪问题，采用反向信息滤波—平滑算法确定的最优控制为

$$\boldsymbol{u}_k=\boldsymbol{u}_{\mathrm{ff},k}-\boldsymbol{K}_{\mathrm{d},k}\boldsymbol{x}_k \tag{5.3.8}$$

其中，$\boldsymbol{u}_{\mathrm{ff},k}$ 为前馈信号序列，$\boldsymbol{K}_{\mathrm{d},k}$ 为反馈增益矩阵序列。

2)　PIMCSD 工具箱中的实现

PIMCSD 工具箱提供了离散系统的时变 LQ 跟踪—控制器设计与仿真的实现函数 pim_tdlqfll()，其调用格式如下：

$[\boldsymbol{K}_{\mathrm{d}},\boldsymbol{u}_{\mathrm{ff}},\boldsymbol{x},\boldsymbol{u},\boldsymbol{v}]=\text{pim\_tdlqfll}(\boldsymbol{\Phi},\boldsymbol{G}_u,\boldsymbol{C}_{\mathrm{c}},\boldsymbol{Q}_{\mathrm{d}},\boldsymbol{R}_{\mathrm{d}},\boldsymbol{y}_{\mathrm{c}},\boldsymbol{C}_{\mathrm{f}},\boldsymbol{Q}_{\mathrm{f}},\boldsymbol{y}_{\mathrm{f}})$

$[\boldsymbol{K}_{\mathrm{d}},\boldsymbol{u}_{\mathrm{ff}},\boldsymbol{x},\boldsymbol{u},\boldsymbol{v}]=\text{pim\_tdlqfll}(\boldsymbol{\Phi},\boldsymbol{G}_u,\boldsymbol{C}_{\mathrm{c}},\boldsymbol{Q}_{\mathrm{d}},\boldsymbol{R}_{\mathrm{d}},\boldsymbol{y}_{\mathrm{c}},\boldsymbol{C}_{\mathrm{f}},\boldsymbol{Q}_{\mathrm{f}},\boldsymbol{y}_{\mathrm{f}},\boldsymbol{G}_w,\boldsymbol{w})$

$[\boldsymbol{K}_{\mathrm{d}},\boldsymbol{u}_{\mathrm{ff}},\boldsymbol{x},\boldsymbol{u},\boldsymbol{v}]=\text{pim\_tdlqfll}(\boldsymbol{\Phi},\boldsymbol{G}_u,\boldsymbol{C}_{\mathrm{c}},\boldsymbol{Q}_{\mathrm{d}},\boldsymbol{R}_{\mathrm{d}},\boldsymbol{y}_{\mathrm{c}},\boldsymbol{C}_{\mathrm{f}},\boldsymbol{Q}_{\mathrm{f}},\boldsymbol{y}_{\mathrm{f}},\boldsymbol{C}_0,\boldsymbol{Q}_0,\boldsymbol{y}_0)$

$[\boldsymbol{K}_{\mathrm{d}},\boldsymbol{u}_{\mathrm{ff}},\boldsymbol{x},\boldsymbol{u},\boldsymbol{v}]=\text{pim\_tdlqfll}(\boldsymbol{\Phi},\boldsymbol{G}_u,\boldsymbol{C}_{\mathrm{c}},\boldsymbol{Q}_{\mathrm{d}},\boldsymbol{R}_{\mathrm{d}},\boldsymbol{y}_{\mathrm{c}},\boldsymbol{C}_{\mathrm{f}},\boldsymbol{Q}_{\mathrm{f}},\boldsymbol{y}_{\mathrm{f}},\boldsymbol{C}_0,\boldsymbol{Q}_0,\boldsymbol{y}_0,\boldsymbol{G}_w,\boldsymbol{w})$

参数简单说明：

输出参数可以返回最优跟踪的仿真 $\boldsymbol{x},\boldsymbol{u},\boldsymbol{v}$。其中，$\boldsymbol{v}$ 为控制系统的实际输出与指定输出的误差。$\boldsymbol{K}_{\mathrm{d}}$ 和 $\boldsymbol{u}_{\mathrm{ff}}$ 分别为反馈增益矩阵序列和前馈信号序列。

输入参数如式(5.3.5)~(5.3.7)所描述，其中若 $\boldsymbol{C}_0,\boldsymbol{Q}_0,\boldsymbol{y}_0$ 省略，则默认为 $\boldsymbol{C}_0=\boldsymbol{C}_{\mathrm{c}},\ \boldsymbol{Q}_0=\boldsymbol{Q},\ \boldsymbol{y}_0=\boldsymbol{y}_{\mathrm{c}}(0)$。

3) 设计实例

例 5.3.2 考虑某一阶离散系统的跟踪问题，其 $\boldsymbol{\Phi}=0.9$, $\boldsymbol{G}_u=1$, $\boldsymbol{C}_c=1$，期望输出序列为 $\boldsymbol{y}_c(k)=1-2k/N_s$。性能指标加权阵为 $\boldsymbol{Q}_d=3, \boldsymbol{R}_d=1, \boldsymbol{Q}_f=\boldsymbol{Q}_0=100$。取离散步数 $N_s=30$，试完成最优 LQG 跟踪—控制器的设计与仿真。

解 采用 PIMCSD 工具箱提供的 pim_tdlqfll()函数进行离散系统时变 LQ 跟踪—控制器的设计与仿真。程序代码如表 5.3.2 所示。仿真结果如图 5.3.2 所示，其中上图给出了期望输出与真实输出的曲线比较，下图给出了控制输入 u 曲线。

表 5.3.2 离散系统最优跟踪设计及仿真代码

```
%%% A first order discrete follower %%%
Phi = .9;Gu =1;Cy=1;Qd =3;Rd =1;Q0=100;C0=1;y0=0;Qf=100;Cf=1;
yf=0;Ns=30;
for k=1:Ns+1
    yc(k)=1-2*(k-1)/Ns;
end
k=0:Ns;
[Kd_t, uff_t, x0, x_t,u_t] = pim_tdlqfll(Phi,Gu,Cy,Qd,Rd,yc,Cf,Qf,yf,C0,Q0,y0);
%%%===plot figure===%%%
```

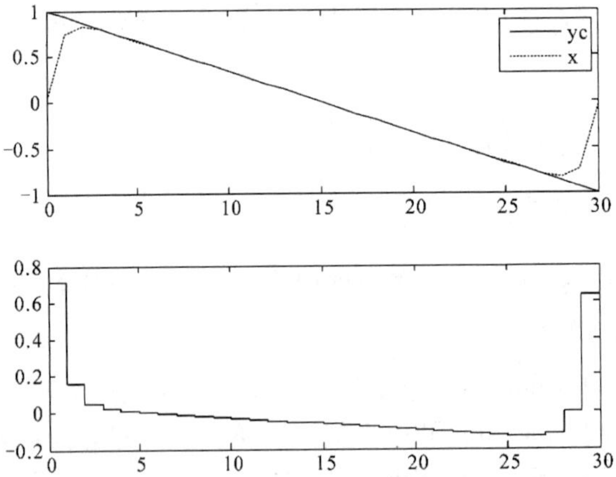

图 5.3.2 一阶离散系统的最优跟踪—控制

第 6 章　时变滤波器

动态估计理论有三种形式：滤波、平滑，以及预测。滤波是对一个动态过程，利用截止到当前时刻的所有量测数据对当前状态向量的“在线(online)”估计；平滑是对运行后的动态过程，利用所有记录的量测数据对某一时刻的状态值进行估计；预测则是对未来时刻的状态进行估计。有限长时间的时变滤波、平滑和预测设计，可以充分利用已知的终端时刻测量信息更好的完成状态估计等。本章主要讲述各种终端条件下有限长时间时变滤波器设计与仿真在 PIMCSD 工具箱中的实现，具体理论介绍可以参考 Bryson 专著 *Applied Linear Optimal Control* 第 3 章内容。

6.1　Kalman 滤波(正向方差滤波)

Kalman 滤波器是最经典也是最常用的滤波器，又称之为正向方差滤波器(forward covariance filter)。

1. 连续时间系统的 Kalman 滤波

1)　问题描述

连续时间系统的 Kalman 滤波器设计可以描述为

状态方程：
$$\dot{\boldsymbol{x}} = \boldsymbol{A}\boldsymbol{x} + \boldsymbol{B}_2\boldsymbol{u} + \boldsymbol{B}_1\boldsymbol{w} \tag{6.1.1}$$

量测方程：
$$\boldsymbol{y} = \boldsymbol{C}_y\boldsymbol{x} + \boldsymbol{v} \tag{6.1.2}$$

控制输入 $\boldsymbol{u}$ 已知，并且过程噪声和量测噪声满足

$$E(\boldsymbol{w}) = E(\boldsymbol{v}) = \boldsymbol{0},\quad E(\boldsymbol{w}\boldsymbol{w}^{\mathrm{T}}) = \boldsymbol{W},\quad E(\boldsymbol{v}\boldsymbol{v}^{\mathrm{T}}) = \boldsymbol{V},\quad E(\boldsymbol{w}\boldsymbol{v}^{\mathrm{T}}) = \boldsymbol{S} \tag{6.1.3}$$

并且初始状态的估计值 $\hat{\boldsymbol{x}}_0$，以及方差 $\boldsymbol{P}_0$ 认为已知。

采用变分原理等方法可以得到 Kalman 滤波方程为

$$\dot{\hat{\boldsymbol{x}}} = \boldsymbol{A}\hat{\boldsymbol{x}} + \boldsymbol{L}(t)(\boldsymbol{y} - \boldsymbol{C}_y\hat{\boldsymbol{x}}) + \boldsymbol{B}_2\boldsymbol{u}\,,\qquad \hat{\boldsymbol{x}}(0) = \hat{\boldsymbol{x}}_0 \tag{6.1.4}$$

其中，$\boldsymbol{L}(t) = \boldsymbol{P}(t)\boldsymbol{C}_y^{\mathrm{T}}\boldsymbol{V}^{-1} + \boldsymbol{B}_1\boldsymbol{S}\boldsymbol{V}^{-1}$ 为时变滤波增益阵。这里，$\boldsymbol{P}(t)$ 为相应矩阵微分 Riccati 方程的解，

$$\dot{\boldsymbol{P}}(t) = \bar{\boldsymbol{A}}\boldsymbol{P} + \boldsymbol{P}\bar{\boldsymbol{A}}^{\mathrm{T}} - \boldsymbol{P}\bar{\boldsymbol{B}}\boldsymbol{P} + \bar{\boldsymbol{D}},\quad \boldsymbol{P}(t_0) = \boldsymbol{P}_0 \tag{6.1.5}$$

其中，

$$\bar{A} = A - B_1 S V^{-1} C_y, \quad \bar{D} = B(W - S V^{-1} S^{T}) B^{T}, \quad \bar{B} = C_y^{T} V^{-1} C_y \tag{6.1.5a}$$

得到 Riccati 微分方程的解之后，就可以得到时变滤波增益阵了。矩阵微分 Riccati 方程的精确求解前面已介绍过了，这是保证 PIMCSD 工具箱进行时变控制器/滤波器的基础。

对于滤波来说，还有一个重要问题是如何高效精确的求解时变滤波微分方程(6.1.4)。因为滤波是“在线”估计，实时性特别强。PIMCSD 提供了滤波微分方程的精确离散形式

$$\hat{x}_{k+1} = \Phi_k \hat{x} + R_{y,k} \tilde{y}_k + R_{u,k} \tilde{u}_k \tag{6.1.6}$$

其中，$\tilde{y}_k$ 和 $\tilde{u}_k$ 是在当前 t_k 时刻的广义量测和输入，若在 $[t_k, t_{k+1}]$ 对 $y(t), u(t)$ 采用零阶近似(即数字控制中的零阶保持 $y(t) = y_k$，$u(t) = u_k$)，则

$$\tilde{y}_k = y_k, \quad \tilde{u}_k = u_k \tag{6.1.6a}$$

若在 $[t_k, t_{k+1}]$ 对 $y(t), u(t)$ 采用一阶近似(即 $y(t) = y_{k,0} + y_{k,1}(t - t_k)$ ， $u(t) = u_{k,0} + u_{k,1}(t - t_k)$)，则

$$\tilde{y}_k = [y_{k,0}^{T}, y_{k,1}^{T}]^{T}, \quad \tilde{u}_k = [u_{k,0}^{T}, u_{k,1}^{T}]^{T} \tag{6.1.6b}$$

而 $\Phi_k, R_{y,k}, R_{u,k}$ 则是离线算出的矩阵序列，可供在线调用。从而大大提高了在线滤波计算的效率。式(6.1.6)亦可以看作连续系统的离散时变滤波器(时变数字滤波器)。

2) PIMCSD 工具箱中的实现

PIMCSD 工具箱提供了连续时间系统的时变 Kalman 滤波器设计与仿真的实现函数 pim_tkalm()和 pim_simtkalm()，其调用格式分别如下：

(1) pim_tkalm()的调用格式如下：

$$[L, P] = \text{pim\_tkalm}(A, B_1, C_y, W, V, S, P_0, t)$$
$$[L, P, \Phi, R_y] = \text{pim\_tkalm}(A, B_1, C_y, W, V, S, P_0, t, \text{flag})$$
$$[L, P, \Phi, R_y, R_u] = \text{pim\_tkalm}(A, B_1, C_y, W, V, S, P_0, t, B_2, \text{flag})$$

参数简单说明：

返回参数中 L 和 P 为时变的滤波增益阵和状态估计的方差阵序列，是与输入参数 t (时间序列)相对应的矩阵序列；Φ, R_y, R_u 是式(6.1.6)描述的离散化矩阵序列。

输入参数中 $\text{flag} = 0|1$ ，指定离散滤波器的阶次(如式(6.1.6a,b)所描述)，它们方便地用于滤波器的仿真 pim_simkalm()； A, B_1, B_2, C_y 为系统矩阵； W, V, S 为噪声方差，如式(6.1.1)~(6.1.3)中的矩阵相对应。

(2) pim_simtkalm()的调用格式如下：

$$\hat{x} = \text{pim\_simtkalm}(\boldsymbol{\Phi}, \boldsymbol{R}_y, \hat{x}_0, \boldsymbol{y}, \text{flag})$$

$$\hat{x} = \text{pim\_simtkalm}(\boldsymbol{\Phi}, \boldsymbol{R}_y, \boldsymbol{R}_u, \hat{x}_0, \boldsymbol{y}, \boldsymbol{u}, \text{flag})$$

参数简单说明：

返回参数 $\hat{x}$ 是状态估计的向量序列。

输入参数中 $\boldsymbol{\Phi}, \boldsymbol{R}_y, \boldsymbol{R}_u$ 为上面 pim_tkalm()得到的离散滤波器；$\text{flag} = 0|1$ 指定仿真时对量测 $\boldsymbol{y}$ 和输入 $\boldsymbol{u}$ 在采样周期内的近似阶次，不应高过滤波器设计 pim_tkalm()中的阶次 flag。

利用 $\boldsymbol{\Phi}, \boldsymbol{R}_y, \boldsymbol{R}_u$，pim_simtkalm()可以对不同组的量测 $\boldsymbol{y}$ 和输入 $\boldsymbol{u}$ 进行滤波仿真，而不用重新对 pim_tkalm()设计的滤波器离散。可提高仿真的效率。

3)　设计实例

例 6.1.1　直升飞机的着陆问题(详见 Bryson 专著 *Applied Linear Optimal Control* 中的描述)。简化的径向运动模型(含过程噪声和量测噪声)为

$$\dot{\boldsymbol{x}} = \boldsymbol{A}\boldsymbol{x} + \boldsymbol{B}_2\boldsymbol{u} + \boldsymbol{B}_1\boldsymbol{w}$$

量测方程：

$$\boldsymbol{y} = \boldsymbol{C}_y\boldsymbol{x} + \boldsymbol{v}$$

其中，状态为 $\boldsymbol{x} = [u, q, \theta, x]^{\mathrm{T}}$，$\boldsymbol{w}$ 和 $\boldsymbol{v}$ 分别为过程噪声和量测噪声，

$$\boldsymbol{A} = \begin{bmatrix} -0.0257 & 0.013 & -0.322 & 0 \\ 1.26 & -1.765 & 0 & 0 \\ 0 & 1 & 0 & 0 \\ 1 & 0 & 0 & 0 \end{bmatrix}, \quad \boldsymbol{B}_2 = \begin{bmatrix} 0.086 \\ -7.408 \\ 0 \\ 0 \end{bmatrix}, \quad \boldsymbol{B}_1 = \begin{bmatrix} 0.0257 \\ -1.26 \\ 0 \\ 0 \end{bmatrix}, \quad \boldsymbol{C}_y^{\mathrm{T}} = \begin{bmatrix} 0 & 0 \\ 0 & 0 \\ 0 & 1 \\ 1 & 0 \end{bmatrix}$$

已知初始估计状态 $\hat{x}(0) = [10,\ 0,\ -0.3550,\ -15]^{\mathrm{T}}$，以及其方差 $\boldsymbol{P}_0 = \boldsymbol{I}$，试完成时变滤波器的设计和仿真。假设在该仿真区段内没有控制输入。

解　采用 PIMCSD 工具箱提供的 pim_tkalm()和 pim_simtkalm()函数可以完成时变滤波器的设计与仿真。程序代码如表 6.1.1 所示，图 6.1.1 给出了仿真结果。

表 6.1.1　时变 Kalman 滤波设计及仿真

```
%%%====OH-6A Data====%%%
A  = [ -0.0257, 0.013, -0.322, 0; ...
       1.26, -1.765, 0, 0; ...
       0, 1, 0, 0; ...
       1, 0 ,0 ,0];
B2 = [ 0.086, -7.408, 0, 0 ]';
B1 = [ 0.0257, -1.26, 0, 0 ]';
Q=1*diag( [ 0, 0, 0, 1]) ;    N=zeros(4,1);      R=1;
Qf=1e3;      Mf=eye(4);     psi=zeros(4,1);
x0e=[10, 0, -0.3550, -15]';
% {    u, q,    theta,      x }
```

续表

```
Cy = [0, 0, 0, 1;   0,0,1,0];
P0 = 1*diag([1,1,1,1]);
tf=3.0;       Ns=60;     Ts=tf/Ns;   t=0:Ts:tf;
Wd = 4;     Vd   = eye(2);
W = 2*Wd*Ts;   V = 2*Vd*Ts;
flt_flag = 0;
% design a time-varying Kalman filter
[L_t,P_t,PHI_t, Rqy_t] = pim_tkalm(A,B1,Cy,W,V,0,P0,t,flt_flag);
Rx_t = cov2dev(P_t); % standard deviation
Ri_t = zeros(2,Ns+1);
for k = 1:Ns+1
     Ri_t(:,k) = diag( sqrt(Cy*P_t(:,:,k)*Cy' + Vd) );
end
%Simulation for time-varying Kalman Filters
randn('state',1);
[x_t,w_t,y_t,v_t]=simcrndp(A,B1,Wd,P0,x0e,t,Cy,Vd);
xe_t = pim_simtkalm(PHI_t, Rqy_t, x0e,t,y_t,flt_flag);
%%%===plot figure===%%%
```

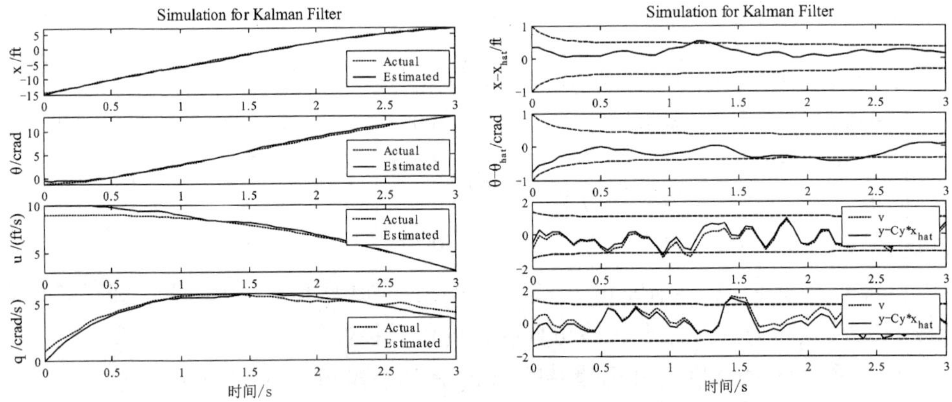

图 6.1.1　时变 Kalman 滤波设计与仿真

2. 离散时间系统的 Kalman 滤波

1)　问题描述

离散时间系统的 Kalman 滤波器设计问题描述如下：

考虑下面离散的 Gauss-Markov 随机过程：

状态方程：
$$\boldsymbol{x}_{k+1} = \boldsymbol{\Phi x}_k + \boldsymbol{G}_w \boldsymbol{w}_k + \boldsymbol{G}_u \boldsymbol{u}_k \tag{6.1.7a}$$

量测方程：
$$\boldsymbol{y}_k = \boldsymbol{C}_y \boldsymbol{x}_k + \boldsymbol{v}_k \tag{6.1.7b}$$

其中，$k=0,1,\cdots,N_{\mathrm{s}}$。过程噪声 $\boldsymbol{w}_k$ 和量测噪声 $\boldsymbol{v}_k$ 是高斯白噪声，满足

$$E(\boldsymbol{w}_k)=\boldsymbol{0},\quad E(\boldsymbol{v}_k)=\boldsymbol{0},\quad E(\boldsymbol{w}_k\boldsymbol{w}_k^{\mathrm{T}})=\boldsymbol{W}_{\mathrm{d}},\quad E(\boldsymbol{v}_k\boldsymbol{v}_k^{\mathrm{T}})=\boldsymbol{V}_{\mathrm{d}},\quad E(\boldsymbol{w}_k\boldsymbol{v}_k^{\mathrm{T}})=\boldsymbol{S}_{\mathrm{d}} \tag{6.1.7c}$$

离散时间系统 Kalman 滤波的提法是：已知初始状态的估计值 $\overline{\boldsymbol{x}}_0$，及其方差 $\overline{\boldsymbol{P}}_0$，利用当前及过去的量测 $\boldsymbol{y}_k,\boldsymbol{y}_{k-1},\cdots$，对当前的状态 $\boldsymbol{x}_k$ 作出估计。

Kalman 指出当前状态的估计 $\overline{\boldsymbol{x}}_k$ 及其方差估计 $\overline{\boldsymbol{P}}_k$，可以利用每一步的验后估计和验前估计在线递推得到。

如果状态的验前估计值和方差采用 $\overline{\boldsymbol{x}}_k$ 和 $\overline{\boldsymbol{P}}_k$ 表示，而验后估计值和方差采用 $\hat{\boldsymbol{x}}_k$ 和 $\hat{\boldsymbol{P}}_k$ 表示。那么离散滤波系统的递推公式可以表示如下：

验后估计：

$$\hat{\boldsymbol{x}}_k=\overline{\boldsymbol{x}}_k+\hat{\boldsymbol{L}}_k(\boldsymbol{y}_k-\boldsymbol{C}_y\overline{\boldsymbol{x}}_k) \tag{6.1.8}$$

其中，

$$\hat{\boldsymbol{L}}_{\mathrm{d}}=\hat{\boldsymbol{P}}_k\boldsymbol{C}_y^{\mathrm{T}}\boldsymbol{V}_{\mathrm{d}}^{-1},\quad \hat{\boldsymbol{P}}_k=\left(\overline{\boldsymbol{P}}_k^{-1}+\boldsymbol{C}_y^{\mathrm{T}}\boldsymbol{V}_{\mathrm{d}}^{-1}\boldsymbol{C}_y\right)^{-1} \tag{6.1.8a}$$

利用矩阵求逆引理，可以将式(6.1.8a)表示成

$$\hat{\boldsymbol{P}}_k=\overline{\boldsymbol{P}}_k-\overline{\boldsymbol{P}}_k\boldsymbol{C}_y^{\mathrm{T}}\left(\boldsymbol{V}_{\mathrm{d}}+\boldsymbol{C}_y\overline{\boldsymbol{P}}_k\boldsymbol{C}_y^{\mathrm{T}}\right)^{-1}\boldsymbol{C}_y\overline{\boldsymbol{P}}_k \tag{6.1.8b}$$

$$\hat{\boldsymbol{L}}_k=\overline{\boldsymbol{P}}_k\boldsymbol{C}_y^{\mathrm{T}}\left(\boldsymbol{V}_{\mathrm{d}}+\boldsymbol{C}_y\overline{\boldsymbol{P}}_k\boldsymbol{C}_y^{\mathrm{T}}\right)^{-1} \tag{6.1.8c}$$

下一步的验前估计：

$$\begin{aligned}\overline{\boldsymbol{x}}_{k+1}&=\boldsymbol{\Phi}\hat{\boldsymbol{x}}_k+\boldsymbol{G}_w\boldsymbol{S}_{\mathrm{d}}\boldsymbol{V}_{\mathrm{d}}^{-1}\left(\boldsymbol{y}_k-\boldsymbol{C}_y\hat{\boldsymbol{x}}_k\right)+\boldsymbol{G}_u\boldsymbol{u}_k\\&=\boldsymbol{\Phi}\overline{\boldsymbol{x}}_k+\overline{\boldsymbol{L}}_k(\boldsymbol{y}_k-\boldsymbol{C}_y\overline{\boldsymbol{x}}_k)+\boldsymbol{G}_u\boldsymbol{u}_k\end{aligned} \tag{6.1.9}$$

其中，

$$\overline{\boldsymbol{L}}_k=\left(\boldsymbol{\Phi}\overline{\boldsymbol{P}}_k\boldsymbol{C}_y^{\mathrm{T}}+\boldsymbol{G}_w\boldsymbol{S}_{\mathrm{d}}\right)\left(\boldsymbol{V}_{\mathrm{d}}+\boldsymbol{C}_y\overline{\boldsymbol{P}}_k\boldsymbol{C}_y^{\mathrm{T}}\right)^{-1} \tag{6.1.9a}$$

$$\overline{\boldsymbol{P}}_{k+1}=\tilde{\boldsymbol{\Phi}}\hat{\boldsymbol{P}}_k\tilde{\boldsymbol{\Phi}}^{\mathrm{T}}+\boldsymbol{G}_w\tilde{\boldsymbol{W}}_{\mathrm{d}}\boldsymbol{G}_w^{\mathrm{T}} \tag{6.1.9b}$$

这里，$\tilde{\boldsymbol{\Phi}}=\boldsymbol{\Phi}-\boldsymbol{G}_w\boldsymbol{S}_{\mathrm{d}}\boldsymbol{V}_{\mathrm{d}}^{-1}\boldsymbol{C}_y$，$\tilde{\boldsymbol{W}}_{\mathrm{d}}=\boldsymbol{W}_{\mathrm{d}}-\boldsymbol{S}_{\mathrm{d}}\boldsymbol{V}_{\mathrm{d}}^{-1}\boldsymbol{S}_{\mathrm{d}}^{\mathrm{T}}$。

式(6.1.8b)和(6.1.9b)组合成关于 $\overline{\boldsymbol{P}}$ 的递推 Riccati 方程。上式中，$\overline{\boldsymbol{L}}_k$ 和 $\hat{\boldsymbol{L}}_k$ 相应地表示为验前和验后滤波增益矩阵。

2)　PIMCSD 工具箱中的实现

PIMCSD 工具箱提供了离散时间系统的时变 Kalman 滤波器设计与仿真的实现函数 pim_tdkalm()和 pim_simtdkalm()，其调用格式分别如下：

(1) pim_tdkalm()的调用格式如下：

$$[\overline{\boldsymbol{L}},\overline{\boldsymbol{P}},\hat{\boldsymbol{L}},\hat{\boldsymbol{P}}]=\mathrm{pim\_tdkalm}(\boldsymbol{\Phi},\boldsymbol{G}_w,\boldsymbol{C}_y,\boldsymbol{W}_{\mathrm{d}},\boldsymbol{V}_{\mathrm{d}},\boldsymbol{S}_{\mathrm{d}},\overline{\boldsymbol{P}}_0,N_{\mathrm{s}})$$

参数简单说明：

该函数功能给出离散时间系统式(6.1.7a--c)的时变 Kalman 滤波增益矩阵和状态估计方差。

返回参数中 $\bar{\boldsymbol{L}}$ 和 $\hat{\boldsymbol{L}}$ 分别是验前和验后滤波增益阵， $\bar{\boldsymbol{P}}$ 和 $\hat{\boldsymbol{P}}$ 分别是验前和验后的状态估计方差阵，与上式(6.1.8)和(6.1.9)中的描述相对应，都是时变的矩阵序列，时间维数为 $N_{\mathrm{s}}+1$；

输入参数 $\boldsymbol{\Phi},\boldsymbol{G}_w,\boldsymbol{C}_y,\boldsymbol{W}_{\mathrm{d}},\boldsymbol{V}_{\mathrm{d}},\boldsymbol{S}_{\mathrm{d}},\bar{\boldsymbol{P}}_0,N_{\mathrm{s}}$ 与式(6.1.7)中的矩阵相对应。

(2) pim_simtdkalm()的调用格式如下：

$$[\bar{\boldsymbol{x}},\hat{\boldsymbol{x}}]=\text{pim\_simtdkalm}(\bar{\boldsymbol{L}},\hat{\boldsymbol{L}},\boldsymbol{\Phi},\boldsymbol{C}_y,\bar{\boldsymbol{x}}_0,\boldsymbol{y})$$

$$[\bar{\boldsymbol{x}},\hat{\boldsymbol{x}}]=\text{pim\_simtdkalm}(\bar{\boldsymbol{L}},\hat{\boldsymbol{L}},\boldsymbol{\Phi},\boldsymbol{C}_y,\bar{\boldsymbol{x}}_0,\boldsymbol{y},\boldsymbol{G}_u,\boldsymbol{u})$$

参数简单说明：

该函数功能给出利用 pim_tdkalm()得到滤波增益矩阵进行滤波的数值仿真。

返回参数 $\bar{\boldsymbol{x}}$ 和 $\bar{\boldsymbol{x}}$ 分别是验前和验后状态估计值，见式(6.1.8)和(6.1.9)中描述，都是时变向量序列，维数为 $n_x\times(N_{\mathrm{s}}+1)$ 。

输入参数中 $\bar{\boldsymbol{L}}$ 和 $\hat{\boldsymbol{L}}$ 分别表示验前和验后滤波增益矩阵序列，由函数 pim_tdkalm()给出； $\boldsymbol{\Phi},\boldsymbol{C}_y,\bar{\boldsymbol{x}}_0,\boldsymbol{y},\boldsymbol{G}_u,\boldsymbol{u}$ 与式(6.1.7)中的矩阵或向量相对应。

3)　设计实例

例 6.1.2　考虑一阶离散的 Gauss-Markov 过程和量测方程，

$$\boldsymbol{x}_{k+1}=0.9\boldsymbol{x}_k+\boldsymbol{w}_k,\quad \boldsymbol{y}_k=\boldsymbol{x}_k+\boldsymbol{v}_k$$

其中，过程噪声和量测噪声为零均值白噪声，方差为

$$E(\boldsymbol{w}_k\boldsymbol{w}_k^{\mathrm{T}})=0.03^2,\quad E(\boldsymbol{v}_k\boldsymbol{v}_k^{\mathrm{T}})=0.1^2,\quad E(\boldsymbol{w}_k\boldsymbol{v}_k^{\mathrm{T}})=0$$

初始状态估计及其方差分别为 1 和 0.1^2。取仿真步数为 30，试完成时变滤波器的设计和仿真。

解　采用 PIMCSD 工具箱提供的 pim_tdkalm()和 pim_simtdkalm()函数可以完成时变滤波器的设计与仿真。程序代码如表 6.1.2 所示，图 6.1.2 给出了仿真结果。

图 6.1.2 中第一个曲线图给出了真实的状态 x_k 和时变 Kalman 滤波器得到状态估计 $\bar{x}_k$ ；第二个曲线图给出了估计误差 $\bar{x}_k-x_k$ 和 $1-\sigma$ 估计误差带；第三和第四个曲线图分别给出了 $\hat{x}_k-x_k$ 和 $y-\bar{x}_k$ (新息)的曲线，以及它们的 $1-\sigma$ 估计误差带；第五个曲线图给出了时变滤波增益矩阵随时间的变化曲线，其中“·”表示稳态解；可以看出验后估计 $\hat{x}_k$ 比验前估计 $\bar{x}_k$ 略精确一些，而新息显示完全随机的，正如应该的那样。

表 6.1.2　离散时间系统的时变 Kalman 滤波设计及仿真

```
% discrete time-varying Kalman filter for 1st order plant
% data preparation
Phi=.9; Gw=1; Wd=.03^2; X0=.1^2; x0=1;
Cs=1; Vd=.1^2; Ns=30; t=[0:Ns];

% design a time-varying Kalman filter
[Lb_t,Pb_t,Lh_t,Ph_t] = pim_tdkalm(Phi,Gw,Cs,Wd,Vd,0,X0,Ns);

% Simulation
randn('seed',1);
[x_t,w_t,y_t,v_t]=simdrndp(Phi,Gw,Wd,X0,x0,Ns,Cs,Vd);
[xb_t,xh_t]=pim_simtdkalm(Lb_t,Lh_t,Phi,Cs,x0,y_t);
%%%====plot figure====%%%
```

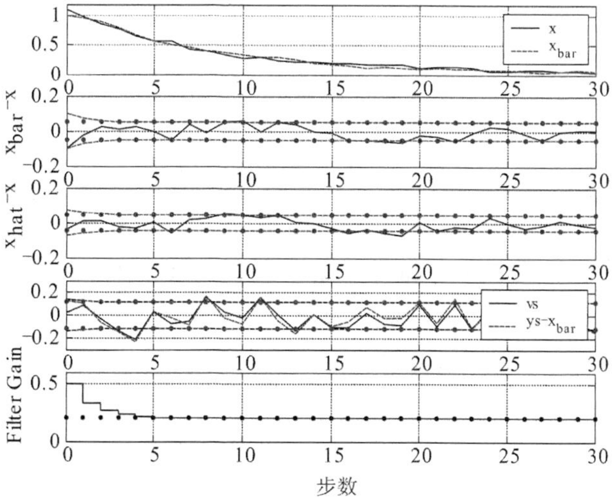

图 6.1.2　离散时间系统的时变 Kalman 滤波设计与仿真

6.2　正向信息滤波

Kalman 滤波需要一个初始状态估计 $\hat{\boldsymbol{x}}_0$ 和初始估计的方差 $\boldsymbol{P}_0$。然而，实际情况并不总是所有的初始状态估计都知道的(例如，没有关于初始状态的任何估计信息，或只是知道初始状态的某一个线性组合的估计信息)，从而导致 6.1.1 小节中的 Kalman 滤波 Riccati 方程(6.1.5)和微分方程(6.1.5)的启动初值未知。

正向信息滤波器(forward information filter)可以用来处理这种情况。

1. 连续时间系统的正向信息滤波

1) 问题描述

考虑连续时间的滤波系统式(6.2.1)~(6.2.3)，

状态方程：
$$\dot{\boldsymbol{x}} = \boldsymbol{A}\boldsymbol{x} + \boldsymbol{B}_2\boldsymbol{u} + \boldsymbol{B}_1\boldsymbol{w} \tag{6.2.1}$$

量测方程：
$$\boldsymbol{y} = \boldsymbol{C}_y\boldsymbol{x} + \boldsymbol{v} \tag{6.2.2}$$

控制输入 $\boldsymbol{u}$ 已知，并且过程噪声和量测噪声满足

$$E(\boldsymbol{w}) = E(\boldsymbol{v}) = \boldsymbol{0},\quad E(\boldsymbol{w}\boldsymbol{w}^{\mathrm{T}}) = \boldsymbol{W},\quad E(\boldsymbol{v}\boldsymbol{v}^{\mathrm{T}}) = \boldsymbol{V},\quad E(\boldsymbol{w}\boldsymbol{v}^{\mathrm{T}}) = \boldsymbol{0} \tag{6.2.3}$$

假设只有初始状态线性组合可以量测到，描述为

$$\boldsymbol{y}_0 = \boldsymbol{C}_0\boldsymbol{x}(0) + \boldsymbol{v}_0 \tag{6.2.4}$$

其中，$\boldsymbol{y}_0$ 是对初始状态 $\boldsymbol{x}(0)$ 线性组合的测量，

$$\boldsymbol{y}_0 = \boldsymbol{N}(\hat{\boldsymbol{y}}_0, \boldsymbol{Y}_0) \tag{6.2.4a}$$

因此，$\boldsymbol{y}_0$ 的方差 $\boldsymbol{Y}_0$ 和初始状态 $\boldsymbol{x}(0)$ 的方差有如下关系

$$\boldsymbol{Y}_0 = \boldsymbol{C}_0\boldsymbol{P}_0\boldsymbol{C}_0^{\mathrm{T}} + \boldsymbol{V}_0 \tag{6.2.5}$$

其中，$\boldsymbol{P}_0$ 为 $\boldsymbol{x}(0)$ 的方差，$\boldsymbol{V}_0$ 为 $\boldsymbol{v}_0$ 的方差。显然，我们不可以通过 $\boldsymbol{Y}_0$ 来得到 $\boldsymbol{P}_0$。若 $\boldsymbol{P}_0$ 已知，则可直接运用 Kalman 滤波器设计求解；否则，需要用信息滤波器设计。

该问题的可通过引入信息矩阵 $\boldsymbol{S}$ 和信息向量 $\boldsymbol{\lambda}$ 进行求解，

$$\boldsymbol{S} \overset{\text{def}}{=} \boldsymbol{P}^{-1},\quad \bar{\boldsymbol{\lambda}} \overset{\text{def}}{=} \boldsymbol{S}\hat{\boldsymbol{x}}$$

可导出关于信息矩阵 $\boldsymbol{S}$ 和向量 $\bar{\boldsymbol{\lambda}}$ 的微分方程，

$$-\dot{\boldsymbol{S}} = \boldsymbol{A}^{\mathrm{T}}\boldsymbol{S} + \boldsymbol{S}\boldsymbol{A} + \boldsymbol{S}\boldsymbol{B}_1\boldsymbol{W}\boldsymbol{B}_1^{\mathrm{T}}\boldsymbol{S} - \boldsymbol{C}_y^{\mathrm{T}}\boldsymbol{V}^{-1}\boldsymbol{C}_y,\quad \boldsymbol{S}(0) = \boldsymbol{C}_0^{\mathrm{T}}\boldsymbol{Y}_0^{-1}\boldsymbol{C}_0 \tag{6.2.6}$$

$$-\dot{\bar{\boldsymbol{\lambda}}} = (\boldsymbol{A} + \boldsymbol{B}_1\boldsymbol{W}\boldsymbol{B}_1^{\mathrm{T}}\boldsymbol{S})^{\mathrm{T}}\bar{\boldsymbol{\lambda}} - \boldsymbol{C}_y^{\mathrm{T}}\boldsymbol{V}^{-1}\boldsymbol{y},\quad \bar{\boldsymbol{\lambda}}(0) = \boldsymbol{C}_0^{\mathrm{T}}\boldsymbol{Y}_0^{-1}\boldsymbol{y}_0 \tag{6.2.7}$$

上述方程构成了正向信息滤波器。可以看出，即使初始状态 $\boldsymbol{x}(0)$ 的估计完全不知道，即 $\boldsymbol{Y}_0 \to +\infty$，上述关于信息矩阵 $\boldsymbol{S}$ 和向量 $\bar{\boldsymbol{\lambda}}$ 的微分方程初值仍然可以得到求解。这是信息滤波(information filter)比方差滤波(covariance filter, i.e. Kalman filter)的优越之处。

2) PIMCSD 工具箱中的实现

PIMCSD 工具箱提供了连续时间系统的正向信息滤波设计与仿真的实现函数 pim_tfiflt()，其调用格式如下：

$$[\bar{\boldsymbol{\lambda}}, \boldsymbol{S}] = \text{pim\_tfiflt}(\boldsymbol{A}, \boldsymbol{B}_1, \boldsymbol{C}_y, \boldsymbol{W}, \boldsymbol{V}, \boldsymbol{y}, t_r, \boldsymbol{C}_0, \boldsymbol{Y}_0, \hat{\boldsymbol{y}}_0)$$

$$[\bar{\boldsymbol{\lambda}}, \boldsymbol{S}] = \text{pim\_tfiflt}(\boldsymbol{A}, \boldsymbol{B}_1, \boldsymbol{C}_y, \boldsymbol{W}, \boldsymbol{V}, \boldsymbol{y}, t_r, \boldsymbol{C}_0, \boldsymbol{Y}_0, \hat{\boldsymbol{y}}_0, \boldsymbol{B}_2, \boldsymbol{u})$$

参数简单说明：

返回参数 $\boldsymbol{S}$ 和 $\bar{\boldsymbol{\lambda}}$ 分别表示信息矩阵和向量序列，如式(6.2.6)和式(6.2.7)所示，与输入参数 t_r 指定的时间序列对应。

输入参数中 $\boldsymbol{A}, \boldsymbol{B}_1, \boldsymbol{B}_2, \boldsymbol{C}_y$ 为系统矩阵及量测矩阵；$\boldsymbol{W}$ 和 $\boldsymbol{V}$ 为过程噪声和量测噪声的方差阵；t_r 指定返回量对应的时间序列，$\boldsymbol{y}$ 表示量测数据历程，行数可以为 n_y (n_y 表示量测的维数)或 n_y+1，如果行数为 n_y，其列数应与 t_r 对应，如果行数为 n_y+1，那么第一行存储时间序列，后面行依次存放对应时刻的量测数据；$\boldsymbol{C}_0, \boldsymbol{Y}_0, \hat{\boldsymbol{y}}_0$ 分别是初始状态的线性组合矩阵，组合量的方差阵和均值。

第二种调用格式是针对含指定输入的情况。

3) 设计实例

例 6.2.1　考虑下面双积分系统矩阵，

$$\boldsymbol{A} = \begin{bmatrix} 0 & 1 \\ 0 & 0 \end{bmatrix}, \quad \boldsymbol{B}_1 = \begin{bmatrix} 0 \\ 1 \end{bmatrix}, \quad \boldsymbol{C}_y = \begin{bmatrix} 1 & 0 \end{bmatrix}$$

假设没有任何初始估计信息，也就是 $\boldsymbol{Y}_0 = \infty$。试完成该系统的信息滤波器设计和仿真。

解　程序代码如表 6.2.1 所示，图 6.2.1 给出了正向信息滤波器的设计与仿真结果。

表 6.2.1　连续系统正向信息滤波设计及仿真

```
% DIP plant w. position measurement
% data preparation
A=[0 1; 0 0]; Bw=[0 1]';   Cs=[1 0];
Wd=.1^2; Vd=.1^2;
X0=.1^2*eye(2); x0=[1 0]';
tf=3; Ns=50; Ts=tf/Ns; tol=1e-3;
V=Vd*Ts; W=Wd*Ts;
C0=[1 0];   Y0=inf;   y0=1;

%design and simulation of forward information filter
randn('seed',4);
ts = 0: Ts: tf;    tr = 0 : Ts/10 : tf;
[x,w,ys,vs]=simcrndp(A,Bw,Wd,X0,x0,ts,Cs,Vd); % get measurement
[lh,Sh] = pim_tfiflt(A,Bw,Cs,W,V,[ts;ys],tr,C0,Y0,y0);

% get state estimates and covariance
xh=zeros(2,length(tr));   Rx=xh;
for i=1:10, xh(:,i)=[NaN; NaN]; Rx(:,i)=[NaN; NaN]; end;
```

续表

```
for i=11: length(tr),
    xh(:,i)=lh(:,i)/Sh(:,:,i); Rx(:,i)= sqrt(diag(inv(Sh(:,:,i))))';
end;
%%%====plot figure====%%%
```

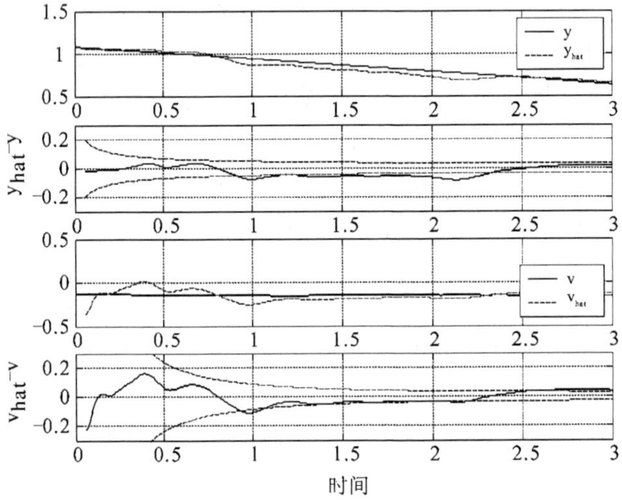

图 6.2.1　续系系统正向信息滤波设计与仿真

2. 离散时间系统的正向信息滤波

1) 问题描述

针对式(6.1.7a~c)描述的离散系统，如果并不是所有初始状态的估计信息都可以得到，那么需采用正向信息滤波器。

考虑下面离散的 Gauss-Markov 随机过程：

状态方程：
$$\boldsymbol{x}_{k+1}=\boldsymbol{\Phi}\boldsymbol{x}_k+\boldsymbol{G}_w\boldsymbol{w}_k \tag{6.2.8a}$$

量测方程：
$$\boldsymbol{y}_k=\boldsymbol{C}_y\boldsymbol{x}_k+\boldsymbol{v}_k \tag{6.2.8b}$$

其中，$k=0,1,\cdots,N_{\mathrm{s}}$。过程噪声 $\boldsymbol{w}_k$ 和 $\boldsymbol{v}_k$ 是高斯白噪声，满足

$$E(\boldsymbol{w}_k)=\boldsymbol{0},\quad E(\boldsymbol{v}_k)=\boldsymbol{0},\quad E(\boldsymbol{w}_k\boldsymbol{w}_k^{\mathrm{T}})=\boldsymbol{W}_{\mathrm{d}},\quad E(\boldsymbol{v}_k\boldsymbol{v}_k^{\mathrm{T}})=\boldsymbol{V}_{\mathrm{d}},\quad E(\boldsymbol{w}_k\boldsymbol{v}_k^{\mathrm{T}})=\boldsymbol{0} \tag{6.2.8c}$$

设只能得到初始状态线性组合的估计信息，即

$$\boldsymbol{y}_0=\boldsymbol{C}_0\boldsymbol{x}_0+\boldsymbol{v}_0 \tag{6.2.9}$$

其中，$\boldsymbol{y}_0$ 的统计信息已知，为 $\boldsymbol{y}_0=N(\overline{\boldsymbol{y}}_0,\boldsymbol{Y}_0)$。采用正向信息滤波器可以求解。

引入式(6.1.8)对应的信息矩阵 $\bar{\boldsymbol{S}}_k \overset{\text{def}}{=} \bar{\boldsymbol{P}}_k^{-1}$，以及信息向量 $\bar{\boldsymbol{\lambda}}_k \overset{\text{def}}{=} \bar{\boldsymbol{S}}_k \bar{\boldsymbol{x}}_k$，可以得到信息矩阵和信息向量的验前/验后滤波估计。

信息矩阵的验后估计(information-matrix measurement update)：

$$\hat{\boldsymbol{S}}_k = \bar{\boldsymbol{S}}_k + \boldsymbol{C}_y^{\mathrm{T}} \boldsymbol{V}_{\mathrm{d}}^{-1} \boldsymbol{C}_y \tag{6.2.10a}$$

信息向量的验后估计(information-vector measurement update)：

$$\hat{\boldsymbol{\lambda}}_k = \bar{\boldsymbol{\lambda}}_k + \boldsymbol{C}_y^{\mathrm{T}} \boldsymbol{V}_{\mathrm{d}}^{-1} \boldsymbol{y}_k \tag{6.2.10b}$$

信息矩阵的验前估计(information-matrix time update)：

$$\bar{\boldsymbol{S}}_{k+1} = \boldsymbol{Z}_{xx} - \boldsymbol{Z}_{xw} \boldsymbol{Z}_{ww}^{-1} \boldsymbol{Z}_{xw}^{\mathrm{T}} \tag{6.2.10c}$$

其中，

$$\boldsymbol{Z}_{xx} \overset{\text{def}}{=} \boldsymbol{\Phi}^{-\mathrm{T}} \hat{\boldsymbol{S}}_k \boldsymbol{\Phi}^{-1},\quad \boldsymbol{Z}_{xw} \overset{\text{def}}{=} -\boldsymbol{Z}_{xx} \boldsymbol{G}_w,\quad \boldsymbol{Z}_{ww} \overset{\text{def}}{=} \boldsymbol{W}_{\mathrm{d}}^{-1} + \boldsymbol{G}_w^{\mathrm{T}} \boldsymbol{Z}_{xx} \boldsymbol{G}_w$$

信息向量的验前估计(information-vector time update)：

$$\bar{\boldsymbol{\lambda}}_{k+1} = \left(\boldsymbol{\Phi}^{-1} + \boldsymbol{\Phi}^{-1} \boldsymbol{G}_w \boldsymbol{Z}_{ww}^{-1} \boldsymbol{Z}_{xw}^{\mathrm{T}}\right)^{\mathrm{T}} \hat{\boldsymbol{\lambda}}_k \tag{6.2.10d}$$

根据初始状态线性组合的估计式(6.2.9)可以得到初始的信息向量和信息矩阵，为

$$\bar{\boldsymbol{\lambda}}_0 = \boldsymbol{C}_0^{\mathrm{T}} \boldsymbol{Y}_0^{-1} \boldsymbol{y}_0,\quad \bar{\boldsymbol{S}}_0 = \boldsymbol{C}_0^{\mathrm{T}} \boldsymbol{Y}_0^{-1} \boldsymbol{C}_0 \tag{6.2.11}$$

式(6.2.10a~d)给出了信息矩阵和信息向量的递推方程，可以看出，即使初始估计信息完全不知道(即 $\boldsymbol{Y}_0 \to \infty$)，亦可以令 $\bar{\boldsymbol{\lambda}}_0 = \mathbf{0}$, $\bar{\boldsymbol{S}}_0 = \mathbf{0}$ 进行递推。最后由信息向量和信息矩阵得到状态的估计值和方差阵。

2)　PIMCSD 工具箱中的实现

PIMCSD 工具箱提供了离散时间系统的正向信息滤波设计与仿真的现函数 pim_tdfiflt()，其调用格式如下：

$$[\bar{\boldsymbol{\lambda}}, \bar{\boldsymbol{S}}, \hat{\boldsymbol{\lambda}}, \hat{\boldsymbol{S}}] = \text{pim\_tdfiflt}(\boldsymbol{\Phi}, \boldsymbol{G}_w, \boldsymbol{C}_y, \boldsymbol{W}_{\mathrm{d}}, \boldsymbol{V}_{\mathrm{d}}, \boldsymbol{y}, \boldsymbol{C}_0, \boldsymbol{Y}_0, \hat{\boldsymbol{y}}_0)$$

$$[\bar{\boldsymbol{\lambda}}, \bar{\boldsymbol{S}}, \hat{\boldsymbol{\lambda}}, \hat{\boldsymbol{S}}] = \text{pim\_tdfiflt}(\boldsymbol{\Phi}, \boldsymbol{G}_w, \boldsymbol{C}_y, \boldsymbol{W}_{\mathrm{d}}, \boldsymbol{V}_{\mathrm{d}}, \boldsymbol{y}, \boldsymbol{C}_0, \boldsymbol{Y}_0, \hat{\boldsymbol{y}}_0, \boldsymbol{G}_u, \boldsymbol{u})$$

参数简单说明：

返回参数中 $\bar{\boldsymbol{\lambda}}, \bar{\boldsymbol{S}}$ 和 $\hat{\boldsymbol{\lambda}}, \hat{\boldsymbol{S}}$ 分别表示信息向量/矩阵的验前估计和验后估计，如式(6.2.10a~d)所示。

输入参数中 $\boldsymbol{\Phi}, \boldsymbol{G}_w, \boldsymbol{C}_y$ 对应于式(6.2.8)中的系统矩阵；$\boldsymbol{W}_{\mathrm{d}}$ 和 $\boldsymbol{V}_{\mathrm{d}}$ 分别为过程噪声和量测噪声的方差阵；$\boldsymbol{C}_0, \boldsymbol{Y}_0, \hat{\boldsymbol{y}}_0$ 为初始状态线性组合的估计信息。

第二种调用格式还给出了含有确定性输入的信息滤波估计。

3) 设计实例

例 6.2.2 采用例 6.1.2 的算例数据。考虑一阶离散的 Gauss-Markov 过程和量测方程，

$$\boldsymbol{x}_{k+1}=0.9\boldsymbol{x}_k+\boldsymbol{w}_k,\quad \boldsymbol{y}_k=\boldsymbol{x}_k+\boldsymbol{v}_k,\qquad \boldsymbol{y}_0=\boldsymbol{x}_0+\boldsymbol{v}_0$$

其中，过程噪声和量测噪声为零均值白噪声，方差为

$$E[\boldsymbol{w}_k\boldsymbol{w}_k^{\mathrm{T}}]=0.03^2,\quad E[\boldsymbol{v}_k\boldsymbol{v}_k^{\mathrm{T}}]=0.1^2,\quad E[\boldsymbol{w}_k\boldsymbol{v}_k^{\mathrm{T}}]=0$$

初始状态估计及其方差未知均未知，即 $\boldsymbol{Y}_0=\infty$。取仿真步数为 30，试完成采用正向信息滤波器的设计和仿真。

解 采用PIMCSD工具箱提供的pim_tdfiflt()函数可以完成时变正向信息滤波器的设计与仿真。程序代码如表 6.2.2 所示，图 6.2.2 给出了仿真结果。

表 6.2.2　离散系统的正向信息滤波设计及仿真

```
% discrete time-varying Kalman filter for 1st order plant
% data preparation
Ph=.9; Gw=1;    Wd=.03^2; X0=.1^2; x0=1;
Cs=1; Vd=.1^2;    Ns=30; t=[0:Ns];
C0=1; V0=1e8;    un=ones(1,Ns+1);

% Design and simulation of forward information-filter
randn('seed',1);
[x,w_t,ys,v_t]=simdrndp(Ph,Gw,Wd,X0,x0,Ns,Cs,Vd); Y0=inf; y0=0;
[lb,Sb,lh,Sh] = pim_tdfiflt(Ph,Gw,Cs,Wd,Vd,ys,C0,Y0,y0);
%%%===get xb and plot figure===%%%
```

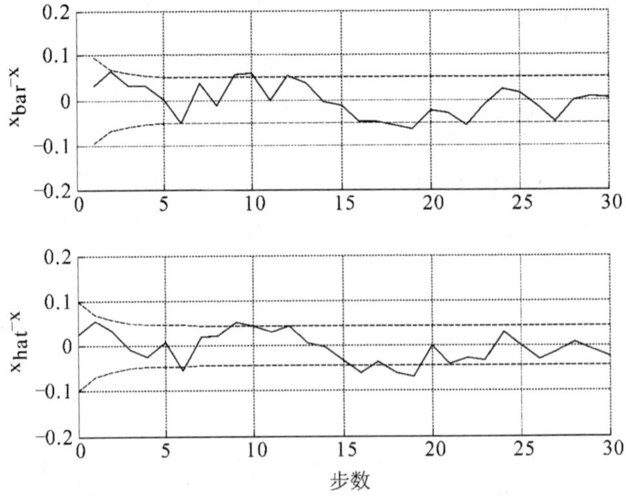

图 6.2.2　离散系统的正向信息滤波设计与仿真

图 6.2.2 给出了估计误差和$1-\sigma$误差带，同图 6.2.2 所示的已知初始状态估计统计信息的 Kalman 滤波效果相比，可以发现二者只有在初始几步是不同的。

6.3　反向方差滤波

如果系统量测数据被记录下来，那么可以对这些数据在计算机上沿着记录的反向进行滤波操作。这样做的一个原因是可能得到一个好的初始状态估计，另一个原因是可以结合正向和反向滤波估计产生平滑的状态和噪声估计。值得注意的是，任何一个单独的滤波器都不可能给出噪声历程的估计。

反向滤波的状态一般与正向滤波状态不同，因为一般来说，系统的正向运行和反向运行是不同的。例如，如果系统的正向运行是稳定的，那么反向运行则是不稳定的。因此，反向和正向方差滤波一般具有不同的增益。当然，对于保守系统而言，正向和反向相同的。

下面，首先介绍连续/离散系统的反向方差滤波器(backward covariance filter)设计与仿真，在 6.4 节则介绍连续/离散系统的反向信息滤波器(backward information filter)设计与仿真。

1. 连续时间系统的反向方差滤波

1)　问题描述

可与 6.1.1 小节的正向方差滤波比较提法和求解上的异同。
连续时间滤波系统可以描述为

状态方程：
$$\dot{\boldsymbol{x}} = \boldsymbol{A}\boldsymbol{x} + \boldsymbol{B}_2\boldsymbol{u} + \boldsymbol{B}_1\boldsymbol{w} \tag{6.3.1}$$

量测方程：
$$\boldsymbol{y} = \boldsymbol{C}_y\boldsymbol{x} + \boldsymbol{v} \tag{6.3.2}$$

控制输入$\boldsymbol{u}$已知，并且过程噪声和量测噪声满足

$$E[\boldsymbol{w}] = \boldsymbol{0},\quad E[\boldsymbol{v}] = \boldsymbol{0},\quad E[\boldsymbol{w}\boldsymbol{w}^{\mathrm{T}}] = \boldsymbol{W},\quad E[\boldsymbol{v}\boldsymbol{v}^{\mathrm{T}}] = \boldsymbol{V},\quad E[\boldsymbol{w}\boldsymbol{v}^{\mathrm{T}}] = \boldsymbol{0} \tag{6.3.3}$$

并且认为终端状态的估计值$\hat{\boldsymbol{x}}_{\mathrm{f}}$，以及方差$\boldsymbol{P}_{\mathrm{B,f}}$已知。

为了与正向方差滤波(Kalman 滤波)相区别，我们记反向方差滤波的估计和方差分别为$\hat{\boldsymbol{x}}_{\mathrm{B}}$和$\boldsymbol{P}_{\mathrm{B}}$。反向方差滤波需要求解下面两个的微分方程，

$$-\frac{\mathrm{d}\boldsymbol{P}_{\mathrm{B}}}{\mathrm{d}t} = -\boldsymbol{A}\boldsymbol{P}_{\mathrm{B}} - \boldsymbol{P}_{\mathrm{B}}\boldsymbol{A}^{\mathrm{T}} + \boldsymbol{B}_1\boldsymbol{W}\boldsymbol{B}_1^{\mathrm{T}} - \boldsymbol{P}_{\mathrm{B}}\boldsymbol{C}_y^{\mathrm{T}}\boldsymbol{V}^{-1}\boldsymbol{C}_y\boldsymbol{P}_{\mathrm{B}},\quad \boldsymbol{P}_{\mathrm{B}}(t_{\mathrm{f}}) = \boldsymbol{P}_{\mathrm{B,f}} \tag{6.3.4}$$

$$-\frac{\mathrm{d}\hat{\boldsymbol{x}}_{\mathrm{B}}}{\mathrm{d}t} = -\boldsymbol{A}\hat{\boldsymbol{x}}_{\mathrm{B}} + \boldsymbol{P}_{\mathrm{B}}\boldsymbol{C}_y^{\mathrm{T}}\boldsymbol{V}^{-1}\left(\boldsymbol{y} - \boldsymbol{C}_y\hat{\boldsymbol{x}}_{\mathrm{B}}\right) - \boldsymbol{B}_2\boldsymbol{u},\quad \hat{\boldsymbol{x}}_{\mathrm{B}}(t_{\mathrm{f}}) = \hat{\boldsymbol{x}}_{\mathrm{f}} \tag{6.3.5}$$

其中，数据$(\boldsymbol{y}_{\mathrm{f}},\boldsymbol{V}_{\mathrm{f}})$来自对终端状态$\boldsymbol{x}(t_{\mathrm{f}})$量测的估计。因此，反向方差滤波器不能解决$\boldsymbol{P}_{\mathrm{f}}\to\infty$(没有终端的量测或精度很差)的情况。

反向方差滤波器的设计和仿真需要求解式(6.3.4)和式(6.3.5)，PIMCSD 工具箱提供了功能函数求解。

2) PIMCSD 工具箱中的实现

PIMCSD 工具箱提供了连续系统的反向方差滤波器设计与仿真的实现函数 pim_tbcflt()，其调用格式如下：

$$[\hat{\boldsymbol{x}}_{\mathrm{B}},\boldsymbol{P}_{\mathrm{B}},\boldsymbol{R}_{\mathrm{B}},\boldsymbol{L}_{\mathrm{B}}]=\text{pim\_tbcflt}(\boldsymbol{A},\boldsymbol{B}_1,\boldsymbol{C}_y,\boldsymbol{W},\boldsymbol{V},\boldsymbol{y},\boldsymbol{t}_{\mathrm{r}},\boldsymbol{P}_{\mathrm{B,f}},\hat{\boldsymbol{x}}_{\mathrm{B,f}})$$

$$[\hat{\boldsymbol{x}}_{\mathrm{B}},\boldsymbol{P}_{\mathrm{B}},\boldsymbol{R}_{\mathrm{B}},\boldsymbol{L}_{\mathrm{B}}]=\text{pim\_tbcflt}(\boldsymbol{A},\boldsymbol{B}_1,\boldsymbol{C}_y,\boldsymbol{W},\boldsymbol{V},\boldsymbol{y},\boldsymbol{t}_{\mathrm{r}},\boldsymbol{P}_{\mathrm{B,f}},\hat{\boldsymbol{x}}_{\mathrm{B,f}},\boldsymbol{B}_2,\boldsymbol{u})$$

$$[\hat{\boldsymbol{x}}_{\mathrm{B}},\boldsymbol{P}_{\mathrm{B}},\boldsymbol{R}_{\mathrm{B}},\boldsymbol{L}_{\mathrm{B}}]=\text{pim\_tbcflt}(\boldsymbol{A},\boldsymbol{B}_1,\boldsymbol{C}_y,\boldsymbol{W},\boldsymbol{V},\boldsymbol{y},\boldsymbol{t}_{\mathrm{r}},\boldsymbol{P}_{\mathrm{B,f}},\hat{\boldsymbol{x}}_{\mathrm{B,f}},\boldsymbol{C}_0,\boldsymbol{Y}_0,\boldsymbol{y}_0)$$

$$[\hat{\boldsymbol{x}}_{\mathrm{B}},\boldsymbol{P}_{\mathrm{B}},\boldsymbol{R}_{\mathrm{B}},\boldsymbol{L}_{\mathrm{B}}]=\text{pim\_tbcflt}(\boldsymbol{A},\boldsymbol{B}_1,\boldsymbol{C}_y,\boldsymbol{W},\boldsymbol{V},\boldsymbol{y},\boldsymbol{t}_{\mathrm{r}},\boldsymbol{P}_{\mathrm{B,f}},\hat{\boldsymbol{x}}_{\mathrm{B,f}},\boldsymbol{C}_0,\boldsymbol{Y}_0,\boldsymbol{y}_0,\boldsymbol{B}_2,\boldsymbol{u})$$

参数简单说明：

返回参数中$\hat{\boldsymbol{x}}_{\mathrm{B}}$和$\boldsymbol{P}_{\mathrm{B}}$表示反向滤波的状态估计和方差序列；$\boldsymbol{R}_{\mathrm{B}}$表示$(\boldsymbol{y}-\boldsymbol{C}_y\hat{\boldsymbol{x}}_{\mathrm{B}})$的标准离差序列；$\boldsymbol{L}_{\mathrm{B}}$表示滤波增益序列，与$\boldsymbol{t}_{\mathrm{r}}$指定的时间序列对应。

输入参数中$\boldsymbol{A},\boldsymbol{B}_1,\boldsymbol{C}_y,\boldsymbol{W},\boldsymbol{V}$分别对应于式(6.3.1)~(6.3.3)中的矩阵；$\boldsymbol{t}_{\mathrm{r}}$指定返回量对应的时间序列；$\boldsymbol{y}$表示量测数据历程，行数可以为$n_y$($n_y$表示量测的维数)或$n_y+1$。如果行数为$n_y$，其列数应与$\boldsymbol{t}_{\mathrm{r}}$对应；如果行数为$n_y+1$，那么第一行存储时间序列，后面行依次存放对应时刻的量测数据。$\boldsymbol{P}_{\mathrm{B,f}}$和$\hat{\boldsymbol{x}}_{\mathrm{B,f}}$表示终端状态的估计方差和估计值；$(\boldsymbol{B}_2,\boldsymbol{u})$是针对含指定输入的情况；$(\boldsymbol{C}_0,\boldsymbol{Y}_0,\boldsymbol{y}_0)$表述如果有初始量测的估计的情况。

注意到，上面参数$\hat{\boldsymbol{x}}_{\mathrm{B}},\boldsymbol{y},\boldsymbol{u}$表示沿时间的向量序列，其列数为时间列数；$\boldsymbol{P}_{\mathrm{B}},\boldsymbol{R}_{\mathrm{B}},\boldsymbol{L}_{\mathrm{B}}$为沿时间序列的矩阵，其第三维的长度与时间列数一致。也就是说无论向量序列还是矩阵序列，在本程序包中，其最后一维的长度与时间序列一致。

3) 设计实例

例 6.3.1　考虑下面无阻尼振荡系统，

$$\boldsymbol{A}=\begin{bmatrix}0 & 1\\ -1 & 0\end{bmatrix},\quad \boldsymbol{B}_1=\begin{bmatrix}0\\ 1\end{bmatrix},\quad \boldsymbol{C}_y=\begin{bmatrix}1 & 0\end{bmatrix}$$

首先进行仿真并记录含噪声的量测序列，然后利用该量测进行反向方差滤波。

程序代码如表 6.3.1 所示，滤波效果如图 6.3.1 所示。可以看出，预测的估计误差沿着反向逐渐减小，所有的数据被用来估计初始条件。

表 6.3.1　连续系统的反向方差滤波设计及仿真

```
% backward covariance filter on undamped oscillator
% data preparation
A=[0 1; -1 0]; Bw=[0 1]'; Cs=[1 0]; Wd=0.1^2; Vd=0.05^2;
Cf=eye(2); Vf=0.2^2*eye(2); X0=0.2^2*eye(2); x0=[1 0]';
C0=eye(2); Y0=X0; y0=x0;    tf=2*pi;    Ns=180; tol=1e-3; Ts = tf/Ns;
V=2*Vd*Ts; W=2*Wd*Ts;
ts = 0: Ts: tf;        tr = 0: Ts/1 : tf;

% A test run to get measurement
randn('seed',1);
[x,w,ys,vs]=simcrndp(A,Bw,Wd,X0,x0,ts,Cs,Vd);    Nt = length(ys);
yf=x(:,Nt)+sqrtm(Vf)*randn(2,1);

% Design and simulation of backward information filter
[xhB,PhB,RiB,LB] = pim_tbcflt(A,Bw,Cs,W,V,[ts;ys],tr,Vf,yf,C0,Y0,y0);
xhB0 = xhB(:,1); PhB0= PhB(:,:,1);
RxhB = cov2dev(PhB);    RxhB0 = cov2dev(PhB0);
x=x'; ys=ys'; xhB =xhB';    RxhB = RxhB';
x=interp1(ts,x,tr); ys=interp1(ts,ys,tr); ys = ys';
y=x(:,1); v=x(:,2);    yh=xhB(:,1); vh=xhB(:,2);
LB=squeeze(LB);    ts = ts/tf;    tr=tr/tf;    t = tr;
%%%====get xb and plot figure====%%%
```

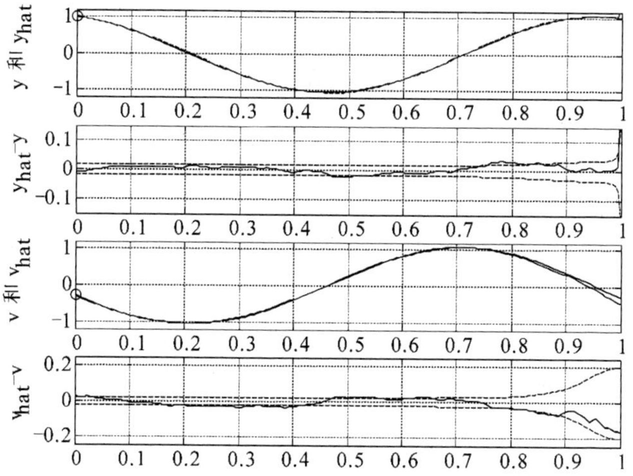

图 6.3.1　连续系统的反向方差滤波设计及仿真

2. 离散时间系统的反向方差滤波

1)　问题描述

考虑下面离散的 Gauss-Markov 随机过程，

状态方程：
$$\boldsymbol{x}_{k+1}=\boldsymbol{\Phi}\boldsymbol{x}_k+\boldsymbol{G}_w\boldsymbol{w}_k+\boldsymbol{G}_u\boldsymbol{u}_k \tag{6.3.6a}$$
量测方程：
$$\boldsymbol{y}_k=\boldsymbol{C}_y\boldsymbol{x}_k+\boldsymbol{v}_k \tag{6.3.6b}$$
其中，$k=0,1,\cdots,N_{\mathrm{s}}$。过程噪声 $\boldsymbol{w}_k$ 和量测噪声 $\boldsymbol{v}_k$ 是高斯白噪声，满足
$$E[\boldsymbol{w}_k]=\boldsymbol{0},\quad E[\boldsymbol{v}_k]=\boldsymbol{0},\quad E[\boldsymbol{w}_k\boldsymbol{w}_k^{\mathrm{T}}]=\boldsymbol{W}_{\mathrm{d}},\quad E[\boldsymbol{v}_k\boldsymbol{v}_k^{\mathrm{T}}]=\boldsymbol{V}_{\mathrm{d}},\quad E[\boldsymbol{w}_k\boldsymbol{v}_k^{\mathrm{T}}]=\boldsymbol{0} \tag{6.3.6c}$$

所谓反向方差滤波，就是已知终端时刻的状态估计 $\bar{\boldsymbol{x}}_{\mathrm{B,f}}$ 和方差 $\bar{\boldsymbol{P}}_{\mathrm{B,f}}$，即
$$\bar{\boldsymbol{x}}_{\mathrm{B},N_{\mathrm{s}}}=\bar{\boldsymbol{x}}_{\mathrm{B,f}},\qquad \bar{\boldsymbol{P}}_{\mathrm{B},N_{\mathrm{s}}}=\bar{\boldsymbol{P}}_{\mathrm{B,f}} \tag{6.3.7}$$
其中，下标 B 表示反向滤波，N_{s} 为终端时刻。

反向的验后估计与正向一致，为
$$\hat{\boldsymbol{x}}_{\mathrm{B},k}=\bar{\boldsymbol{x}}_{\mathrm{B},k}+\hat{\boldsymbol{L}}_{\mathrm{B},k}(\boldsymbol{y}_k-\boldsymbol{C}_y\bar{\boldsymbol{x}}_{\mathrm{B},k}) \tag{6.3.8}$$
$$\hat{\boldsymbol{P}}_{\mathrm{B},k}=\bar{\boldsymbol{P}}_{\mathrm{B},k}-\bar{\boldsymbol{P}}_{\mathrm{B},k}\boldsymbol{C}_y^{\mathrm{T}}\left(\boldsymbol{V}_{\mathrm{d}}+\boldsymbol{C}_y\bar{\boldsymbol{P}}_{\mathrm{B},k}\boldsymbol{C}_y^{\mathrm{T}}\right)^{-1}\boldsymbol{C}_y\bar{\boldsymbol{P}}_{\mathrm{B},k} \tag{6.3.9}$$
其中，
$$\hat{\boldsymbol{L}}_{\mathrm{B},k}=\bar{\boldsymbol{P}}_{\mathrm{B},k}\boldsymbol{C}_y^{\mathrm{T}}\left(\boldsymbol{V}_{\mathrm{d}}+\boldsymbol{C}_y\bar{\boldsymbol{P}}_{\mathrm{B},k}\boldsymbol{C}_y^{\mathrm{T}}\right)^{-1} \tag{6.3.8a}$$

反向的验前估计，
$$\bar{\boldsymbol{x}}_{\mathrm{B},k}=\boldsymbol{\Phi}^{-1}\left(\hat{\boldsymbol{x}}_{\mathrm{B},k+1}-\boldsymbol{G}_u\boldsymbol{u}_k\right) \tag{6.3.10}$$
$$\bar{\boldsymbol{P}}_{\mathrm{B},k}=\boldsymbol{\Phi}^{-1}\left(\hat{\boldsymbol{P}}_{\mathrm{B},k+1}+\boldsymbol{G}_w\boldsymbol{W}_{\mathrm{d}}\boldsymbol{G}_w^{\mathrm{T}}\right)\boldsymbol{\Phi}^{-\mathrm{T}} \tag{6.3.11}$$

如果还有关于初始状态估计的统计信息，可以作为附加的量测并入上述过程在 $k=0$ 时的结果。

2) PIMCSD 工具箱中的实现

PIMCSD 工具箱提供了离散时间系统的反向方差滤波控制器设计和仿真的实现函数 pim_tdbcflt()，其调用格式如下：

$[\bar{\boldsymbol{x}}_{\mathrm{B}},\hat{\boldsymbol{x}}_{\mathrm{B}},\hat{\boldsymbol{L}}_{\mathrm{B}},\bar{\boldsymbol{P}}_{\mathrm{B}},\hat{\boldsymbol{P}}_{\mathrm{B}},\boldsymbol{R}_{\mathrm{B}}]=\text{pim\_tdbcflt}(\boldsymbol{\Phi},\boldsymbol{G}_w,\boldsymbol{C}_y,\boldsymbol{W}_{\mathrm{d}},\boldsymbol{V}_{\mathrm{d}},\boldsymbol{y},\bar{\boldsymbol{P}}_{\mathrm{B,f}},\bar{\boldsymbol{x}}_{\mathrm{B,f}})$

$[\bar{\boldsymbol{x}}_{\mathrm{B}},\hat{\boldsymbol{x}}_{\mathrm{B}},\hat{\boldsymbol{L}}_{\mathrm{B}},\bar{\boldsymbol{P}}_{\mathrm{B}},\hat{\boldsymbol{P}}_{\mathrm{B}},\boldsymbol{R}_{\mathrm{B}}]=\text{pim\_tdbcflt}(\boldsymbol{\Phi},\boldsymbol{G}_w,\boldsymbol{C}_y,\boldsymbol{W}_{\mathrm{d}},\boldsymbol{V}_{\mathrm{d}},\boldsymbol{y},\bar{\boldsymbol{P}}_{\mathrm{B,f}},\bar{\boldsymbol{x}}_{\mathrm{B,f}},\boldsymbol{G}_u,\boldsymbol{u})$

$[\bar{\boldsymbol{x}}_{\mathrm{B}},\hat{\boldsymbol{x}}_{\mathrm{B}},\hat{\boldsymbol{L}}_{\mathrm{B}},\bar{\boldsymbol{P}}_{\mathrm{B}},\hat{\boldsymbol{P}}_{\mathrm{B}},\boldsymbol{R}_{\mathrm{B}}]=\text{pim\_tdbcflt}(\boldsymbol{\Phi},\boldsymbol{G}_w,\boldsymbol{C}_y,\boldsymbol{W}_{\mathrm{d}},\boldsymbol{V}_{\mathrm{d}},\boldsymbol{y},\bar{\boldsymbol{P}}_{\mathrm{B,f}},\bar{\boldsymbol{x}}_{\mathrm{B,f}},\boldsymbol{C}_0,\boldsymbol{Y}_0,\boldsymbol{y}_0)$

$[\bar{\boldsymbol{x}}_{\mathrm{B}},\hat{\boldsymbol{x}}_{\mathrm{B}},\hat{\boldsymbol{L}}_{\mathrm{B}},\bar{\boldsymbol{P}}_{\mathrm{B}},\hat{\boldsymbol{P}}_{\mathrm{B}},\boldsymbol{R}_{\mathrm{B}}]=\text{pim\_tdbcflt}(\boldsymbol{\Phi},\boldsymbol{G}_w,\boldsymbol{C}_y,\boldsymbol{W}_{\mathrm{d}},\boldsymbol{V}_{\mathrm{d}},\boldsymbol{y},\bar{\boldsymbol{P}}_{\mathrm{B,f}},\bar{\boldsymbol{x}}_{\mathrm{B,f}},\boldsymbol{C}_0,\boldsymbol{Y}_0,\boldsymbol{y}_0,\boldsymbol{G}_u,\boldsymbol{u})$

参数简单说明：

返回参数中 $\bar{\boldsymbol{x}}_{\mathrm{B}}$ 和 $\hat{\boldsymbol{x}}_{\mathrm{B}}$ 表示反向方差滤波的验前和验后估计；$\hat{\boldsymbol{L}}_{\mathrm{B}}$ 是滤波增益；$\bar{\boldsymbol{P}}_{\mathrm{B}}$ 和 $\hat{\boldsymbol{P}}_{\mathrm{B}}$ 表示反向方差滤波的验前估计方差和验后估计方差；$\boldsymbol{R}_{\mathrm{B}}$ 表示 $(\boldsymbol{y}-\boldsymbol{C}_y\bar{\boldsymbol{x}}_{\mathrm{B}})$ 的标准离差，如式(6.3.7)~(6.3.11)所示。

输入参数中 $\boldsymbol{\Phi},\boldsymbol{G}_w,\boldsymbol{C}_y,\boldsymbol{W}_{\mathrm{d}},\boldsymbol{V}_{\mathrm{d}},\boldsymbol{y}$ 与式(6.3.6)中的矩阵相对应；$\bar{\boldsymbol{P}}_{\mathrm{B,f}}$ 和 $\bar{\boldsymbol{x}}_{\mathrm{B,f}}$ 分别表

示终端状态的估计方差和估计值；$\boldsymbol{C}_0, \boldsymbol{Y}_0, \boldsymbol{y}_0$ 表示对初始条件估计的统计信息。

函数中的 $\bar{\boldsymbol{x}}_{\mathrm{B}}, \hat{\boldsymbol{x}}_{\mathrm{B}}, \hat{\boldsymbol{L}}_{\mathrm{B}}, \bar{\boldsymbol{P}}_{\mathrm{B}}, \hat{\boldsymbol{P}}_{\mathrm{B}}, \boldsymbol{R}_{\mathrm{B}}, \boldsymbol{y}, \boldsymbol{u}$ 都是沿时间的向量序列或矩阵序列。

3) 设计实例

例 6.3.2 考虑一阶离散的 Gauss-Markov 过程和量测方程，

$$\boldsymbol{x}_{k+1} = 0.9\boldsymbol{x}_k + \boldsymbol{w}_k, \quad \boldsymbol{y}_k = \boldsymbol{x}_k + \boldsymbol{v}_k$$

其中，过程噪声和量测噪声为零均值白噪声，方差为

$$E[\boldsymbol{w}_k\boldsymbol{w}_k^{\mathrm{T}}] = 0.03^2, \quad E[\boldsymbol{v}_k\boldsymbol{v}_k^{\mathrm{T}}] = 0.1^2, \quad E[\boldsymbol{w}_k\boldsymbol{v}_k^{\mathrm{T}}] = 0$$

初始状态估计及其方差分别为 1 和 0.1^2。取仿真步数为 30，试完成反向方差滤波器的设计和仿真。

解 采用 PIMCSD 工具箱提供的 pim_tdbcflt()和可以完成时变滤波器的设计与仿真。程序代码如表 6.3.2 所示，图 6.3.2 给出了仿真结果。

表 6.3.2 离散时间系统的反向方差滤波器设计及仿真

```
% data preparation
Ph=.9; Gw=1;
Wd=.03^2; X0=.1^2; x0=1;
Cs=1; Vd=.1^2;
Ns=30;

% Simulation of the Gauss-Markov process
randn('seed',1);
[x,wd,ys,vd]=simdrndp(Ph,Gw,Wd,X0,x0,Ns,Cs,Vd);

%Design and simulation of backward covariance filter
Xf=.1^2;   xf=x(:,Ns+1)+sqrt(Xf)*randn(1,1);
[xbB,xhB,LB,PbB,PhB,RiB] = pim_tdbcflt(Ph,Gw,Cs,Wd,Vd,ys,Xf,xf);
%%%===plot figure===%%%
```

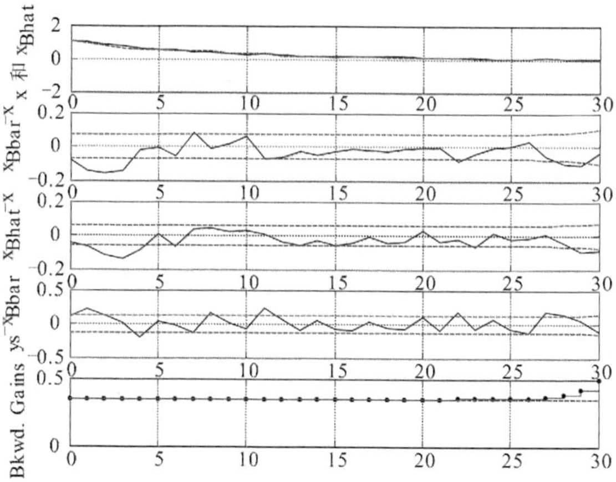

图 6.3.2 离散时间系统的反向方差滤波器设计及仿真

6.4 反向信息滤波

反向信息滤波器(backward information filter)可以从反向方差滤波器中导出，方法与从正向方差滤波器导出正向信息滤波器类似。

1. 连续时间系统的反向信息滤波

1) 问题描述

连续时间滤波系统可以描述为

状态方程：
$$\dot{\boldsymbol{x}} = \boldsymbol{A}\boldsymbol{x} + \boldsymbol{B}_2\boldsymbol{u} + \boldsymbol{B}_1\boldsymbol{w} \tag{6.4.1}$$

量测方程：
$$\boldsymbol{y} = \boldsymbol{C}_y\boldsymbol{x} + \boldsymbol{v} \tag{6.4.2}$$

控制输入 $\boldsymbol{u}$ 已知，并且过程噪声和量测噪声满足

$$E[\boldsymbol{w}] = \boldsymbol{0},\quad E[\boldsymbol{v}] = \boldsymbol{0},\quad E[\boldsymbol{w}\boldsymbol{w}^{\mathrm{T}}] = \boldsymbol{W},\quad E[\boldsymbol{v}\boldsymbol{v}^{\mathrm{T}}] = \boldsymbol{V},\quad E[\boldsymbol{w}\boldsymbol{v}^{\mathrm{T}}] = \boldsymbol{0} \tag{6.4.3}$$

所谓反向信息滤波就是终端时刻状态估计的统计信息并不完全知道，只有关于终端状态线性组合的估计信息，即

$$\boldsymbol{y}_{\mathrm{f}} = \boldsymbol{C}_{\mathrm{f}}\boldsymbol{x}_{\mathrm{f}} + \boldsymbol{v}_{\mathrm{f}} \tag{6.4.4}$$

其中，

$$E[\boldsymbol{v}_{\mathrm{f}}\boldsymbol{v}_{\mathrm{f}}^{\mathrm{T}}] = \boldsymbol{V}_{\mathrm{f}} \tag{6.4.4a}$$

上述问题可以转化为反向信息矩阵 $\boldsymbol{S}_{\mathrm{B}} = \boldsymbol{P}_{\mathrm{B}}^{-1}$，以及反向信息向量 $\boldsymbol{\lambda}_{\mathrm{B}} = \boldsymbol{S}_{\mathrm{B}}\hat{\boldsymbol{x}}_{\mathrm{B}}$ 的求解，

$$-\dot{\boldsymbol{S}}_{\mathrm{B}} = \boldsymbol{S}_{\mathrm{B}}\boldsymbol{A} + \boldsymbol{A}^{\mathrm{T}}\boldsymbol{S}_{\mathrm{B}} + \boldsymbol{C}_y^{\mathrm{T}}\boldsymbol{V}^{-1}\boldsymbol{C}_y - \boldsymbol{S}_{\mathrm{B}}\boldsymbol{B}_1\boldsymbol{W}\boldsymbol{B}_1^{\mathrm{T}}\boldsymbol{S}_{\mathrm{B}},\quad \boldsymbol{S}_{\mathrm{B}}(t_{\mathrm{f}}) = \boldsymbol{C}_{\mathrm{f}}^{\mathrm{T}}\boldsymbol{V}_{\mathrm{f}}^{-1}\boldsymbol{C}_{\mathrm{f}} \tag{6.4.5}$$

$$-\dot{\boldsymbol{\lambda}}_{\mathrm{B}} = \left(\boldsymbol{A} - \boldsymbol{B}_1\boldsymbol{W}\boldsymbol{B}_1^{\mathrm{T}}\right)^{\mathrm{T}}\boldsymbol{\lambda}_{\mathrm{B}} + \boldsymbol{C}_y^{\mathrm{T}}\boldsymbol{V}^{-1}\boldsymbol{y},\quad \boldsymbol{\lambda}_{\mathrm{B}}(t_{\mathrm{f}}) = \boldsymbol{C}_{\mathrm{f}}\boldsymbol{V}_{\mathrm{f}}^{-1}\boldsymbol{y}_{\mathrm{f}} \tag{6.4.6}$$

注意到，即使 $\boldsymbol{V}_{\mathrm{f}} \to \infty$ (即完全没有对终端状态的量测统计信息)，反向信息滤波器也是可以使用的。

2) PIMCSD 工具箱中的实现

PIMCSD 工具箱提供了连续系统的反向信息滤波器设计与仿真能实现函数 pim_tbiflt()，其调用格式如下：

$$[\boldsymbol{\lambda}_{\mathrm{B}}, \boldsymbol{S}_{\mathrm{B}}] = \text{pim\_tbiflt}(\boldsymbol{A}, \boldsymbol{B}_1, \boldsymbol{C}_y, \boldsymbol{W}, \boldsymbol{V}, \boldsymbol{y}, t_{\mathrm{r}}, \boldsymbol{C}_{\mathrm{f}}, \boldsymbol{V}_{\mathrm{f}}, \boldsymbol{y}_{\mathrm{f}})$$

$$[\boldsymbol{\lambda}_{\mathrm{B}}, \boldsymbol{S}_{\mathrm{B}}] = \text{pim\_tbiflt}(\boldsymbol{A}, \boldsymbol{B}_1, \boldsymbol{C}_y, \boldsymbol{W}, \boldsymbol{V}, \boldsymbol{y}, t_{\mathrm{r}}, \boldsymbol{C}_{\mathrm{f}}, \boldsymbol{V}_{\mathrm{f}}, \boldsymbol{y}_{\mathrm{f}}, \boldsymbol{B}_2, \boldsymbol{u})$$

$$[\boldsymbol{\lambda}_{\mathrm{B}}, \boldsymbol{S}_{\mathrm{B}}, \hat{\boldsymbol{x}}_{\mathrm{B},0}, \boldsymbol{P}_{\mathrm{B},0}] = \text{pim\_tbiflt}(\boldsymbol{A}, \boldsymbol{B}_1, \boldsymbol{C}_y, \boldsymbol{W}, \boldsymbol{V}, \boldsymbol{y}, t_{\mathrm{r}}, \boldsymbol{C}_{\mathrm{f}}, \boldsymbol{V}_{\mathrm{f}}, \boldsymbol{y}_{\mathrm{f}}, \boldsymbol{C}_0, \boldsymbol{Y}_0, \boldsymbol{y}_0)$$

$$[\boldsymbol{\lambda}_{\mathrm{B}},\boldsymbol{S}_{\mathrm{B}},\hat{\boldsymbol{x}}_{\mathrm{B},0},\boldsymbol{P}_{\mathrm{B},0}]=\mathrm{pim\_tbiflt}(\boldsymbol{A},\boldsymbol{B}_1,\boldsymbol{C}_y,\boldsymbol{W},\boldsymbol{V},\boldsymbol{y},t_{\mathrm{r}},\boldsymbol{C}_{\mathrm{f}},\boldsymbol{V}_{\mathrm{f}},\boldsymbol{y}_{\mathrm{f}},\boldsymbol{C}_0,\boldsymbol{Y}_0,\boldsymbol{y}_0,\boldsymbol{B}_2,\boldsymbol{u})$$

参数简单说明：

返回参数中 λ_{B} 和 $\boldsymbol{S}_{\mathrm{B}}$ 表示反向的信息向量和信息矩阵序列，与 t_{r} 指定的时间序列对应。

输入参数中 $\boldsymbol{A},\boldsymbol{B}_1,\boldsymbol{C}_y,\boldsymbol{W},\boldsymbol{V}$ 分别对应于式(6.4.1)~(6.4.3)中的矩阵；t_{r} 指定返回量对应的时间序列；$\boldsymbol{y}$ 表示量测数据历程，行数可以为 n_y (n_y 表示量测的维数)或 n_y+1。如果行数为 n_y，其列数应与 t_{r} 对应；如果行数为 n_y+1，那么第一行存储时间序列，后面行依次存放对应时刻的量测数据。$(\boldsymbol{C}_{\mathrm{f}},\boldsymbol{V}_{\mathrm{f}},\boldsymbol{y}_{\mathrm{f}})$ 表示终端状态的量测信息；$(\boldsymbol{B}_2,\boldsymbol{u})$ 是针对含指定输入的情况；$(\boldsymbol{C}_0,\boldsymbol{Y}_0,\boldsymbol{y}_0)$ 表述如果有初始量测信息，则被并入对初始状态的估计，同时返回 $\hat{\boldsymbol{x}}_{\mathrm{B},0}$ 和 $\boldsymbol{P}_{\mathrm{B},0}$。

3) 设计实例

例 6.4.1　考虑一个含位置量测的二阶无阻尼振荡系统，

$$\boldsymbol{A}=\begin{bmatrix}0&1\\-1&0\end{bmatrix},\quad \boldsymbol{B}_1=\begin{bmatrix}0\\1\end{bmatrix},\quad \boldsymbol{C}_y=[1\quad 0]$$

试完成反向信息滤波器的设计和仿真。

解　采用 PIMCSD 工具箱提供的 pim_tdbcflt()和可以完成时变滤波器的设计与仿真。程序代码如表 6.4.1 所示，图 6.4.1 给出了仿真结果。可以看出沿着反向状态估计值的精度逐渐提高，所有的数据都用来了估计初始条件。

表 6.4.1　连续系统的反向信息滤波器设计及仿真

```
% data preparation
A=[0 1; -1 0]; B1=[0 1]';
Wd=.1^2; X0=.2^2*eye(2); x0=[1 0]';
Cs=[1 0]; Vd=.05^2;
C0=eye(2); V0=1e-8*C0;
tf=2*pi; Ns=40;     Ts = tf/Ns;     tol=1e-3;
V=2*Vd*Ts; W=2*Wd*Ts; % V=Vd*Ts; W=Wd*Ts; % ?
ts = 0: Ts : tf;     tr = 0: Ts/50 : tf;

% Simulation of the Gauss-Markov process
randn('seed',1);
[x,w,ys,v]=simcrndp(A,B1,Wd,X0,x0,ts,Cs,Vd); x= x';

%Design and simulation of backward information filter
y0=C0*x0+sqrt(V0)*randn(2,1); Y0=C0*X0*C0'+V0; Cf=eye(2);
Vf=.2^2*Cf; yf=Cf*x(Ns+1,:)'+sqrt(Vf)*randn(2,1);
[lB,SB,xB0,PB0] = pim_tbiflt(A,B1,Cs,W,V,[ts;ys],tr,Cf,Vf,yf,C0,Y0,y0);
%%%====plot figure====%%%
```

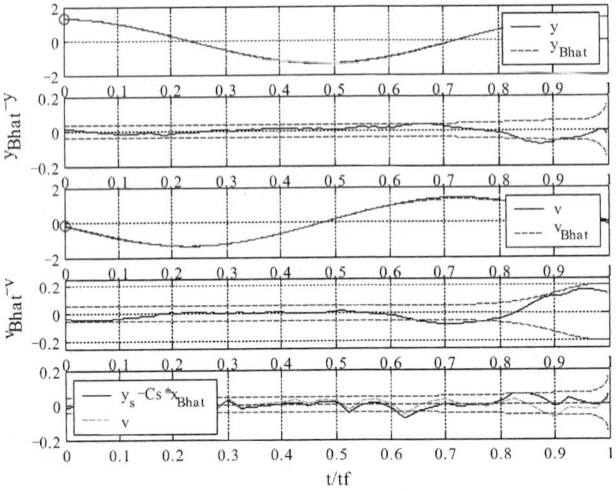

图 6.4.1　连续系统的反向信息滤波器设计及仿真

2. 离散时间系统的反向信息滤波

1) 问题描述

考虑下面离散的 Gauss-Markov 随机过程，

状态方程：
$$\boldsymbol{x}_{k+1} = \boldsymbol{\Phi}\boldsymbol{x}_k + \boldsymbol{G}_w\boldsymbol{w}_k + \boldsymbol{G}_u\boldsymbol{u}_k \tag{6.4.7a}$$

量测方程：
$$\boldsymbol{y}_k = \boldsymbol{C}_y\boldsymbol{x}_k + \boldsymbol{v}_k \tag{6.4.7b}$$

其中，$k = 0,1,\cdots,N_{\mathrm{s}}$。过程噪声 $\boldsymbol{w}_k$ 和 $\boldsymbol{v}_k$ 是高斯白噪声，满足

$$E[\boldsymbol{w}_k] = \boldsymbol{0},\quad E[\boldsymbol{v}_k] = \boldsymbol{0},\quad E[\boldsymbol{w}_k\boldsymbol{w}_k^{\mathrm{T}}] = \boldsymbol{W}_{\mathrm{d}},\quad E[\boldsymbol{v}_k\boldsymbol{v}_k^{\mathrm{T}}] = \boldsymbol{V}_{\mathrm{d}},\quad E[\boldsymbol{w}_k\boldsymbol{v}_k^{\mathrm{T}}] = \boldsymbol{0} \tag{6.4.7c}$$

所谓反向信息滤波，就是已知终端状态的部分量测信息，据此反向滤波。终端状态的部分量测信息表示为

$$\boldsymbol{C}_{\mathrm{f}}\boldsymbol{x}_{N_{\mathrm{s}}} = N(\boldsymbol{y}_{\mathrm{f}}, \boldsymbol{V}_{\mathrm{f}}) \tag{6.4.8}$$

问题可以转化为为信息矩阵 $\boldsymbol{S} = \boldsymbol{P}^{-1}$ 和信息向量 $\boldsymbol{\lambda} = \boldsymbol{S}\boldsymbol{x}$ 的计算，如下：

反向信息的验后估计：

$$\hat{\boldsymbol{\lambda}}_{\mathrm{B},k} = \bar{\boldsymbol{\lambda}}_{\mathrm{B},k} + \boldsymbol{C}_y^{\mathrm{T}}\boldsymbol{V}_{\mathrm{d}}^{-1}\boldsymbol{y}_k \tag{6.4.9}$$

$$\hat{\boldsymbol{S}}_{\mathrm{B},k} = \bar{\boldsymbol{S}}_{\mathrm{B},k} + \boldsymbol{C}_y^{\mathrm{T}}\boldsymbol{V}_{\mathrm{d}}^{-1}\boldsymbol{C}_y \tag{6.4.10}$$

反向信息的验前估计：

$$\bar{\boldsymbol{\lambda}}_{\mathrm{B},k-1} = \left(\boldsymbol{\Phi} - \boldsymbol{G}_w\boldsymbol{L}_{\mathrm{B}}\right)^{\mathrm{T}}\left(\hat{\boldsymbol{\lambda}}_{\mathrm{B},k} - \hat{\boldsymbol{S}}_{\mathrm{B},k}\boldsymbol{G}_u\boldsymbol{u}_k\right) \tag{6.4.11}$$

$$\bar{\boldsymbol{S}}_{\mathrm{B},k-1} = \boldsymbol{\Phi}^{\mathrm{T}}\hat{\boldsymbol{S}}_{\mathrm{B},k}\boldsymbol{\Phi} - \boldsymbol{\Phi}^{\mathrm{T}}\hat{\boldsymbol{S}}_{\mathrm{B},k}\boldsymbol{G}_w\boldsymbol{L}_{\mathrm{B}} \tag{6.4.12}$$

其中，$\boldsymbol{L}_{\mathrm{B}} = \left(\boldsymbol{W}_{\mathrm{d}}^{-1} + \boldsymbol{G}_w^{\mathrm{T}}\hat{\boldsymbol{S}}_{\mathrm{B},k}\boldsymbol{G}_w\right)^{-1}\boldsymbol{G}_w^{\mathrm{T}}\hat{\boldsymbol{S}}_{\mathrm{B},k}\boldsymbol{\Phi}$ 。

如果还含有初始状态的量测信息，可以看作在 $k=0$ 时刻附加的量测更新(验后估计)并入。

2) PIMCSD 工具箱中的实现

PIMCSD 工具箱提供了离散系统反向信息滤波器设计与仿真的实现函数 pim_tdbiflt()，其调用格式如下：

$$[\bar{\boldsymbol{\lambda}}_{\mathrm{B}},\hat{\boldsymbol{\lambda}}_{\mathrm{B}},\bar{\boldsymbol{S}}_{\mathrm{B}},\hat{\boldsymbol{S}}_{\mathrm{B}}] = \text{pim\_tdbiflt}(\boldsymbol{\Phi},\boldsymbol{G}_w,\boldsymbol{C}_y,\boldsymbol{W}_{\mathrm{d}},\boldsymbol{V}_{\mathrm{d}},\boldsymbol{y},\boldsymbol{C}_{\mathrm{f}},\boldsymbol{V}_{\mathrm{f}},\boldsymbol{y}_{\mathrm{f}})$$

$$[\bar{\boldsymbol{\lambda}}_{\mathrm{B}},\hat{\boldsymbol{\lambda}}_{\mathrm{B}},\bar{\boldsymbol{S}}_{\mathrm{B}},\hat{\boldsymbol{S}}_{\mathrm{B}}] = \text{pim\_tdbiflt}(\boldsymbol{\Phi},\boldsymbol{G}_w,\boldsymbol{C}_y,\boldsymbol{W}_{\mathrm{d}},\boldsymbol{V}_{\mathrm{d}},\boldsymbol{y},\boldsymbol{C}_{\mathrm{f}},\boldsymbol{V}_{\mathrm{f}},\boldsymbol{y}_{\mathrm{f}},\boldsymbol{G}_u,\boldsymbol{u})$$

$$[\bar{\boldsymbol{\lambda}}_{\mathrm{B}},\hat{\boldsymbol{\lambda}}_{\mathrm{B}},\bar{\boldsymbol{S}}_{\mathrm{B}},\hat{\boldsymbol{S}}_{\mathrm{B}},\hat{\boldsymbol{x}}_{\mathrm{B},0},\hat{\boldsymbol{P}}_{\mathrm{B},0}] = \text{pim\_tdbiflt}(\boldsymbol{\Phi},\boldsymbol{G}_w,\boldsymbol{C}_y,\boldsymbol{W}_{\mathrm{d}},\boldsymbol{V}_{\mathrm{d}},\boldsymbol{y},\boldsymbol{C}_{\mathrm{f}},\boldsymbol{V}_{\mathrm{f}},\boldsymbol{y}_{\mathrm{f}},\boldsymbol{C}_0,\boldsymbol{Y}_0,\boldsymbol{y}_0)$$

$$[\bar{\boldsymbol{\lambda}}_{\mathrm{B}},\hat{\boldsymbol{\lambda}}_{\mathrm{B}},\bar{\boldsymbol{S}}_{\mathrm{B}},\hat{\boldsymbol{S}}_{\mathrm{B}},\hat{\boldsymbol{x}}_{\mathrm{B},0},\hat{\boldsymbol{P}}_{\mathrm{B},0}] = \text{pim\_tdbiflt}(\boldsymbol{\Phi},\boldsymbol{G}_w,\boldsymbol{C}_y,\boldsymbol{W}_{\mathrm{d}},\boldsymbol{V}_{\mathrm{d}},\boldsymbol{y},\boldsymbol{C}_{\mathrm{f}},\boldsymbol{V}_{\mathrm{f}},\boldsymbol{y}_{\mathrm{f}},\boldsymbol{C}_0,\boldsymbol{Y}_0,\boldsymbol{y}_0,\boldsymbol{G}_u,\boldsymbol{u})$$

参数简单说明：

返回参数中 $\bar{\boldsymbol{\lambda}}_{\mathrm{B}}$ 和 $\hat{\boldsymbol{\lambda}}_{\mathrm{B}}$ 表示反向滤波的验前和验后估计信息向量序列；$\bar{\boldsymbol{S}}_{\mathrm{B}}$ 和 $\hat{\boldsymbol{S}}_{\mathrm{B}}$ 表示反向滤波的验前和验后信息矩阵序列，如式(6.4.9)~(6.4.12)所示。

输入参数中 $\boldsymbol{\Phi},\boldsymbol{G}_w,\boldsymbol{C}_y,\boldsymbol{W}_{\mathrm{d}},\boldsymbol{V}_{\mathrm{d}},\boldsymbol{y}$ 与式(6.4.7)中的矩阵相对应；$(\boldsymbol{C}_{\mathrm{f}},\boldsymbol{V}_{\mathrm{f}},\boldsymbol{y}_{\mathrm{f}})$ 表示终端状态的量测信息；$(\boldsymbol{G}_u,\boldsymbol{u})$ 表示含有输入的情况；$(\boldsymbol{C}_0,\boldsymbol{Y}_0,\boldsymbol{y}_0)$ 表示如果含有初始状态的量测信息，则被并入对初始状态的估计并返回初始状态的估计值和方差 $\hat{\boldsymbol{x}}_{\mathrm{B},0},\hat{\boldsymbol{P}}_{\mathrm{B},0}$ 。

函数中的 $\bar{\boldsymbol{\lambda}}_{\mathrm{B}},\hat{\boldsymbol{\lambda}}_{\mathrm{B}},\bar{\boldsymbol{S}}_{\mathrm{B}},\hat{\boldsymbol{S}}_{\mathrm{B}},\boldsymbol{y},\boldsymbol{u}$ 都是沿时间的向量序列或矩阵序列。

3) 设计实例

例 6.4.2　考虑一阶离散的 Gauss-Markov 过程和量测方程

$$\boldsymbol{x}_{k+1} = 0.9\boldsymbol{x}_k + \boldsymbol{w}_k, \quad \boldsymbol{y}_k = \boldsymbol{x}_k + \boldsymbol{v}_k$$

其中，过程噪声和量测噪声为零均值白噪声，方差为

$$E[\boldsymbol{w}_k\boldsymbol{w}_k^{\mathrm{T}}] = 0.03^2, \quad E[\boldsymbol{v}_k\boldsymbol{v}_k^{\mathrm{T}}] = 0.1^2, \quad E[\boldsymbol{w}_k\boldsymbol{v}_k^{\mathrm{T}}] = 0$$

初始状态估计及其方差分别为 1 和 0.1^2。取仿真步数为 30，试完成反向信息滤波器的设计和仿真。

解　采用 PIMCSD 工具箱提供的 pim_tdbiflt()和可以完成时变滤波器的设计与仿真。程序代码如表 6.4.2 所示，图 6.4.2 给出了仿真结果。

表 6.4.2　离散系统的反向信息滤波器设计及仿真

```
% data preparation
Ph=.9; Gw=1;
Wd=.03^2; X0=.1^2; x0=1;
Cs=1; Vd=.1^2;
Vd=.1^2; Cf=1; Vf=1e8; yf=0;
C0=1; Y0=.1^2; y0=x0;
Ns=30;     t=[0:Ns];

% Simulation of the Gauss-Markov process
randn('seed',10);
[x,wd,ys,vd]=simdrndp(Ph,Gw,Wd,X0,x0,Ns,Cs,Vd);
%Design and simulation of backward information filte
[lbB,lhB,SbB,ShB,xhB0,PhB0] = pim_tdbiflt(Ph,Gw,Cs,Wd,Vd,ys,Cf,Vf,yf,C0,Y0,y0);
%%%====plot figure====%%%
```

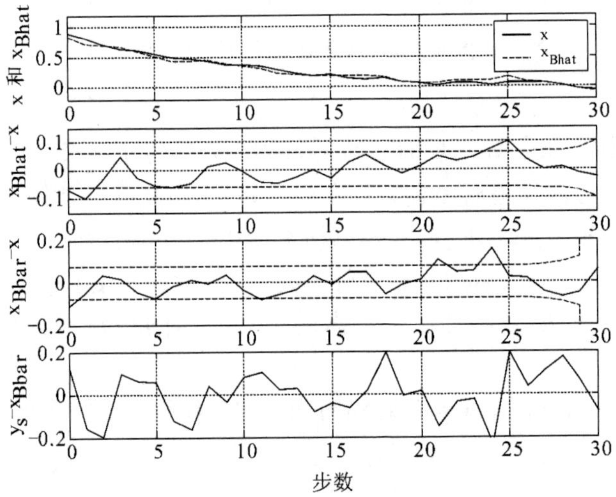

图 6.4.2　离散系统的反向信息滤波器设计及仿真

第 7 章　时变滤波—平滑器

平滑是量测后的“离线(offline)”过程：可以充分利用 t_1 时刻之前和之后的数据对 t_1 时刻的状态和噪声进行估计。平滑器可以通过极小化系统输出和量测误差以及噪声和初始状态估计误差的平方和导出。平滑器可以对系统的初始状态以及噪声历程进行估计。

求解平滑问题的方法主要有批处理算法和递推算法(batch and recursive algorithms)，这里主要介绍几种递推算法。最简单的递推算法可由正向滤波和反向滤波算法构造，其他算法则是利用正向或反向滤波再加相反方向的平滑过程来构造。滤波器设计中提到的方差矩阵或信息矩阵形式都可以应用于平滑算法。具体理论的介绍可以参考 Bryson 专著 *Applied Linear Optimal Control* 第 4 章内容。本章主要讲述在 PIMCSD 工具箱中的实现。

7.1　反向信息滤波—平滑

1. 连续反向信息滤波—平滑

1)　问题描述

考虑下面含噪声状态方程和量测方程，

状态方程：
$$\dot{\boldsymbol{x}} = \boldsymbol{A}\boldsymbol{x} + \boldsymbol{B}_1\boldsymbol{w} + \boldsymbol{B}_2\boldsymbol{u} \tag{7.1.1}$$

量测方程：
$$\boldsymbol{y} = \boldsymbol{C}_y\boldsymbol{x} + \boldsymbol{v} \tag{7.1.2}$$

其中，控制输入 $\boldsymbol{u}$ 已知，过程噪声 $\boldsymbol{w}(t)$ 和量测噪声 $\boldsymbol{v}(t)$ 为相互独立的零均值高斯白噪声，可以描述为，$\boldsymbol{w}(t) = N(0,\boldsymbol{W})$，$\boldsymbol{v}(t) = N(0,\boldsymbol{V})$。也可能含有对初始时刻和终端时刻的量测信息，

$$\boldsymbol{y}_0 = \boldsymbol{C}_0\boldsymbol{x}(0) + \boldsymbol{v}_0 \tag{7.1.2a}$$

$$\boldsymbol{y}_\mathrm{f} = \boldsymbol{C}_\mathrm{f}\boldsymbol{x}(t_\mathrm{f}) + \boldsymbol{v}_\mathrm{f} \tag{7.1.2b}$$

即 $\boldsymbol{C}_0\boldsymbol{x}(0) = N(\boldsymbol{y}_0,\boldsymbol{V}_0)$，$\boldsymbol{C}_\mathrm{f}\boldsymbol{x}(t_\mathrm{f}) = N(\boldsymbol{y}_\mathrm{f},\boldsymbol{V}_\mathrm{f})$。

平滑问题可以一般地描述为上述动力系统的加权平方最小问题：寻找 $\boldsymbol{x}(0)$ 和 $\boldsymbol{w}(t)$ 使下面性能指标最小化，

$$J = \frac{1}{2}\boldsymbol{v}_0^\mathrm{T}\boldsymbol{V}_0^{-1}\boldsymbol{v}_0 + \frac{1}{2}\boldsymbol{v}_\mathrm{f}^\mathrm{T}\boldsymbol{V}_\mathrm{f}^{-1}\boldsymbol{v}_\mathrm{f} + \frac{1}{2}\int_0^{t_\mathrm{f}}\left(\boldsymbol{v}^\mathrm{T}(t)\boldsymbol{V}^{-1}\boldsymbol{v}(t) + \boldsymbol{w}^\mathrm{T}(t)\boldsymbol{W}^{-1}\boldsymbol{w}(t)\right)\mathrm{d}t \tag{7.1.3}$$

上述问题导向 Hamitlton 系统的两点边值问题，可采用扫掠法(sweep method)

求解。其中，反向信息滤波平滑是最有效的平滑算法，该算法在第一个估计过程中需要最小的存储量。整个算法流程可以分为前后两个估计过程：

(1) 通过反向信息滤波得到 $\boldsymbol{w}_{\mathrm{ff}}(t)$ 和 $\boldsymbol{K}(t)$

$$\boldsymbol{w}_{\mathrm{ff}}(t)=\boldsymbol{W}\boldsymbol{B}_w^{\mathrm{T}}\boldsymbol{\lambda}_{\mathrm{B}}(t)\,,\quad \boldsymbol{K}(t)=\boldsymbol{W}\boldsymbol{B}_w^{\mathrm{T}}\boldsymbol{S}_{\mathrm{B}}(t) \tag{7.1.4}$$

其中，$\boldsymbol{S}_{\mathrm{B}}(t)$ 和 $\boldsymbol{\lambda}_{\mathrm{B}}(t)$ 分别是反向信息矩阵和向量，满足微分方程，

$$-\dot{\boldsymbol{S}}_{\mathrm{B}}=\boldsymbol{S}_{\mathrm{B}}\boldsymbol{A}+\boldsymbol{A}^{\mathrm{T}}\boldsymbol{S}_{\mathrm{B}}-\boldsymbol{S}_{\mathrm{B}}^{\mathrm{T}}\boldsymbol{B}_w\boldsymbol{W}\boldsymbol{B}_w^{\mathrm{T}}\boldsymbol{S}_{\mathrm{B}}+\boldsymbol{C}_y^{\mathrm{T}}\boldsymbol{V}^{-1}\boldsymbol{C}_y,\quad \boldsymbol{S}_{\mathrm{B}}(t_{\mathrm{f}})=\boldsymbol{C}_{\mathrm{f}}^{\mathrm{T}}\boldsymbol{V}_{\mathrm{f}}^{-1}\boldsymbol{C}_{\mathrm{f}} \tag{7.1.5}$$

$$-\dot{\boldsymbol{\lambda}}_{\mathrm{B}}=(\boldsymbol{A}-\boldsymbol{B}_w\boldsymbol{W}\boldsymbol{B}_w^{\mathrm{T}}\boldsymbol{S}_{\mathrm{B}})^{\mathrm{T}}\boldsymbol{\lambda}_{\mathrm{B}}+\boldsymbol{C}_y^{\mathrm{T}}\boldsymbol{V}^{-1}\boldsymbol{y},\quad \boldsymbol{\lambda}_{\mathrm{B}}(t_{\mathrm{f}})=\boldsymbol{C}_{\mathrm{f}}^{\mathrm{T}}\boldsymbol{V}_{\mathrm{f}}^{-1}\boldsymbol{y}_{\mathrm{f}} \tag{7.1.6}$$

(2) 正向平滑得到 $\boldsymbol{x}_{\mathrm{s}}(t)$ 和 $\boldsymbol{w}_{\mathrm{s}}(t)$

$$\dot{\boldsymbol{x}}_{\mathrm{s}}=\boldsymbol{A}\boldsymbol{x}_{\mathrm{s}}+\boldsymbol{B}_1\boldsymbol{w}_{\mathrm{s}}+\boldsymbol{B}_2\boldsymbol{u},\quad \boldsymbol{x}(0)=\left(\boldsymbol{S}_{\mathrm{B}}(0)+\boldsymbol{C}_0^{\mathrm{T}}\boldsymbol{V}_0^{-1}\boldsymbol{C}_0\right)^{-1}\left(\boldsymbol{C}_0^{\mathrm{T}}\boldsymbol{V}_0^{-1}\boldsymbol{y}_0+\boldsymbol{\lambda}_{\mathrm{B}}(0)\right) \tag{7.1.7}$$

$$\boldsymbol{w}_{\mathrm{s}}=\boldsymbol{w}_{\mathrm{ff}}(t)-\boldsymbol{K}(t)\boldsymbol{x}(t) \tag{7.1.8}$$

2) PIMCSD 工具箱中的实现

PIMCSD 工具箱提供了连续时间系统反向信息滤波—平滑器的设计和仿真函数 pim_tbiflts()，其调用格式如下：

$[\boldsymbol{x}_{\mathrm{s}},\boldsymbol{w}_{\mathrm{s}},\boldsymbol{K},\boldsymbol{w}_{\mathrm{ff}},\boldsymbol{S}_{\mathrm{B}}]=\text{pim\_tbiflts}(\boldsymbol{A},\boldsymbol{B}_1,\boldsymbol{C}_y,\boldsymbol{W},\boldsymbol{V},\boldsymbol{y},t_{\mathrm{r}},\boldsymbol{C}_{\mathrm{f}},\boldsymbol{V}_{\mathrm{f}},\boldsymbol{y}_{\mathrm{f}})$

$[\boldsymbol{x}_{\mathrm{s}},\boldsymbol{w}_{\mathrm{s}},\boldsymbol{K},\boldsymbol{w}_{\mathrm{ff}},\boldsymbol{S}_{\mathrm{B}}]=\text{pim\_tbiflts}(\boldsymbol{A},\boldsymbol{B}_1,\boldsymbol{C}_y,\boldsymbol{W},\boldsymbol{V},\boldsymbol{y},t_{\mathrm{r}},\boldsymbol{C}_{\mathrm{f}},\boldsymbol{V}_{\mathrm{f}},\boldsymbol{y}_{\mathrm{f}},\boldsymbol{C}_0,\boldsymbol{Y}_0,\boldsymbol{y}_0)$

$[\boldsymbol{x}_{\mathrm{s}},\boldsymbol{w}_{\mathrm{s}},\boldsymbol{K},\boldsymbol{w}_{\mathrm{ff}},\boldsymbol{S}_{\mathrm{B}}]=\text{pim\_tbiflts}(\boldsymbol{A},\boldsymbol{B}_1,\boldsymbol{C}_y,\boldsymbol{W},\boldsymbol{V},\boldsymbol{y},t_{\mathrm{r}},\boldsymbol{C}_{\mathrm{f}},\boldsymbol{V}_{\mathrm{f}},\boldsymbol{y}_{\mathrm{f}},\boldsymbol{B}_2,\boldsymbol{u})$

$[\boldsymbol{x}_{\mathrm{s}},\boldsymbol{w}_{\mathrm{s}},\boldsymbol{K},\boldsymbol{w}_{\mathrm{ff}},\boldsymbol{S}_{\mathrm{B}}]=\text{pim\_tbiflts}(\boldsymbol{A},\boldsymbol{B}_1,\boldsymbol{C}_y,\boldsymbol{W},\boldsymbol{V},\boldsymbol{y},t_{\mathrm{r}},\boldsymbol{C}_{\mathrm{f}},\boldsymbol{V}_{\mathrm{f}},\boldsymbol{y}_{\mathrm{f}},\boldsymbol{C}_0,\boldsymbol{Y}_0,\boldsymbol{y}_0,\boldsymbol{B}_2,\boldsymbol{u})$

参数简单说明：

返回参数 $\boldsymbol{x}_{\mathrm{s}},\boldsymbol{w}_{\mathrm{s}},\boldsymbol{K},\boldsymbol{w}_{\mathrm{ff}},\boldsymbol{S}_{\mathrm{B}}$ 都是随时间变化的向量或矩阵序列，对应的时间序列由输入参数 t_{r} 指定，如式(7.1.4)~(7.1.8)所示。

输入参数中 $\boldsymbol{y}$ 和 $\boldsymbol{u}$ 是随时间变化的向量序列：$\boldsymbol{y}$ 是量测向量序列，行数为 n_y 或 n_y+1（n_y 表示量测的纬数)。若为 n_y，其列数为 t_{r} 的长度，即 $\boldsymbol{y}$ 时间序列与 t_{r} 相对应；若为 n_y+1，$\boldsymbol{y}$ 的第一行数据存放量测的时间序列，后面的 n_y 存放与时间序列对应的量测向量。同样，输入 $\boldsymbol{u}$ 的向量序列类似存放。$\boldsymbol{A}$ 和 $\boldsymbol{B}_1,\boldsymbol{B}_2$ 是式(7.1.1)中的系统矩阵；$\boldsymbol{W}$ 和 $\boldsymbol{V}$ 是过程噪声和量测噪声的方差；$\boldsymbol{C}_{\mathrm{f}},\boldsymbol{V}_{\mathrm{f}},\boldsymbol{y}_{\mathrm{f}}$ 和 $\boldsymbol{C}_0,\boldsymbol{Y}_0,\boldsymbol{y}_0$ 分别与式(7.1.2a,b)中终端时刻和初始时刻的量测估计相对应。

3) 设计实例

例 7.1.1　考虑下面的一阶动态系统系统

$$\dot{x}=-x+w,\quad y=x+v$$

其中，过程噪声和量测噪声为相互独立的零均值高斯白噪声，试完成系统仿真以及反向信息滤波平滑的数值实验。

解 利用 PIMCSD 工具箱，首先调用函数 simcrndp()完成随机过程的仿真，然后调用 pim_tbiflts()完成反向滤波信息—平滑的设计与仿真，并调用函数 pim_tkalm()和 pim_simtkalm()完成时变 Kalman 滤波的设计与仿真，比较二者效果。程序代码如表 7.1.1 所示，数值实验结果如图 7.1.1 所示。图例显示，平滑解更好地逼近真实值。

表 7.1.1 连续系统的反向信息滤波—平滑器设计及仿真

```
% data preparation
A=-1; Bw=1;
Wd=.3^2; X0=.2^2; x0=1;
Cs=1; Vd=.2^2;
tf=3;    Ns=60; tol=1e-3; Ts=tf/Ns;
V=2*Vd*Ts; W=2*Wd*Ts;
ts = 0:Ts:tf;   tr = 0:Ts/1:tf;
% Simulation of the Gauss-Markov process
randn('seed',1);
[x,w,ys,vs]=simcrndp(A,Bw,Wd,X0,x0,ts,Cs,Vd);
C0=1; Cf=1; Vf=.2^2;   yf=x(end)+sqrt(Vf)*randn(1,1);
% Design and Simulation of time-varying backward information filter-smoother
[xs,ws,K, wff] = pim_tbiflts(A,Bw,Cs,W,V,[ts;ys],tr,Cf,Vf,yf,C0,X0,x0);
% Design and Simulation of time-varying Kalman filter
[L_t, P_t, PHI_t, Rqy_t] = pim_tkalm(A,Bw,Cs,W,V,0,X0,ts,1);
xh=pim_simtkalm(PHI_t, Rqy_t, x0,ts,ys,1);
%%%===plot figure===%%%
```

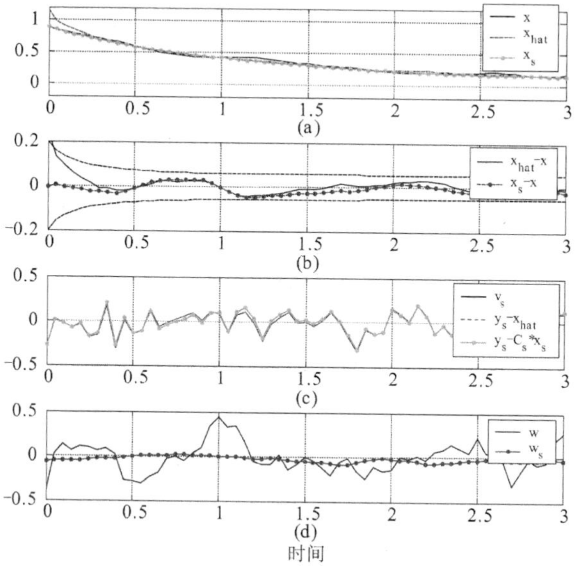

图 7.1.1 连续系统的反向信息滤波—平滑器设计及仿真

(a) 真实值、滤波值和平滑值；(b) 滤波和平滑的状态误差；

(c) 滤波和平滑的量测误差；(d) 过程噪声和平滑估计值

2. 离散反向信息滤波—平滑

1) 问题描述

考虑下面含噪声状态方程和量测方程，

状态方程：
$$\boldsymbol{x}_{k+1}=\boldsymbol{\Phi}\boldsymbol{x}_k+\boldsymbol{G}_w\boldsymbol{w}_k+\boldsymbol{G}_u\boldsymbol{u}_k \tag{7.1.9}$$

量测方程：
$$\boldsymbol{y}_k=\boldsymbol{C}_y\boldsymbol{x}_k+\boldsymbol{v}_k \tag{7.1.10}$$

其中，控制输入 $\boldsymbol{u}_k$ 已知，过程噪声 $\boldsymbol{w}_k$ 和量测噪声 $\boldsymbol{v}_k$ 为相互独立的零均值高斯白噪声，可以描述为 $\boldsymbol{w}_k=N(0,\boldsymbol{W}_{\rm d})$ ，$\boldsymbol{v}_k=N(0,\boldsymbol{V}_{\rm d})$ 。也可能含有对初始时刻和终端时刻的量测信息，

$$\boldsymbol{y}_0=\boldsymbol{C}_0\boldsymbol{x}_0+\boldsymbol{v}_0 \tag{7.1.10a}$$

$$\boldsymbol{y}_{\rm f}=\boldsymbol{C}_{\rm f}\boldsymbol{x}_{N_{\rm s}}+\boldsymbol{v}_{\rm f} \tag{7.1.10b}$$

即 $\boldsymbol{C}_0\boldsymbol{x}_0=N(\boldsymbol{y}_0,\boldsymbol{V}_0)$ ，$\boldsymbol{C}_{\rm f}\boldsymbol{x}_{N_{\rm s}}=N(\boldsymbol{y}_{\rm f},\boldsymbol{V}_{\rm f})$ 。

平滑问题可以一般地描述为上述离散动力系统的加权平方最小问题：寻找 $\boldsymbol{x}_0$ 和 $\boldsymbol{w}_k$ 使下面性能指标最小化，

$$J=\frac{1}{2}\boldsymbol{v}_0^{\rm T}\boldsymbol{V}_0^{-1}\boldsymbol{v}_0+\frac{1}{2}\boldsymbol{v}_{\rm f}^{\rm T}\boldsymbol{V}_{\rm f}^{-1}\boldsymbol{v}_{\rm f}+\frac{1}{2}\sum_{k=0}^{N_{\rm s}}\boldsymbol{v}_k^{\rm T}\boldsymbol{V}_{\rm d}^{-1}\boldsymbol{v}_k+\frac{1}{2}\sum_{k=0}^{N_{\rm s}-1}\boldsymbol{w}_k^{\rm T}\boldsymbol{W}_{\rm d}^{-1}\boldsymbol{w}_k \tag{7.1.11}$$

上述提法在统计上的解释：$\exp(-J)$ 正比于离散 Gauss-Markov 随机过程的似然函数，只要该离散随机过程满足：$[\boldsymbol{w}_k,\boldsymbol{v}_k]$ 是采样自独立的高斯、零均值、方差为 $[\boldsymbol{W}_{\rm d},\boldsymbol{V}_{\rm d}]$ 的纯随机序列，$[\boldsymbol{y}_0,\boldsymbol{y}_{\rm f}]$ 是采样自独立的高斯、零均值、方差为 $[\boldsymbol{V}_0,\boldsymbol{V}_{\rm f}]$ 的纯随机序列。

利用离散变分原理，平滑问题(7.1.9)~(7.1.11)可以导向一组差分方程的两点边值问题。该两点边值问题可以通过扫掠法求解。

反向信息滤波—平滑算法在第一个估计过程中需要最小的存储量，是极为有效的一种平滑算法。算法流程分可为反向信息滤波和正向平滑求解两部分。

(1) 通过反向信息滤波得到 $\boldsymbol{K}$ 和 $\boldsymbol{w}_{\rm ff}$

引入反向信息向量 $\boldsymbol{\lambda}_{\rm B}$ 和矩阵 $\boldsymbol{S}_{\rm B}$ ，反向的时间更新(time downdate)为

$$\overline{\boldsymbol{S}}_{{\rm B},k}=\boldsymbol{Z}_{xx}-\boldsymbol{Z}_{xw}\boldsymbol{Z}_{ww}^{-1}\boldsymbol{Z}_{xw}^{\rm T},\quad \overline{\boldsymbol{\lambda}}_{{\rm B},k}=\left(\boldsymbol{\Phi}^{\rm T}-\boldsymbol{Z}_{xw}\boldsymbol{Z}_{ww}^{-1}\boldsymbol{G}_w^{\rm T}\right)\boldsymbol{\lambda}_{{\rm B},k+1} \tag{7.1.12}$$

其中，$\boldsymbol{Z}_{xx}=\boldsymbol{\Phi}^{\rm T}\boldsymbol{S}_{{\rm B},k+1}\boldsymbol{\Phi}$，$\boldsymbol{Z}_{xw}=\boldsymbol{\Phi}^{\rm T}\boldsymbol{S}_{{\rm B},k+1}\boldsymbol{G}_w$，$\boldsymbol{Z}_{ww}=\boldsymbol{W}_{\rm d}^{-1}+\boldsymbol{G}_w^{\rm T}\boldsymbol{S}_{{\rm B},k+1}\boldsymbol{G}_w$ 。

反向的量测更新(measurement downdate)为

$$\boldsymbol{S}_{{\rm B},k}=\overline{\boldsymbol{S}}_{{\rm B},k}+\boldsymbol{C}_y^{\rm T}\boldsymbol{V}_{\rm d}^{-1}\boldsymbol{C}_y,\quad \boldsymbol{\lambda}_{{\rm B},k}=\overline{\boldsymbol{\lambda}}_{{\rm B},k}+\boldsymbol{C}_y^{\rm T}\boldsymbol{V}_{\rm d}^{-1}\boldsymbol{y}_k \tag{7.1.13}$$

其中，反向递推的边界条件为

$$\boldsymbol{S}_{\mathrm{B},N_\mathrm{s}}=\boldsymbol{C}_\mathrm{f}^\mathrm{T}\boldsymbol{V}_\mathrm{f}^{-1}\boldsymbol{C}_\mathrm{f},\quad \boldsymbol{\lambda}_{\mathrm{B},N_\mathrm{s}}=\boldsymbol{C}_\mathrm{f}^\mathrm{T}\boldsymbol{V}_\mathrm{f}^{-1}\boldsymbol{y}_\mathrm{f} \tag{7.1.13a}$$

而 $\boldsymbol{K}$ 和 $\boldsymbol{w}_\mathrm{ff}$ 则可以由 $\boldsymbol{\lambda}_\mathrm{B}$ 和矩阵 $\boldsymbol{S}_\mathrm{B}$ 得到，如下：

$$\boldsymbol{w}_{\mathrm{ff},k}=\boldsymbol{Z}_{ww}^{-1}\boldsymbol{G}_w^\mathrm{T}\boldsymbol{\lambda}_{\mathrm{B},k+1},\quad \boldsymbol{K}_k=\boldsymbol{Z}_{ww}^{-1}\boldsymbol{Z}_{xw}^\mathrm{T} \tag{7.1.14}$$

(2) 正向平滑得到 $\boldsymbol{x}_{\mathrm{s},k}$ 和 $\boldsymbol{w}_{\mathrm{s},k}$

$$\boldsymbol{x}_{\mathrm{s},k+1}=\boldsymbol{\Phi}\boldsymbol{x}_{\mathrm{s},k}+\boldsymbol{G}_w\boldsymbol{w}_{\mathrm{s},k}+\boldsymbol{G}_u\boldsymbol{u}_k \tag{7.1.15}$$

$$\boldsymbol{w}_{\mathrm{s},k}=\boldsymbol{w}_{\mathrm{ff},k}-\boldsymbol{K}_k\boldsymbol{x}_{\mathrm{s},k} \tag{7.1.16}$$

其中，$\boldsymbol{x}_{\mathrm{s},0}=\left(\boldsymbol{S}_{\mathrm{B},0}+\boldsymbol{C}_0^\mathrm{T}\boldsymbol{V}_0^{-1}\boldsymbol{C}_0\right)^{-1}\left(\boldsymbol{\lambda}_{\mathrm{B},0}+\boldsymbol{C}_0^\mathrm{T}\boldsymbol{V}_0^{-1}\boldsymbol{y}_0\right)$。方程(7.1.15)和(7.1.16)在正向递推过程中总是稳定的。

2) PIMCSD 工具箱中的实现

PIMCSD 工具箱提供了离散时间系统的反向信息滤波—平滑器的设计与仿真函数 pim_tdbiflts()，其调用格式如下：

$[\boldsymbol{x}_\mathrm{s},\boldsymbol{w}_\mathrm{s},\boldsymbol{v}_\mathrm{s},\boldsymbol{K},\boldsymbol{w}_\mathrm{ff}]=$ pim_tdbiflts($\boldsymbol{\Phi},\boldsymbol{G}_w,\boldsymbol{C}_y,\boldsymbol{W}_\mathrm{d},\boldsymbol{V}_\mathrm{d},\boldsymbol{y},\boldsymbol{C}_\mathrm{f},\boldsymbol{V}_\mathrm{f},\boldsymbol{y}_\mathrm{f}$)

$[\boldsymbol{x}_\mathrm{s},\boldsymbol{w}_\mathrm{s},\boldsymbol{v}_\mathrm{s},\boldsymbol{K},\boldsymbol{w}_\mathrm{ff}]=$ pim_tdbiflts($\boldsymbol{\Phi},\boldsymbol{G}_w,\boldsymbol{C}_y,\boldsymbol{W}_\mathrm{d},\boldsymbol{V}_\mathrm{d},\boldsymbol{y},\boldsymbol{C}_\mathrm{f},\boldsymbol{V}_\mathrm{f},\boldsymbol{y}_\mathrm{f},\boldsymbol{C}_0,\boldsymbol{V}_0,\boldsymbol{y}_0$)

$[\boldsymbol{x}_\mathrm{s},\boldsymbol{w}_\mathrm{s},\boldsymbol{v}_\mathrm{s},\boldsymbol{K},\boldsymbol{w}_\mathrm{ff}]=$ pim_tdbiflts($\boldsymbol{\Phi},\boldsymbol{G}_w,\boldsymbol{C}_y,\boldsymbol{W}_\mathrm{d},\boldsymbol{V}_\mathrm{d},\boldsymbol{y},\boldsymbol{C}_\mathrm{f},\boldsymbol{V}_\mathrm{f},\boldsymbol{y}_\mathrm{f},\boldsymbol{G}_u,\boldsymbol{u}$)

$[\boldsymbol{x}_\mathrm{s},\boldsymbol{w}_\mathrm{s},\boldsymbol{v}_\mathrm{s},\boldsymbol{K},\boldsymbol{w}_\mathrm{ff}]=$ pim_tdbiflts($\boldsymbol{\Phi},\boldsymbol{G}_w,\boldsymbol{C}_y,\boldsymbol{W}_\mathrm{d},\boldsymbol{V}_\mathrm{d},\boldsymbol{y},\boldsymbol{C}_\mathrm{f},\boldsymbol{V}_\mathrm{f},\boldsymbol{y}_\mathrm{f},\boldsymbol{C}_0,\boldsymbol{V}_0,\boldsymbol{y}_0,\boldsymbol{G}_u,\boldsymbol{u}$)

参数简单说明：

返回参数中 $\boldsymbol{x}_\mathrm{s},\boldsymbol{w}_\mathrm{s},\boldsymbol{v}_\mathrm{s}$ 分别是平滑的状态、过程噪声、量测噪声序列；$\boldsymbol{K}$ 是反馈增益矩阵序列；$\boldsymbol{w}_\mathrm{ff}$ 是前馈信号序列。它们都是沿时间的向量序列或矩阵序列，最后一维长度为时间序列的格点数，即 $N_\mathrm{s}+1$。

输入参数中 $\boldsymbol{\Phi},\boldsymbol{G}_w,\boldsymbol{G}_u,\boldsymbol{C}_y$ 对应系统方程(7.1.9)和量测方程(7.1.10)中的矩阵；$\boldsymbol{W}_\mathrm{d}$ 和 $\boldsymbol{V}_\mathrm{d}$ 是过程噪声和量测噪声的方差；$\boldsymbol{C}_0,\boldsymbol{V}_0,\boldsymbol{y}_0$ 和 $\boldsymbol{C}_\mathrm{f},\boldsymbol{V}_\mathrm{f},\boldsymbol{y}_\mathrm{f}$ 是对初始时刻和终端时刻的量测信息，如式(7.1.10a,b)所示；$\boldsymbol{y}$ 和 $\boldsymbol{u}$ 分别是已知的量测序列和输入序列。

3) 设计实例

例 7.1.2 考虑下面的一阶离散动态系统系统

$$\boldsymbol{x}_{k+1}=0.9\boldsymbol{x}_k+\boldsymbol{w}_k,\quad \boldsymbol{y}_k=\boldsymbol{x}_k+\boldsymbol{v}_k$$

其中，过程噪声和量测噪声为相互独立的零均值高斯白噪声，试完成系统仿真以及反向信息滤波平滑的数值实验。

解 利用 PIMCSD 工具箱，首先调用函数 simcrndp()完成随机过程的仿真，然后调用 pim_tdbiflts()完成反向滤波信息—平滑的设计与仿真，并调用函数 pim_tdkalm()和 pim_simtdkalm()完成 Kalman 滤波的设计与仿真，比较二者效果。

程序代码如表 7.1.2 所示，数值实验结果如图 7.1.2 所示。图例显示平滑解更好地逼近真实值。

表 7.1.2 离散系统的反向信息滤波—平滑器设计及仿真

```
% data preparation
Ph=.9; Gw=1;
Wd=.03^2; X0=.1^2; x0=1;
Cs=1; Vd=.1^2;
Ns=30; t=[0:Ns];
% Simulation of the Gauss-Markov process
randn('seed',3);
[x,wd,ys,vs]=simdrndp(Ph,Gw,Wd,X0,x0,Ns,Cs,Vd);
C0=1; Cf=1; Vf=Vd; yf=x(Ns+1)+sqrt(Vf)*randn(1,1);
% Design and Simulation of time-varying backward information filter-smoother
[xs,ws,vss,Kd, wff] = pim_tdbiflts(Ph,Gw,Cs,Wd,Vd,ys,Cf,Vf,yf,C0,X0,x0);
% Design and Simulation of time-varying Kalman filte
[Lb_t,Pb_t,Lh_t,Ph_t] = pim_tdkalm(Ph,Gw,Cs,Wd,Vd,0,X0,Ns);
[xb,xh] = pim_simtdkalm(Lb_t,Lh_t,Ph,Cs,x0,ys);
%%%===plot figure===%%%
```

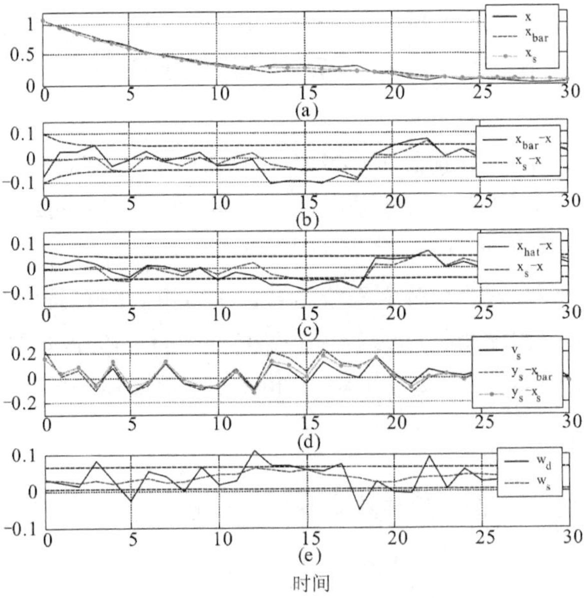

图 7.1.2 离散系统的反向信息滤波—平滑器设计及仿真

(a) 真实值、滤波值和平滑值； (b) 验前估计误差和平滑误差； (c) 验后估计误差和平滑误差；

(d) 滤波和平滑的量测误差； (e) 过程噪声和平滑估计值

7.2　正向—反向信息滤波—平滑

1. 连续正向—反向信息滤波—平滑

1)　问题描述

所谓正向—反向信息滤波—平滑器，就是对于含噪声的随机系统(7.1.1)~(7.1.3)，对称的使用正向信息滤波和反向信息滤波来进行平滑，这种算法虽然需要更多的存储量——正向和反向信息向量和矩阵都需要存储，但是可以同时给出平滑状态和噪声的估计方差，这是其优越之处。

平滑的状态 $\boldsymbol{x}_{\mathrm{s}}(t)$ 及其信息矩阵 $\boldsymbol{S}_{\mathrm{s}}(t)$ 从两个独立的估计过程得到：①利用正向信息滤波从量测 $\boldsymbol{y}(t_1)$ 数据(当 $t_1\in[0,t)$ 时)得到 $\boldsymbol{\lambda}_{\mathrm{F}}(t)$ 和 $\boldsymbol{S}_{\mathrm{F}}(t)$；②利用反向信息滤波从量测 $\boldsymbol{y}(t_2)$ 数据(当 $t_2\in(t,t_{\mathrm{f}}]$ 时)得到 $\boldsymbol{\lambda}_{\mathrm{B}}(t)$ 和 $\boldsymbol{S}_{\mathrm{B}}(t)$。然后组合得到平滑值。

平滑的状态 $\boldsymbol{x}_{\mathrm{s}}(t)$、信息矩阵 $\boldsymbol{S}_{\mathrm{s}}(t)$，以及噪声平滑值 $\boldsymbol{w}_{\mathrm{s}}(t)$ 可通过组合得到，

$$\boldsymbol{S}_{\mathrm{s}}(t)=\boldsymbol{S}_{\mathrm{F}}(t)+\boldsymbol{S}_{\mathrm{B}}(t) \tag{7.2.1}$$

$$\boldsymbol{x}_{\mathrm{s}}(t)=\boldsymbol{S}_{\mathrm{s}}^{-1}(t)\left(\boldsymbol{\lambda}_{\mathrm{F}}(t)+\boldsymbol{\lambda}_{\mathrm{B}}(t)\right) \tag{7.2.2}$$

$$\boldsymbol{w}_{\mathrm{s}}(t)=-\boldsymbol{W}\boldsymbol{B}_1^{\mathrm{T}}\left(\boldsymbol{S}_{\mathrm{B}}\boldsymbol{x}_{\mathrm{s}}-\boldsymbol{\lambda}_{\mathrm{B}}\right)\equiv-\boldsymbol{W}\boldsymbol{B}_1^{\mathrm{T}}\left(\boldsymbol{S}_{\mathrm{F}}\boldsymbol{x}_{\mathrm{s}}-\boldsymbol{\lambda}_{\mathrm{F}}\right) \tag{7.2.3}$$

2)　PIMCSD 工具箱中的实现

PIMCSD 工具箱提供了连续时间系统正向—反向信息滤波—平滑器设计与仿真的函数 pim_tfbiflts()，其调用格式如下：

$$[\boldsymbol{x}_{\mathrm{s}},\boldsymbol{w}_{\mathrm{s}},\boldsymbol{P}_{\mathrm{s}}]=\text{pim\_tfbiflts}(\boldsymbol{A},\boldsymbol{B}_1,\boldsymbol{C}_y,\boldsymbol{W},\boldsymbol{V},\boldsymbol{y},t_{\mathrm{r}},\boldsymbol{C}_{\mathrm{f}},\boldsymbol{V}_{\mathrm{f}},\boldsymbol{y}_{\mathrm{f}},\boldsymbol{C}_0,\boldsymbol{V}_0,\boldsymbol{y}_0)$$

$$[\boldsymbol{x}_{\mathrm{s}},\boldsymbol{w}_{\mathrm{s}},\boldsymbol{P}_{\mathrm{s}}]=\text{pim\_tfbiflts}(\boldsymbol{A},\boldsymbol{B}_1,\boldsymbol{C}_y,\boldsymbol{W},\boldsymbol{V},\boldsymbol{y},t_{\mathrm{r}},\boldsymbol{C}_{\mathrm{f}},\boldsymbol{V}_{\mathrm{f}},\boldsymbol{y}_{\mathrm{f}},\boldsymbol{C}_0,\boldsymbol{V}_0,\boldsymbol{y}_0,\boldsymbol{B}_2,\boldsymbol{u})$$

参数简单说明：

返回参数中 $\boldsymbol{x}_{\mathrm{s}}$ 和 $\boldsymbol{w}_{\mathrm{s}}$ 分别是平滑的状态和过程噪声序列；$\boldsymbol{P}_{\mathrm{s}}$ 是状态估计的方差序列($\boldsymbol{P}_{\mathrm{s}}=\boldsymbol{S}_{\mathrm{s}}^{-1}(t)$)，如式(7.2.1)~(7.2.3)所示。它们都是沿时间的向量序列或矩阵序列，最后一维的长度为时间序列的格点数，由指定时间序列 t_{r} 的长度确定。

输入参数中 $\boldsymbol{y}$ 和 $\boldsymbol{u}$ 是随时间变化的向量序列：$\boldsymbol{y}$ 是量测向量序列，行数为 n_y 或 n_y+1(n_y 表示量测的维数)。若为 n_y，其列数为 t_{r} 的长度，即 $\boldsymbol{y}$ 时间序列与 t_{r} 相对应；若为 n_y+1，$\boldsymbol{y}$ 的第一行数据存放量测的时间序列，后面的 n_y 存放与时间序列对应的量测向量。同样，输入 $\boldsymbol{u}$ 的向量序列类似存放。$\boldsymbol{A}$ 和 $\boldsymbol{B}_1,\boldsymbol{B}_2$ 是式(7.1.1)中的系统矩阵；$\boldsymbol{W}$ 和 $\boldsymbol{V}$ 是过程噪声和量测噪声的方差；$\boldsymbol{C}_{\mathrm{f}},\boldsymbol{V}_{\mathrm{f}},\boldsymbol{y}_{\mathrm{f}}$ 和 $\boldsymbol{C}_0,\boldsymbol{Y}_0,\boldsymbol{y}_0$ 分别与式(7.1.2a,b)中终端时刻和初始时刻的量测估计相对应。

3) 设计实例

例 7.2.1 考虑下面的一阶动态系统系统

$$\dot{x} = -x + w, \quad y = x + v$$

其中，过程噪声和量测噪声为相互独立的零均值高斯白噪声，试完成系统仿真以及反向信息滤波平滑的数值实验。

解 利用 PIMCSD 工具箱，首先调用函数 simcrndp()完成随机过程的仿真，然后调用 pim_tfbiflts()完成正向—反向滤波信息—平滑的设计与仿真，并调用函数 pim_tkalm()和 pim_simtkalm()完成时变 Kalman 滤波的设计与仿真，比较二者效果。程序代码如表 7.2.1 所示，数值实验结果如图 7.2.1 所示。图例显示平滑解更好地逼近真实值。

表 7.2.1 连续系统的正向—反向信息滤波—平滑器设计及仿真

```
% data preparation
A=-1; Bw=1;
Wd=.3^2; X0=.2^2; x0=1;
Cs=1; Vd=.2^2;
tf=3; Ns=60;    tol=1e-3; Ts=tf/Ns;
V=2*Vd*Ts; W=2*Wd*Ts; % V=Vd*Ts; W=Wd*Ts; %
ts = 0:Ts:tf;     tr = 0 : Ts/1 : tf;
% Simulation of the Gauss-Markov process
randn('seed',1);
[x,w,ys,vs]=simcrndp(A,Bw,Wd,X0,x0,ts,Cs,Vd);
C0=1; Cf=1; Vf=.2^2;    yf=x(end)+sqrt(Vf)*randn(1,1);
% Design and Simulation of time-varying forward-backward information filter-smoother
[xs,ws,Ps_t] = pim_tfbiflts(A,Bw,Cs,W,V,[ts;ys],tr,Cf,Vf,yf,C0,X0,x0);
% Design and Simulation of time-varying Kalman filter
[L_t,P_t, PHI_t, Rqy_t] = pim_tkalm(A,Bw,Cs,W,V,0,X0,ts,1);
xh=pim_simtkalm(PHI_t, Rqy_t, x0,ts,ys,1);
%%%===plot figure===%%%
```

2. 离散正向—反向信息滤波—平滑

1) 问题描述

所谓正向—反向信息滤波—平滑器，就是对于含噪声的离散随机系统式(7.1.9)~(7.1.11)，对称的使用正向信息滤波和反向信息滤波来进行平滑，这种算法虽然需要更多的存储量——正向和反向信息向量和矩阵都需要存储，但是可以同时给出平滑状态和噪声的估计方差，这是其优越之处。

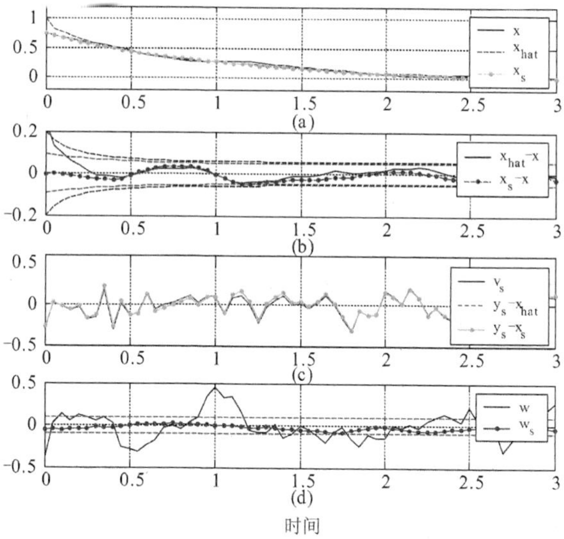

图 7.2.1　连续系统的反向信息滤波—平滑器设计及仿真

(a) 真实值、滤波值和平滑值；　(b) 滤波和平滑的状态误差；

(c) 滤波和平滑的量测误差；　(d) 过程噪声和平滑估计值

平滑的状态 $\boldsymbol{x}_{\mathrm{s},k}$ 及其信息矩阵 $\boldsymbol{S}_{\mathrm{s},k}$ 从两个独立的估计过程得到：(1)利用正向信息滤波从量测序列 $\boldsymbol{y}_i(i=0,1,\cdots,k-1)$ 得到 $\overline{\boldsymbol{x}}_{\mathrm{F},k},\overline{\boldsymbol{S}}_{\mathrm{F},k}$；(2)利用反向信息滤波从量测序列 $\boldsymbol{y}_i(i=N_{\mathrm{s}},N_{\mathrm{s}-1},\cdots,k)$ 得到 $\hat{\boldsymbol{x}}_{\mathrm{B},k},\hat{\boldsymbol{S}}_{\mathrm{B},k}$。

那么状态的平滑估计值 $\boldsymbol{x}_{\mathrm{s},k}$ 和方差 $\boldsymbol{P}_{\mathrm{s},k}$ 为

$$\boldsymbol{x}_{\mathrm{s},k}=\boldsymbol{P}_{\mathrm{s},k}\left(\overline{\boldsymbol{\lambda}}_{\mathrm{F},k}+\hat{\boldsymbol{\lambda}}_{\mathrm{B},k}\right),\quad \boldsymbol{P}_{\mathrm{s},k}=\boldsymbol{S}_{\mathrm{s},k}^{-1} \tag{7.2.4}$$

其中，

$$\boldsymbol{S}_{\mathrm{s},k}\overset{\mathrm{def}}{=\!=}\overline{\boldsymbol{S}}_{\mathrm{F},k}+\hat{\boldsymbol{S}}_{\mathrm{B},k},\quad \overline{\boldsymbol{\lambda}}_{\mathrm{F},k}\overset{\mathrm{def}}{=\!=}\overline{\boldsymbol{S}}_{\mathrm{F},k}\overline{\boldsymbol{x}}_{\mathrm{F},k},\quad \hat{\boldsymbol{\lambda}}_{\mathrm{B},k}\overset{\mathrm{def}}{=\!=}\hat{\boldsymbol{S}}_{\mathrm{B},k}\hat{\boldsymbol{x}}_{\mathrm{B},k} \tag{7.2.4a}$$

关于过程噪声的平滑估计 $\boldsymbol{w}_{\mathrm{s},k}$，及其方差 $\boldsymbol{W}_{\mathrm{s},k}$ 为

$$\boldsymbol{w}_{\mathrm{s},k}=\boldsymbol{W}_{\mathrm{d}}\boldsymbol{G}_w^{\mathrm{T}}\left(\hat{\boldsymbol{\lambda}}_{\mathrm{B},k+1}-\hat{\boldsymbol{S}}_{\mathrm{B},k+1}\boldsymbol{x}_{\mathrm{s},k+1}\right) \tag{7.2.5}$$

$$\boldsymbol{W}_{\mathrm{s},k}=\left(\boldsymbol{Z}_{ww}-\boldsymbol{Z}_{xw}^{\mathrm{T}}(\boldsymbol{Z}_{xx}+\hat{\boldsymbol{S}}_{\mathrm{F},k})^{-1}\boldsymbol{Z}_{xw}\right)^{-1} \tag{7.2.6}$$

其中，$\boldsymbol{Z}_{xx}=\boldsymbol{\Phi}^{\mathrm{T}}\boldsymbol{S}_{\mathrm{B},k+1}\boldsymbol{\Phi}$，$\boldsymbol{Z}_{xw}=\boldsymbol{\Phi}^{\mathrm{T}}\boldsymbol{S}_{\mathrm{B},k+1}\boldsymbol{G}_w$，$\boldsymbol{Z}_{ww}=\boldsymbol{W}_{\mathrm{d}}^{-1}+\boldsymbol{G}_w^{\mathrm{T}}\boldsymbol{S}_{\mathrm{B},k+1}\boldsymbol{G}_w$。

2) PIMCSD 工具箱中的实现

PIMCSD 工具箱提供了离散时间正向—反向信息滤波—平滑器设计与仿真的函数 pim_tdfbiflts()，其调用格式如下：

$$[\boldsymbol{x}_{\mathrm{s}},\boldsymbol{w}_{\mathrm{s}},\boldsymbol{v}_{\mathrm{s}},\boldsymbol{P}_{\mathrm{s},x},\boldsymbol{P}_{\mathrm{s},w},\boldsymbol{P}_{\mathrm{s},v}]=\mathrm{pim\_tdfbiflts}(\boldsymbol{\Phi},\boldsymbol{G}_w,\boldsymbol{C}_y,\boldsymbol{W}_{\mathrm{d}},\boldsymbol{V}_{\mathrm{d}},\boldsymbol{y},\boldsymbol{C}_{\mathrm{f}},\boldsymbol{V}_{\mathrm{f}},\boldsymbol{y}_{\mathrm{f}},\boldsymbol{C}_0,\boldsymbol{V}_0,\boldsymbol{y}_0)$$

$$[\boldsymbol{x}_{\mathrm{s}},\boldsymbol{w}_{\mathrm{s}},\boldsymbol{v}_{\mathrm{s}},\boldsymbol{P}_{\mathrm{s},x},\boldsymbol{P}_{\mathrm{s},w},\boldsymbol{P}_{\mathrm{s},v}]=\mathrm{pim\_tdfbiflts}(\boldsymbol{\Phi},\boldsymbol{G}_w,\boldsymbol{C}_y,\boldsymbol{W}_{\mathrm{d}},\boldsymbol{V}_{\mathrm{d}},\boldsymbol{y},\boldsymbol{C}_{\mathrm{f}},\boldsymbol{V}_{\mathrm{f}},\boldsymbol{y}_{\mathrm{f}},\boldsymbol{C}_0,\boldsymbol{V}_0,\boldsymbol{y}_0,\boldsymbol{G}_u,\boldsymbol{u})$$

参数简单说明：

返回参数中 $\boldsymbol{x}_{\mathrm{s}},\boldsymbol{w}_{\mathrm{s}},\boldsymbol{v}_{\mathrm{s}}$ 分别是平滑的状态、过程噪声、量测噪声序列；$\boldsymbol{P}_{\mathrm{s},x},\boldsymbol{P}_{\mathrm{s},w},\boldsymbol{P}_{\mathrm{s},v}$ 分别时平滑估计的状态方差、过程噪声方差和量测噪声序列。它们都是沿时间的向量序列或矩阵序列，最后一维长度为时间的点数，即 $N_{\mathrm{s}}+1$。

输入参数中 $\boldsymbol{\Phi},\boldsymbol{G}_w,\boldsymbol{G}_u,\boldsymbol{C}_y$ 对应系统方程(7.1.9)和量测方程(7.1.10)中的矩阵；$\boldsymbol{W}_{\mathrm{d}}$ 和 $\boldsymbol{V}_{\mathrm{d}}$ 是过程噪声和量测噪声的方差；$\boldsymbol{C}_0,\boldsymbol{V}_0,\boldsymbol{y}_0$ 和 $\boldsymbol{C}_{\mathrm{f}},\boldsymbol{V}_{\mathrm{f}},\boldsymbol{y}_{\mathrm{f}}$ 是对初始时刻和终端时刻的量测信息，如式(7.1.10a,b)所示；$\boldsymbol{y}$ 和 $\boldsymbol{u}$ 分别是已知的量测序列和输入序列。

3) 设计实例

例 7.2.2　考虑下面的一阶离散动态系统系统

$$\boldsymbol{x}_{k+1}=0.9\boldsymbol{x}_k+\boldsymbol{w}_k,\quad \boldsymbol{y}_k=\boldsymbol{x}_k+\boldsymbol{v}_k$$

其中，过程噪声和量测噪声为相互独立的零均值高斯白噪声，试完成系统仿真以及正向—反向信息滤波—平滑的数值实验。

解　利用 PIMCSD 工具箱，首先调用函数 simcrndp()完成随机过程的仿真，然后调用 pim_tdfbiflts()完成反向滤波信息—平滑的设计与仿真，并调用函数 pim_tdkalm()和 pim_simtdkalm()完成 Kalman 滤波的设计与仿真，比较二者效果。程序代码如表 7.2.2 所示，数值实验结果如图 7.2.2 所示。图例显示，平滑解更好地逼近真实值。

表 7.2.2　离散系统的反向信息滤波—平滑器设计及仿真

```
% data preparation
Ph=.9; Gw=1;
Wd=.03^2; X0=.1^2; x0=1;
Cs=1; Vd=.1^2;
Ns=30; t=[0:Ns];     tw=[0:Ns-1];
% Simulation of the Gauss-Markov process
randn('seed',3);
[x,wd,ys,vs]=simdrndp(Ph,Gw,Wd,X0,x0,Ns,Cs,Vd);
C0=1; Cf=1; Vf=Vd; yf=x(Ns+1)+sqrt(Vf)*randn(1,1);
% Design and Simulation of time-varying forward-backward information filter-smoother
[xs,ws,vss,Px, Pw,Pv] = pim_tdfbiflts(Ph,Gw,Cs,Wd,Vd,ys,Cf,Vf,yf,C0,X0,x0);
% Design and Simulation of time-varying Kalman filte
[Lb_t,Pb_t,Lh_t,Ph_t] = pim_tdkalm(Ph,Gw,Cs,Wd,Vd,0,X0,Ns);
[xb,xh]=pim_simtdkalm(Lb_t,Lh_t,Ph,Cs,x0,ys);
%%%===plot figure===%%%
```

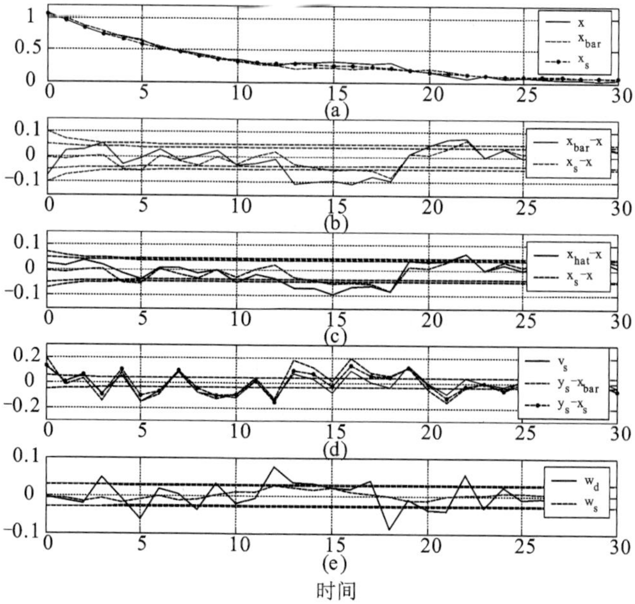

图 7.2.2　离散系统的反向信息滤波—平滑器设计及仿真

(a) 真实值、滤波值和平滑值；　(b) 验前估计误差和平滑误差；　(c) 验后估计误差和平滑误差；

(d) 滤波和平滑的量测误差；　(e) 过程噪声和平滑估计值

7.3　小　　结

平滑过程通常在测试运行之后离线进行，以便更好地对测试过程中的状态和噪声历程进行估计。

平滑可以利用方差形式或信息形式(信息矩阵是方差矩阵的逆)完成，其中，信息形式适用于没有初始时刻或终端时刻的状态统计信息可利用的情况。

平滑的递推算法可以先反向再正向设计(例如反向信息滤波—平滑)，也可以先正向再反向(例如正向—反向信息滤波—平滑)设计。其中反向信息滤波—平滑是最有效的算法，但是不能给出状态和噪声的估计方差。

除了本章介绍的滤波—平滑器设计与仿真函数外，利用第 6 章介绍的各种滤波器可以构造出更多的滤波—平滑算法，例如正向方差—反向信息滤波平滑算法(PIMCSD 工具箱的实现函数为 pim_tdfcbiflts())等，不再赘述。

第 8 章　时变 LQG 控制器

LQ 终端控制器设计认为全部状态都是可用的，然而实际上往往很难对系统所有的状态都进行量测；即使可以，也不可避免地存在量测误差。因此，LQ 控制器的使用需要与滤波器结合。根据分离性原理，通过 LQ 终端控制器设计得到最优控制律，它需要的状态则由 Kalman 滤波器给出，从而构成了 LQG 综合，也可以称之为输出反馈控制器。本章主要讲述有限长时间的 LQG 终端控制器和跟踪—控制器设计与仿真在 PIMCSD 工具箱中的实现，具体理论介绍可以参考 Bryson 专著 *Applied Linear Optimal Control* 第 6 章内容。

8.1　LQG 终端控制

8.1.1　软终端控制器

1. 连续时间系统 LQG 软终端控制器

1)　问题描述

考虑控制系统模型为

$$\dot{\boldsymbol{x}} = \boldsymbol{A}\boldsymbol{x} + \boldsymbol{B}_2\boldsymbol{u} + \boldsymbol{B}_1\boldsymbol{w} \tag{8.1.1}$$

$$\boldsymbol{y} = \boldsymbol{C}_y\boldsymbol{x} + \boldsymbol{v} \tag{8.1.2}$$

其中，$\boldsymbol{w}$ 和 $\boldsymbol{v}$ 分别为系统的过程噪声和量测噪声，为零均值 Gauss 白噪声过程，

$$E[\boldsymbol{w}] = E[\boldsymbol{v}] = \boldsymbol{0},\quad E[\boldsymbol{w}\boldsymbol{w}^{\mathrm{T}}] = \boldsymbol{W},\quad E[\boldsymbol{v}\boldsymbol{v}^{\mathrm{T}}] = \boldsymbol{V},\quad E[\boldsymbol{w}\boldsymbol{v}^{\mathrm{T}}] = \boldsymbol{S} \tag{8.1.3}$$

系统初始状态为 $\boldsymbol{x}(0) = \boldsymbol{N}(\hat{\boldsymbol{x}}_0, \boldsymbol{P}_0)$，要求设计控制律使终端状态满足

$$\boldsymbol{M}_{\mathrm{f}}\boldsymbol{x}(t_{\mathrm{f}}) = \boldsymbol{\psi} \tag{8.1.4}$$

同时，极小化下面的二次性能指标的期望值，

$$J = \frac{1}{2}\int_0^{t_{\mathrm{f}}} \left(\boldsymbol{x}^{\mathrm{T}}\boldsymbol{Q}\boldsymbol{x} + \boldsymbol{u}^{\mathrm{T}}\boldsymbol{R}\boldsymbol{u} + 2\boldsymbol{x}^{\mathrm{T}}\boldsymbol{N}\boldsymbol{u}\right)\mathrm{d}t \tag{8.1.5}$$

以上式(8.1.1)~(8.1.5)描述了 LQG 终端控制器的提法。

所谓 LQG 软终端控制器，问题可以归结为在满足系统方程(8.1.1)和(8.1.2)的条件下，极小化下面的二次型性能指标的期望值，

$$J_s = J + \frac{1}{2}\boldsymbol{e}_f^T \boldsymbol{Q}_f \boldsymbol{e}_f \tag{8.1.6}$$

其中，

$$\boldsymbol{e}_f = \boldsymbol{M}_f \boldsymbol{x}(t_f) - \boldsymbol{\psi} \tag{8.1.6a}$$

根据分离性原理，独立进行 LQ 软终端控制器设计，可以得到最优控制律为(见 5.1.1 小节)

$$\boldsymbol{u}(t) = -\boldsymbol{K}_x(t)\boldsymbol{x} + \boldsymbol{K}_\psi(t)\boldsymbol{\psi} \tag{8.1.7}$$

其中，$\boldsymbol{K}_x(t)$ 和 $\boldsymbol{K}_\psi(t)$ 分别是状态反馈和信号前馈的时变增益矩阵。

独立进行 Kalman 滤波器设计，得到滤波微分方程为(见 6.1 节)

$$\dot{\hat{\boldsymbol{x}}} = \boldsymbol{A}\hat{\boldsymbol{x}} + \boldsymbol{L}(t)(\boldsymbol{y} - \boldsymbol{C}_y\hat{\boldsymbol{x}}) + \boldsymbol{B}_2\boldsymbol{u} \tag{8.1.8}$$

其中，$\boldsymbol{L}(t)$ 是时变的滤波增益矩阵。

分离性原理指出，LQ 软终端控制律(8.1.7)中的状态 $\boldsymbol{x}$ 可以采用滤波微分方程(8.1.8)给出的状态滤波值 $\hat{\boldsymbol{x}}$ 代替，即

$$\boldsymbol{u}(t) = -\boldsymbol{K}_x(t)\hat{\boldsymbol{x}}(t) + \boldsymbol{K}_\psi(t)\boldsymbol{\psi} \tag{8.1.9}$$

式(8.1.8)和(8.1.9)构成了 LQG 软终端控制器。

引入广义输出向量 $\tilde{\boldsymbol{y}}$，

$$\tilde{\boldsymbol{y}} = \begin{bmatrix} \boldsymbol{y} \\ \boldsymbol{\psi} \end{bmatrix} \tag{8.1.10}$$

可以得到 LQG 软终端控制器 $\boldsymbol{u} = \boldsymbol{F}(s)\tilde{\boldsymbol{y}}$，写成状态方程的形式为

$$\begin{cases} \dot{\hat{\boldsymbol{x}}} = \boldsymbol{A}_f(t)\hat{\boldsymbol{x}} + \boldsymbol{B}_f(t)\tilde{\boldsymbol{y}} \\ \boldsymbol{u} = \boldsymbol{C}_f(t)\hat{\boldsymbol{x}} + \boldsymbol{D}_f(t)\tilde{\boldsymbol{y}} \end{cases} \tag{8.1.11}$$

其中，

$$\begin{aligned} &\boldsymbol{A}_f(t) = \boldsymbol{A} - \boldsymbol{B}_2\boldsymbol{K}_x(t) - \boldsymbol{L}(t)\boldsymbol{C}_y, \quad && \boldsymbol{B}_f(t) = \begin{bmatrix} \boldsymbol{L}(t) & \boldsymbol{B}_2\boldsymbol{K}_\psi(t) \end{bmatrix} \\ &\boldsymbol{C}_f(t) = -\boldsymbol{K}_x(t), && \boldsymbol{D}_f(t) = \begin{bmatrix} \boldsymbol{0} & \boldsymbol{K}_\psi(t) \end{bmatrix} \end{aligned} \tag{8.1.11a}$$

可以看出，LQG 控制器实际上是一个时变的输出($\tilde{\boldsymbol{y}}$)反馈控制器。

式(8.1.11)表示的输出控制器，可以相应地离散为

$$\begin{cases} \hat{\boldsymbol{x}}_{k+1} = \boldsymbol{\Phi}_k\hat{\boldsymbol{x}}_k + \boldsymbol{R}_{y,k}\tilde{\boldsymbol{y}}_k \\ \boldsymbol{u} = \boldsymbol{C}_{f,k}\hat{\boldsymbol{x}}_k + \boldsymbol{D}_{f,k}\tilde{\boldsymbol{y}}_k \end{cases} \tag{8.1.12}$$

式(8.1.12)也可以称之为数字 LQG 控制器。其中，$\boldsymbol{\Phi}_k, \boldsymbol{R}_{y,k}$ 可以由 PIMCSD 工具箱

给出，这些信息有助于完成控制系统的仿真。

2) PIMCSD 工具箱中的实现

PIMCSD 工具箱提供了连续时间系统 LQG 软终端控制器设计与仿真的函数：pim_tlqgstc()和 pim_simtlqgstc()，其调用格式分别如下：

(1) pim_tlqgstc()的调用格式如下：

$$[\boldsymbol{A}_\mathrm{f},\boldsymbol{B}_\mathrm{f},\boldsymbol{C}_\mathrm{f},\boldsymbol{D}_\mathrm{f}]=\text{pim\_tlqgstc}(\boldsymbol{A},\boldsymbol{B}_1,\boldsymbol{B}_2,\boldsymbol{Q},\boldsymbol{R},\boldsymbol{N},\boldsymbol{Q}_\mathrm{f},\boldsymbol{M}_\mathrm{f},\boldsymbol{\psi},\boldsymbol{C}_y,\boldsymbol{W},\boldsymbol{V},\boldsymbol{S},\boldsymbol{P}_0,t_\mathrm{s})$$

$$[\boldsymbol{A}_\mathrm{f},\boldsymbol{B}_\mathrm{f},\boldsymbol{C}_\mathrm{f},\boldsymbol{D}_\mathrm{f},\boldsymbol{L},\boldsymbol{K}_x,\boldsymbol{K}_\psi]=\text{pim\_tlqgstc}(\boldsymbol{A},\boldsymbol{B}_1,\boldsymbol{B}_2,\boldsymbol{Q},\boldsymbol{R},\boldsymbol{N},\boldsymbol{Q}_\mathrm{f},\boldsymbol{M}_\mathrm{f},\boldsymbol{\psi},\boldsymbol{C}_y,\boldsymbol{W},\boldsymbol{V},\boldsymbol{S},\boldsymbol{P}_0,t_\mathrm{s})$$

$$[\boldsymbol{\Phi},\boldsymbol{R}_y,\boldsymbol{K}_x,\boldsymbol{K}_\psi]=\text{pim\_tlqgstc}(\boldsymbol{A},\boldsymbol{B}_1,\boldsymbol{B}_2,\boldsymbol{Q},\boldsymbol{R},\boldsymbol{N},\boldsymbol{Q}_\mathrm{f},\boldsymbol{M}_\mathrm{f},\boldsymbol{\psi},\boldsymbol{C}_y,\boldsymbol{W},\boldsymbol{V},\boldsymbol{S},\boldsymbol{P}_0,t_\mathrm{s},\text{method})$$

参数简单说明：

返回参数 $\boldsymbol{A}_\mathrm{f},\boldsymbol{B}_\mathrm{f},\boldsymbol{C}_\mathrm{f},\boldsymbol{D}_\mathrm{f},\boldsymbol{L},\boldsymbol{K}_x,\boldsymbol{K}_\psi$ 都是时间序列 t_s 对应矩阵序列(时变控制器)，其中， $\boldsymbol{A}_\mathrm{f},\boldsymbol{B}_\mathrm{f},\boldsymbol{C}_\mathrm{f},\boldsymbol{D}_\mathrm{f}$ 如式(8.1.11)所示，是控制律的状态空间表达； $\boldsymbol{L}$ 对应式(8.1.8)中的滤波增益矩阵， $\boldsymbol{K}_x$ 和 $\boldsymbol{K}_\psi$ 对应式(8.1.7)中的状态反馈增益矩阵和前馈信号增益矩阵。

输入参数 $\boldsymbol{A},\boldsymbol{B}_1,\boldsymbol{B}_2$ 对应式(8.1.1)中的系统矩阵，$\boldsymbol{Q},\boldsymbol{R},\boldsymbol{N}$ 对应式(8.1.5)中的性能指标加权阵，$\boldsymbol{Q}_\mathrm{f}$ 对应式(8.1.6)中的终端指标加权阵， $\boldsymbol{M}_\mathrm{f}$ 和 $\boldsymbol{\psi}$ 对应式(8.1.4)中的终端约束矩阵和向量， $\boldsymbol{C}_y$ 对应式(8.1.2)中的量测矩阵， $\boldsymbol{W},\boldsymbol{V},\boldsymbol{S}$ 对应式(8.1.3)中噪声的方差矩阵， $\boldsymbol{P}_0$ 是初始状态估计的方差， t_s 指定了时间序列。

第三种调用格式的输出参数中 $\boldsymbol{\Phi},\boldsymbol{R}_y$ 对应式(8.1.12)中的离散系统矩阵序列，而输入参数 method = 'zoh'|'foh' 指定离散过程中对输入 $\boldsymbol{u}$ 的离散方式： 'zoh' 表示零阶保持， 'foh' 表示一阶保持。

(2) pim_simtlqgstc()的调用格式如下：

$$[\boldsymbol{x},\boldsymbol{u},\hat{\boldsymbol{x}},\boldsymbol{y}]=\text{pim\_simtlqgstc}(\boldsymbol{A},\boldsymbol{B}_1,\boldsymbol{B}_2,\boldsymbol{Q},\boldsymbol{R},\boldsymbol{N},\boldsymbol{Q}_\mathrm{f},\boldsymbol{M}_\mathrm{f},\boldsymbol{\psi},\boldsymbol{C}_y,\boldsymbol{W},\boldsymbol{V},\boldsymbol{S},\boldsymbol{P}_0,t_\mathrm{s},\boldsymbol{x}_0,\hat{\boldsymbol{x}}_0,\boldsymbol{w},\boldsymbol{v},\text{methd})$$

$$[\boldsymbol{x},\boldsymbol{u},\hat{\boldsymbol{x}},\boldsymbol{y},\boldsymbol{R}_\mathrm{m}]=\text{pim\_simtlqgstc}(\boldsymbol{A},\boldsymbol{B}_1,\boldsymbol{B}_2,\boldsymbol{Q},\boldsymbol{R},\boldsymbol{N},\boldsymbol{Q}_\mathrm{f},\boldsymbol{M}_\mathrm{f},\boldsymbol{\psi},\boldsymbol{C}_y,\boldsymbol{W},\boldsymbol{V},\boldsymbol{S},\boldsymbol{P}_0,t_\mathrm{s},\boldsymbol{x}_0,\hat{\boldsymbol{x}}_0,\boldsymbol{w},\boldsymbol{v},\text{methd})$$

$$[\boldsymbol{x},\boldsymbol{u},\hat{\boldsymbol{x}},\boldsymbol{y}]=\text{pim\_simtlqgstc}(\boldsymbol{R}_\mathrm{m},\boldsymbol{\psi},\boldsymbol{C}_y,t_\mathrm{s},\boldsymbol{x}_0,\hat{\boldsymbol{x}}_0,\boldsymbol{w},\boldsymbol{v})$$

参数简单说明：

返回参数 $\boldsymbol{x},\boldsymbol{u},\hat{\boldsymbol{x}},\boldsymbol{y}$ 都是与时间序列 t_s 相对应的向量序列，分别表示仿真的状态、输入、状态估计，以及量测序列。

输入参数 $\boldsymbol{A},\boldsymbol{B}_1,\boldsymbol{B}_2,\boldsymbol{Q},\boldsymbol{R},\boldsymbol{N},\boldsymbol{Q}_\mathrm{f},\boldsymbol{M}_\mathrm{f},\boldsymbol{\psi},\boldsymbol{C}_y,\boldsymbol{W},\boldsymbol{V},\boldsymbol{S},\boldsymbol{P}_0,t_\mathrm{s}$ 与 pim_tlqgstc()中的参数相一致，不再赘述。另外， $\boldsymbol{x}_0$ 和 $\hat{\boldsymbol{x}}_0$ 分别是状态的初始值和估计值， $\boldsymbol{w}$ 和 $\boldsymbol{v}$ 是过程噪声和量测噪声序列， method = 'zoh'|'foh' 指定仿真过程中对 $\boldsymbol{u},\boldsymbol{v},\boldsymbol{w}$ 的离散方式：

'zoh'表示零阶保持，'foh'表示一阶保持。

第二种调用格式同时返回矩阵序列 $\boldsymbol{R}_{\mathrm{m}}$，记录仿真过程中的一些可重复利用的仿真信息，用于控制系统对不同初值和噪声情况下的仿真，如第三种调用格式所示。

3)　设计实例

例 8.1.1　考虑直升飞机的着陆问题(详见 Bryson 专著 *Applied Linear Optimal Control* 中的描述)。简化的径向运动模型(考虑过程噪声和量测噪声)为

$$\dot{\boldsymbol{x}} = \boldsymbol{A}\boldsymbol{x} + \boldsymbol{B}_2\boldsymbol{u} + \boldsymbol{B}_1\boldsymbol{w}$$

量测方程为

$$\boldsymbol{y} = \boldsymbol{C}_y\boldsymbol{x} + \boldsymbol{v}$$

其中，状态为 $\boldsymbol{x} = [u, q, \theta, x]^{\mathrm{T}}$，

$$\boldsymbol{A} = \begin{bmatrix} -0.0257 & 0.013 & -0.322 & 0 \\ 1.26 & -1.765 & 0 & 0 \\ 0 & 1 & 0 & 0 \\ 1 & 0 & 0 & 0 \end{bmatrix}, \quad \boldsymbol{B}_2 = \begin{bmatrix} 0.086 \\ -7.408 \\ 0 \\ 0 \end{bmatrix}, \quad \boldsymbol{B}_1 = \begin{bmatrix} 0.0257 \\ -1.26 \\ 0 \\ 0 \end{bmatrix}$$

$$\boldsymbol{C}_y = \begin{bmatrix} 0 & 0 & 0 & 1 \\ 0 & 0 & 1 & 0 \end{bmatrix}$$

已知系统状态的初值为 $\boldsymbol{x}(0) = [10,\ 0,\ -0.3550,\ -15]^{\mathrm{T}}$，要求在终端 $t_{\mathrm{f}} = 3.0$ 时到达停机场的正上方，并调整各状态归零。进行时变 LQG 控制器设计，并绘出控制系统的仿真曲线。

解　上述问题是一个考虑噪声干扰的终端控制问题，即在终端要求 $\boldsymbol{x}(t_{\mathrm{f}}) = \boldsymbol{0}$，对比终端条件式(8.1.4)，可知 $\boldsymbol{M}_{\mathrm{f}} = \boldsymbol{I},\ \boldsymbol{\psi} = \boldsymbol{0}$；选取终端误差惩罚因子 $\boldsymbol{Q}_{\mathrm{f}} = 1000\boldsymbol{I}$，选取性能指标加权阵 $\boldsymbol{Q} = \mathrm{diag}(0,0,0,1),\ \boldsymbol{R} = 1,\ \boldsymbol{N} = \mathrm{zeros}(4,1)$，进行 LQG 控制器设计与仿真。程序代码如表 8.1.1 所示。图 8.1.1(a)给出了控制系统的最优轨迹和输入仿真曲线。图 8.1.1(b)则给出了过程噪声和量测噪声的时间历程。

表 8.1.1　时变 LQG 软终端控制器设计及仿真代码

```
%%%===OH-6A Data===%%%
A   = [ -0.0257, 0.013, -0.322, 0; ...
        1.26,    -1.765,   0,       0; ...
        0, 1, 0, 0; ...
        1, 0 ,0 ,0];
B2 = [ 0.086, -7.408, 0, 0 ]';
B1 = [ 0.0257, -1.26, 0, 0 ]';
Q=1*diag( [ 0, 0, 0, 1]) ;    N=zeros(4,1);     R=1;
Qf=1e3;     Mf=eye(4);    psi=zeros(4,1);
```

续表

```
x0=[10, 0, -0.3550, -15]';   %{  u, q,    theta    x}
Cy = [0, 0, 0, 1;   0,0,1,0];
X0 = 1*diag([1,1,1,1]);
tf=3.0;      Ns=60;     Ts=tf/Ns;    t=0:Ts:tf;
Wd = 4;      Vd   = eye(2);
W = 2*Wd*Ts;   V = 2*Vd*Ts;
%Time-varying LQG soft terminal controller
[Af_t,Bf_t,Cf_t,Df_t] = pim_tlqgstc(A,B1,B2,Q,R,N,...
Qf,Mf,psi,Cy,W,V,0,X0,t);
%Simulation
randn('state',0);
w_t = sqrt(Wd)*randn(1,Ns+1);     v_t = randn(2,Ns+1);   xe0 = x0;
[x_t,u_t,xe_t,y_t] = pim_simtlqgstc(A,B1,B2,Q,R,N,Qf,Mf,psi,...
Cy,W,V,0,X0,t,x0,xe0,w_t,v_t,'foh');
%%%====plot figure====%%%
```

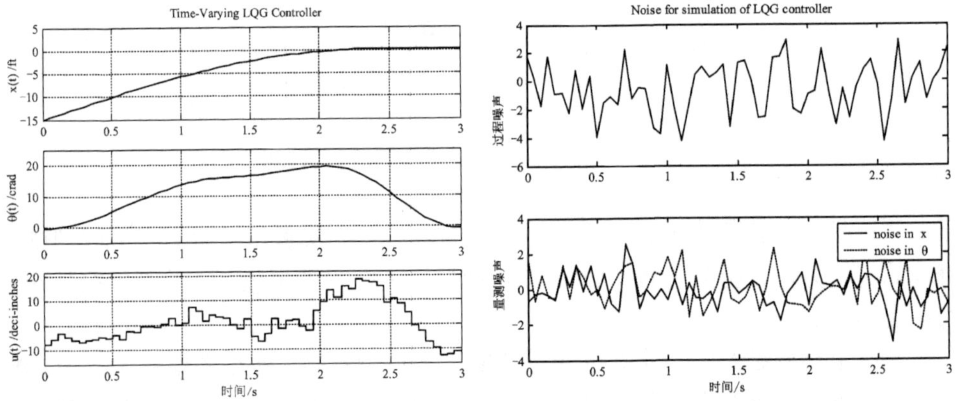

(a)　　　　　　(b)

图 8.1.1　时变的 LQG 软终端控制器设计与仿真

(a) 控制系统的状态和输入轨迹；　(b) 过程噪声和量测噪声历程

2. 离散时间系统 LQG 软终端控制器

1)　问题描述

考虑离散时间的控制系统模型为

$$\boldsymbol{x}_{k+1} = \boldsymbol{\Phi}\boldsymbol{x}_k + \boldsymbol{G}_u\boldsymbol{u} + \boldsymbol{G}_w\boldsymbol{w}_k \tag{8.1.13}$$

$$\boldsymbol{y}_k = \boldsymbol{C}_y\boldsymbol{x}_k + \boldsymbol{v}_k \tag{8.1.14}$$

其中，$k = 0,1,\cdots,N_s$。噪声 $\boldsymbol{w}_k$ 和 $\boldsymbol{v}_k$ 是高斯白噪声，满足

$$E[\boldsymbol{w}_k]=\boldsymbol{0},\quad E[\boldsymbol{v}_k]=\boldsymbol{0},\quad E[\boldsymbol{w}_k\boldsymbol{w}_k^{\mathrm{T}}]=\boldsymbol{W}_{\mathrm{d}},\quad E[\boldsymbol{v}_k\boldsymbol{v}_k^{\mathrm{T}}]=\boldsymbol{V}_{\mathrm{d}},\quad E[\boldsymbol{w}_k\boldsymbol{v}_k^{\mathrm{T}}]=\boldsymbol{S}_{\mathrm{d}} \tag{8.1.15}$$

系统初始状态为 $\boldsymbol{x}_0=N(\overline{\boldsymbol{x}}_0,\boldsymbol{P}_0)$，要求设计控制律使终端状态满足

$$\boldsymbol{M}_{\mathrm{f}}\boldsymbol{x}_{N_{\mathrm{s}}}=\boldsymbol{\psi} \tag{8.1.16}$$

同时，极小化下面二次性能指标的期望值

$$J_{\mathrm{d}}=\frac{1}{2}\sum_{k=0}^{N_{\mathrm{s}}-1}\left(\boldsymbol{x}_k^{\mathrm{T}}\boldsymbol{Q}_{\mathrm{d}}\boldsymbol{x}_k+\boldsymbol{u}_k^{\mathrm{T}}\boldsymbol{R}_{\mathrm{d}}\boldsymbol{u}_k+2\boldsymbol{x}_k^{\mathrm{T}}\boldsymbol{N}_{\mathrm{d}}\boldsymbol{u}_k\right) \tag{8.1.17}$$

以上式(8.1.13)~(8.1.17)描述了离散系统 LQG 终端控制器的提法。

所谓 LQG 软终端控制器，问题可以归结为在满足系统方程(8.1.13)和(8.1.14)的条件下，极小化下面扩展二次型性能指标的期望值，

$$J_{\mathrm{d,s}}=J_{\mathrm{d}}+\frac{1}{2}\boldsymbol{e}_{\mathrm{f}}^{\mathrm{T}}\boldsymbol{Q}_{\mathrm{f}}\boldsymbol{e}_{\mathrm{f}} \tag{8.1.18}$$

其中，

$$\boldsymbol{e}_{\mathrm{f}}=\boldsymbol{M}_{\mathrm{f}}\boldsymbol{x}_{N_{\mathrm{s}}}\boldsymbol{x}-\boldsymbol{\psi} \tag{8.1.18a}$$

根据分离性原理，独立进行离散系统 LQ 软终端控制器设计，可以得到最优控制律为(见 5.1.1 小节)

$$\boldsymbol{u}_k=-\boldsymbol{K}_{x,k}\boldsymbol{x}_k+\boldsymbol{K}_{\psi,k}\boldsymbol{\psi} \tag{8.1.19}$$

其中，$\boldsymbol{K}_{x,k}$ 和 $\boldsymbol{K}_{\psi,k}$ 分别是状态反馈和信号前馈的时变增益矩阵。

独立进行离散时间 Kalman 滤波器设计，得到滤波递推方程为(见 6.1 节)

验前估计：　$\hat{\boldsymbol{x}}_k=\overline{\boldsymbol{x}}_k+\hat{\boldsymbol{L}}_k(\boldsymbol{y}_k-\boldsymbol{C}_y\overline{\boldsymbol{x}}_k)$，　$\overline{\boldsymbol{x}}_0$ 已知　(8.1.20a)

验后估计：

$$\begin{aligned}\overline{\boldsymbol{x}}_{k+1}&=\boldsymbol{\Phi}\hat{\boldsymbol{x}}_k+\boldsymbol{G}_w\boldsymbol{S}_{\mathrm{d}}\boldsymbol{V}_{\mathrm{d}}^{-1}\left(\boldsymbol{y}_k-\boldsymbol{C}_y\hat{\boldsymbol{x}}_k\right)+\boldsymbol{G}_u\boldsymbol{u}_k\\&=\boldsymbol{\Phi}\overline{\boldsymbol{x}}_k+\overline{\boldsymbol{L}}_k(\boldsymbol{y}_k-\boldsymbol{C}_y\overline{\boldsymbol{x}}_k)+\boldsymbol{G}_u\boldsymbol{u}_k\end{aligned} \tag{8.1.20b}$$

其中，$\hat{\boldsymbol{L}}_k$ 和 $\overline{\boldsymbol{L}}_k$ 分别是时变的验后和验前滤波增益矩阵。

分离性原理指出，LQ 软终端控制律(8.1.19)中的状态 $\boldsymbol{x}$ 可以采用滤波方程(8.1.20a,b)给出的状态滤波值 $\hat{\boldsymbol{x}}_k$ 或 $\overline{\boldsymbol{x}}_k$ 代替，即得到控制器为

$$\boldsymbol{u}_k=-\boldsymbol{K}_{x,k}\hat{\boldsymbol{x}}_k+\boldsymbol{K}_{\psi,k}\boldsymbol{\psi} \tag{8.1.21a}$$

或

$$\boldsymbol{u}_k=-\boldsymbol{K}_{x,k}\overline{\boldsymbol{x}}_k+\boldsymbol{K}_{\psi,k}\boldsymbol{\psi} \tag{8.1.21b}$$

通常上我们采用预测控制器(8.1.21b)而不采用当前控制器(8.1.21a)，因为当前控制器需要更多的计算时间。然而，当前控制器利用的验后滤波值更为精确一些，这个选择也是一个折衷。

下面给出采用预测控制器(8.1.21b)时控制律的状态空间描述。引入广义输出

向量 $\tilde{\boldsymbol{y}}_k$，

$$\tilde{\boldsymbol{y}}_k=\begin{bmatrix}\boldsymbol{y}_k\\ \boldsymbol{\psi}\end{bmatrix} \tag{8.1.22}$$

可以得到写成状态方程的形式为

$$\begin{cases}\bar{\boldsymbol{x}}_{k+1}=\boldsymbol{A}_{\mathrm{f},k}\bar{\boldsymbol{x}}_k+\boldsymbol{B}_{\mathrm{f},k}\tilde{\boldsymbol{y}}_k\\ \boldsymbol{u}_k=\boldsymbol{C}_{\mathrm{f},k}\bar{\boldsymbol{x}}+\boldsymbol{D}_{\mathrm{f},k}\tilde{\boldsymbol{y}}_k\end{cases} \tag{8.1.23}$$

其中，

$$\begin{aligned}&\boldsymbol{A}_{\mathrm{f},k}=\boldsymbol{\Phi}-\bar{\boldsymbol{L}}_k\boldsymbol{C}_y-\boldsymbol{G}_u\boldsymbol{K}_{x,k},\quad &&\boldsymbol{B}_{\mathrm{f},k}=\begin{bmatrix}\bar{\boldsymbol{L}}_k & \boldsymbol{G}_u\boldsymbol{K}_{\psi,k}\end{bmatrix}\\ &\boldsymbol{C}_{\mathrm{f},k}=-\boldsymbol{K}_{x,k}, &&\boldsymbol{D}_{\mathrm{f},k}=\begin{bmatrix}\boldsymbol{0} & \boldsymbol{K}_{\psi,k}\end{bmatrix}\end{aligned} \tag{8.1.23a}$$

离散 LQG 软终端控制器可以表示成 $\boldsymbol{u}=\boldsymbol{F}(z)\tilde{\boldsymbol{y}}$，实际上是一个时变的输出($\tilde{\boldsymbol{y}}$)反馈控制器。

2) PIMCSD 工具箱中的实现

PIMCSD 工具箱提供了离散时间系统 LQG 软终端控制器设计与仿真的函数：pim_tdlqgstc()和 pim_simtdlqgstc()，调用格式分别如下：

(1) pim_tdlqgstc() 的调用格式如下：

$$\begin{aligned}[\boldsymbol{A}_\mathrm{f},\boldsymbol{B}_\mathrm{f},\boldsymbol{C}_\mathrm{f},\boldsymbol{D}_\mathrm{f}]=\mathrm{pim\_tdlqgstc}(&\boldsymbol{\Phi},\boldsymbol{G}_u,\boldsymbol{G}_w,\boldsymbol{Q}_\mathrm{d},\boldsymbol{R}_\mathrm{d},\boldsymbol{N}_\mathrm{d},\boldsymbol{Q}_\mathrm{f},\boldsymbol{M}_\mathrm{f},\boldsymbol{\psi},\\ &\boldsymbol{C}_y,\boldsymbol{W}_\mathrm{d},\boldsymbol{V}_\mathrm{d},\boldsymbol{S}_\mathrm{d},\boldsymbol{P}_0,N_\mathrm{s})\end{aligned}$$

$$\begin{aligned}[\boldsymbol{A}_\mathrm{f},\boldsymbol{B}_\mathrm{f},\boldsymbol{C}_\mathrm{f},\boldsymbol{D}_\mathrm{f},\bar{\boldsymbol{L}},\boldsymbol{K}_x,\boldsymbol{K}_\psi]=\mathrm{pim\_tdlqgstc}(&\boldsymbol{\Phi},\boldsymbol{G}_u,\boldsymbol{G}_w,\boldsymbol{Q}_\mathrm{d},\boldsymbol{R}_\mathrm{d},\boldsymbol{N}_\mathrm{d},\boldsymbol{Q}_\mathrm{f},\boldsymbol{M}_\mathrm{f},\boldsymbol{\psi},\cdots,\\ &\boldsymbol{C}_y,\boldsymbol{W}_\mathrm{d},\boldsymbol{V}_\mathrm{d},\boldsymbol{S}_\mathrm{d},\boldsymbol{P}_0,N_\mathrm{s})\end{aligned}$$

参数简单说明：

返回参数 $\boldsymbol{A}_\mathrm{f},\boldsymbol{B}_\mathrm{f},\boldsymbol{C}_\mathrm{f},\boldsymbol{D}_\mathrm{f},\bar{\boldsymbol{L}},\boldsymbol{K}_x,\boldsymbol{K}_\psi$ 都是与时间序列相对应的矩阵序列(时变控制器)。其中，$\boldsymbol{A}_\mathrm{f},\boldsymbol{B}_\mathrm{f},\boldsymbol{C}_\mathrm{f},\boldsymbol{D}_\mathrm{f}$ 如式(8.1.23)所示，是控制律的状态空间描述；$\bar{\boldsymbol{L}}$ 对应式(8.1.20)中的滤波增益矩阵；$\boldsymbol{K}_x$ 和 $\boldsymbol{K}_\psi$ 对应式(8.1.19)中的状态反馈增益矩阵和前馈信号增益矩阵。

输入参数中 $\boldsymbol{\Phi},\boldsymbol{G}_u,\boldsymbol{G}_w$ 对应式(8.1.13)中的系统矩阵；$\boldsymbol{Q}_\mathrm{d},\boldsymbol{R}_\mathrm{d},\boldsymbol{N}_\mathrm{d}$ 对应式(8.1.17)中的性能指标加权阵；$\boldsymbol{Q}_\mathrm{f}$ 对应式(8.1.18)中的终端指标加权阵；$\boldsymbol{M}_\mathrm{f}$ 和 $\boldsymbol{\psi}$ 对应式(8.1.16)中的终端约束矩阵和向量；$\boldsymbol{C}_y$ 对应式(8.1.14)中的量测矩阵；$\boldsymbol{W}_\mathrm{d},\boldsymbol{V}_\mathrm{d},\boldsymbol{S}_\mathrm{d}$ 对应式(8.1.15)中噪声的方差矩阵；$\boldsymbol{P}_0$ 是初始状态估计的方差；N_s 指定了时间步数。

(2) pim_simtdlqgstc() 的调用格式如下：

$$[\boldsymbol{x},\boldsymbol{u},\bar{\boldsymbol{x}},\boldsymbol{y}]=\mathrm{pim\_simtdlqgstc}(\boldsymbol{\Phi},\boldsymbol{G}_u,\boldsymbol{G}_w,\boldsymbol{Q}_\mathrm{d},\boldsymbol{R}_\mathrm{d},\boldsymbol{N}_\mathrm{d},\boldsymbol{Q}_\mathrm{f},\boldsymbol{M}_\mathrm{f},\boldsymbol{\psi},$$

$$\boldsymbol{C}_y,\boldsymbol{W}_{\mathrm{d}},\boldsymbol{V}_{\mathrm{d}},\boldsymbol{S}_{\mathrm{d}},\boldsymbol{P}_0,N_{\mathrm{s}},\boldsymbol{x}_0,\bar{\boldsymbol{x}}_0,\boldsymbol{w},\boldsymbol{v})$$

$$[\boldsymbol{x},\boldsymbol{u},\bar{\boldsymbol{x}},\boldsymbol{y},\boldsymbol{R}_{\mathrm{m}}]=\text{pim\_simtdlqgstc}(\boldsymbol{\Phi},\boldsymbol{G}_u,\boldsymbol{G}_w,\boldsymbol{Q}_{\mathrm{d}},\boldsymbol{R}_{\mathrm{d}},\boldsymbol{N}_{\mathrm{d}},\boldsymbol{Q}_{\mathrm{f}},\boldsymbol{M}_{\mathrm{f}},\boldsymbol{\psi},$$
$$\boldsymbol{C}_y,\boldsymbol{W}_{\mathrm{d}},\boldsymbol{V}_{\mathrm{d}},\boldsymbol{S}_{\mathrm{d}},\boldsymbol{P}_0,N_{\mathrm{s}},\boldsymbol{x}_0,\bar{\boldsymbol{x}}_0,\boldsymbol{w},\boldsymbol{v})$$

$$[\boldsymbol{x},\boldsymbol{u},\bar{\boldsymbol{x}},\boldsymbol{y}]=\text{pim\_simtdlqgstc}(\boldsymbol{R}_{\mathrm{m}},\boldsymbol{\Phi},\boldsymbol{G}_u,\boldsymbol{G}_w,\boldsymbol{\psi},\boldsymbol{C}_y,N_{\mathrm{s}},\boldsymbol{x}_0,\bar{\boldsymbol{x}}_0,\boldsymbol{w},\boldsymbol{v})$$

参数简单说明：

返回参数中 $\boldsymbol{x},\boldsymbol{u},\bar{\boldsymbol{x}},\boldsymbol{y}$ 都是与时间相对应的向量序列，分别表示仿真的状态、输入、状态估计，以及量测序列。

输入参数中 $\boldsymbol{\Phi},\boldsymbol{G}_u,\boldsymbol{G}_w,\boldsymbol{Q}_{\mathrm{d}},\boldsymbol{R}_{\mathrm{d}},\boldsymbol{N}_{\mathrm{d}},\boldsymbol{Q}_{\mathrm{f}},\boldsymbol{M}_{\mathrm{f}},\boldsymbol{\psi},\boldsymbol{C}_y,\boldsymbol{W}_{\mathrm{d}},\boldsymbol{V}_{\mathrm{d}},\boldsymbol{S}_{\mathrm{d}},\boldsymbol{P}_0,N_{\mathrm{s}}$ 与 pim_tldqgstc() 中的参数相一致，不再赘述。另外，$\boldsymbol{x}_0$ 和 $\bar{\boldsymbol{x}}_0$ 分别是状态的初始值和估计值；$\boldsymbol{w}$ 和 $\boldsymbol{v}$ 是过程噪声和量测噪声序列。

第二种调用格式同时返回矩阵序列 $\boldsymbol{R}_{\mathrm{m}}$，记录仿真过程中一些可重复利用的仿真信息，用于控制系统对不同初值和噪声情况下的仿真，如第三种调用格式所示。

3) 设计实例

例 8.1.2 采用例 8.1.1 的直升飞机的着陆问题的连续系统模型，将其转化为离散系统模型，进行离散时变 LQG 软终端控制器设计与仿真。

解 首先采用 PIMCSD 工具箱提供的 pim_c2d()完成控制系统及性能指标的离散，针对离散系统进行 LQG 软终端控制器设计与仿真。程序代码如表 8.1.2 所示。图 8.1.2(a)给出了控制系统的最优轨迹和输入仿真曲线。图 8.1.2(b)则给出了过程噪声和量测噪声的时间历程。

表 8.1.2 离散 LQG 软终端控制器设计及仿真代码

```
%%%====OH-6A Data====%%%
A  = [ -0.0257, 0.013, -0.322, 0; ...
        1.26,   -1.765,   0,       0; ...
        0, 1, 0, 0; ...
        1, 0 ,0 ,0];
B2 = [ 0.086, -7.408, 0, 0 ]';
B1 = [ 0.0257, -1.26, 0, 0 ]';
Q=1*diag( [ 0, 0, 0, 1]) ;    N=zeros(4,1);     R=1;
Qf=1e3;     Mf=eye(4);    psi=zeros(4,1);
x0=[10, 0, -0.3550, -15]';  %{   u, q,      theta      x }
Cy = [0, 0, 0, 1;   0,0,1,0];
X0 = 1*diag([1,1,1,1]);
tf=3.0;     Ns=60;     Ts=tf/Ns;    t=0:Ts:tf;
Wd = 4;     Vd   = eye(2);
%Conversion of continuous-time models to discrete time ones
[Phi,Gu,Qd,Rd,Nd] = pim_c2d(A, B2, Ts, Q, R, N);
```

续表

```
[Phi,Gw] = pim_c2d(A,B1,Ts);   [nx,nu]=size(B2);
%Discrete time-varying LQG soft terminal controller
[Af_t, Bf_t, Cf_t, Df_t] = pim_tdlqgstc(Phi,Gu,Gw,Qd,Rd,Nd,...
Qf,Mf,psi,Cy,Wd,Vd,0,X0,Ns);
%Simulation
randn('state',1);
w_t = sqrt(Wd)*randn(1,Ns+1);     v_t = randn(2,Ns+1);   x0e = x0;
[x_t,u_t,xe_t,y_t] = pim_simtdlqgstc(Phi,Gu,Gw,Qd,Rd,Nd,Qf,Mf,psi,...
Cy,Wd,Vd,0,X0,Ns,x0,x0e,w_t,v_t);
%%%===plot figure===%%%
```

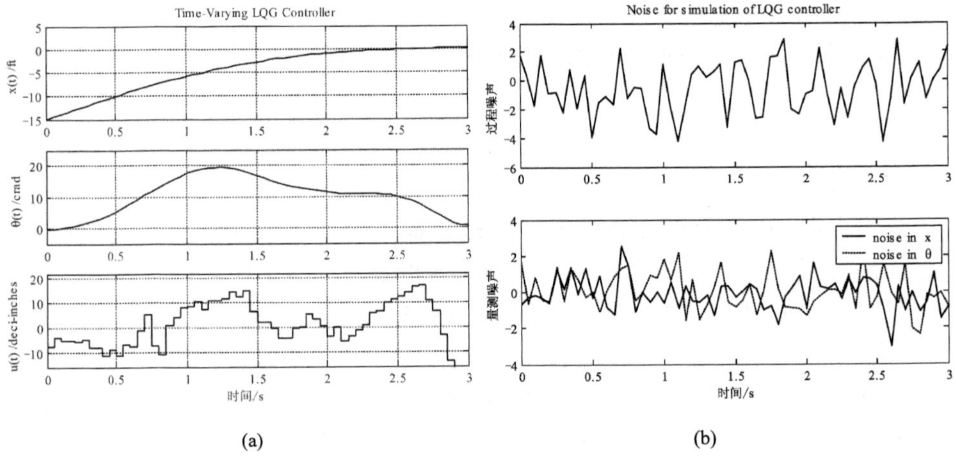

图 8.1.2　离散 LQG 软终端控制器设计与仿真

(a) 控制系统的最优轨迹和输入；　(b) 过程噪声和量测噪声

8.1.2　硬终端控制器

1. 连续时间系统 LQG 硬终端控制器

1)　问题描述

所谓 LQG 硬终端控制器，问题则归结为在满足系统方程(8.1.1)和(8.1.2)的条件下，极小化下面随机二次型性能指标的期望值，

$$J_{\mathrm{h}} = J + \frac{1}{2}\boldsymbol{e}_{\mathrm{f}}^{\mathrm{T}}\boldsymbol{Q}_{\mathrm{f}}\boldsymbol{e}_{\mathrm{f}} + \boldsymbol{v}^{\mathrm{T}}(\boldsymbol{M}_{\mathrm{f}}\boldsymbol{x}(t_{\mathrm{f}}) - \boldsymbol{\psi}) \tag{8.1.24}$$

其中，$\boldsymbol{v}$ 是引入的 Lagrange 乘子，以满足终端约束。

独立进行 LQ 硬终端控制器设计，可以得到最优控制律为(见 5.1.2 小节)

$$\boldsymbol{u}(t)=-\boldsymbol{K}_x(t)\boldsymbol{x}(t)+\boldsymbol{K}_\psi(t)\left(\boldsymbol{\psi}-\boldsymbol{F}_{\mathrm{m},0}\boldsymbol{x}_0\right) \tag{8.1.25}$$

其中，$\boldsymbol{K}_x(t)$ 和 $\boldsymbol{K}_\psi(t)$ 分别是状态反馈增益矩阵和信号前馈增益矩阵。

独立进行 Kalman 滤波器设计，同样得到滤波微分方程式(8.1.8)。

根据分离性原理，LQ 硬终端控制律(8.1.14)中的状态 $\boldsymbol{x}$ 可以采用滤波微分方程(8.1.8)得到的状态滤波值 $\hat{\boldsymbol{x}}$ 代替，如下：

$$\boldsymbol{u}(t)=-\boldsymbol{K}_x(t)\hat{\boldsymbol{x}}(t)+\boldsymbol{K}_\psi(t)\left(\boldsymbol{\psi}-\boldsymbol{F}_{\mathrm{m},0}\boldsymbol{x}_0\right) \tag{8.1.26}$$

式(8.1.8)和(8.1.26)构成了 LQG 硬终端控制器。

类似地，引入广义输出向量 $\tilde{\boldsymbol{y}}$

$$\tilde{\boldsymbol{y}}=\begin{bmatrix}\boldsymbol{y}\\ \boldsymbol{\psi}-\boldsymbol{F}_{\mathrm{m},0}\hat{\boldsymbol{x}}_0\end{bmatrix} \tag{8.1.27}$$

可以得到 LQG 硬终端控制器 $\boldsymbol{u}=F(s)\tilde{\boldsymbol{y}}$，写成状态方程的形式为

$$\begin{cases}\dot{\hat{\boldsymbol{x}}}=\boldsymbol{A}_\mathrm{f}(t)\hat{\boldsymbol{x}}+\boldsymbol{B}_\mathrm{f}(t)\tilde{\boldsymbol{y}}\\ \boldsymbol{u}=\boldsymbol{C}_\mathrm{f}(t)\hat{\boldsymbol{x}}+\boldsymbol{D}_\mathrm{f}(t)\tilde{\boldsymbol{y}}\end{cases} \tag{8.1.28}$$

其中，

$$\begin{aligned}&\boldsymbol{A}_\mathrm{f}(t)=\boldsymbol{A}-\boldsymbol{B}_2\boldsymbol{K}_x(t)-\boldsymbol{L}(t)\boldsymbol{C}_y, &&\boldsymbol{B}_\mathrm{f}(t)=\begin{bmatrix}\boldsymbol{L}(t) & \boldsymbol{B}_2\boldsymbol{K}_\psi(t)\end{bmatrix}\\ &\boldsymbol{C}_\mathrm{f}(t)=-\boldsymbol{K}_x(t), &&\boldsymbol{D}_\mathrm{f}(t)=\begin{bmatrix}\boldsymbol{0} & \boldsymbol{K}_\psi(t)\end{bmatrix}\end{aligned} \tag{8.1.28a}$$

可以看出，LQG 控制器实际上是一个时变的输出($\tilde{\boldsymbol{y}}$)反馈控制器。

类似地，式(8.1.28)表示的输出控制器，可以相应的离散为

$$\begin{cases}\hat{\boldsymbol{x}}_{k+1}=\boldsymbol{\Phi}_k\hat{\boldsymbol{x}}_k+\boldsymbol{R}_{y,k}\tilde{\boldsymbol{y}}_k\\ \quad\boldsymbol{u}=\boldsymbol{C}_{\mathrm{f},k}\hat{\boldsymbol{x}}_k+\boldsymbol{D}_{\mathrm{f},k}\tilde{\boldsymbol{y}}_k\end{cases} \tag{8.1.29}$$

式(8.1.29)也可以称之为数字LQG硬终端控制器，其中，$\boldsymbol{\Phi}_k$ 和 $\boldsymbol{R}_{y,k}$ 可以由 PIMCSD 工具箱给出。

比较 LQG 软终端控制器(8.1.9)和硬终端控制器(8.1.26)，可以看出，它们的结构完全相同，PIMCSD 工具箱给出的 LQG 软/硬终端控制器结构也是相同的。

2）PIMCSD 工具箱中的实现

PIMCSD 工具箱提供了连续时间系统LQG硬终端控制器设计与仿真的函数：pim_tlqghtc()和 pim_simtlqghtc()，其调用格式分别如下：

(1) pim_tlqghtc()的调用格式如下：

$$[\boldsymbol{A}_\mathrm{f},\boldsymbol{B}_\mathrm{f},\boldsymbol{C}_\mathrm{f},\boldsymbol{D}_\mathrm{f}]=\text{pim\_tlqghtc}(\boldsymbol{A},\boldsymbol{B}_1,\boldsymbol{B}_2,\boldsymbol{Q},\boldsymbol{R},\boldsymbol{N},\boldsymbol{Q}_\mathrm{f},\boldsymbol{M}_\mathrm{f},\boldsymbol{\psi},\boldsymbol{C}_y,\boldsymbol{W},\boldsymbol{V},\boldsymbol{S},\boldsymbol{P}_0,t_\mathrm{s})$$

$$[\boldsymbol{A}_{\mathrm{f}},\boldsymbol{B}_{\mathrm{f}},\boldsymbol{C}_{\mathrm{f}},\boldsymbol{D}_{\mathrm{f}},\boldsymbol{L},\boldsymbol{K}_x,\boldsymbol{K}_\psi,\boldsymbol{F}_{\mathrm{m},0}]=\mathrm{pim\_tlqghtc}(\boldsymbol{A},\boldsymbol{B}_1,\boldsymbol{B}_2,\boldsymbol{Q},\boldsymbol{R},\boldsymbol{N},\boldsymbol{Q}_{\mathrm{f}},\boldsymbol{M}_{\mathrm{f}},\boldsymbol{\psi},\boldsymbol{C}_y,\boldsymbol{W},\boldsymbol{V},\boldsymbol{S},\boldsymbol{P}_0,t_{\mathrm{s}})$$

$$[\boldsymbol{\Phi},\boldsymbol{R}_y,\boldsymbol{K}_x,\boldsymbol{K}_\psi,\boldsymbol{F}_{\mathrm{m},0}]=\mathrm{pim\_tlqghtc}(\boldsymbol{A},\boldsymbol{B}_1,\boldsymbol{B}_2,\boldsymbol{Q},\boldsymbol{R},\boldsymbol{N},\boldsymbol{Q}_{\mathrm{f}},\boldsymbol{M}_{\mathrm{f}},\boldsymbol{\psi},\boldsymbol{C}_y,\boldsymbol{W},\boldsymbol{V},\boldsymbol{S},\boldsymbol{P}_0,t_{\mathrm{s}},\mathrm{method})$$

参数简单说明：

返回参数中 $\boldsymbol{A}_{\mathrm{f}},\boldsymbol{B}_{\mathrm{f}},\boldsymbol{C}_{\mathrm{f}},\boldsymbol{D}_{\mathrm{f}},\boldsymbol{L},\boldsymbol{K}_x,\boldsymbol{K}_\psi$ 都是时间序列 t_{s} 对应矩阵序列(时变控制器)。其中，$\boldsymbol{A}_{\mathrm{f}},\boldsymbol{B}_{\mathrm{f}},\boldsymbol{C}_{\mathrm{f}},\boldsymbol{D}_{\mathrm{f}}$ 如式(8.1.28)所示，是控制律的状态空间描述；$\boldsymbol{L}$ 对应式(8.1.8)中的滤波增益矩阵；$\boldsymbol{K}_x$ 和 $\boldsymbol{K}_\psi$ 对应式(8.1.25)中的状态反馈增益矩阵和前馈信号增益矩阵序列。$\boldsymbol{F}_{\mathrm{m},0}$ 对应式(8.1.25)中对初始状态的反馈矩阵。

输入参数中 $\boldsymbol{A},\boldsymbol{B}_1,\boldsymbol{B}_2$ 对应式(8.1.1)中的系统矩阵；$\boldsymbol{Q},\boldsymbol{R},\boldsymbol{N}$ 对应式(8.1.5)中的性能指标加权阵；$\boldsymbol{Q}_{\mathrm{f}}$ 对应式(8.1.6)中的终端指标加权阵；$\boldsymbol{M}_{\mathrm{f}}$ 和 $\boldsymbol{\psi}$ 对应式(8.1.4)中的终端约束矩阵和向量；$\boldsymbol{C}_y$ 对应式(8.1.2)中的量测矩阵；$\boldsymbol{W},\boldsymbol{V},\boldsymbol{S}$ 对应式(8.1.3)中噪声的方差矩阵；$\boldsymbol{P}_0$ 是初始状态估计的方差；t_{s} 指定了时间序列。

第三种调用格式的输出参数中 $\boldsymbol{\Phi},\boldsymbol{R}_y$ 对应式(8.1.92)中的离散系统矩阵序列，而输入参数 method = 'zoh'|'foh' 指定离散过程中对输入 $\boldsymbol{u}$ 的离散方式：'zoh' 表示零阶保持，'foh' 表示一阶保持。

(2) pim_simtlqghtc()的调用格式如下：

$$[\boldsymbol{x},\boldsymbol{u},\hat{\boldsymbol{x}},\boldsymbol{y}]=\mathrm{pim\_simtlqghtc}(\boldsymbol{A},\boldsymbol{B}_1,\boldsymbol{B}_2,\boldsymbol{Q},\boldsymbol{R},\boldsymbol{N},\boldsymbol{Q}_{\mathrm{f}},\boldsymbol{M}_{\mathrm{f}},\boldsymbol{\psi},\boldsymbol{C}_y,\boldsymbol{W},\boldsymbol{V},\boldsymbol{S},\boldsymbol{P}_0,t_{\mathrm{s}},\boldsymbol{x}_0,\hat{\boldsymbol{x}}_0,\boldsymbol{w},\boldsymbol{v},\mathrm{methd})$$

$$[\boldsymbol{x},\boldsymbol{u},\hat{\boldsymbol{x}},\boldsymbol{y},\boldsymbol{R}_{\mathrm{m}}]=\mathrm{pim\_simtlqghtc}(\boldsymbol{A},\boldsymbol{B}_1,\boldsymbol{B}_2,\boldsymbol{Q},\boldsymbol{R},\boldsymbol{N},\boldsymbol{Q}_{\mathrm{f}},\boldsymbol{M}_{\mathrm{f}},\boldsymbol{\psi},\boldsymbol{C}_y,\boldsymbol{W},\boldsymbol{V},\boldsymbol{S},\boldsymbol{P}_0,t_{\mathrm{s}},\boldsymbol{x}_0,\hat{\boldsymbol{x}}_0,\boldsymbol{w},\boldsymbol{v},\mathrm{methd})$$

$$[\boldsymbol{x},\boldsymbol{u},\hat{\boldsymbol{x}},\boldsymbol{y}]=\mathrm{pim\_simtlqghtc}(\boldsymbol{R}_{\mathrm{m}},\boldsymbol{\psi},\boldsymbol{C}_y,t_{\mathrm{s}},\boldsymbol{x}_0,\hat{\boldsymbol{x}}_0,\boldsymbol{w},\boldsymbol{v})$$

参数简单说明：

返回参数中 $\boldsymbol{x},\boldsymbol{u},\hat{\boldsymbol{x}},\boldsymbol{y}$ 都是与时间序列 t_{s} 相对应的向量序列，分别表示仿真的状态、输入、状态估计，以及量测序列。

输入参数中 $\boldsymbol{A},\boldsymbol{B}_1,\boldsymbol{B}_2,\boldsymbol{Q},\boldsymbol{R},\boldsymbol{N},\boldsymbol{Q}_{\mathrm{f}},\boldsymbol{M}_{\mathrm{f}},\boldsymbol{\psi},\boldsymbol{C}_y,\boldsymbol{W},\boldsymbol{V},\boldsymbol{S},\boldsymbol{P}_0,t_{\mathrm{s}}$ 与 pim_tlqghtc()中的参数相一致，不再赘述。另外，$\boldsymbol{x}_0$ 和 $\hat{\boldsymbol{x}}_0$ 分别是状态的初始值和估计值；$\boldsymbol{w}$ 和 $\boldsymbol{v}$ 是过程噪声和量测噪声序列；method = 'zoh'|'foh' 指定仿真过程中对 $\boldsymbol{u},\boldsymbol{v},\boldsymbol{w}$ 的离散方式：'zoh' 表示零阶保持，'foh' 表示一阶保持。

第二种调用格式同时返回矩阵序列 $\boldsymbol{R}_{\mathrm{m}}$，记录仿真过程中可重复利用的一些仿真信息，用于控制系统对不同初值和噪声情况下的仿真，如第三种调用格式所示。

3) 设计实例

例 8.1.3 采用例 8.1.1 中的算例进行时变 LQG 硬终端控制器设计，并绘出控制系统的仿真曲线。

解 取 $\boldsymbol{M}_{\mathrm{f}}=\boldsymbol{I},\ \boldsymbol{\psi}=\boldsymbol{0}$；选取终端误差惩罚因子 $\boldsymbol{Q}_{\mathrm{f}}=1000\boldsymbol{I}$，选取性能指标加

权阵 $\boldsymbol{Q} = \text{diag}(0,0,0,1)$, $\boldsymbol{R} = 1$, $\boldsymbol{N} = \text{zeros}(4,1)$，进行 LQG 硬终端控制器设计与仿真。程序代码如表 8.1.3 所示。图 8.1.3(a)给出了控制系统的最优轨迹和输入仿真曲线。图 8.1.3(b)则给出了过程噪声和量测噪声的时间历程。

表 8.1.3　时变 LQG 硬终端控制器设计及仿真代码

```
%%%====OH-6A Data====%%%
A  = [ -0.0257, 0.013, -0.322, 0; ...
        1.26,   -1.765,   0,      0; ...
        0, 1, 0, 0; ...
        1, 0 ,0 ,0];
B2 = [ 0.086, -7.408, 0, 0 ]';
B1 = [ 0.0257, -1.26, 0, 0 ]';
Q=1*diag( [ 0, 0, 0, 1]) ;     N=zeros(4,1);     R=1;
Qf=1e3;      Mf=eye(4);     psi=zeros(4,1);
x0=[10, 0, -0.3550, -15]';   % {  u, q,    theta    x }
Cy = [0, 0, 0, 1;    0,0,1,0];
X0 = 1*diag([1,1,1,1]);
tf=3.0;      Ns=60;     Ts=tf/Ns;    t=0:Ts:tf;
Wd = 4;      Vd   = eye(2);
W = 2*Wd*Ts;    V = 2*Vd*Ts;
%Time-varying LQG hard terminal controller
[Af_t,Bf_t,Cf_t,Df_t,L_t] = pim_tlqghtc(A,B1,B2,Q,R,N,...
Qf,Mf,psi,Cy,W,V,0,X0,t);
%Simulation
randn('state',0);
w_t = sqrt(Wd)*randn(1,Ns+1);     v_t = randn(2,Ns+1);   xe0 = x0;
[x_t,u_t,xe_t,y_t] = pim_simtlqghtc(A,B1,B2,Q,R,N,Qf,Mf,psi,...
Cy,W,V,0,X0,t,x0,xe0,w_t,v_t,'foh');
%%%====plot figure====%%%
```

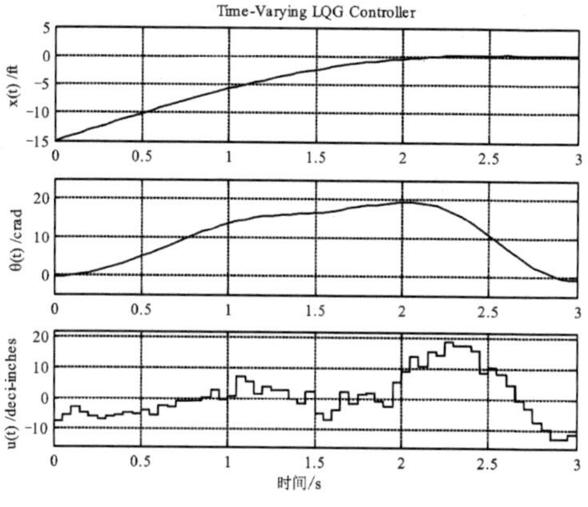

(a)

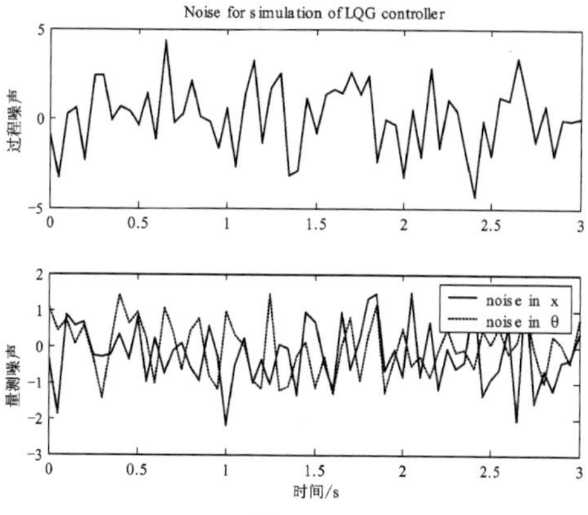

(b)

图 8.1.3　时变的 LQG 硬终端控制器设计与仿真

(a) 控制系统的最优轨迹和输入；　(b) 过程噪声和量测噪声

与例 2.3.1 相比容易发现，时变 LQG 控制器只需定常 LQG 调节器的一半时间即可达到控制要求。

2. 离散时间系统 LQG 硬终端控制器

1) 问题描述

所谓 LQG 硬终端控制器，问题则归结为在满足系统方程(8.1.13)和(8.1.14)的条件下，极小化下面二次型性能指标的期望值，

$$J_{\mathrm{d,h}} = J_{\mathrm{d}} + \frac{1}{2}\boldsymbol{e}_{\mathrm{f}}^{\mathrm{T}}\boldsymbol{Q}_{\mathrm{f}}\boldsymbol{e}_{\mathrm{f}} + \boldsymbol{v}^{\mathrm{T}}(\boldsymbol{M}_{\mathrm{f}}\boldsymbol{x}_{N_{\mathrm{s}}} - \boldsymbol{\psi}) \tag{8.1.30}$$

其中，$\boldsymbol{v}$ 是引入的 Lagrange 乘子，以满足终端约束。

独立进行离散 LQ 硬终端控制器设计，得到最优控制律为(见 5.1.2 小节)

$$\boldsymbol{u}_k = -\boldsymbol{K}_{x,k}\boldsymbol{x}_k + \boldsymbol{K}_{\psi,k}\left(\boldsymbol{\psi} - \boldsymbol{F}_{\mathrm{m},0}\boldsymbol{x}_0\right) \tag{8.1.31}$$

其中，$\boldsymbol{K}_x(t)$ 和 $\boldsymbol{K}_\psi(t)$ 分别是状态反馈增益矩阵和信号前馈增益矩阵。

独立进行 Kalman 滤波器设计，得到如式(8.1.20a,b)所示的 Kalman 滤波器。

根据分离性原理，LQ 硬终端控制器(8.1.31)中的状态 $\boldsymbol{x}_k$ 可以采用 Kalman 滤波器(8.1.20a,b)设计得到状态估计值 $\overline{\boldsymbol{x}}_k$ 或 $\hat{\boldsymbol{x}}_k$ 来代替，即

$$\boldsymbol{u}_k = -\boldsymbol{K}_{x,k}\hat{\boldsymbol{x}}_k + \boldsymbol{K}_{\psi,k}\left(\boldsymbol{\psi} - \boldsymbol{F}_{\mathrm{m},0}\boldsymbol{x}_0\right) \tag{8.1.32a}$$

或

$$\boldsymbol{u}_k = -\boldsymbol{K}_{x,k}\overline{\boldsymbol{x}}_k + \boldsymbol{K}_{\psi,k}\left(\boldsymbol{\psi} - \boldsymbol{F}_{\mathrm{m},0}\boldsymbol{x}_0\right) \tag{8.1.32b}$$

上式就是基于 LQG 理论的离散系统硬终端控制律。通常，我们采用“预测控制器”(8.1.32b)来代替“当前控制器”(8.1.32a)，因为当前控制器需要更多的计算量，可能造成延迟。

下面给出采用预测控制器(8.1.32b)时控制律表的状态空间描述。引入广义输出向量 $\tilde{\boldsymbol{y}}_k$，

$$\tilde{\boldsymbol{y}}_k = \begin{bmatrix} \boldsymbol{y}_k \\ \boldsymbol{\psi} - \boldsymbol{F}_{\mathrm{m},0}\overline{\boldsymbol{x}}_0 \end{bmatrix} \tag{8.1.33}$$

可以得到状态方程形式的表述，

$$\begin{cases} \overline{\boldsymbol{x}}_{k+1} = \boldsymbol{A}_{\mathrm{f},k}\overline{\boldsymbol{x}}_k + \boldsymbol{B}_{\mathrm{f},k}\tilde{\boldsymbol{y}}_k \\ \boldsymbol{u}_k = \boldsymbol{C}_{\mathrm{f},k}\overline{\boldsymbol{x}} + \boldsymbol{D}_{\mathrm{f},k}\tilde{\boldsymbol{y}}_k \end{cases} \tag{8.1.34}$$

其中，

$$A_{\mathrm{f},k}=\boldsymbol{\Phi}-\bar{L}_kC_y-G_uK_{x,k},\quad B_{\mathrm{f},k}=\begin{bmatrix}\bar{L}_k & G_uK_{\psi,k}\end{bmatrix}$$
$$C_{\mathrm{f},k}=-K_{x,k},\qquad D_{\mathrm{f},k}=\begin{bmatrix}0 & K_{\psi,k}\end{bmatrix} \tag{8.1.34a}$$

离散 LQG 硬终端控制器可以表示成 $\boldsymbol{u}=\boldsymbol{F}(z)\tilde{\boldsymbol{y}}$，实际上是一个时变的输出($\tilde{\boldsymbol{y}}$)反馈控制器。

比较 LQG 软终端控制器(8.1.23)和硬终端控制器(8.1.34)，可以看出，它们的结构完全相同，PIMCSD 工具箱给出的 LQG 软/硬终端控制器结构也是相同的。

2)　PIMCSD 工具箱中的实现

PIMCSD 工具箱提供了离散时间系统 LQG 软终端控制器设计与仿真的函数：pim_tdlqghtc()和 pim_simtdlqghtc()，其调用格式分别如下：

(1) pim_tdlqghtc() 的调用格式如下：

$$[A_\mathrm{f},B_\mathrm{f},C_\mathrm{f},D_\mathrm{f}]=\mathrm{pim\_tdlqghtc}(\boldsymbol{\Phi},G_u,G_w,Q_\mathrm{d},R_\mathrm{d},N_\mathrm{d},Q_\mathrm{f},M_\mathrm{f},\boldsymbol{\psi},C_y,W_\mathrm{d},V_\mathrm{d},S_\mathrm{d},P_0,N_\mathrm{s})$$

$$[A_\mathrm{f},B_\mathrm{f},C_\mathrm{f},D_\mathrm{f},\bar{L},K_x,K_\psi,F_{\mathrm{m},0}]=\mathrm{pim\_tdlqghtc}(\boldsymbol{\Phi},G_u,G_w,Q_\mathrm{d},R_\mathrm{d},N_\mathrm{d},Q_\mathrm{f},M_\mathrm{f},\boldsymbol{\psi},C_y,W_\mathrm{d},V_\mathrm{d},S_\mathrm{d},P_0,N_\mathrm{s})$$

参数简单说明：

返回参数中 $A_\mathrm{f},B_\mathrm{f},C_\mathrm{f},D_\mathrm{f},\bar{L},K_x,K_\psi$ 都是与时间序列相对应的矩阵序列(时变控制器)。其中，$A_\mathrm{f},B_\mathrm{f},C_\mathrm{f},D_\mathrm{f}$ 如式(8.1.34)所示，是控制律的状态空间表达；$\bar{L}$ 对应式(8.1.20)中的滤波增益矩阵序列；K_x 和 K_ψ 对应式(8.1.31)中的状态反馈增益矩阵和前馈信号增益矩阵序列。$F_{\mathrm{m},0}$ 对应式(8.1.31)中的初始状态反馈增益矩阵。

输入参数中 $\boldsymbol{\Phi},G_u,G_w$ 对应式(8.1.13)中的系统矩阵；$Q_\mathrm{d},R_\mathrm{d},N_\mathrm{d}$ 对应式(8.1.17)中的性能指标加权阵；Q_f 对应式(8.1.18)中的终端指标加权阵；M_f 和 $\boldsymbol{\psi}$ 对应式(8.1.16)中的终端约束矩阵和向量；C_y 对应式(8.1.14)中的量测矩阵；$W_\mathrm{d},V_\mathrm{d},S_\mathrm{d}$ 对应式(8.1.15)中噪声的方差矩阵；P_0 是初始状态估计的方差；N_s 指定了时间步数。

(2) pim_simtdlqghtc() 的调用格式如下：

$$[x,u,\bar{x},y]=\mathrm{pim\_simtdlqghtc}(\boldsymbol{\Phi},G_u,G_w,Q_\mathrm{d},R_\mathrm{d},N_\mathrm{d},Q_\mathrm{f},M_\mathrm{f},\boldsymbol{\psi},C_y,W_\mathrm{d},V_\mathrm{d},S_\mathrm{d},P_0,N_\mathrm{s},x_0,\bar{x}_0,w,v)$$

$$[x,u,\bar{x},y,R_\mathrm{m}]=\mathrm{pim\_simtdlqghtc}(\boldsymbol{\Phi},G_u,G_w,Q_\mathrm{d},R_\mathrm{d},N_\mathrm{d},Q_\mathrm{f},M_\mathrm{f},\boldsymbol{\psi},C_y,W_\mathrm{d},V_\mathrm{d},S_\mathrm{d},P_0,N_\mathrm{s},x_0,\bar{x}_0,w,v)$$

$$[x,u,\bar{x},y]=\mathrm{pim\_simtdlqghtc}(R_\mathrm{m},\boldsymbol{\Phi},G_u,G_w,\boldsymbol{\psi},C_y,N_\mathrm{s},x_0,\bar{x}_0,w,v)$$

参数简单说明：

返回参数中 $x,u,\bar{x},y$ 都是与时间相对应的向量序列，分别表示仿真的状态、输入、状态估计，以及量测序列。

输入参数中 $\boldsymbol{\Phi},\boldsymbol{G}_u,\boldsymbol{G}_w,\boldsymbol{Q}_\text{d},\boldsymbol{R}_\text{d},\boldsymbol{N}_\text{d},\boldsymbol{Q}_\text{f},\boldsymbol{M}_\text{f},\boldsymbol{\psi},\boldsymbol{C}_y,\boldsymbol{W}_\text{d},\boldsymbol{V}_\text{d},\boldsymbol{S}_\text{d},\boldsymbol{P}_0,N_\text{s}$ 与 pim_tldqghtc() 中的参数相一致，不再赘述。另外，$\boldsymbol{x}_0$ 和 $\bar{\boldsymbol{x}}_0$ 分别是状态的初始值和估计值；$\boldsymbol{w}$ 和 $\boldsymbol{v}$ 是过程噪声和量测噪声序列，

第二种调用格式同时返回矩阵序列 $\boldsymbol{R}_\text{m}$，记录仿真过程中可重复利用的仿真信息，用于该控制系统对不同初值和噪声情况下的仿真，如第三种调用格式所示。

3）设计实例

例 8.1.4　采用例 8.1.3 的直升飞机的着陆问题的连续系统模型，将其转化为离散系统模型，进行离散时变 LQG 硬终端控制器设计与仿真。

解　首先采用 PIMCSD 工具箱提供的 pim_c2d()完成控制系统及性能指标的离散，针对离散系统进行 LQG 硬终端控制器设计与仿真。程序代码如表 8.1.4 所示。图 8.1.4(a)给出了控制系统的最优轨迹和输入仿真曲线。图 8.1.4(b)则给出了过程噪声和量测噪声的时间历程。

表 8.1.4　离散 LQG 硬终端控制器设计及仿真代码

```
%%%====OH-6A Data====%%%
A   = [ -0.0257, 0.013, -0.322, 0; ...
         1.26,   -1.765,   0,        0; ...
         0, 1, 0, 0; ...
         1, 0 ,0 ,0];
B2 = [ 0.086, -7.408, 0, 0 ]';
B1 = [ 0.0257, -1.26, 0, 0 ]';
Q=1*diag( [ 0, 0, 0, 1]) ;    N=zeros(4,1);      R=1;
Qf=1e3;       Mf=eye(4);    psi=zeros(4,1);
x0=[10, 0, -0.3550, -15]';   % {   u, q,      theta       x }
Cy = [0, 0, 0, 1;    0,0,1,0];
X0 = 1*diag([1,1,1,1]);
tf=3.0;        Ns=60;     Ts=tf/Ns;    t=0:Ts:tf;
Wd = 4;     Vd    = eye(2);
%Conversion of continuous-time models to discrete time ones
[Phi,Gu,Qd,Rd,Nd] = pim_c2d(A, B2, Ts, Q, R, N);
[Phi,Gw] = pim_c2d(A,B1,Ts);   [nx,nu]=size(B2);
%Discrete time-varying LQG hard terminal controller
[Af_t, Bf_t, Cf_t, Df_t] = pim_tdlqghtc(Phi,Gu,Gw,Qd,Rd,Nd,...
Qf,Mf,psi,Cy,Wd,Vd,0,X0,Ns);
%Simulation
randn('state',1);
w_t = sqrt(Wd)*randn(1,Ns+1);      v_t = randn(2,Ns+1);    x0e = x0;
[x_t,u_t,xe_t,y_t] = pim_simtdlqghtc(Phi,Gu,Gw,Qd,Rd,Nd,Qf,Mf,psi,...
Cy,Wd,Vd,0,X0,Ns,x0,x0e,w_t,v_t);
%%%====plot figure====%%%
```

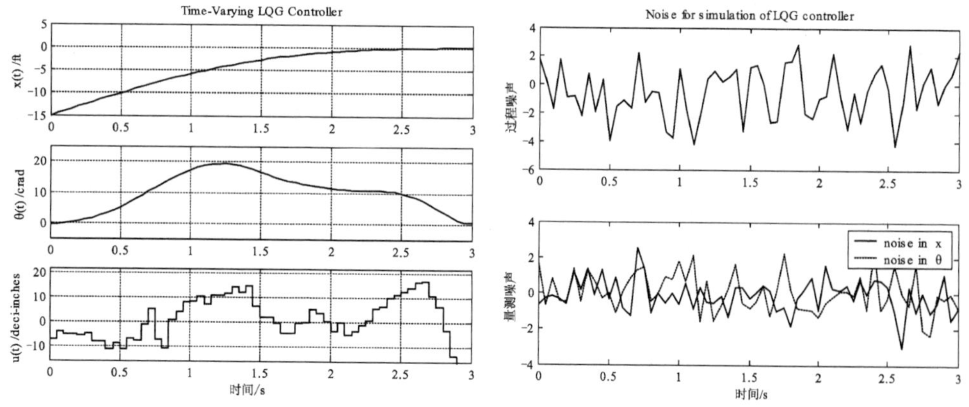

(a)　　　　　　　　　　　　　　　　(b)

图 8.1.4　离散 LQG 硬终端控制器设计与仿真

(a) 控制系统的最优轨迹和输入；　(b) 过程噪声和量测噪声

8.2　时变 LQG 跟踪—控制

LQG跟踪可看作是使用输出反馈代替全状态反馈的最优跟踪—控制器，在下面的假设条件下：①初始条件是高斯随机的，②系统受到高斯白噪声的扰动，③量测中含有附加的高斯噪声，完成对跟踪二次性能指标期望值的极小化，最优跟踪—控制器也经常被称为线性二次高斯跟踪—控制器(linear-quadratic Gaussian follower-controller)。

这种控制器的结构是简单的：根据分离性原理，全状态最优跟踪—控制器可以独立设计，而反馈用到的状态则利用最优滤波器得到的估计值确定。对于多输入—多输出系统，LQG 控制器同样提供优美的、协调的反馈控制输入，这是其他控制器(如极点配置法等)很难得到的。

1. 连续时间系统时变 LQG 跟踪—控制

1)　问题描述

考虑连续时间的动态系统，

$$\dot{\boldsymbol{x}} = \boldsymbol{A}\boldsymbol{x} + \boldsymbol{B}_2\boldsymbol{u} + \boldsymbol{B}_1\boldsymbol{w} \tag{8.2.1}$$

其中，过程噪声为零均值的高斯白噪声。假设初始条件是高斯分布的，

$$\boldsymbol{x}_0 = N(\hat{\boldsymbol{x}}_0, \hat{\boldsymbol{P}}_0) \tag{8.2.2}$$

同时，量测 $\boldsymbol{y}_{\mathrm{s}}(t)$ 含有附加的高斯随机误差 $\boldsymbol{v}_{\mathrm{s}}(t)$，

$$\boldsymbol{y}_{\mathrm{s}}(t)=\boldsymbol{C}_{\mathrm{s}}\boldsymbol{x}(t)+\boldsymbol{v}_{\mathrm{s}}(t) \tag{8.2.3}$$

其中，$\boldsymbol{x}(t)$ 和 $\boldsymbol{u}(t)$ 分别是 t 时刻的状态和输入向量；$\boldsymbol{w}(t)$ 和 $\boldsymbol{v}_{\mathrm{s}}(t)$ 是相互独立的、零均值白噪声过程，方差分别是 $\boldsymbol{W}$ 和 $\boldsymbol{V}$。

LQG 跟踪—控制问题可以描述为：满足动力方程(8.2.1)的条件下，极小化下面二次性能指标的期望值，即

$$J=\frac{1}{2}\boldsymbol{v}_{\mathrm{f}}^{\mathrm{T}}\boldsymbol{Q}_{\mathrm{f}}\boldsymbol{v}_{\mathrm{f}}+\frac{1}{2}\int_{0}^{t_{\mathrm{f}}}\left(\boldsymbol{v}_{\mathrm{c}}^{\mathrm{T}}\boldsymbol{Q}\boldsymbol{v}_{\mathrm{c}}+\boldsymbol{u}^{\mathrm{T}}\boldsymbol{R}\boldsymbol{u}\right)\mathrm{d}t \tag{8.2.4}$$

其中，

$$\boldsymbol{v}_{\mathrm{f}}\overset{\mathrm{def}}{=}\boldsymbol{y}_{\mathrm{f}}-\boldsymbol{C}_{\mathrm{f}}\boldsymbol{x}(t_{\mathrm{f}}),\quad \boldsymbol{v}_{\mathrm{c}}(t)\overset{\mathrm{def}}{=}\boldsymbol{y}_{\mathrm{c}}(t)-\boldsymbol{C}_{\mathrm{c}}\boldsymbol{x}(t) \tag{8.2.4a}$$

LQG 跟踪—控制器仅使用输出量测 $\boldsymbol{y}_{\mathrm{s}}(t)$ 来达到使 $\boldsymbol{C}_{\mathrm{f}}\boldsymbol{x}(t_{\mathrm{f}})$ 趋向于 $\boldsymbol{y}_{\mathrm{f}}$，$\boldsymbol{v}_{\mathrm{c}}(t)$ 趋向于零的目标，同时确保合理的控制输入量级。

LQG 跟踪—控制问题可以划分成两部分：①估计当前状态 $\hat{\boldsymbol{x}}(t_1)$；②确定当前最优控制输入 $\boldsymbol{u}(t_1)$。其中，$0\leqslant t_1\leqslant t_{\mathrm{f}}$ 表示当前时刻。

估计当前状态：对于这个问题，“过去”的控制输入 $0\leqslant t\leqslant t_1$ 已知，采用第 6 和第 7 章介绍的滤波、平滑算法都可以得到当前的估计值，通常上选用 Kalman 滤波器，可同时得到当前估计值的方差，即

$$\dot{\hat{\boldsymbol{x}}}=\boldsymbol{A}\hat{\boldsymbol{x}}+\boldsymbol{L}(t)(\boldsymbol{y}-\boldsymbol{C}_{y}\hat{\boldsymbol{x}})+\boldsymbol{B}_2\boldsymbol{u},\qquad \hat{\boldsymbol{x}}_0\ \text{已知} \tag{8.2.5}$$

其中，$\boldsymbol{L}(t)$ 是时变的滤波增益矩阵序列。

确定当前最优控制输入：当前最优控制输入依赖于对于输出 $\boldsymbol{y}_{c}(t)$，以及终端条件的期望，属于“未来”的问题。在未来的最优估计中 $\boldsymbol{v}_{\mathrm{s}}(t)$ 和 $\boldsymbol{w}(t)$ 为零(因为假设它们是零均值噪声)。根据 5.3 节介绍的全状态跟踪器，可以导出最优控制律，如下：

$$\boldsymbol{u}(t)=\boldsymbol{u}_{\mathrm{ff}}(t)-\boldsymbol{K}(t)\boldsymbol{x}(t) \tag{8.2.6}$$

其中，$\boldsymbol{u}_{\mathrm{ff}}(t)$ 是前馈输入信号序列，$\boldsymbol{K}(t)$ 是反馈增益矩阵序列。

整体解决方案：上面描述的过去和未来的问题是相互独立的，因此最优控制律中的状态 $\boldsymbol{x}(t)$ 可以采用 Kalman 滤波估计值 $\hat{\boldsymbol{x}}(t)$ 代替。从而得到整体解决方案，即

$$\boldsymbol{u}(t)=\boldsymbol{u}_{\mathrm{ff}}(t)-\boldsymbol{K}(t)\hat{\boldsymbol{x}}(t) \tag{8.2.7}$$

其中，$\hat{\boldsymbol{x}}(t)$ 由 Kalman 滤波方程(8.2.5)确定。

2)　PIMCSD 工具箱中的实现

PIMCSD 工具箱提供了连续系统时变 LQG 跟踪—控制器设计与仿真的实现函数：pim_tlqgfll()和 pim_simtlqgfll()，其调用格式分别如下：

(1) pim_tlqgfll()的调用格式如下：

$$[\boldsymbol{K},\boldsymbol{u}_{\rm ff},\boldsymbol{L}] = \text{pim\_tlqgfll}(\boldsymbol{A},\boldsymbol{B}_1,\boldsymbol{B}_2,\boldsymbol{Q},\boldsymbol{R},\boldsymbol{Q}_{\rm f},\boldsymbol{C}_{\rm c},\boldsymbol{y}_{\rm c},\boldsymbol{t}_{\rm r},\boldsymbol{C}_{\rm f},\boldsymbol{y}_{\rm f},\boldsymbol{W},\boldsymbol{V},\boldsymbol{C}_{\rm s},\hat{\boldsymbol{P}}_0)$$

$$[\boldsymbol{K},\boldsymbol{u}_{\rm ff},\boldsymbol{L},\boldsymbol{\Phi},\boldsymbol{R}_y,\boldsymbol{R}_u] = \text{pim\_tlqgfll}(\boldsymbol{A},\boldsymbol{B}_1,\boldsymbol{B}_2,\boldsymbol{Q},\boldsymbol{R},\boldsymbol{Q}_{\rm f},\boldsymbol{C}_{\rm c},\boldsymbol{y}_{\rm c},\boldsymbol{t}_{\rm r},\boldsymbol{C}_{\rm f},\boldsymbol{y}_{\rm f},\boldsymbol{W},\boldsymbol{V},\boldsymbol{C}_{\rm s},\hat{\boldsymbol{P}}_0,\text{flag})$$

参数简单说明：

返回参数 $\boldsymbol{K},\boldsymbol{u}_{\rm ff},\boldsymbol{L}$，以及 $\boldsymbol{\Phi},\boldsymbol{R}_y,\boldsymbol{R}_u$ 都是沿时间的矩阵或向量序列，与输入参数时间序列 $t_{\rm r}$ 相对应。其中，$\boldsymbol{K}$ 和 $\boldsymbol{u}_{\rm ff}$ 表示式(8.2.7)中控制器设计的反馈增益矩阵序列和前馈信号向量序列；$\boldsymbol{L}$ 表示式(8.2.5)中滤波器设计的滤波增益矩阵序列；而 $\boldsymbol{\Phi},\boldsymbol{R}_y,\boldsymbol{R}_u$ 给出了滤波器微分方程(8.2.5)对应的精确离散矩阵序列，即 $\hat{\boldsymbol{x}}_{k+1} = \boldsymbol{\Phi}_k\hat{\boldsymbol{x}} + \boldsymbol{R}_{y,k}\tilde{\boldsymbol{y}}_k + \boldsymbol{R}_{u,k}\tilde{\boldsymbol{u}}_k$。输入参数中 flag = 0|1 指定滤波器离散的相应阶次(这些参数有助于 LQG 系统的仿真，参考 pim_simtlqgfll())，可进一步参考 pim_tkalm()中对应参数的说明。

输入参数中 $\boldsymbol{A},\boldsymbol{B}_1,\boldsymbol{B}_2$ 对应方程(8.2.1)中的系统矩阵；$\boldsymbol{Q},\boldsymbol{R},\boldsymbol{Q}_{\rm f}$ 对应二次指标(8.2.4)中的加权矩阵；$\boldsymbol{C}_{\rm c}$ 表示式(8.2.4a)中的输出矩阵；$\boldsymbol{y}_{\rm c}$ 为指定的期望输出向量序列，如果它的行数为 $n_{y_{\rm c}}$ (输出向量的维数)，那么其列数与时间序列 $t_{\rm r}$ 一致；如果它的行数为 $n_{y_{\rm c}}+1$，那么其第一行数据为 $\boldsymbol{y}_{\rm c}(t)$ 对应的时间序列 $t_{y_{\rm c}}$，后面 $n_{y_{\rm c}}$ 为对应的输出向量序列，可表示为 $\boldsymbol{y}_{\rm c} = [t_{y_{\rm c}};\boldsymbol{y}_{\rm c}(t)]$。$\boldsymbol{C}_{\rm f}$ 和 $\boldsymbol{y}_{\rm f}$ 表示式(8.2.4a)中终端时刻的输出矩阵和输出向量。

输入参数 $\boldsymbol{W}$ 和 $\boldsymbol{V}$ 分别表示过程噪声和量测误差的方差，$\boldsymbol{C}_{\rm s}$ 对应式(8.2.3)中的量测矩阵，$\hat{\boldsymbol{P}}_0$ 则表示式(8.2.2)中初始状态估计的方差。

(2) pim_simtlqgfll()的调用格式如下：

$$[\boldsymbol{x},\boldsymbol{u},\hat{\boldsymbol{x}},\boldsymbol{y}_{\rm s},\boldsymbol{y}] = \text{pim\_simtlqgfll}(\boldsymbol{R}_{\rm m},\boldsymbol{A},\boldsymbol{B}_1,\boldsymbol{B}_2,\boldsymbol{C}_{\rm c},\boldsymbol{C}_{\rm s},\boldsymbol{t},\boldsymbol{x}_0,\hat{\boldsymbol{x}}_0,\boldsymbol{w},\boldsymbol{v},\text{method})$$

$$[\boldsymbol{x},\boldsymbol{u},\hat{\boldsymbol{x}},\boldsymbol{y}_{\rm s},\boldsymbol{y},\boldsymbol{R}_{\rm m}] = \text{pim\_simtlqgfll}(\boldsymbol{A},\boldsymbol{B}_1,\boldsymbol{B}_2,\boldsymbol{Q},\boldsymbol{R},\boldsymbol{Q}_{\rm f},\boldsymbol{C}_{\rm c},\boldsymbol{y}_{\rm c},\boldsymbol{t},\boldsymbol{C}_{\rm f},\boldsymbol{y}_{\rm f},$$
$$\boldsymbol{W},\boldsymbol{V},\boldsymbol{C}_{\rm s},\hat{\boldsymbol{P}}_0,\boldsymbol{x}_0,\hat{\boldsymbol{x}}_0,\boldsymbol{w},\boldsymbol{v},\text{method})$$

参数简单说明：

返回参数中 $\boldsymbol{x},\boldsymbol{u},\hat{\boldsymbol{x}},\boldsymbol{y}_{\rm s},\boldsymbol{y}$ 都是沿时间的向量序列，与输入参数时间序列 t 相对应。其中，$\boldsymbol{x}$ 和 $\boldsymbol{u}$ 分别是控制系统的状态和输入轨迹，$\hat{\boldsymbol{x}}$ 表示状态估计序列，$\boldsymbol{y}_{\rm s}$ 表示量测序列，$\boldsymbol{y}$ 是控制系统的实际输出序列。

输入参数中 $\boldsymbol{R}_{\rm m} = \{\boldsymbol{K},\boldsymbol{u}_{\rm ff},\boldsymbol{L},\boldsymbol{\Phi},\boldsymbol{R}_y,\boldsymbol{R}_u\}$，是对不同噪声 $\boldsymbol{w},\boldsymbol{v}$ 和初始条件 $\boldsymbol{x}_0,\hat{\boldsymbol{x}}_0$ 进行仿真可重复使用的量，可以由 pim_tlqgfll()第二种调用格式给出，也可以在

pim_simtlqgfll()的调用中保留下来(例如第二种调用格式)；$\boldsymbol{x}_0, \hat{\boldsymbol{x}}_0$ 表示初始条件；$\boldsymbol{w}$ 表示过程噪声序列，如果它的行数为 n_w (过程噪声的维数)，那么其列数与时间序列 t 一致，如果它的行数为 n_w+1，那么其第一行数据为 $\boldsymbol{w}(t)$ 对应的时间序列 t_w，后面 n_w 为对应的输出向量序列，可表示为 $\boldsymbol{w}=[t_w;\ \boldsymbol{w}(t)]$； $\boldsymbol{v}$ 表示量测误差序列，存储格式与 $\boldsymbol{w}$ 类似。

其他输入参数意义与前面 pim_tlqgfll()中的输入参数完全一致。

3) 设计实例

例 8.2.1 考虑某一阶连续系统的 LQG 跟踪问题，系统参数

$$\boldsymbol{A}=-1,\quad \boldsymbol{B}_2=1,\quad \boldsymbol{B}_1=1,\quad \boldsymbol{C}_s=1,\quad \boldsymbol{C}_c=1$$

过程噪声和量测噪声都是零均值的高斯白噪声，指定的输出轨迹为 $\boldsymbol{y}_c(t)=1-2t/t_f$，$\boldsymbol{y}_f=0,\ \boldsymbol{C}_f=1$，性能指标加权阵为 $\boldsymbol{Q}=100,\ \boldsymbol{R}=1,\ \boldsymbol{Q}_f=10^4$。试完成最优 LQG 跟踪—控制器的设计与仿真。

解 采用 PIMCSD 工具箱提供的 pim_tlqgfll()函数以及 pim_simtlqgfll()函数进行时变 LQG 最优跟踪—控制器的设计与仿真。程序代码如表 8.2.1 所示。图 8.2.1(a)显示了最优跟踪轨迹和最优输入曲线，图 8.2.1(b)给出了仿真过程采用的过程噪声和量测噪声序列。

表 8.2.1 连续系统的时变 LQG 跟踪—控制器设计与仿真

```
%%% A first order continuous LQG follower %%%
A=-1; Bu=1; Bw=1; Cc=1; Cs=1;
Qc=100; Rc=1; Qf=1.0e4; Cf=1; yf=0;
tf=3; Ns=30;    Ts = tf/Ns;     t = 0:Ts:tf;
Wd=0.3^2; Vd=0.1^2; W=2*Wd*Ts;    V=2*Vd*Ts;
X0=0.1^2; x0=0;
tyc=tf*[0:1/Ns:1]; yc=1-2*tyc/tf;
%Simulation data
randn('seed',1);
[x_t,w,y_t,vs]=simcrndp(A,Bw,Wd,X0,x0,t,Cs,Vd);
%Design and simulation of time-varying LQG follower-controller
[K,uff,L, PHI_t,Rqy_t,Rqu_t]=pim_tlqgfll(A,Bw,Bu, Qc,Rc,Qf, Cc,[tyc;yc],t,...
 Cf,yf, W,V,Cs,X0,0);
DscRM_t = {K,uff, L, PHI_t,Rqy_t,Rqu_t};
[x,u,xh,ys,y]=pim_simtlqgfll(DscRM_t,A,Bw,Bu,Cc,Cs,t,x_t(:,1),x0,w,vs,'z');
%%%====plot figure====%%%
```

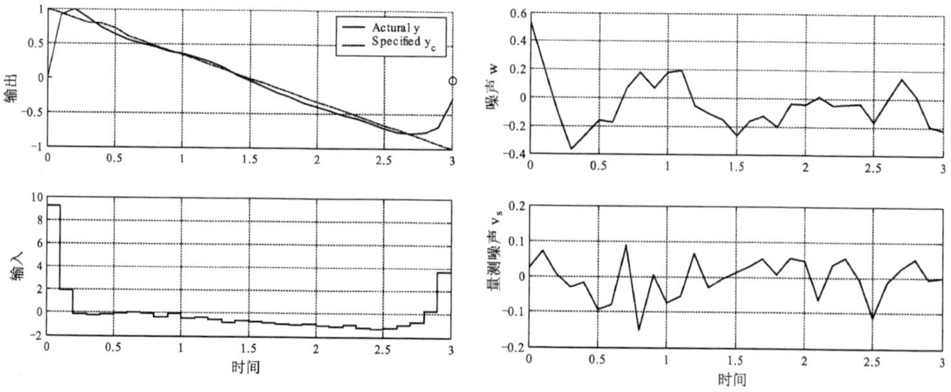

(a)　　(b)

图 8.2.1　时变 LQG 跟踪—控制器设计与仿真

(a) 最优跟踪输出和输入轨迹；(b) 过程噪声和量测噪声

2. 离散时间系统时变 LQG 跟踪—控制

1)　问题描述

考虑离散的动态系统，

$$\boldsymbol{x}_{k+1}=\boldsymbol{\Phi x}_k+\boldsymbol{G}_u\boldsymbol{u}_k+\boldsymbol{G}_w\boldsymbol{w}_k \tag{8.2.8}$$

其中，过程噪声为零均值的高斯白噪声 $\boldsymbol{w}_k=N(0,\boldsymbol{W}_{\mathrm{d}})$。假设初始条件是高斯分布的，

$$\boldsymbol{x}_0=N(\bar{\boldsymbol{x}}_0,\bar{\boldsymbol{P}}_0) \tag{8.2.9}$$

同时，量测 $\boldsymbol{y}_{\mathrm{s},k}$ 含有附加的高斯随机误差 $\boldsymbol{v}_k=N(0,\boldsymbol{V}_{\mathrm{d}})$，

$$\boldsymbol{y}_{\mathrm{s},k}=\boldsymbol{C}_{\mathrm{s}}\boldsymbol{x}_k+\boldsymbol{v}_{\mathrm{s},k} \tag{8.2.10}$$

LQG 跟踪—控制问题可以划分成三部分：①估计当前状态 $\bar{\boldsymbol{x}}_{k_1}$；②确定当前最优控制律 $\boldsymbol{u}_{k_1}$；③整体解决方案。其中，$0\leqslant k_1\leqslant N_{\mathrm{s}}$ 表示当前的步数。

估计当前状态：对于这个问题，“过去”的控制输入 $\boldsymbol{u}_k$(即 $0\leqslant k\leqslant k_1$)是已知的，因此估计问题归结为在满足动力方程(8.2.8)的条件下，寻求 $\boldsymbol{x}_0$ 和 $\boldsymbol{w}_k$ 极小化下面性能指标，

$$J=\frac{1}{2}\boldsymbol{v}_0^{\mathrm{T}}\bar{\boldsymbol{P}}_0^{-1}\boldsymbol{v}_0+\frac{1}{2}\sum_{k=0}^{k_1}\boldsymbol{v}_{s,k}^{\mathrm{T}}\boldsymbol{V}_{\mathrm{d}}^{-1}\boldsymbol{v}_{s,k}+\frac{1}{2}\sum_{k=0}^{k_1-1}\boldsymbol{w}_k^{\mathrm{T}}\boldsymbol{W}_{\mathrm{d}}^{-1}\boldsymbol{w}_k \tag{8.2.11}$$

其中，

$$\boldsymbol{v}_0\overset{\mathrm{def}}{=\!=}\boldsymbol{x}_0-\bar{\boldsymbol{x}}_0,\qquad \boldsymbol{v}_{\mathrm{s},k}\overset{\mathrm{def}}{=\!=}\boldsymbol{y}_{\mathrm{s},k}-\boldsymbol{C}_{\mathrm{s}}\boldsymbol{x}_k \tag{8.2.11a}$$

在上述描述中，$\bar{\boldsymbol{x}}_0,\bar{\boldsymbol{P}}_0,\boldsymbol{W}_{\mathrm{d}},\boldsymbol{V}_{\mathrm{d}}$ 由设计者指定。对于 $\boldsymbol{x}_{k_1}$ 的估计可以采用第 6 和第 7

章介绍的滤波、平滑算法，一般选用 Kalman 滤波，该算法同时给出估计值的方差。

确定当前最优控制律：当前最优控制输入依赖于对于输出 $\boldsymbol{y}_{c,k}$ ，以及终端条件的期望，属于“未来”的问题。在未来的最优估计中 $\boldsymbol{v}_{s,k}$ 和 $\boldsymbol{w}_k$ 为零(因为我们假设它们是零均值噪声)。从而问题归结为在满足动力方程(8.2.8)的条件下，寻找最优输入 $\boldsymbol{u}_k$ 极小化下面性能指标，

$$J=\frac{1}{2}\boldsymbol{v}_f^{\mathrm{T}}\boldsymbol{Q}_f\boldsymbol{v}_0+\frac{1}{2}\sum_{k=k_1}^{N_s}\boldsymbol{v}_{c,k}^{\mathrm{T}}\boldsymbol{Q}_d\boldsymbol{v}_{c,k}+\frac{1}{2}\sum_{k=k_1}^{N_s-1}\boldsymbol{u}_k^{\mathrm{T}}\boldsymbol{R}_d\boldsymbol{u}_k \tag{8.2.12}$$

其中，

$$\boldsymbol{v}_f\overset{\text{def}}{=}\boldsymbol{y}_f-\boldsymbol{C}_f\boldsymbol{x}_{N_s},\quad \boldsymbol{v}_{c,k}\overset{\text{def}}{=}\boldsymbol{y}_{c,k}-\boldsymbol{C}_c\boldsymbol{x}_k,\quad \boldsymbol{x}_{k_1}\text{ 未知} \tag{8.2.12a}$$

在上面描述中， $\boldsymbol{y}_{c,k},\boldsymbol{y}_f,\boldsymbol{Q}_f,\boldsymbol{Q}_d,\boldsymbol{R}_d$ 由设计者指定。这种跟踪问题与 5.3 节的提法是一致的，可到处最优控制律为

$$\boldsymbol{u}_{k_1}=\boldsymbol{u}_{ff,k_1}-\boldsymbol{K}_{k_1}\boldsymbol{x}_{k_1} \tag{8.2.13}$$

整体解决方案：上面描述的过去和未来的问题是相互独立的，因此最优控制律中的状态 $\boldsymbol{x}_{k_1}$ 可以采用 Kalman 滤波估计值代替。从而得到整体解决方案，即

$$\boldsymbol{u}_k=\boldsymbol{u}_{ff,k}-\boldsymbol{K}_k\bar{\boldsymbol{x}}_k \tag{8.2.14}$$

其中，

$$\hat{\boldsymbol{x}}_k=\bar{\boldsymbol{x}}_k+\hat{\boldsymbol{L}}_k(\boldsymbol{y}_{s,k}-\boldsymbol{C}_s\bar{\boldsymbol{x}}_k),\quad \bar{\boldsymbol{x}}_0\text{ 已知} \tag{8.2.15a}$$

$$\bar{\boldsymbol{x}}_{k+1}=\boldsymbol{\Phi}\hat{\boldsymbol{x}}_k+\boldsymbol{G}_u\boldsymbol{u}_k \tag{8.2.15b}$$

其中， $\boldsymbol{u}_{ff,k}$ 是前馈输入信号序列， $\boldsymbol{K}_k$ 是最优反馈增益矩阵序列， $\hat{\boldsymbol{L}}_k$ 最优滤波增益矩阵序列。这种组合通常称之为确定等价性原理(certainty equivalence principle)。正如前面的 LQG 终端控制器所述，为了降低计算量减少时滞，一般采用预测控制器(8.2.14)来代替当前控制器 $\boldsymbol{u}_k=\boldsymbol{u}_{ff,k}-\boldsymbol{K}_k\hat{\boldsymbol{x}}_k$ 。

进一步，由随机输入产生的闭环控制系统的均方差等性能可通过离散 Lyapunov 方程分析得到。

2) PIMCSD 工具箱中的实现

PIMCSD 工具箱提供了连续系统时变 LQG 跟踪—控制器设计与仿真的实现函数：pim_tdlqgfll()和 pim_simtdlqgfll()，其调用格式分别如下：

(1) pim_tdlqgfll()的调用格式如下：

$$[\boldsymbol{K},\boldsymbol{u}_{ff},\boldsymbol{L}]=\text{pim\_tdlqgfll}(\boldsymbol{\Phi},\boldsymbol{G}_u,\boldsymbol{G}_w,\boldsymbol{Q}_d,\boldsymbol{R}_d,\boldsymbol{Q}_f,\boldsymbol{C}_c,\boldsymbol{y}_c,\boldsymbol{C}_f,\boldsymbol{y}_f,\boldsymbol{W}_d,\boldsymbol{V}_d,\boldsymbol{C}_s,\bar{\boldsymbol{P}}_0)$$

$$[\boldsymbol{K},\boldsymbol{u}_{\mathrm{ff}},\boldsymbol{L},\boldsymbol{R}_x,\boldsymbol{R}_{\bar{e}},\boldsymbol{R}_{\hat{e}},\boldsymbol{R}_u,\boldsymbol{R}_y,\boldsymbol{R}_{\bar{e}y},\boldsymbol{R}_{\hat{e}y}] = \text{pim\_tdlqgfll}(\boldsymbol{\Phi},\boldsymbol{G}_u,\boldsymbol{G}_w,\boldsymbol{Q}_{\mathrm{d}},\boldsymbol{R}_{\mathrm{d}},\boldsymbol{Q}_{\mathrm{f}},\boldsymbol{C}_{\mathrm{c}},\boldsymbol{y}_{\mathrm{c}},\boldsymbol{C}_{\mathrm{f}},\boldsymbol{y}_{\mathrm{f}},\boldsymbol{W}_{\mathrm{d}},\boldsymbol{V}_{\mathrm{d}},\boldsymbol{C}_{\mathrm{s}},\bar{\boldsymbol{P}}_0)$$

参数简单说明：

返回参数中 $\boldsymbol{K}$ 和 $\boldsymbol{u}_{\mathrm{ff}}$ 表示式(8.2.3)中控制器设计的反馈增益矩阵序列和前馈信号向量序列，$\boldsymbol{L}$ 表示式(8.2.5)中滤波器设计的滤波增益矩阵序列；$\boldsymbol{R}_x,\boldsymbol{R}_{\bar{e}},\boldsymbol{R}_{\hat{e}},\boldsymbol{R}_u,\boldsymbol{R}_y,\boldsymbol{R}_{\bar{e}y},\boldsymbol{R}_{\hat{e}y}$ 反映了闭环控制系统状态、输入、输出等的 RMS(root-mean-square)性能。其中，$\boldsymbol{R}_x$ 表示状态 $\boldsymbol{x}_k$ 的 RMS 序列，$\boldsymbol{R}_{\bar{e}}$ 和 $\boldsymbol{R}_{\hat{e}}$ 分别表示对状态估计的验前和验后方差的 RMS 序列，$\boldsymbol{R}_u$ 表示输入 $\boldsymbol{u}_k$ 的 RMS 序列，$\boldsymbol{R}_y$ 表示系统输出 $\boldsymbol{C}_{\mathrm{c}}\boldsymbol{x}_k$ 的 RMS 序列，$\boldsymbol{R}_{\bar{e}y}$ 和 $\boldsymbol{R}_{\hat{e}y}$ 分别表示对输出估计的验前和验后方差的 RMS 序列。注意，$\boldsymbol{K},\boldsymbol{u}_{\mathrm{ff}},\boldsymbol{L},\boldsymbol{R}_x,\boldsymbol{R}_{\bar{e}},\boldsymbol{R}_{\hat{e}},\boldsymbol{R}_u,\boldsymbol{R}_y,\boldsymbol{R}_{\bar{e}y},\boldsymbol{R}_{\hat{e}y}$ 都是沿时间的矩阵或向量序列，与 $\boldsymbol{y}_{\mathrm{c}}$ 的列数 $N_{\mathrm{s}}+1$ 相对应。其中，$\boldsymbol{K},\boldsymbol{u}_{\mathrm{ff}}$，以及 $\boldsymbol{R}_u$ 的列数为 N_{s}；$\boldsymbol{L},\boldsymbol{R}_x,\boldsymbol{R}_{\bar{e}},\boldsymbol{R}_{\hat{e}},\boldsymbol{R}_y,\boldsymbol{R}_{\bar{e}y},\boldsymbol{R}_{\hat{e}y}$ 的列数为 $N_{\mathrm{s}}+1$。

输入参数中 $\boldsymbol{\Phi},\boldsymbol{G}_u,\boldsymbol{G}_w$ 对应方程(8.2.8)中的系统矩阵；$\boldsymbol{Q}_{\mathrm{d}},\boldsymbol{R}_{\mathrm{d}},\boldsymbol{Q}_{\mathrm{f}}$ 对应二次指标式(8.2.12)中的加权矩阵；$\boldsymbol{C}_{\mathrm{c}}$ 表示式(8.2.12a)中的输出矩阵；$\boldsymbol{y}_{\mathrm{c}}$ 为指定的期望输出向量序列，其列数表示时间步数 $N_{\mathrm{s}}+1$（N_{s} 表示时间步数)；$\boldsymbol{C}_{\mathrm{f}}$ 和 $\boldsymbol{y}_{\mathrm{f}}$ 表示式(8.2.12a)中终端时刻的输出矩阵和输出向量；$\boldsymbol{W}_{\mathrm{d}}$ 和 $\boldsymbol{V}_{\mathrm{d}}$ 分别表示过程噪声和量测误差的方差；$\boldsymbol{C}_{\mathrm{s}}$ 对应式(8.2.10)中的量测矩阵；$\bar{\boldsymbol{P}}_0$ 则表示式(8.2.9)中初始状态估计的方差。

(2) pim_simtdlqgfll()的调用格式如下：

$$[\boldsymbol{x},\boldsymbol{u},\bar{\boldsymbol{x}},\hat{\boldsymbol{x}},\boldsymbol{y}_{\mathrm{s}},\boldsymbol{y}] = \text{pim\_simtdlqgfll}(\boldsymbol{R}_{\mathrm{m}},\boldsymbol{\Phi},\boldsymbol{G}_u,\boldsymbol{G}_w,\boldsymbol{C}_{\mathrm{c}},\boldsymbol{C}_{\mathrm{s}},N_{\mathrm{s}},\boldsymbol{x}_0,\bar{\boldsymbol{x}}_0,\boldsymbol{w},\boldsymbol{v})$$

$$[\boldsymbol{x},\boldsymbol{u},\bar{\boldsymbol{x}},\hat{\boldsymbol{x}},\boldsymbol{y}_{\mathrm{s}},\boldsymbol{y},\boldsymbol{R}_{\mathrm{m}}] = \text{pim\_simtdlqgfll}(\boldsymbol{\Phi},\boldsymbol{G}_u,\boldsymbol{G}_w,\boldsymbol{Q}_{\mathrm{d}},\boldsymbol{R}_{\mathrm{d}},\boldsymbol{Q}_{\mathrm{f}},\boldsymbol{C}_{\mathrm{c}},\boldsymbol{y}_{\mathrm{c}},\boldsymbol{C}_{\mathrm{f}},\boldsymbol{y}_{\mathrm{f}},\boldsymbol{W}_{\mathrm{d}},\boldsymbol{V}_{\mathrm{d}},\boldsymbol{C}_{\mathrm{s}},\bar{\boldsymbol{P}}_0,N_{\mathrm{s}},\boldsymbol{x}_0,\bar{\boldsymbol{x}}_0,\boldsymbol{w},\boldsymbol{v})$$

参数简单说明：

返回参数中 $\boldsymbol{x},\boldsymbol{u},\bar{\boldsymbol{x}},\hat{\boldsymbol{x}},\boldsymbol{y}_{\mathrm{s}},\boldsymbol{y}$ 都是沿时间的向量序列。其中，$\boldsymbol{x}$ 和 $\boldsymbol{u}$ 分别是控制系统的状态和输入轨迹；$\bar{\boldsymbol{x}}$ 和 $\hat{\boldsymbol{x}}$ 表示状态的验前和验后滤波估计序列；$\boldsymbol{y}_{\mathrm{s}}$ 表示量测序列；$\boldsymbol{y}$ 是控制系统的实际输出序列。注意 $\boldsymbol{u}$ 的列数为 N_{s}，其他的列数为 $N_{\mathrm{s}}+1$。

输入参数中 $\boldsymbol{R}_{\mathrm{m}}=\{\boldsymbol{K},\boldsymbol{u}_{\mathrm{ff}},\boldsymbol{L}\}$，是对不同噪声 $\boldsymbol{w},\boldsymbol{v}$ 和初始条件 $\boldsymbol{x}_0,\hat{\boldsymbol{x}}_0$ 进行仿真可重复使用的量，可以由 pim_tdlqgfll() 第二种调用格式给出，也可以在 pim_simtdlqgfll()的调用中保留下来(例如第二种调用格式)；$\boldsymbol{x}_0,\hat{\boldsymbol{x}}_0$ 表示初始条件；$\boldsymbol{w}$ 表示过程噪声序列，列数为 N_{s}；$\boldsymbol{v}$ 表示量测误差序列，列数为 $N_{\mathrm{s}}+1$。其他输入参数意义与前面 pim_tdlqgfll()中的输入参数完全一致。

3) 设计实例

例 8.2.2 考虑某一阶离散系统的 LQG 跟踪问题，系统参数

$$\boldsymbol{\Phi}=0.9,\quad \boldsymbol{G}_u=1,\quad \boldsymbol{G}_w=1,\quad \boldsymbol{C}_{\mathrm{s}}=1,\quad \boldsymbol{C}_{\mathrm{c}}=1$$

过程噪声和量测噪声都是零均值的高斯白噪声，方差分别为 $\boldsymbol{W}_{\rm d}=0.03^2$，$\boldsymbol{V}_{\rm d}=0.1^2$，指定的输出轨迹为 $\boldsymbol{y}_{\rm c}(t)=1-2(k-1)/N_{\rm s}$，$\boldsymbol{y}_{\rm f}=0,\ \boldsymbol{C}_{\rm f}=1$，性能指标加权阵为 $\boldsymbol{Q}_{\rm d}=3,\ \boldsymbol{R}_{\rm d}=1,\ \boldsymbol{Q}_{\rm f}=100$。取离散步数 $N_{\rm s}=30$，试完成最优 LQG 跟踪—控制器的设计与仿真。

解　采用 PIMCSD 工具箱提供的 pim_tdlqgfll()函数以及 pim_simtdlqgfll()函数进行离散系统时变 LQG 最优跟踪—控制器的设计与仿真。程序代码如表 8.2.2 所示。图 8.2.2(a)显示了最优跟踪轨迹和最优输入曲线，图 8.2.2(b)给出了仿真过程采用的过程噪声和量测噪声序列。

表 8.2.2　离散系统的时变 LQG 跟踪—控制器设计与仿真

```
%%% A first order continuousLQG follower %%%
Phi=0.9; Gu=1; Gw=1; Cc=1; Cs=1;
Qd=3; Rd=1; Qf=100; Cf=1; yf=0;
Wd=.03^2; Vd=.1^2; X0=.2^2; x0e=0; Ns=30;
for k=1:Ns+1, yc(k)=1-2*(k-1)/Ns; end;
%Design and simulation of discrete time-varying LQG follower-controller
[Kd,udff,Ld] = pim_tdlqgfll(Phi,Gu,Gw,Qd,Rd,Qf,Cc,yc,Cf,yf,Wd,Vd,Cs,X0);
randn('seed',1);
x0=x0e+sqrtm(X0)*randn(1,1);
wd_t=sqrtm(Wd)*randn(1,Ns);    vs=sqrtm(Vd)*randn(1,Ns+1);
DscRM_t = {Kd,udff,Ld};
[x,u, xb,xh,ys,y]=pim_simtdlqgfll(DscRM_t,Phi,Gu,Gw,Cc,Cs,Ns,x0,x0e,wd_t,vs);
%%%====plot figure====%%%
```

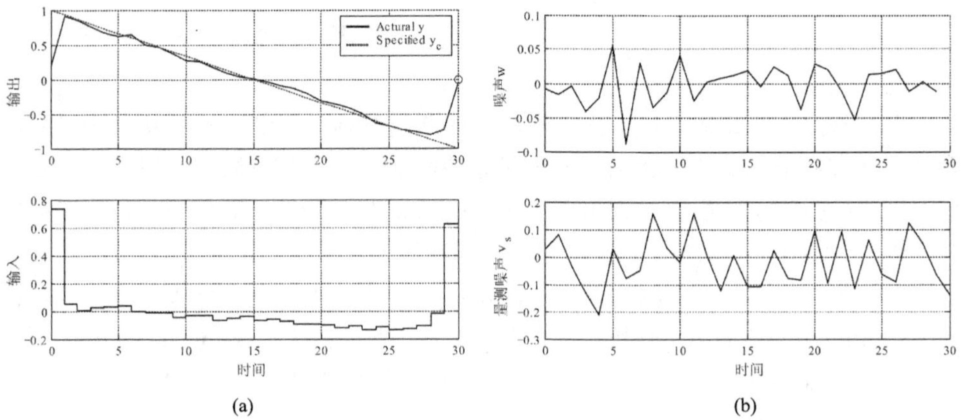

图 8.2.2　离散系统的时变 LQG 跟踪—控制器设计与仿真

(a) 最优跟踪输出和输入；　(b) 过程噪声和量测噪声

第 9 章　时变 H_∞控制器

H_∞控制理论的发展经历了基于传递函数矩阵描述和直接在状态空间描述上进行设计的阶段。典型的 H_∞控制系统设计软件包，如 MATLAB 的鲁棒控制工具箱、μ 分析和综合工具箱，和 LMI 工具箱就采用基于状态空间的时域设计方法；然而上述工具箱都是针对无限长时间 H_∞控制系统的设计问题，有限长时间 H_∞控制系统设计问题则相对复杂、困难。但是，有限时间 H_∞控制，不仅具有重要的理论意义，而且具有非常重要的工程应用背景，例如现代高性能战斗机要求的快速机动飞行等，必须考虑有限长时间的控制系统设计。鲁棒 H_∞最优控制已经发展成一套系统的、成熟的理论体系，详见 Doyle、Green 等的论著。本章主要讲述有限长时间 H_∞控制系统设计与仿真在 PIMCSD 工具箱中的实现。

9.1　有限长时间控制系统的 H_2 和 H_∞范数

范数是对系统性能的一种度量，在鲁棒控制设计中具有重要的意义。MATLAB 工具箱提供了对无限长时间问题的信号与系统范数的处理，而有限长时间信号和系统的范数将是有限长时间 H_∞控制设计的基础。例如有限长时间 H_∞全状态反馈、H_∞最优滤波，以及 H_∞输出反馈等问题都需要求解有限长时间控制系统或滤波系统的 H_∞范数。本节介绍有限长时间控制系统的 H_2 范数和 H_∞范数在 PIMCSD 工具箱中的实现。

1)　问题描述

(1) 有限长时间的标准 H_2 范数

设连续时间线性时不变系统的状态空间描述 $(\boldsymbol{A},\boldsymbol{B},\boldsymbol{C},\boldsymbol{D})$ 为广义被控对象 $\boldsymbol{G}(s)$ 的一个实现，

$$\boldsymbol{G}(s)=\boldsymbol{C}(s\boldsymbol{I}-\boldsymbol{A})^{-1}\boldsymbol{B}+\boldsymbol{D} \tag{9.1.1}$$

其中，$\boldsymbol{A}$ 为稳定阵。

广义被控对象 $\boldsymbol{G}(s)$ 的有限长时间的 H_2 范数定义为

$$\|\boldsymbol{G}(s)\|_{2,[0,t_{\mathrm{f}}]}=\sqrt{\mathrm{trace}\{\boldsymbol{C}\boldsymbol{L}_{\mathrm{c}}(0,t_{\mathrm{f}})\boldsymbol{C}^{\mathrm{T}}\}} \tag{9.1.2a}$$

$$\|\boldsymbol{G}(s)\|_{2,[0,t_{\mathrm{f}}]}=\sqrt{\mathrm{trace}\{\boldsymbol{B}^{\mathrm{T}}\boldsymbol{L}_{\mathrm{o}}(0,t_{\mathrm{f}})\boldsymbol{B}\}} \tag{9.1.2b}$$

其中，$\boldsymbol{L}_{\mathrm{c}}(0,t_{\mathrm{f}})$ 称为有限长时间的能控性 Gram 矩阵，

$$\boldsymbol{L}_{\mathrm{c}}(0,t_{\mathrm{f}})=\int_0^{t_{\mathrm{f}}}\mathrm{e}^{\boldsymbol{A}t}\boldsymbol{B}\boldsymbol{B}^{\mathrm{T}}\mathrm{e}^{\boldsymbol{A}^{\mathrm{T}}t}\mathrm{d}t \tag{9.1.3a}$$

$\boldsymbol{L}_{\mathrm{o}}(0,t_{\mathrm{f}})$ 则称为有限长时间的能观测性 Gram 矩阵，

$$\boldsymbol{L}_{\mathrm{o}}(0,t_{\mathrm{f}})=\int_0^{t_{\mathrm{f}}}\mathrm{e}^{\boldsymbol{A}^{\mathrm{T}}t}\boldsymbol{C}^{\mathrm{T}}\boldsymbol{C}\mathrm{e}^{\boldsymbol{A}t}\mathrm{d}t \tag{9.1.3b}$$

可以导出，当 $t_{\mathrm{f}}\to\infty$ 时，上面定义有限长时间的 H_2 范数退化到无限长时间的 H_2 范数，见 3.1 节所述。

因此，有限长时间 H_2 范数的计算归结为 $\boldsymbol{L}_{\mathrm{c}}(0,t_{\mathrm{f}})$ 或 $\boldsymbol{L}_{\mathrm{o}}(0,t_{\mathrm{f}})$ 所表示的含矩阵指数函数积分的计算。

(2) 有限长时间的标准 H_∞范数

设连续系统的状态空间实现为

$$\dot{\boldsymbol{x}}=\boldsymbol{A}\boldsymbol{x}+\boldsymbol{B}\boldsymbol{u} \tag{9.1.4}$$

$$\boldsymbol{y}=\boldsymbol{C}\boldsymbol{x}+\boldsymbol{D}\boldsymbol{u} \tag{9.1.5}$$

因为无限长时间的系统 H_∞范数定义，

$$\|\boldsymbol{G}(\mathrm{s})\|_\infty=\sup_{\omega}\bar{\sigma}[\boldsymbol{G}(\mathrm{j}\omega)]=\sup_{\omega}\bar{\sigma}[\boldsymbol{C}(s\boldsymbol{I}-\boldsymbol{A})^{-1}\boldsymbol{B}+\boldsymbol{D}]<\gamma \tag{9.1.6}$$

可以等价地表示为

$$\|\boldsymbol{G}(s)\|_\infty=\sup_{u\neq0}\frac{\|\boldsymbol{g}(t)\otimes\boldsymbol{u}(t)\|_{2,[0,\infty)}}{\|\boldsymbol{u}(t)\|_{2,[0,\infty)}} \tag{9.1.7}$$

其中，$\boldsymbol{g}(t)\otimes\boldsymbol{u}(t)$ 是输入与脉冲响应函数的卷积，即系统的输出。

类比式(9.1.7)，可以将有限长时间的系统 H_∞范数定义为

$$\|\boldsymbol{G}(s)\|_{\infty,[0,t_{\mathrm{f}}]}=\sup_{u\neq0}\frac{\|\boldsymbol{g}(t)\otimes\boldsymbol{u}(t)\|_{2,[t_0,t_{\mathrm{f}}]}}{\|\boldsymbol{u}(t)\|_{2,[t_0,t_{\mathrm{f}}]}} \tag{9.1.8}$$

可以理解为系统在给定有限时间段 $[0,t_{\mathrm{f}}]$ 的最大增益。

可以看出，当 $t_{\mathrm{f}}\to\infty$ 时，上面定义有限长时间的 H_∞范数退化到无限长时间的 H_∞范数。

2) PIMCSD 工具箱中的实现

PIMCSD 工具箱提供了有限长时间的标准 H_2 范数和 H_∞ 范数的实现函数 pim_normh2()与 pim_normhinf()，其调用格式分别如下：

(1) pim_normh2()的调用格式如下：

$$\text{nmh2} = \text{pim\_normh2}(\boldsymbol{A},\boldsymbol{B},\boldsymbol{C},\boldsymbol{D},\text{dt})$$

参数简单说明：

返回参数 nmh2 表示有限长时间的系统 H_2 范数，如式(9.1.2)所示。

输入参数中 $\boldsymbol{A},\boldsymbol{B},\boldsymbol{C},\boldsymbol{D}$ 表示连续控制系统的矩阵，如式(9.1.1)所示；dt 表示有限长时间的长度，如果忽略 dt 则给出无限长时间的系统 H_2 范数。

(2) pim_normhinf()的调用格式如下：

$$\text{nmhinf} = \text{pim\_normhinf}(\boldsymbol{A},\boldsymbol{B},\boldsymbol{C},\boldsymbol{D},\boldsymbol{S}_\text{f},\text{tspan},\text{tol})$$

参数简单说明：

返回参数 nmhinf 表示有限长时间的系统 H_∞ 范数，如(9.1.8)所示。

输入参数中 $\boldsymbol{A},\boldsymbol{B},\boldsymbol{C},\boldsymbol{D}$ 表示连续控制系统的矩阵，与式(9.1.1)所对应；$\boldsymbol{S}_\text{f}$ 表示边界条件；tspan 指定有限长时间区段，即 $\text{tspan}=[t_0,t_\text{f}]$ 或 $\text{tspan}=[t_0:T_\text{s}:t_\text{f}]$，其中 T_s 表示离散步长；tol 是指定的求解精度，默认情况下为 0.001。

3)　设计实例

例 9.1.1　考虑一个下面的连续控制系统，系统传递函数模型如下：

$$\boldsymbol{G}(s) = \frac{s^3+7s^2+24s+24}{s^4+10s^3+35s^2+50s+24}$$

终端边界条件为 $\boldsymbol{S}_\text{f}$=0.01×eye(size($\boldsymbol{A}$))，试求解有限长时间的标准 H_2 范数与 H_∞ 范数。

解　由于 MATLAB 没有提供计算有限长时间的标准 H_2 与 H_∞范数功能，所以这里只给出采用 PIMCSD 工具箱计算的结果，分别计算不同时间长度的 H_2 与 H_∞ 范数。表 9.1.1(a,b)分别给出了相应的程序代码。图 9.1.1(a,b)则给出了有限长时间的 H_2 与 H_∞范数随着时间长度增加的变化。可以看出随着时间区段长度的增加，H_2 与 H_∞系统范数是趋于无限长时间的范数，符合从定性分析上的判断。

表 9.1.1(a)　有限长时间连续系统 H_2 范数

```
G = tf([1,7,24,24],[1,10,35,50,24]);
[A,B,C,D] = ssdata(G);
nmh2_inf = pim_normh2(A,B,C,D); % for INFINITE
dt   = 1:10; % for FINITE
nmh2_t = zeros(size(dt));
for k = 1:length(dt)
    nmh2_t(k) = pim_normh2(A,B,C,D,dt(k));
end
%===PLOT FIGURE===
```

表 9.1.1(b)　有限长时间连续系统 H_∞范数

```
G = tf([1,7,24,24],[1,10,35,50,24]);
[A,B,C,D] = ssdata(G);
tol = 1.0e-6;     % for INFINITE
gm_hinf = pim_normhinf(A,B,C,D,tol);
Sf = 0.01*eye(size(A));
t0 = 0;   eta = 1;
term = 10; T = zeros(1,term);
gmiter = zeros(1,term);
for iter = 1:term
    tf = (iter-1)*20+10;
    t = t0 : eta : tf;   % for FINITE
    gm = pim_normhinf(A,B,C,D,Sf,t,tol);
    T(iter) = tf;
    gmiter(iter) = gm;
end
%===PLOT FIGURE===
```

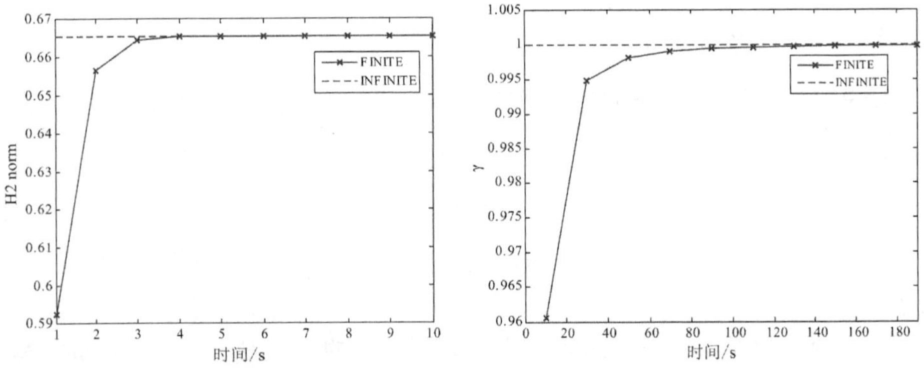

图 9.1.1　(a) 系统 H_2 范数随时间长度变化；　(b) 系统 H_∞范数随时间长度变化

9.2　H_∞全状态反馈控制

H_∞全状态反馈控制器利用系统的全部状态实现控制，控制器的设计目标是极小化闭环系统从干扰输入到参考输出的 H_∞诱导范数。本节介绍有限长时间 H_∞全状态反馈控制器的设计和控制系统诱导范数的计算，以及在 PIMCSD 工具箱中的实现。

1. 连续系统的时变 H_∞全状态反馈控制

1)　问题描述

连续系统状态方程实现为

$$\dot{\boldsymbol{x}} = \boldsymbol{A}\boldsymbol{x} + \boldsymbol{B}_1\boldsymbol{w} + \boldsymbol{B}_2\boldsymbol{u}\text{，}\quad \boldsymbol{x}(0) = \boldsymbol{x}_0 \tag{9.2.1}$$

$$\boldsymbol{z} = \boldsymbol{C}_1\boldsymbol{x} + \boldsymbol{D}_{12}\boldsymbol{u} \tag{9.2.2}$$

其中，$\boldsymbol{x}$ 为 n 维状态向量，$\boldsymbol{w}$ 为 l 维外扰向量，$\boldsymbol{u}$ 为 m 维控制向量，$\boldsymbol{z}$ 为 p 维输出向量，$p \geqslant m$，且 $\boldsymbol{D}_{12}^{\mathrm{T}}\boldsymbol{D}_{12} = \boldsymbol{I}_m$，$\boldsymbol{I}_m$ 为 m 维单位阵；一般有正交关系 $\boldsymbol{C}_1^{\mathrm{T}}\boldsymbol{D}_{12} = \boldsymbol{0}$。

H_∞ 全状态反馈控制的目的是寻找线性状态反馈控制 $\boldsymbol{u} = \Gamma(\boldsymbol{x})$ 该控制器使闭环系统的 H_∞ 诱导范数满足

$$\left\|\boldsymbol{G}_{zw}(\boldsymbol{u})\right\|_{\infty,[0,t_{\mathrm{f}}]} = \sup_{\|\boldsymbol{w}(t)\|_{2,[0,t_{\mathrm{f}}]}\neq 0}\left\{\frac{\left\|\boldsymbol{z}(t)\right\|_{2,[0,t_{\mathrm{f}}]}}{\left\|\boldsymbol{w}(t)\right\|_{2,[0,t_{\mathrm{f}}]}}\right\} < \gamma^2 \tag{9.2.3}$$

其中，

$$\left\|\boldsymbol{z}(t)\right\|_{2,[0,t_{\mathrm{f}}]} = \int_0^{t_{\mathrm{f}}} \boldsymbol{z}^{\mathrm{T}}\boldsymbol{z}\mathrm{d}t + \boldsymbol{x}^{\mathrm{T}}(t_{\mathrm{f}})\boldsymbol{S}_{\mathrm{f}}\boldsymbol{x}(t_{\mathrm{f}}),\quad \left\|\boldsymbol{w}(t)\right\|_{2,[0,t_{\mathrm{f}}]} = \int_0^{t_{\mathrm{f}}} \boldsymbol{w}^{\mathrm{T}}\boldsymbol{w}\mathrm{d}t \tag{9.2.3a}$$

这里，$\boldsymbol{S}_{\mathrm{f}}$ 是对称半正定矩阵，反映了对终端状态的加权；γ 是给定的正数。注意到，如果给定的 γ 太小，上述提法可能不存在相应的控制器。因此，存在一个临界的 γ，记为 γ_{cr}^2，即

$$\max_{w}\min_{u}\gamma^2 = \gamma_{\mathrm{cr}}^2 \tag{9.2.4}$$

临界诱导范数 γ_{cr}^2 的计算对于 H_∞ 控制器设计是非常重要的问题。

3.2 节讲述了无限长时间定常 H_∞ 控制器设计，是当 $t_{\mathrm{f}} \to \infty$ 时的情况，此时边界条件 $\boldsymbol{S}_{\mathrm{f}}$ 不能对 H_∞ 诱导范数及控制器设计产生影响，问题导向代数 Riccati 方程的求解，得到的控制器是定常的。

当 t_{f} 为有限值时，边界条件 $\boldsymbol{S}_{\mathrm{f}}$ 对 H_∞ 控制系统诱导范数及控制器设计的影响不能被忽略，问题导向有限长时间微分矩阵 Riccati 方程的求解，导出的控制器也成为时变的。

有限长时间的 H_∞全状态反馈控制律是时变的，如下：

$$\boldsymbol{u} = -\boldsymbol{K}(t)\boldsymbol{x} \tag{9.2.5}$$

其中，$\boldsymbol{K}(t)$ 为时变的状态反馈增益矩阵，

$$\boldsymbol{K}(t) = \boldsymbol{B}_2^{\mathrm{T}}\boldsymbol{S}(t) + \boldsymbol{D}_{12}^{\mathrm{T}}\boldsymbol{C}_1 \tag{9.2.5a}$$

这里，$\boldsymbol{S}(t)$ 为下面矩阵微分 Riccati 方程的解，

$$-\dot{\boldsymbol{S}} = \tilde{\boldsymbol{A}}^{\mathrm{T}}\boldsymbol{S} + \boldsymbol{S}\tilde{\boldsymbol{A}} + \tilde{\boldsymbol{C}}^{\mathrm{T}}\tilde{\boldsymbol{C}} - \boldsymbol{S}(\boldsymbol{B}_2\boldsymbol{B}_2^{\mathrm{T}} - \gamma^{-2}\boldsymbol{B}_1\boldsymbol{B}_1^{\mathrm{T}})\boldsymbol{S}\text{，}\qquad \boldsymbol{S}(t_{\mathrm{f}}) = \boldsymbol{S}_{\mathrm{f}} \tag{9.2.6}$$

其中，$\tilde{\boldsymbol{A}} = \boldsymbol{A} - \boldsymbol{B}_2\boldsymbol{D}_{12}^{\mathrm{T}}\boldsymbol{C}_1$，$\tilde{\boldsymbol{C}}^{\mathrm{T}}\tilde{\boldsymbol{C}} = \boldsymbol{C}_1^{\mathrm{T}}(\boldsymbol{I} - \boldsymbol{D}_{12}\boldsymbol{D}_{12}^{\mathrm{T}})\boldsymbol{C}_1$。

此时，可得到最不利的噪声干扰为

$$\boldsymbol{w}(t)=\gamma^{-2}\boldsymbol{B}_1^{\mathrm{T}}\boldsymbol{S}(t)\boldsymbol{x}(t) \tag{9.2.7}$$

可以看出，式(9.2.6)中出现了 γ，体现了与 H_∞ 反馈控制与 LQ 反馈控制的区别之处。如果 $\gamma^2>\gamma_{\mathrm{cr}}^2$，那么代数 Riccati 不存在半正定解，控制器求解失效，这也反映了临界诱导范数 γ_{cr}^2 的重要性。

完成上述控制律的求解，将式(9.2.5)与式(9.2.7)代入到系统方程(9.2.1)，得到闭环控制系统方程为

$$\dot{\boldsymbol{x}}=\left(\tilde{\boldsymbol{A}}+(\gamma^{-2}\boldsymbol{B}_1\boldsymbol{B}_1^{\mathrm{T}}-\boldsymbol{B}_2\boldsymbol{B}_2^{\mathrm{T}})\boldsymbol{S}(t)\right)\boldsymbol{x}, \quad \boldsymbol{x}(0)=\boldsymbol{x}_0 \tag{9.2.8}$$

可以看出，对于有限长时间 H_∞ 控制问题，虽然系统时不变的，但由于控制器的时变性，导致得到的闭环控制系统成为时变的，增加了仿真难度。

2) PIMCSD 工具箱中的实现

PIMCSD 工具箱提供了有限长时间连续系统 H_∞全状态反馈控制系统临界诱导范数计算的实现函数 pim_normhc()，以及 H_∞全状态反馈控制器设计的实现函数 pim_thinfc()；PIMCSD 工具箱还提供了在指定噪声序列的情况下，对时变控制系统的仿真的函数 pim_simthinfc()，其调用格式分别如下：

(1) pim_normhc()的调用格式如下：

$$\gamma_{\mathrm{cr}}^{-2}=\mathrm{pim\_normhc}(\boldsymbol{A},\boldsymbol{B}_1,\boldsymbol{B}_2,\boldsymbol{C}_1,\boldsymbol{D}_{12},\boldsymbol{S}_{\mathrm{f}},\mathrm{tspan},\mathrm{tol})$$

参数简单说明：

返回参数 $\gamma_{\mathrm{cr}}^{-2}$ 表示有限长时间连续 H_∞全状态反馈控制系统临界诱导范数。

输入参数中 $\boldsymbol{A}$ 是系统状态矩阵；$\boldsymbol{B}_1$ 是干扰输入阵；$\boldsymbol{B}_2$ 是控制输入阵；$\boldsymbol{C}_1$ 是状态输出阵；$\boldsymbol{D}_{12}$ 是控制输出阵，如系统方程(9.2.1)和(9.2.2)中所述；$\boldsymbol{S}_{\mathrm{f}}$ 是终端状态的加权阵；tspan 指定有限长时间区段，即 $\mathrm{tspan}=[t_0,t_{\mathrm{f}}]$ 或 $\mathrm{tspan}=[t_0:T_{\mathrm{s}}:t_{\mathrm{f}}]$，其中 T_{s} 表示离散步长；tol 是指定的求解精度，默认情况下为 0.001。

(2) pim_thinfc()的调用格式如下：

$$[\boldsymbol{K},\boldsymbol{S}]=\mathrm{pim\_thinfc}(\gamma^{-2},\boldsymbol{A},\boldsymbol{B}_1,\boldsymbol{B}_2,\boldsymbol{C}_1,\boldsymbol{D}_{12},\boldsymbol{S}_{\mathrm{f}},t)$$
$$[\boldsymbol{K},\boldsymbol{S},\boldsymbol{x},\boldsymbol{u},\boldsymbol{w}]=\mathrm{pim\_thinfc}(\gamma^{-2},\boldsymbol{A},\boldsymbol{B}_1,\boldsymbol{B}_2,\boldsymbol{C}_1,\boldsymbol{D}_{12},\boldsymbol{S}_{\mathrm{f}},t,\boldsymbol{x}_0)$$

参数简单说明：

返回参数中 $\boldsymbol{K}$ 和 $\boldsymbol{S}$ 分别为状态反馈增益矩阵和矩阵微分 Riccati 方程解；$\boldsymbol{x},\boldsymbol{u},\boldsymbol{w}$ 表示 H_∞全状态反馈控制系统的状态、最优输入和最不利干扰噪声的时间历程。$\boldsymbol{K},\boldsymbol{S},\boldsymbol{x},\boldsymbol{u},\boldsymbol{w}$ 都是与时间序列 t 对应的矩阵序列或向量序列，它们的最后一维长度与时间序列格点数一致。

输入参数中 γ^{-2} 是指定的 H_∞设计参数，应满足 $\gamma^{-2}<\gamma_{\mathrm{cr}}^{-2}$；$\boldsymbol{A},\boldsymbol{B}_1,\boldsymbol{B}_2,\boldsymbol{C}_1,\boldsymbol{D}_{12}$ 是与

系统方程式(9.2.1)和(9.2.2)中矩阵相对应；$\boldsymbol{S}_\mathrm{f}$ 表示终端状态的加权阵，如式(9.2.3a)所示；t 是时间序列，即 $t=[t_0:T_\mathrm{s}:t_\mathrm{f}]$。

如果给定初始状态 $\boldsymbol{x}_0$，还可以返回最优控制系统(9.2.8)的状态轨迹 $\boldsymbol{x}$，最优输入 $\boldsymbol{u}$，以及最不利的干扰 $\boldsymbol{w}$。

(3) pim_simthinfc() 的调用格式如下：

$$[\boldsymbol{x},\boldsymbol{u},\boldsymbol{w},\boldsymbol{K}]=\text{pim\_simthinfc}(\gamma^{-2},\boldsymbol{A},\boldsymbol{B}_1,\boldsymbol{B}_2,\boldsymbol{C}_1,\boldsymbol{D}_{12},\boldsymbol{S}_\mathrm{f},t,\boldsymbol{x}_0)$$

$$[\boldsymbol{x},\boldsymbol{u},\boldsymbol{R}_\mathrm{m}]=\text{pim\_simthinfc}(\gamma^{-2},\boldsymbol{A},\boldsymbol{B}_1,\boldsymbol{B}_2,\boldsymbol{C}_1,\boldsymbol{D}_{12},\boldsymbol{S}_\mathrm{f},t,\boldsymbol{x}_0,\boldsymbol{w},\text{method})$$

$$[\boldsymbol{x},\boldsymbol{u}]=\text{pim\_simthinfc}(\boldsymbol{R}_\mathrm{m},t,\boldsymbol{x}_0,\boldsymbol{w})$$

参数简单说明：

该函数完成对有限长时间连续系统的时变 H_∞全状态反馈控制器的仿真。

第一种调用格式直接返回 H_∞全状态反馈控制系统的状态、最优输入和最不利干扰噪声的时间历程 $\boldsymbol{x},\boldsymbol{u},\boldsymbol{w}$，以及时变反馈增益矩阵序列 $\boldsymbol{K}$。

第二种调用格式则是针对指定的干扰噪声进行仿真，同时返回时变控制器的仿真信息 $\boldsymbol{R}_\mathrm{m}$。$\boldsymbol{R}_\mathrm{m}$ 与输入参数 method='zoh'|'foh' (对噪声的离散形式。默认 method='zoh')相对应，可以重复利用对不同的噪声历程进行仿真，如第三种调用格式。

第三种调用格式利用存储的仿真信息 $\boldsymbol{R}_\mathrm{m}$ 对不同的噪声历程进行仿真。

3)　设计实例

例 9.2.1　考虑某连续时间控制系统，系统矩阵参数如下：

$$\boldsymbol{A}=\begin{bmatrix}0.0 & -2.0\\ 1.0 & 0.0\end{bmatrix},\quad \boldsymbol{B}_1=\begin{bmatrix}0.0\\ 2.0\end{bmatrix},\quad \boldsymbol{B}_2=\begin{bmatrix}0.0\\ 1.0\end{bmatrix},\quad \boldsymbol{C}_1=\begin{bmatrix}0.1 & 0.5\\ 0.0 & 0.0\end{bmatrix},\quad \boldsymbol{D}_{12}=\begin{bmatrix}0.0\\ 1.0\end{bmatrix}$$

Riccati 微分方程终端边界条件 $\boldsymbol{S}_\mathrm{f}=\mathrm{diag}(1000,1000)$，状态微分方程初始条件 $\boldsymbol{x}_0^\mathrm{T}=[-2.0\ \ 1.0]$，有限时间区段长度 $t_\mathrm{f}=8.0$，试完成时变 H_∞全状态反馈控制器的设计与仿真

解　首先调用 pim_normhc()计算有限长时间 H_∞全状态反馈控制系统的临界诱导范数 γ_cr^{-2}。取设计参数取 $\gamma^{-2}=0.3\times\gamma_\mathrm{cr}^{-2}$，调用 pim_thinfc()进行有限长时间 H_∞全状态反馈控制器的设计，同时返回最优轨迹、最优输入以及最不利干扰噪声。并调用 pim_simthinfc()对指定的噪声干扰进行仿真。程序代码如表 9.2.1 所示，图 9.2.1 给出了仿真结果。

与例 3.2.1 所示定常控制器仿真结果比较容易发现时变控制器只需一半的时间即可达到定常控制器的控制效果。

表 9.2.1　有限长时间连续系统 H_∞全状态反馈

```
%%%Data Preparation %%%
A=[0,-2;1,0]; B1=[0,2]';B2=[0,1]';
C1=[0.1,0.5; 0,0,]; D12 = [0; 1];
Sf = 1.0e3*eye(size(A)); x0=[-2,1]';
tf = 8; t0 =0; eta=0.1;    t=t0:eta:tf;
tol = 1e-12;
gmf2min = pim_normhc(A,B1,B2,C1,D12,Sf,t,tol);
gmf2 = 0.3*gmf2min;
[Kx_t,S_t,x_t,u_t,w_t] = pim_thinfc(gmf2,A,B1,B2,C1,D12,Sf,t,x0);

randn('seed',1);
wn_t = 0.15*randn(size(t));
[xn_t,un_t,DscRM_t] = pim_simthinfc(gmf2,A,B1,B2,C1,D12,Sf,t,x0,wn_t,'foh');
%%% plot figure %%%
```

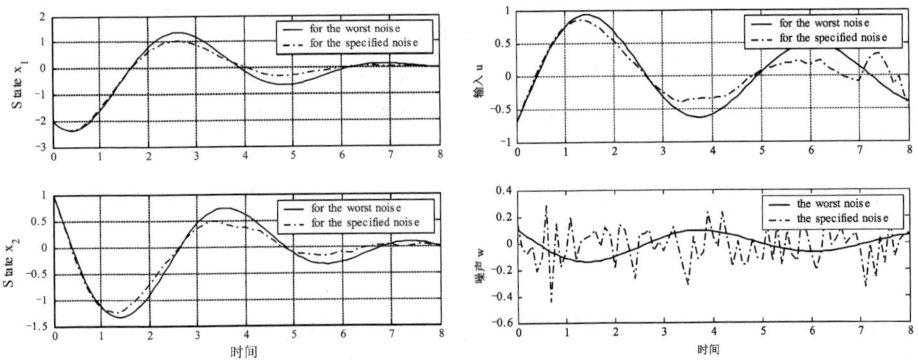

图 9.2.1　有限长时间 H_∞全状态反馈控制系统设计与仿真

2. 离散系统的时变 H_∞全状态反馈控制

1)　问题描述

离散系统的基本方程可以写成为

$$\boldsymbol{x}_{k+1} = \boldsymbol{\Phi}\boldsymbol{x}_k + \boldsymbol{G}_u\boldsymbol{u}_k + \boldsymbol{G}_w\boldsymbol{w}_k \tag{9.2.9}$$

$$\boldsymbol{z}_k = \boldsymbol{C}_1\boldsymbol{x}_k + \boldsymbol{D}_{12}\boldsymbol{u}_k \tag{9.2.10}$$

其中，$k \in [0, N-1]$，状态向量 $\boldsymbol{x}_k \in \boldsymbol{R}^n$，干扰向量 $\boldsymbol{w}_k \in \boldsymbol{R}^l$，控制向量 $\boldsymbol{u}_k \in \boldsymbol{R}^m$，输出向量 $\boldsymbol{z}_k \in \boldsymbol{R}^p$。$\boldsymbol{\Phi}, \boldsymbol{G}_u, \boldsymbol{G}_w$，以及 $\boldsymbol{C}_1, \boldsymbol{D}_{12}$ 均为具有恰当维数的矩阵，且 $\boldsymbol{D}_{12}^{\mathrm{T}}\boldsymbol{D}_{12} = \boldsymbol{I}$，通常上满足 $\boldsymbol{D}_{12}^{\mathrm{T}}\boldsymbol{C}_1 = \boldsymbol{0}$。

离散最优 H_∞全状态反馈控制是指确定控制序列 $\boldsymbol{u}^* = \Gamma(\boldsymbol{x})$ 使得

$$\left\| \boldsymbol{G}_{zw}(\boldsymbol{u}_k) \right\|_{\infty,[0,N]} = \sup_{\|\boldsymbol{w}_k\|_{2,[0,N]}\neq 0} \left\{ \frac{\left\| \boldsymbol{z}_k \right\|_{2,[0,N]}}{\left\| \boldsymbol{w}_k \right\|_{2,[0,N]}} \right\} < \gamma^2 \tag{9.2.11}$$

其中，

$$\left\| \boldsymbol{z}_k \right\|_{2,[0,N]} = \sum_{k=0}^{N-1} \boldsymbol{z}_k^{\mathrm{T}} \boldsymbol{z}_k + \boldsymbol{x}_{\mathrm{f}}^{\mathrm{T}} \boldsymbol{S}_{\mathrm{f}} \boldsymbol{x}_{\mathrm{f}}, \quad \left\| \boldsymbol{w}_k \right\|_{2,[0,N]} = \sum_{k=0}^{N-1} \boldsymbol{w}_k^{\mathrm{T}} \boldsymbol{w}_k \tag{9.2.11a}$$

其中，$\boldsymbol{S}_{\mathrm{f}}$ 是对称半正定矩阵，反映了对终端状态的加权，γ 是给定的正数。如果给定的 γ 太小，上述提法可能不存在相应的控制器。因此，存在一个临界的 γ，记为 γ_{cr}^2，即

$$\max_{w} \min_{u} \gamma^2 = \gamma_{\mathrm{cr}}^2 \tag{9.2.12}$$

临界诱导范数 γ_{cr}^2 的计算对于 H_∞ 控制器设计是非常重要的问题。

3.2 节讲述了无限长时间定常 H_∞ 控制器设计，是当 $N \to \infty$ 时的情况，此时边界条件 $\boldsymbol{S}_{\mathrm{f}}$ 不能对 H_∞ 诱导范数及控制器设计产生影响，问题导向代数 Riccati 方程的求解，得到的控制器是定常的。

当 N 为有限值时，边界条件 $\boldsymbol{S}_{\mathrm{f}}$ 对 H_∞ 控制系统诱导范数及控制器设计的影响不能被忽略，问题导向有限长时间差分矩阵 Riccati 方程的求解，导出的控制器也成为时变的。

有限长时间的离散 H_∞ 全状态反馈控制律如下，采用变分方法等可以得到离散 H_∞ 全状态反馈控制律，

$$\boldsymbol{u}_k = -\boldsymbol{K}_{\mathrm{d},k} \boldsymbol{x}_k \tag{9.2.13}$$

其中，$\boldsymbol{K}_{\mathrm{d},k}$ 为时变得状态反馈增益矩阵，

$$\boldsymbol{K}_{\mathrm{d},k} = \boldsymbol{G}_u^{\mathrm{T}} \boldsymbol{S}_{k+1} + \boldsymbol{D}_{12}^{\mathrm{T}} \boldsymbol{C}_1 \tag{9.2.13a}$$

这里，$\boldsymbol{S}_k$ 为离散系统矩阵代数 Riccati 差分方程的解，

$$\boldsymbol{S}_k = \tilde{\boldsymbol{C}}^{\mathrm{T}} \tilde{\boldsymbol{C}} + \tilde{\boldsymbol{\Phi}}^{\mathrm{T}} \boldsymbol{S}_{k+1} \left(\boldsymbol{I} + (\boldsymbol{G}_u \boldsymbol{G}_u^{\mathrm{T}} - \gamma^{-2} \boldsymbol{G}_w \boldsymbol{G}_w^{\mathrm{T}}) \boldsymbol{S}_{k+1} \right)^{-1} \tilde{\boldsymbol{\Phi}}, \quad \boldsymbol{S}_N = \boldsymbol{S}_{\mathrm{f}} \tag{9.2.14}$$

这里，$\tilde{\boldsymbol{\Phi}} = \boldsymbol{\Phi} - \boldsymbol{G}_u \boldsymbol{D}_{12}^{\mathrm{T}} \boldsymbol{C}_1$，$\tilde{\boldsymbol{C}}^{\mathrm{T}} \tilde{\boldsymbol{C}} = \boldsymbol{C}_1^{\mathrm{T}} (\boldsymbol{I} - \boldsymbol{D}_{12} \boldsymbol{D}_{12}^{\mathrm{T}}) \boldsymbol{C}_1$。

同时，可得到最不利的噪声干扰为

$$\boldsymbol{w}_k = \gamma^{-2} \boldsymbol{G}_w^{\mathrm{T}} \boldsymbol{S}_{k+1} \boldsymbol{x}_k \tag{9.2.15}$$

式(9.2.14)中出现的 γ 体现了与 H_∞ 反馈控制与 LQ 反馈控制的区别之处。必须 $\gamma^2 > \gamma_{\mathrm{cr}}^2$，矩阵微分 Riccati 方程才存在半正定解。

完成上述控制律的求解，将式(9.2.13)与式(9.2.15)代入到系统方程(9.2.9)，得到闭环控制系统的递推方程为

$$\boldsymbol{x}_{k+1}=\left(\tilde{\boldsymbol{\Phi}}-(\boldsymbol{G}_u\boldsymbol{G}_u^{\mathrm{T}}-\gamma^{-2}\boldsymbol{G}_w\boldsymbol{G}_w^{\mathrm{T}})\boldsymbol{S}_{k+1}\right)\boldsymbol{x}_k\text{，}\quad \boldsymbol{x}_0\text{ 已知} \tag{9.2.16}$$

可以看出，对于有限长时间的离散 H_∞ 控制问题，虽然系统时不变的，但由于控制器的时变性，导致得到的闭环控制系统成为时变的。

2) PIMCSD 工具箱中的实现

PIMCSD 工具箱提供了计算有限长时间离散系统 H_∞全状态反馈控制系统临界诱导范数的实现函数 pim_normdhc()，以及 H_∞全状态反馈控制器设计的实现函数 pim_tdhinfc()。PIMCSD 工具箱还提供了在指定噪声序列的情况下，对时变控制系统的仿真的函数 pim_simtdhinfc()，其调用格式分别如下：

(1) pim_normdhc()的调用格式如下：

$$\gamma_{\mathrm{cr}}^{-2}=\mathrm{pim\_normdhc}(\boldsymbol{\Phi},\boldsymbol{G}_w,\boldsymbol{G}_u,\boldsymbol{C}_1,\boldsymbol{D}_{12},\boldsymbol{S}_{\mathrm{f}},N_{\mathrm{s}},\mathrm{tol})$$

参数简单说明：

返回参数 $\gamma_{\mathrm{cr}}^{-2}$ 表示有限长时间离散 H_∞全状态反馈控制系统临界诱导范数。

输入参数中 $\boldsymbol{\Phi},\boldsymbol{G}_w,\boldsymbol{G}_u,\boldsymbol{C}_1,\boldsymbol{D}_{12}$ 是与系统方程(9.2.0)和(9.2.10)中矩阵相对应； $\boldsymbol{S}_{\mathrm{f}}$ 是终端状态的加权阵； N_{s} 指定有限长时间区段的离散步数； tol 是指定的求解精度，默认情况下为 0.001。

(2) pim_tdhinfc()的调用格式如下：

$$[\boldsymbol{K}_{\mathrm{d}},\boldsymbol{S}]=\mathrm{pim\_tdhinfc}(\gamma^{-2},\boldsymbol{\Phi},\boldsymbol{G}_w,\boldsymbol{G}_u,\boldsymbol{C}_1,\boldsymbol{D}_{12},\boldsymbol{S}_{\mathrm{f}},N_{\mathrm{s}})$$

$$[\boldsymbol{K}_{\mathrm{d}},\boldsymbol{S},\boldsymbol{x},\boldsymbol{u},\boldsymbol{w}]=\mathrm{pim\_tdhinfc}(\gamma^{-2},\boldsymbol{\Phi},\boldsymbol{G}_w,\boldsymbol{G}_u,\boldsymbol{C}_1,\boldsymbol{D}_{12},\boldsymbol{S}_{\mathrm{f}},N_{\mathrm{s}},\boldsymbol{x}_0)$$

参数简单说明：

返回参数中 $\boldsymbol{K}_{\mathrm{d}}$ 和 $\boldsymbol{S}$ 分别为状态反馈增益矩阵和矩阵微分 Riccati 方程的解； $\boldsymbol{x},\boldsymbol{u},\boldsymbol{w}$ 表示 H_∞全状态反馈控制系统的状态、最优输入和最不利干扰噪声的时间历程。 $\boldsymbol{K},\boldsymbol{S},\boldsymbol{x},\boldsymbol{u},\boldsymbol{w}$ 都是与时间序列对应的矩阵序列或向量序列，它们的最后一维长度与时间序列相对应。其中， $\boldsymbol{K},\boldsymbol{u},\boldsymbol{w}$ 最后一维长度为 N_{s}，而 $\boldsymbol{S},\boldsymbol{x}$ 最后一维长度为 $N_{\mathrm{s}}+1$。

输入参数中 γ^{-2} 是指定的 H_∞设计参数，应满足 $\gamma^{-2}<\gamma_{\mathrm{cr}}^{-2}$； $\boldsymbol{\Phi},\boldsymbol{G}_w,\boldsymbol{G}_u,\boldsymbol{C}_1,\boldsymbol{D}_{12}$ 是与系统方程式(9.2.9)和(9.2.10)中矩阵相对应； $\boldsymbol{S}_{\mathrm{f}}$ 表示终端状态的加权阵，如式(9.2.11a)所示； N_{s} 是有限长时间的离散步数。

如果给定初始状态 $\boldsymbol{x}_0$，还可以返回最优控制系统(9.2.16)的状态轨迹 $\boldsymbol{x}$ 、最优输入 $\boldsymbol{u}$，以及最不利的干扰 $\boldsymbol{w}$ 。

(3) pim_simtdhinfc() 的调用格式如下：

$$[\boldsymbol{x},\boldsymbol{u},\boldsymbol{w},\boldsymbol{K}_{\mathrm{d}}]=\mathrm{pim\_simtdhinfc}(\gamma^{-2},\boldsymbol{\Phi},\boldsymbol{G}_w,\boldsymbol{G}_u,\boldsymbol{C}_1,\boldsymbol{D}_{12},\boldsymbol{S}_{\mathrm{f}},N_{\mathrm{s}},\boldsymbol{x}_0)$$

$$[\boldsymbol{x},\boldsymbol{u},\boldsymbol{K}_{\mathrm{d}}]=\mathrm{pim\_simtdhinfc}(\gamma^{-2},\boldsymbol{\Phi},\boldsymbol{G}_w,\boldsymbol{G}_u,\boldsymbol{C}_1,\boldsymbol{D}_{12},\boldsymbol{S}_{\mathrm{f}},N_{\mathrm{s}},\boldsymbol{x}_0,\boldsymbol{w})$$

$$[\boldsymbol{x},\boldsymbol{u}] = \text{pim\_simtdhinfc}(\boldsymbol{K}_\text{d},\boldsymbol{\Phi},\boldsymbol{G}_w,\boldsymbol{G}_u,N_\text{s},\boldsymbol{x}_0,\boldsymbol{w})$$

参数简单说明：

该函数完成对有限长时间离散系统的时变 H_∞全状态反馈控制器的仿真。

第一种调用格式直接返回 H_∞全状态反馈控制系统的状态、最优输入和最不利干扰噪声的时间历程 $\boldsymbol{x},\boldsymbol{u},\boldsymbol{w}$，以及状态反馈增益矩阵序列 $\boldsymbol{K}_\text{d}$。

第二种调用格式则是针对指定的干扰噪声序列 $\boldsymbol{w}$ 进行仿真，同时返回时变状态反馈增益矩阵序列 $\boldsymbol{K}_\text{d}$，可以重复利用对不同的噪声历程进行仿真，如第三种调用格式。

第三种调用格式利用存储的时变状态反馈增益矩阵序列 $\boldsymbol{K}_\text{d}$ 对不同的噪声历程进行仿真。

3) 设计实例

例 9.2.2 采用例 9.2.1 中的连续系统对应的离散化模型，完成有限长时间离散系统的 H_∞全状态反馈控制器设计与仿真。

解 首先采用 pim_c2d()得到相应的离散系统，然后进行有限长时间离散系统 H_∞全状态反馈控制器设计与仿真。调用 pim_normdhc()计算有限长时间离散系统 H_∞控制系统的临界诱导范数 γ_cr^{-2}。取设计参数取 $\gamma^{-2} = 0.3\times\gamma_\text{cr}^{-2}$，调用 pim_tdhinfc()离散 H_∞全状态反馈控制器的设计，同时返回最优轨迹、最优输入，以及最不利干扰噪声。并调用 pim_simtdhinfc()对指定的噪声干扰进行仿真。程序代码如表 9.2.2 所示，图 9.2.2 给出了仿真结果。

表 9.2.2 有限长时间离散系统的 H_∞ 全状态反馈控制

```
%%%Data Preparation % %%
A=[0,-2;1,0]; B1=[0,2]';B2=[0,1]';
C1=[0.1,0.5; 0,0,]; D12 = [0; 1];
Sf = 1.0e3*eye(size(A)); x0=[-2,1]';
tf = 8; t0 =0; eta=0.1; t=t0:eta:tf;
Ns = round((tf-t0)/eta);
nw=size(B1,2); nu=size(B2,2);
[Phi,Gwu] = pim_c2d(A, [B1,B2], eta);
Gw = Gwu(:,1:nw); Gu = Gwu(:,nw+1:nw+nu);

gmf2min = pim_normdhc(Phi,Gw,Gu,C1,D12,Sf,Ns, 1e-12)
gmf2 = 0.3*gmf2min;
[K_t,S_t,x_t,u_t,w_t] = pim_tdhinfc(gmf2,Phi,Gw,Gu,C1,D12,Sf,Ns,x0)

randn('seed',1);
wn_t = 0.15*randn(size(t));
[xn_t,un_t,Kx_t] = pim_simtdhinfc(gmf2,Phi,Gw,Gu,C1,D12,Sf,Ns,x0,wn_t);
%%% plot figure %%%
```

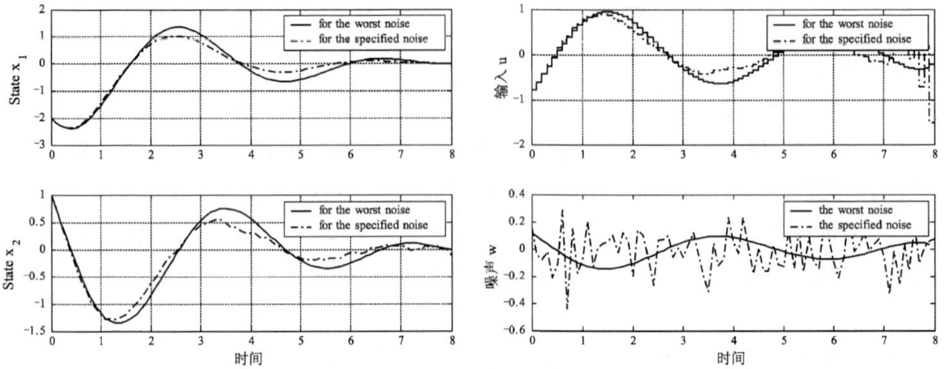

图 9.2.2　有限长时间离散系统的 H_∞全状态反馈控制系统设计与仿真

类似于连续时间系统，时变 H_∞全状态反馈控制只需定常控制器的一般时间。

9.3　H_∞最优滤波

Kalman 滤波器要求知道信号的产生机理以及噪声的统计特性，然而在许多情况下只能得到信号的近似模型，有时甚至无法获得信号的统计特性；另外，当信号模型存在不确定性时，Kalman 滤波器的鲁棒性较差。从而考虑不确定性的 H_∞滤波器引起越来越多的兴趣，并且已经取得许多理论研究成果。H_∞最优滤波(或估计)Kalman 滤波有两个重要的不同之处：一是 H_∞滤波最小化噪声输入到估计误差的增益∞-范数，而且这个增益是在最不利噪声干扰的情况下，相比之下，Kalman 滤波最小化噪声输入到估计误差的均方差增益；二是 Kalman 滤波导出的状态的任何线性组合的估计仅仅是最优状态估计的线性组合，而最小化∞-范数的估计方法不具有这个性质，H_∞最优滤波器依赖于估计的输出量。

本节介绍有限长时间 H_∞最优滤波系统临界诱导范数和滤波器的设计与仿真，以及在 PIMCSD 工具箱中的实现。

1. 连续系统的时变 H_∞最优滤波

1)　问题描述

连续系统状态方程实现为

系统方程：
$$\dot{\boldsymbol{x}} = \boldsymbol{A}\boldsymbol{x} + \boldsymbol{B}_1\boldsymbol{w} + \boldsymbol{B}_2\boldsymbol{u} \tag{9.3.1}$$

量测方程：
$$\boldsymbol{y} = \boldsymbol{C}_2\boldsymbol{x} + \boldsymbol{D}_{21}\boldsymbol{w} \tag{9.3.2}$$

输出方程：
$$\boldsymbol{z} = \boldsymbol{C}_1\boldsymbol{x} + \boldsymbol{D}_{12}\boldsymbol{u} \tag{9.3.3}$$

其中，$\boldsymbol{x}$ 为 n 维状态向量，$\boldsymbol{w}$ 为 l 维噪声向量，$\boldsymbol{u}$ 为 m 维输入向量，在滤波中认为是已知的确定性输入，$\boldsymbol{y}$ 为 q 维量测向量，$\boldsymbol{z}$ 为 p 维输出向量，$\boldsymbol{A},\boldsymbol{B}_1,\boldsymbol{B}_2,\boldsymbol{C}_1,\boldsymbol{D}_{12},\boldsymbol{C}_2,\boldsymbol{D}_{21}$ 是具有相容维数的矩阵，且 $\boldsymbol{D}_{12}^{\mathrm{T}}\boldsymbol{D}_{12}=\boldsymbol{I}_m$，$\boldsymbol{D}_{21}\boldsymbol{D}_{21}^{\mathrm{T}}=\boldsymbol{I}_q$，通常也有 $\boldsymbol{C}_1^{\mathrm{T}}\boldsymbol{D}_{12}=\boldsymbol{0},\ \boldsymbol{B}_1\boldsymbol{D}_{21}^{\mathrm{T}}=\boldsymbol{0}$。

有限长时间的 H_∞最优滤波问题就是要找出线性、满足因果律的算子Γ，使估计 $\hat{\boldsymbol{z}}=\Gamma(\boldsymbol{y},\boldsymbol{u})$ 的误差范数在最不利噪声的干扰下最小，可以描述为

$$\max_{w}\min_{\Gamma}\frac{\left\|\hat{\boldsymbol{z}}-\boldsymbol{C}_1\boldsymbol{x}-\boldsymbol{D}_{12}\boldsymbol{u}\right\|_{2,[0,t_{\mathrm{f}}]}}{\left\|\boldsymbol{w}\right\|_{2,[0,t_{\mathrm{f}}]}}=\gamma_{\mathrm{cr}}^2 \tag{9.3.4}$$

其中，

$$\begin{aligned}\left\|\hat{\boldsymbol{z}}-\boldsymbol{C}_1\boldsymbol{x}-\boldsymbol{D}_{12}\boldsymbol{u}\right\|_{2,[0,t_{\mathrm{f}}]}=&\int_0^{t_{\mathrm{f}}}(\hat{\boldsymbol{z}}-\boldsymbol{C}_1\boldsymbol{x}-\boldsymbol{D}_{12}\boldsymbol{u})^{\mathrm{T}}(\hat{\boldsymbol{z}}-\boldsymbol{C}_1\boldsymbol{x}-\boldsymbol{D}_{12}\boldsymbol{u})\mathrm{d}t\\&+(\boldsymbol{x}(t_0)-\hat{\boldsymbol{x}}_0)^{\mathrm{T}}\boldsymbol{P}_0^{-1}(\boldsymbol{x}(t_0)-\hat{\boldsymbol{x}}_0)\end{aligned} \tag{9.3.4a}$$

$$\left\|\boldsymbol{w}\right\|_{2,[0,t_{\mathrm{f}}]}=\int_0^{t_{\mathrm{f}}}\boldsymbol{w}^{\mathrm{T}}\boldsymbol{w}\mathrm{d}t \tag{9.3.4b}$$

其中，$\hat{\boldsymbol{x}}_0$ 和 $\boldsymbol{P}_0$ 分别是初始状态的估计值和方差。

这里显示了临界值 γ_{cr}^2 的鞍点性质，是博弈论中双方零和对弈的情形。式(9.3.4)的提法给出了临界情况，在实际问题中难以应用。通常选取参数 $\gamma^2>\gamma_{\mathrm{cr}}^2$，转化为下面形式的次优 H_∞滤波问题，

$$\max_{w}\min_{\Gamma}\frac{\left\|\hat{\boldsymbol{z}}-\boldsymbol{C}_1\boldsymbol{x}-\boldsymbol{D}_{12}\boldsymbol{u}\right\|_{2,[0,t_{\mathrm{f}}]}}{\left\|\boldsymbol{w}\right\|_{2,[0,t_{\mathrm{f}}]}}<\gamma^2 \tag{9.3.5}$$

γ_{cr}^2 给出了参数 γ^2 选取的下界；否则，问题(9.3.5)将不存在相应的滤波器。因此，临界值 γ_{cr}^2 的计算对于 H_∞滤波器的设计是非常重要的。

3.3 节讲述了无限长时间定常 H_∞ 滤波器设计，是当 $t_{\mathrm{f}}\to\infty$ 时的情况，此时边界条件 $\boldsymbol{P}_0$ 不能对 H_∞ 诱导范数及滤波器设计产生影响，问题导向代数 Riccati 方程的求解，得到的滤波器是定常的。

当 t_{f} 为有限值时，边界条件 $\boldsymbol{P}_0$ 对 H_∞ 滤波系统诱导范数及控制器设计的影响不能被忽略，问题导向有限长时间微分矩阵 Riccati 方程的求解，导出的滤波器也成为时变的。

有限长时间的 H_∞ 最优滤波器描述如下：

$$\dot{\hat{\boldsymbol{x}}}=\boldsymbol{A}\hat{\boldsymbol{x}}+\boldsymbol{L}(t)(\boldsymbol{y}-\boldsymbol{C}_2\hat{\boldsymbol{x}})+\boldsymbol{B}_2\boldsymbol{u},\qquad \hat{\boldsymbol{x}}(0)=\hat{\boldsymbol{x}}_0 \tag{9.3.6}$$

其中，$\boldsymbol{L}(t)$ 为时变的滤波增益矩阵(注意与 3.3 节定常滤波器情况比较)，

$$\boldsymbol{L}(t)=\boldsymbol{P}(t)\boldsymbol{C}_2^{\mathrm{T}}+\boldsymbol{B}_1\boldsymbol{D}_{21}^{\mathrm{T}} \tag{9.3.6a}$$

这里，$\boldsymbol{P}(t)$ 是下面矩阵微分 Riccati 方程的解，

$$\dot{\boldsymbol{P}} = \overline{\boldsymbol{B}}\overline{\boldsymbol{B}}^{\mathrm{T}} + \overline{\boldsymbol{A}}\boldsymbol{P} + \boldsymbol{P}\overline{\boldsymbol{A}}^{\mathrm{T}} - \boldsymbol{P}(\boldsymbol{C}_2^{\mathrm{T}}\boldsymbol{C}_2 - \gamma^{-2}\boldsymbol{C}_1^{\mathrm{T}}\boldsymbol{C}_1)\boldsymbol{P}, \qquad \boldsymbol{P}(t_0) = \boldsymbol{P}_0 \tag{9.3.7}$$

其中，

$$\overline{\boldsymbol{B}}\overline{\boldsymbol{B}}^{\mathrm{T}} = \boldsymbol{B}_1(\boldsymbol{I} - \boldsymbol{D}_{21}^{\mathrm{T}}\boldsymbol{D}_{21})\boldsymbol{B}_1^{\mathrm{T}}, \quad \overline{\boldsymbol{A}} = \boldsymbol{A} - \boldsymbol{B}_1\boldsymbol{D}_{21}^{\mathrm{T}}\boldsymbol{C}_2 \tag{9.3.7a}$$

滤波微分方程式(9.3.6)需要根据当前量测“在线”实时计算，因此应尽量做好计算的准备工作，以提高在线计算效率。假设采样周期为 T_{s}，式(9.3.6)可以根据量测 $\boldsymbol{y}$ 和输入 $\boldsymbol{u}$ 进行相应的离散。

PIMCSD 提供了滤波微分方程的精确离散形式

$$\hat{\boldsymbol{x}}_{k+1} = \boldsymbol{\Phi}_k\hat{\boldsymbol{x}} + \boldsymbol{R}_{y,k}\tilde{\boldsymbol{y}}_k + \boldsymbol{R}_{u,k}\tilde{\boldsymbol{u}}_k \tag{9.3.8}$$

其中，$\tilde{\boldsymbol{y}}_k, \tilde{\boldsymbol{u}}_k$ 是在当前 t_k 时刻的广义量测和输入，若在 $[t_k, t_{k+1}]$ 对 $\boldsymbol{y}(t), \boldsymbol{u}(t)$ 采用零阶近似(即数字控制中的零阶保持 $\boldsymbol{y}(t) = \boldsymbol{y}_k$，$\boldsymbol{u}(t) = \boldsymbol{u}_k$)，则

$$\tilde{\boldsymbol{y}}_k = \boldsymbol{y}_k, \quad \tilde{\boldsymbol{u}}_k = \boldsymbol{u}_k \tag{9.3.8a}$$

若在 $[t_k, t_{k+1}]$ 对 $\boldsymbol{y}(t), \boldsymbol{u}(t)$ 采用一阶近似(即 $\boldsymbol{y}(t) = \boldsymbol{y}_{k,0} + \boldsymbol{y}_{k,1}(t - t_k)$，$\boldsymbol{u}(t) = \boldsymbol{u}_{k,0} + \boldsymbol{u}_{k,1}(t - t_k)$)，则

$$\tilde{\boldsymbol{y}}_k = [\boldsymbol{y}_{k,0}^{\mathrm{T}}, \boldsymbol{y}_{k,1}^{\mathrm{T}}]^{\mathrm{T}}, \quad \tilde{\boldsymbol{u}}_k = [\boldsymbol{u}_{k,0}^{\mathrm{T}}, \boldsymbol{u}_{k,1}^{\mathrm{T}}]^{\mathrm{T}} \tag{9.3.8b}$$

而 $\boldsymbol{\Phi}_k, \boldsymbol{R}_{y,k}, \boldsymbol{R}_{u,k}$ 则是离线算出的矩阵序列，可供在线调用。从而大大提高了在线滤波计算的效率。式(9.3.8)亦可以看作连续系统的离散时变滤波器(时变数字滤波器)。

与 3.3 节定常滤波器的离散格式比较可以看出，PIMCSD 工具箱给出二者的离散形式是一致的。

2) PIMCSD 工具箱中的实现

PIMCSD 工具箱提供了计算有限长时间连续系统的 H_∞最优滤波临界诱导范数的实现函数 pim_normhf()，以及时变 H_∞最优滤波器设计的实现函数 pim_thinff()，其调用格式分别如下：

(1) pim_ normhf ()的调用格式如下：

$$\gamma_{\mathrm{cr}}^{-2} = \mathrm{pim\_normhf}(\boldsymbol{A}, \boldsymbol{B}_1, \boldsymbol{C}_1, \boldsymbol{C}_2, \boldsymbol{D}_{21}, \boldsymbol{P}_0, \mathrm{tspan}, \mathrm{tol})$$

参数简单说明：

返回参数 $\gamma_{\mathrm{cr}}^{-2}$ 表示有限长时间连续 H_∞滤波系统临界诱导范数。

输入参数中 $\boldsymbol{A}, \boldsymbol{B}_1, \boldsymbol{C}_1, \boldsymbol{C}_2, \boldsymbol{D}_{21}$ 对应连续系统方程(9.3.1)~(9.3.3)的参数矩阵；$\boldsymbol{P}_0$ 是初始状态估计的方差阵；tspan 指定有限长时间区段，即 $\mathrm{tspan} = [t_0, t_{\mathrm{f}}]$ 或 $\mathrm{tspan} = [t_0 : T_{\mathrm{s}} : t_{\mathrm{f}}]$，其中 T_{s} 表示离散步长；tol 是指定的求解精度，默认情况下为

0.001。

(2) pim_thinff()的调用格式如下：

$$[\boldsymbol{L},\boldsymbol{P}]=\text{pim\_thinff}(\gamma^{-2},\boldsymbol{A},\boldsymbol{B}_1,\boldsymbol{C}_1,\boldsymbol{C}_2,\boldsymbol{D}_{21},\boldsymbol{P}_0,t)$$
$$[\boldsymbol{L},\boldsymbol{P},\boldsymbol{\Phi},\boldsymbol{R}_y]=\text{pim\_thinff}(\gamma^{-2},\boldsymbol{A},\boldsymbol{B}_1,\boldsymbol{C}_1,\boldsymbol{C}_2,\boldsymbol{D}_{21},\boldsymbol{P}_0,t,\text{flag})$$
$$[\boldsymbol{L},\boldsymbol{P},\boldsymbol{\Phi},\boldsymbol{R}_y,\boldsymbol{R}_u]=\text{pim\_thinff}(\gamma^{-2},\boldsymbol{A},\boldsymbol{B}_1,\boldsymbol{C}_1,\boldsymbol{C}_2,\boldsymbol{D}_{21},\boldsymbol{P}_0,t,\boldsymbol{B}_2,\text{flag})$$

参数简单说明：

返回参数中 $\boldsymbol{L}$ 和 $\boldsymbol{P}$ 分别为时变的滤波增益矩阵、矩阵微分 Riccati 方程的解。它们都是与时间序列 t 对应的矩阵序列，最后一维长度与时间序列点数一致。

该函数调用格式还可以返回滤波微分方程的离散化矩阵序列 $\boldsymbol{\Phi},\boldsymbol{R}_y,\boldsymbol{R}_u$ (如离散化方程式(9.3.8)所示)，与离散的阶次 flag 相对应，这些参数可以方便地应用于滤波器的仿真运算，例如 pim_simtkalm()。

输入参数中 γ^{-2} 是指定的 H_∞滤波设计参数，应满足 $\gamma^{-2}<\gamma_{\text{cr}}^{-2}$； $\boldsymbol{A},\boldsymbol{B}_1,\boldsymbol{C}_1,\boldsymbol{C}_2,\boldsymbol{D}_{21}$ 对应系统方程式(9.3.1)~(9.3.3)中的参数矩阵； flag 指定滤波微分方程离散化的阶次，也可以看作滤波器的阶次。

3)　设计实例

例 9.3.1　考虑下面连续系统的 H_∞滤波问题，

$$\begin{bmatrix}\dot{x}_1\\ \dot{x}_2\end{bmatrix}=\begin{bmatrix}0.0 & 1.0\\ -1.0 & 0.0\end{bmatrix}\begin{bmatrix}x_1\\ x_2\end{bmatrix}+\begin{bmatrix}0.0\\ 1.0\end{bmatrix}\boldsymbol{w}$$
$$\boldsymbol{y}=[1.0\quad 0.0]\begin{bmatrix}x_1\\ x_2\end{bmatrix}+\boldsymbol{v}$$
$$\boldsymbol{z}=[0.0\quad 0.2]\begin{bmatrix}x_1\\ x_2\end{bmatrix}$$

其中， $\boldsymbol{w}$ 和 $\boldsymbol{v}$ 为互不相干噪声，初始状态值 $\boldsymbol{x}^{\text{T}}(0)=[-1\ \ 1]$，初始状态估计 $\hat{\boldsymbol{x}}^{\text{T}}(0)=[0\ \ 0]$，初始状态估计的方差 $\boldsymbol{P}_0=\text{diag}(0.01,\ 0.01)$，取仿真时间 $t\in[0,16]$，试完成有限长时间的 H_∞滤波器设计与仿真。

解　首先将上述系统转化为式(9.3.1)~(9.3.3)描述的标准形式，然后调用 PIMCSD 工具箱中的 pim_normhf()得到该系统的临界诱导范数 $\gamma_{\text{cr}}^{-2}=17.7250$，然后取设计参数 $\gamma^{-2}=0.3\gamma_{\text{cr}}^{-2}$ 利用 pim_thinff()进行定常 H_∞滤波器设计，最后利用 pim_simtkalm ()函数完成仿真，表 9.3.1 给出了程序代码，图 9.3.1(a)给出了滤波效果，图 9.3.1(b)给出了滤波增益矩阵随时间的变化情况，可以看出很快趋向于稳定值。

表 9.3.1　连续系统的时变 H_∞ 最优滤波器设计与仿真

```
%data preparation
A=[0,1;-1,0]; B1=[0,1]'; C2=[1,0]; C1=[0,0.2]; D21 = 1;
x0=[-1,1]';   x0e=[0,0]';
tf = 16; t0 =0;   eta=0.1;      t=t0:eta:tf;
%Generate noise
randn('seed',1);
Wd = 0.1; Vd =0.1; P0=eye(2)*0.01;
[xn_t,w_t,yn_t,v_t]=simcrndp(A,B1,Wd,P0,x0,t,C2,Vd);
% convert to the standard forms:
% dx/dt = A*x + B1e*[w;v] + B2*u;
%       y1 = C1*x + D12*u;
%       y2 = C2*x + D21e [w;v]
[nx,nw] = size(B1);     [ny,nv] = size(D21);
B1e = [B1,zeros(nx,nv)];   D21e = [zeros(ny,nw),D21];
we_t = [w_t;v_t];
% Critical induced norm and H-inf filter
gmf2opt = pim_normhf(A,B1e,C1,C2,D21e,P0,t,1.0e-5);
gmf2 = 0.3*gmf2opt; flag = 0;
[L_t,P_t, PHI_t,Rqy_t] = pim_thinff(gmf2,A,B1e,C1,C2,D21e,P0,t,flag);
xe_t=pim_simtkalm(PHI_t, Rqy_t, x0e,t,yn_t,flag);
%%% PLOT FIGURE %%%
```

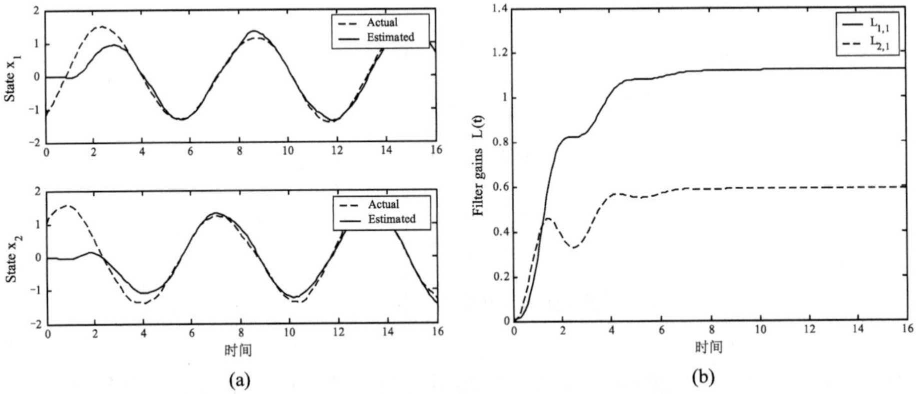

图 9.3.1　连续系统的时变 H_∞ 最优滤波器设计与仿真

(a) 状态真实值和滤波值比较；　(b) 滤波增益矩阵随时间的变化趋势

2. 离散系统的时变 H_∞ 最优滤波

1) 问题描述

离散系统状态方程实现为

系统方程：
$$\boldsymbol{x}_{k+1} = \boldsymbol{\Phi x}_k + \boldsymbol{G}_w \boldsymbol{w}_k + \boldsymbol{G}_u \boldsymbol{u}_k \tag{9.3.9}$$

量测方程：
$$\boldsymbol{y}_k = \boldsymbol{C}_2 \boldsymbol{x}_k + \boldsymbol{D}_{21} \boldsymbol{w}_k \tag{9.3.10}$$

输出方程：
$$z_k = C_1 x_k + D_{12} u_k \tag{9.3.11}$$

其中，$k \in [0, N]$，状态向量 $x_k \in R^n$，量测向量 $y_k \in R^q$，噪声向量 $w_k \in R^l$，输入 $u_k \in R^m$ (在滤波中认为是已知的确定性输入量)，状态向量的线性组合 $z_k \in R^p$ 是需要估计的向量，$\Phi, G_w, G_u, C_1, D_{12}, C_2, D_{21}$ 是具有相容维数的矩阵，且 $D_{12}^{\mathrm{T}} D_{12} = I_m$，$D_{21} D_{21}^{\mathrm{T}} = I_q$，通常，也有 $C_1^{\mathrm{T}} D_{12} = 0$，$G_w D_{21}^{\mathrm{T}} = 0$。

类似连续系统 H_∞最优滤波的提法，有限长时间的离散 H_∞滤波问题就是要找出线性、满足因果律的算子Γ，使输出估计 $\hat{z}_k = \Gamma(y_k, u_k)$ 的误差范数在最不利噪声的干扰下最小，可以描述为

$$\max_w \min_\Gamma \frac{\|\hat{z}_k - z_k\|_{2,[0,N]}}{\|w_k\|_{2,[0,N-1]}} = \gamma_{\mathrm{cr}}^2 \tag{9.3.12}$$

其中，

$$\|\hat{z}_k - z_k\|_{2,[0,N]} = \sum_{k=0}^{N-1} (\hat{z}_k - z_k)^{\mathrm{T}} (\hat{z}_k - z_k) + (x_0 - \bar{x}_0)^{\mathrm{T}} \bar{P}_0^{-1} (x_0 - \bar{x}_0) \tag{9.3.12a}$$

$$\|w_k\|_{2,[0,N-1]} = \sum_{k=0}^{N-1} w_k^{\mathrm{T}} w_k \tag{9.3.12b}$$

这里，$\bar{x}_0$ 和 $\bar{P}_0$ 分别是初始状态的估计值和方差。

H_∞最优滤波的提法显示了临界值 γ_{cr}^2 的鞍点性质，是博弈论中双方零和对弈的情形。式(9.3.12)的提法给出了临界情况，在实际问题中难以应用。通常选取参数 $\gamma^2 > \gamma_{\mathrm{cr}}^2$，转化为下面形式的次优 H_∞滤波问题，

$$\max_w \min_\Gamma \frac{\|\hat{z}_k - z_k\|_{2,[0,N]}}{\|w_k\|_{2,[0,N-1]}} < \gamma^2 \tag{9.3.13}$$

γ_{cr}^2 给出了参数 γ^2 选取的下界；否则，问题(9.3.13)将不存在相应的滤波器。因此临界值 γ_{cr}^2 的计算对于 H_∞滤波器的设计是非常重要的。

3.3 节讲述了无限长时间的定常 H_∞ 滤波器设计，是当 $N \to \infty$ 时的情况，此时初始状态的估计方差 $\bar{P}_0$ 不能对 H_∞ 滤波诱导范数及滤波器设计产生影响，问题导向代数 Riccati 方程的求解，得到的滤波器是定常的。

当 N 为有限值时，$\bar{P}_0$ 对 H_∞ 滤波系统诱导范数及滤波器设计的影响不能被忽略，问题导向有限长时间矩阵差分 Riccati 方程的求解，导出的滤波器也成为时变的。

有限长时间的离散 H_∞ 最优滤波器的形式如下：

验后估计：

$$\hat{x}_k = \bar{x}_k + \hat{L}_{\mathrm{d},k} (y_k - C_2 \bar{x}_k) \tag{9.3.14}$$

验前估计：

$$\bar{x}_{k+1} = \Phi \bar{x}_k + \bar{L}_{\mathrm{d},k} (y_k - C_2 \bar{x}_k) + G_u u_k \tag{9.3.15}$$

其中，$\hat{\boldsymbol{L}}_{\mathrm{d},k}$ 和 $\bar{\boldsymbol{L}}_{\mathrm{d},k}$ 分别称为验后和验前滤波增益矩阵，

$$\bar{\boldsymbol{L}}_{\mathrm{d},k}=\left(\boldsymbol{\Phi}-\boldsymbol{G}_w\boldsymbol{D}_{21}^{\mathrm{T}}\boldsymbol{C}_2\right)\hat{\boldsymbol{L}}_{\mathrm{d},k}+\boldsymbol{G}_w\boldsymbol{D}_{21}^{\mathrm{T}} \tag{9.3.16}$$

$$\hat{\boldsymbol{L}}_{\mathrm{d},k}=\hat{\boldsymbol{P}}_k\boldsymbol{C}_2^{\mathrm{T}},\quad \hat{\boldsymbol{P}}_k=\left(\bar{\boldsymbol{P}}_k^{-1}+\boldsymbol{C}_2^{\mathrm{T}}\boldsymbol{C}_2-\gamma^{-2}\boldsymbol{C}_1^{\mathrm{T}}\boldsymbol{C}_1\right)^{-1} \tag{9.3.17}$$

这里，$\hat{\boldsymbol{P}}_k$ 和 $\bar{\boldsymbol{P}}_k$ 称为验后和验前的状态估计方差阵，$\bar{\boldsymbol{P}}_k$ 为下面矩阵代数 Riccati 方程的解，

$$\bar{\boldsymbol{P}}_{k+1}=\overline{GG}+\bar{\boldsymbol{\Phi}}\left(\bar{\boldsymbol{P}}_k^{-1}+\boldsymbol{C}_2^{\mathrm{T}}\boldsymbol{C}_2-\gamma^{-2}\boldsymbol{C}_1^{\mathrm{T}}\boldsymbol{C}_1\right)^{-1}\bar{\boldsymbol{\Phi}}^{\mathrm{T}} \tag{9.3.18}$$

其中，$\bar{\boldsymbol{\Phi}}=\boldsymbol{\Phi}-\boldsymbol{G}_w\boldsymbol{D}_{21}^{\mathrm{T}}\boldsymbol{C}_2$，$\overline{GG}=\boldsymbol{G}_w\left(\boldsymbol{I}-\boldsymbol{D}_{21}^{\mathrm{T}}\boldsymbol{D}_{21}\right)\boldsymbol{G}_w^{\mathrm{T}}$。

2) PIMCSD 工具箱中的实现

PIMCSD 工具箱提供了计算有限长时间离散系统的 H_∞最优滤波临界诱导范数的实现函数 pim_normdhf()，以及时变 H_∞最优滤波器设计的实现函数 pim_tdhinff()，其调用格式分别如下：

(1) pim_normdhf ()的调用格式如下：

$$\gamma_{\mathrm{cr}}^{-2}=\mathrm{pim\_normdhf}(\boldsymbol{\Phi},\boldsymbol{G}_w,\boldsymbol{C}_1,\boldsymbol{C}_2,\boldsymbol{D}_{21},\bar{\boldsymbol{P}}_0,N_{\mathrm{s}},\mathrm{tol})$$

参数简单说明：

返回参数 $\gamma_{\mathrm{cr}}^{-2}$ 表示有限长时间离散 H_∞滤波系统的临界诱导范数。

输入参数中 $\boldsymbol{\Phi},\boldsymbol{G}_w,\boldsymbol{C}_1,\boldsymbol{C}_2,\boldsymbol{D}_{21}$ 对应离散系统方程(9.3.9)~(9.3.11)的参数矩阵；$\bar{\boldsymbol{P}}_0$ 是初始状态估计的方差阵；N_{s} 指定有限长时间区段的离散步数；tol 是指定的求解精度，默认情况下为 0.001。

(2) pim_tdhinff()的调用格式如下：

$$[\bar{\boldsymbol{L}},\bar{\boldsymbol{P}},\hat{\boldsymbol{L}},\hat{\boldsymbol{P}}]=\mathrm{pim\_tdhinff}(\gamma^{-2},\boldsymbol{\Phi},\boldsymbol{G}_w,\boldsymbol{C}_1,\boldsymbol{C}_2,\boldsymbol{D}_{21},\boldsymbol{P}_0,N_{\mathrm{s}})$$

参数简单说明：

返回参数中 $\bar{\boldsymbol{L}}$ 和 $\hat{\boldsymbol{L}}$ 分别为验前和验后状态滤波增益矩阵，$\bar{\boldsymbol{P}}$ 和 $\hat{\boldsymbol{P}}$ 分别为验前和验后的状态估计方差阵，如式(9.3.14)和(9.3.18)所述，它们都是与时间序列相对应的矩阵序列，最后一维长度为 $N_{\mathrm{s}}+1$。

输入参数中 γ^{-2} 是指定的 H_∞滤波设计参数，应满足 $\gamma^{-2}<\gamma_{\mathrm{cr}}^{-2}$；$\boldsymbol{\Phi},\boldsymbol{G}_w,\boldsymbol{C}_1,\boldsymbol{C}_2,\boldsymbol{D}_{21}$ 对应离散系统方程(9.3.9)~(9.3.11)的参数矩阵；$\bar{\boldsymbol{P}}_0$ 是初始状态估计的方差阵；N_{s} 指定有限长时间区段的离散步数。

滤波器的仿真(如上式(9.3.14)和(9.3.16))也可以调用 pim_simtdkalm()完成。

3) 设计实例

例 9.3.2　将例 9.3.1 描述的连续系统离散化，对离散化模型进行时变 H_∞滤波

器设计与仿真。

解　首先将该连续系统采用 pim_c2d()离散化，将离散系统转化为式(9.3.9)~(9.3.11)描述的标准形式，然后调用 PIMCSD 工具箱中的 pim_normdhf()得到离散系统的临界诱导范数 $\gamma_{\mathrm{cr}}^{-2}=17.7063$，取设计参数 $\gamma^{-2}=0.3\times\gamma_{\mathrm{cr}}^{-2}$ 利用 pim_tdhinff()进行时变 H_∞滤波器设计，最后利用 pim_simtdkalm ()函数完成仿真，表 9.3.2 给出了程序代

表 9.3.2　离散系统的时变 H_∞ 最优滤波器设计与仿真

```
%data preparation
A=[0,1;-1,0]; B1=[0,1]';   C2=[1,0]; C1=[0,0.2];   D21 = 1;
x0=[-1,1]';   x0e=[0,0]';
tf = 16; t0 =0;   eta=0.1;      t=t0:eta:tf;
%convert to discrete-time nodel
Ts = eta;   Ns=length(t)-1;
[Phi,Gw] = pim_c2d(A, B1, Ts);
%Generate noise
randn('seed',1);
Wd = 0.1; Vd =0.1; P0=eye(2)*0.01;
[xn_t,w_t,yn_t,v_t]=simdrndp(Phi,Gw,Wd,P0,x0,Ns,C2,Vd);
% convert to standard forms
%         x = Phi*x + Gwe*[w;v];
%       y1 = C1*x + D12*u;
%       y2 = C2*x + D21e [w;v]
[nx,nw] = size(B1);     [ny,nv] = size(D21);
Gwe = [Gw,zeros(nx,nv)];   D21e = [zeros(ny,nw),D21];
% Critical H-inf norm and H-inf filter
gmf2opt = pim_normdhf(Phi,Gwe,C1,C2,D21e,P0,Ns,1.0e-5);
gmf2 = 0.3*gmf2opt; flag = 0;
[Lb_t,Pb_t,Lh_t,Ph_t] = pim_tdhinff(gmf2,Phi,Gwe,C1,C2,D21e,P0,Ns);
[xe_t,xh_t]=pim_simtdkalm(Lb_t,Lh_t,Phi,C2,x0e,yn_t);
%%% PLOT FIGURE %%%
```

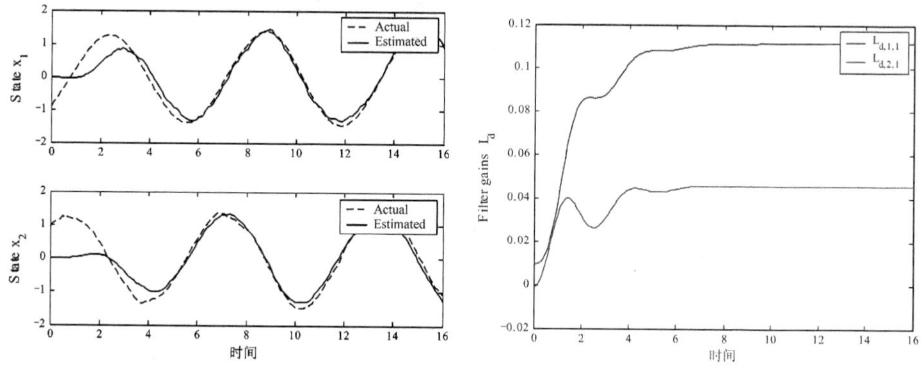

(a)　　　　(b)

图 9.3.2　离散系统的时变 H_∞最优滤波器设计与仿真

(a) 状态真实值和滤波值比较；　(b) 滤波增益矩阵随时间的变化趋势

码，图 9.3.2(a)给出了滤波效果，图 9.3.2(b)给出了滤波增益矩阵随时间的变化情况，可以看出很快趋向于稳定值。

9.4 H_∞输出反馈控制

H_∞输出反馈控制就是应用部分状态的量测在噪声干扰的条件下进行控制。该控制器可以由一个 H_∞ 全状态反馈控制器和一个 H_∞滤波器构成。H_∞输出反馈控制与 LQG 综合控制问题有一些相似之处，但也有本质的差别：一方面 LQG 控制系统设计中全状态反馈控制问题与滤波问题是完全独立的，而从 9.3 节 H_∞最优滤波理论可以看出，滤波器的设计还要考虑控制问题的目标函数；另一方面，H_∞控制和滤波问题中的矩阵代数 Riccati 方程并不总是有解的，还需要研究 H_∞输出反馈控制器的存在性问题等。

本节首先介绍有限长时间的 H_∞输出反馈控制求解理论，然后介绍 PIMCSD 工具箱中相应的函数实现。

1. 连续系统的时变 H_∞输出反馈控制

1) 问题描述

连续系统状态方程实现为

系统方程：
$$\dot{\boldsymbol{x}} = \boldsymbol{A}\boldsymbol{x} + \boldsymbol{B}_1\boldsymbol{w} + \boldsymbol{B}_2\boldsymbol{u} \tag{9.4.1}$$

输出方程：
$$\boldsymbol{z} = \boldsymbol{C}_1\boldsymbol{x} + \boldsymbol{D}_{12}\boldsymbol{u} \tag{9.4.2}$$

量测方程：
$$\boldsymbol{y} = \boldsymbol{C}_2\boldsymbol{x} + \boldsymbol{D}_{21}\boldsymbol{w} \tag{9.4.3}$$

其中，$\boldsymbol{x}$ 为 n 维状态向量，$\boldsymbol{w}$ 为 l 维外扰向量，$\boldsymbol{u}$ 为 m 维控制向量，$\boldsymbol{y}$ 为 q 维量测向量，$\boldsymbol{z}$ 为 p 维输出向量，$p \geqslant m$，$l \geqslant q$。系统矩阵 $\boldsymbol{A}, \boldsymbol{B}_1, \boldsymbol{B}_2, \boldsymbol{C}_1, \boldsymbol{C}_2, \boldsymbol{D}_{12}$ 和 $\boldsymbol{D}_{21}$ 分别具有恰当的维数，并且

$$\boldsymbol{D}_{12}^{\mathrm{T}}\boldsymbol{D}_{12} = \boldsymbol{I}_m, \quad \boldsymbol{D}_{21}\boldsymbol{D}_{21}^{\mathrm{T}} = \boldsymbol{I}_q \tag{9.4.4}$$

$\boldsymbol{I}_m$ 和 $\boldsymbol{I}_q$ 分别是 m 和 q 阶单位矩阵。矩阵对 $(\boldsymbol{A}, \boldsymbol{B}_2)$ 和 $(\boldsymbol{A}, \boldsymbol{C}_2)$ 分别是可稳定和可观测的。

次优的 H_∞输出反馈控制问题的提法：寻找系统式(9.4.1)和(9.4.2)的线性控制器 $\boldsymbol{u} = \Gamma(\boldsymbol{y})$，对于给定的正数 γ^2，使该控制器闭环系统从外扰 $\boldsymbol{w}$ 到输出 $\boldsymbol{z}$ 的 H_∞ 诱导范数满足，

$$\left\|\boldsymbol{G}_{zw}\right\|_{\infty,[0,t_\mathrm{f}]} = \sup_{\left\|\boldsymbol{w}(t)\right\|_{2,[0,t_\mathrm{f}]} \neq 0} \frac{\left\|\boldsymbol{z}(t)\right\|_{2,[0,t_\mathrm{f}]}}{\left\|\boldsymbol{w}(t)\right\|_{2,[0,t_\mathrm{f}]}} < \gamma^2 \tag{9.4.5}$$

其中，

$$\|z(t)\|_{2,[0,t_f]}=\int_0^{t_f}z^{\mathrm T}z\mathrm dt+x^{\mathrm T}(t_f)S_f x(t_f),\quad \|w(t)\|_{2,[0,t_f]}=\int_0^{t_f}w^{\mathrm T}w\mathrm dt \tag{9.4.5a}$$

这里，S_f 是对称半正定矩阵。已知初始状态的估计值和方差，

$$E[x(0)]=\hat x_0,\quad E[x(0)x^{\mathrm T}(0)]=P_0 \tag{9.4.5b}$$

H_∞诱导范数存在一个临界值 γ_{cr}^2，给定的参数须满足 $\gamma^2>\gamma_{\mathrm{cr}}^2$；否则，不存在相应的控制器。因此，$\gamma_{\mathrm{cr}}^2$ 的计算就显得非常重要了。

3.4 节讲述了无限长时间的定常 H_∞ 输入反馈控制器设计，是当 $t_f\to\infty$ 时的情况，此时终端状态加权阵 S_f 和初始状态估计的方差阵 P_0 不能对 H_∞ 诱导范数及输出反馈控制器设计产生影响，问题导向两个代数 Riccati 方程的求解，得到的输出反馈控制器是定常的。

当 t_f 为有限值时，边界条件 S_f 和 P_0 对 H_∞ 输出反馈控制系统的诱导范数及控制器设计的影响不能被忽略，问题导向两个有限长时间微分矩阵 Riccati 方程的求解，导出的控制器也成为时变的。

有限长时间连续系统的 H_∞输出反馈控制器是时变的，采用状态空间描述如下：

$$\begin{cases}\dot{\hat x}=A_f\hat x+B_f y\\ u=C_f\hat x+D_f y\end{cases} \tag{9.4.6}$$

其中，

$$\begin{aligned}&A_f(t)=A-L(t)C_2-B_2K(t)(I-\gamma^{-2}P(t)S(t))^{-1},\quad &&B_f(t)=L(t)\\&C_f(t)=-K(t)(I-\gamma^{-2}P(t)S(t))^{-1}, &&D_f\equiv 0\end{aligned} \tag{9.4.6a}$$

这里，$K(t)$ 和 $L(t)$ 分别是单独设计的有限长时间的全状态反馈增益矩阵序列和滤波增益矩阵序列，如下：

$$K(t)=B_2^{\mathrm T}S(t)+D_{12}^{\mathrm T}C_1,\quad L(t)=P(t)C_2^{\mathrm T}+B_1D_{21}^{\mathrm T} \tag{9.4.6b}$$

其中，$S(t)$ 和 $P(t)$ 满足分别满足下面的矩阵微分 Riccati 方程，

$$-\dot S=\tilde A^{\mathrm T}S+S\tilde A+\tilde C^{\mathrm T}\tilde C-S(B_2B_2^{\mathrm T}-\gamma^{-2}B_1B_1^{\mathrm T})S,\qquad S(t_f)=S_f \tag{9.4.7}$$

这里，$\tilde A=A-B_2D_{12}^{\mathrm T}C_1$，$\tilde C^{\mathrm T}\tilde C=C_1^{\mathrm T}(I-D_{12}D_{12}^{\mathrm T})C_1$。

$$\dot P=\bar B\bar B^{\mathrm T}+\bar AP+P\bar A^{\mathrm T}-P(C_2^{\mathrm T}C_2-\gamma^{-2}C_1^{\mathrm T}C_1)P,\qquad P(t_0)=P_0 \tag{9.4.8}$$

其中，$\bar B\bar B^{\mathrm T}=B_1(I-D_{21}^{\mathrm T}D_{21})B_1^{\mathrm T}$，$\bar A=A-B_1D_{21}^{\mathrm T}C_2$。

同时要求在时间离散点上满足

$$\rho(S(t)P(t))<\gamma^2 \tag{9.4.9}$$

2) PIMCSD 工具箱中的实现

PIMCSD 工具箱提供了计算有限长时间连续系统的 H_∞输出反馈控制的临界诱导范数的实现函数 pim_normhcf()，以及时变 H_∞输出反馈控制器设计与仿真的实现函数 pim_thinf 2()和 pim_simthinf 2()，其调用格式分别如下：

(1) pim_ normhcf()的调用格式如下：

$$\gamma_{\rm cr}^{-2} = \text{pim\_normhcf}(\boldsymbol{A}, \boldsymbol{B}_1, \boldsymbol{B}_2, \boldsymbol{C}_1, \boldsymbol{C}_2, \boldsymbol{D}_{12}, \boldsymbol{D}_{21}, \boldsymbol{S}_{\rm f}, \boldsymbol{P}_0, \text{tspan}, \text{tol})$$

参数简单说明：

返回参数 $\gamma_{\rm cr}^{-2}$ 表示有限长时间连续 H_∞输出反馈控制系统的临界诱导范数。

输入参数中 $\boldsymbol{A}, \boldsymbol{B}_1, \boldsymbol{B}_2, \boldsymbol{C}_1, \boldsymbol{C}_2, \boldsymbol{D}_{12}, \boldsymbol{D}_{21}$ 对应连续系统方程(9.4.1)~(9.4.3)的参数矩阵；$\boldsymbol{S}_{\rm f}$ 是终端状态的加权阵；$\boldsymbol{P}_0$ 是初始状态估计的方差阵；tspan 指定有限长时间区段，即 $\text{tspan} = [t_0, t_{\rm f}]$ 或 $\text{tspan} = [t_0 : T_{\rm s} : t_{\rm f}]$，其中，$T_{\rm s}$ 表示离散步长；tol 是指定的求解精度，默认情况下为 0.001。

(2) pim_thinf2()的调用格式如下：

$$[\boldsymbol{A}_{\rm f}, \boldsymbol{B}_{\rm f}, \boldsymbol{C}_{\rm f}, \boldsymbol{D}_{\rm f}] = \text{pim\_thinf 2}(\gamma^{-2}, \boldsymbol{A}, \boldsymbol{B}_1, \boldsymbol{B}_2, \boldsymbol{C}_1, \boldsymbol{C}_2, \boldsymbol{D}_{12}, \boldsymbol{D}_{21}, \boldsymbol{S}_{\rm f}, \boldsymbol{P}_0, t)$$

$$[\boldsymbol{A}_{\rm f}, \boldsymbol{B}_{\rm f}, \boldsymbol{C}_{\rm f}, \boldsymbol{D}_{\rm f}, \boldsymbol{K}, \boldsymbol{L}] = \text{pim\_thinf 2}(\gamma^{-2}, \boldsymbol{A}, \boldsymbol{B}_1, \boldsymbol{B}_2, \boldsymbol{C}_1, \boldsymbol{C}_2, \boldsymbol{D}_{12}, \boldsymbol{D}_{21}, \boldsymbol{S}_{\rm f}, \boldsymbol{P}_0, t)$$

参数简单说明：

返回参数中 $\boldsymbol{A}_{\rm f}, \boldsymbol{B}_{\rm f}, \boldsymbol{C}_{\rm f}, \boldsymbol{D}_{\rm f}$ 给出了输出反馈的状态空间实现形式，如式(9.4.6)所示，它们都是与时间序列 t 相对应的矩阵序列。第二种调用格式还返回时变的全状态反馈增益矩阵序列 $\boldsymbol{K}(t)$，以及时变滤波增益矩阵 $\boldsymbol{L}(t)$。

输入参数中 γ^{-2} 是指定的 H_∞输出反馈控制设计参数，应满足 $\gamma^{-2} < \gamma_{\rm cr}^{-2}$；$\boldsymbol{A}, \boldsymbol{B}_1, \boldsymbol{B}_2, \boldsymbol{C}_1, \boldsymbol{C}_2, \boldsymbol{D}_{12}, \boldsymbol{D}_{21}$ 对应系统方程式(9.4.1)~(9.4.3)中的参数矩阵；$\boldsymbol{S}_{\rm f}$ 是终端状态的加权阵；$\boldsymbol{P}_0$ 是初始状态估计的方差阵；t 指定有限长时间离散序列 $t = [t_0 : T_{\rm s} : t_{\rm f}]$，其中，$T_{\rm s}$ 表示离散步长。

(3) pim_simthinf 2()的调用格式如下：

$$[\boldsymbol{x}, \boldsymbol{u}, \hat{\boldsymbol{x}}, \boldsymbol{y}, \boldsymbol{R}_{\rm m}] = \text{pim\_simthinf 2}(\gamma^{-2}, \boldsymbol{A}, \boldsymbol{B}_1, \boldsymbol{B}_2, \boldsymbol{C}_1, \boldsymbol{C}_2, \boldsymbol{D}_{12}, \boldsymbol{D}_{21}, \boldsymbol{S}_{\rm f}, \boldsymbol{P}_0, t, \boldsymbol{x}_0, \hat{\boldsymbol{x}}_0, \boldsymbol{w})$$

$$[\boldsymbol{x}, \boldsymbol{u}, \hat{\boldsymbol{x}}, \boldsymbol{y}] = \text{pim\_simthinf 2}(\boldsymbol{R}_{\rm m}, \boldsymbol{C}_2, \boldsymbol{D}_{21}, t, \boldsymbol{x}_0, \hat{\boldsymbol{x}}_0, \boldsymbol{w})$$

参数简单说明：

该函数给出了有限长时间 H_∞输出反馈控制系统的仿真。

返回参数中 $\boldsymbol{x}, \boldsymbol{u}, \hat{\boldsymbol{x}}, \boldsymbol{y}$ 分别表示 H_∞输出反馈控制系统的状态、输入、状态估计，以及量测的时间历程，它们都是与时间序列 t 相对应的向量序列，最后一维长度为时间离散点数。

第一种调用格式还可以返回仿真信息矩阵序列 $\boldsymbol{R}_{\rm m}$，可以用于对其他初值、噪声干扰条件下的仿真，供第二种调用格式使用。

输入参数中 γ^{-2} 是指定的 H_∞输出反馈控制设计参数，应满足 $\gamma^{-2}<\gamma_{\rm cr}^{-2}$；$\boldsymbol{A},\boldsymbol{B}_1,\boldsymbol{B}_2,\boldsymbol{C}_1,\boldsymbol{C}_2,\boldsymbol{D}_{12},\boldsymbol{D}_{21}$ 对应系统方程式(9.4.1)~(9.4.3)中的参数矩阵；$\boldsymbol{S}_{\rm f}$ 是终端状态的加权阵；$\boldsymbol{P}_0$ 是初始状态估计的方差阵；t 指定有限长时间离散序列 $t=[t_0:T_{\rm s}:t_{\rm f}]$，其中 $T_{\rm s}$ 表示离散步长；$\boldsymbol{x}_0$ 和 $\hat{\boldsymbol{x}}_0$ 分别表示初始状态值和估计值；$\boldsymbol{w}$ 为干扰噪声序列。

3)　设计实例

例 9.4.1　考虑直升飞机的着陆问题(详见 Bryson 专著 *Appoied Linear Optimal Control* 中的描述)。简化的径向运动模型(含过程噪声和量测噪声，以及输出方程)为

$$\dot{\boldsymbol{x}}=\boldsymbol{A}\boldsymbol{x}+\boldsymbol{B}_2\boldsymbol{u}+\boldsymbol{B}_1\boldsymbol{w}$$

量测方程为

$$\boldsymbol{y}=\boldsymbol{C}_y\boldsymbol{x}+\boldsymbol{v}$$

输出方程为

$$\boldsymbol{z}=\boldsymbol{C}_z\boldsymbol{x}+\boldsymbol{D}_{12}\boldsymbol{u}$$

其中，状态为 $\boldsymbol{x}=[u,q,\theta,x]^{\rm T}$，

$$\boldsymbol{A}=\begin{bmatrix}-0.0257 & 0.013 & -0.322 & 0\\ 1.26 & -1.765 & 0 & 0\\ 0 & 1 & 0 & 0\\ 1 & 0 & 0 & 0\end{bmatrix},\quad \boldsymbol{B}_2=\begin{bmatrix}0.086\\ -7.408\\ 0\\ 0\end{bmatrix},\quad \boldsymbol{B}_1=\begin{bmatrix}0.0257\\ -1.26\\ 0\\ 0\end{bmatrix}$$

$$\boldsymbol{C}_y=\begin{bmatrix}0 & 0 & 0 & 1\\ 0 & 0 & 1 & 0\end{bmatrix},\quad \boldsymbol{C}_z=\begin{bmatrix}0 & 0 & 0 & 1\\ 0 & 0 & 0 & 0\end{bmatrix},\quad \boldsymbol{D}_{12}=\begin{bmatrix}0\\ 1\end{bmatrix}$$

其中，$\boldsymbol{w}$ 和 $\boldsymbol{v}$ 分别过程噪声和量测噪声，是相互独立的。已知系统状态的初值为 $\boldsymbol{x}(0)=[10,\ 0,\ -0.3550,\ -15]^{\rm T}$，要求在终端 $t_{\rm f}=3.0$ 时到达停机场的正上方，并调整各状态归零 $\boldsymbol{x}(t_{\rm f})=\boldsymbol{0}$。进行时变 H_∞输出反馈控制器设计，并绘出控制系统的仿真曲线。

解　取终端状态加权阵 $\boldsymbol{S}_{\rm f}={\rm diag}(1000,1000,1000,1000)$，初始状态估计方差阵 $\boldsymbol{P}_0={\rm diag}(0.01,0.01,0.01,0.01)$。首先将上述系统转化$H_\infty$控制系统的标准形式，如式(9.4.1)~(9.4.3)所示。然后调用 pim_normhcf()计算有限长时间 H_∞输出反馈控制系统的临界诱导范数 $\gamma_{\rm cr}^{-2}=0.0016$，取设计参数 $\gamma^{-2}=0.3\times\gamma_{\rm cr}^{-2}$，采用 pim_thinf2()进行 H_∞输出反馈控制器设计，并调用 pim_simthinf2()完成控制系统的仿真。

程序代码如表 9.4.1 所示，图 9.4.1(a)给出了有限长时间 H_∞输出反馈控制系统的最优轨迹和输入曲线，可以看出过渡过程是光滑的，达到了期望的终端状态；

图 9.4.1(b)给出了过程噪声和量测噪声的时间历程。

表 9.4.1　时变 H_∞ 输出反馈控制器设计与仿真代码

```
%%%===OH-6A Data===%%%
% dot(x) = A*x + B1*w + B2*u
%        y = C2*x + v
%        z = C1*x + D12*u
A  = [ -0.0257, 0.013, -0.322, 0; 1.26,   -1.765, 0, 0;   0, 1, 0, 0;   1, 0 ,0 ,0];
B2 = [ 0.086, -7.408, 0, 0 ]';
B1 = [ 0.0257, -1.26, 0, 0 ]';
C2 = [0, 0, 0, 1;   0,0,1,0]; D21 = eye(2);
C1 = [0, 0, 0, 1; 0,0,0,0];   D12=[0;1];
x0=[10, 0, -0.3550, -15]';   x0e = x0 + 0.1*rand(size(x0));
P0 = 1.0e-2*diag([1,1,1,1]);   Sf = 1.0e3*diag([1,1,1,1]);
tf=3.0;      Ns=60;     Ts=tf/Ns;    t=0:Ts:tf;
% convert to the standard forms:
% dx/dt = A*x + B1e*[w;v] + B2*u;
%       y = C2*x + D21e [w;v]
%       z = C1*x + D12*u;
[nx,nw] = size(B1);      [ny,nv] = size(D21);
B1e = [B1,zeros(nx,nv)];   D21e = [zeros(ny,nw),D21];
% Critical H-inf norm and
% H-inf output feedback controller
gmf2opt = pim_normhcf(A,B1e,B2,C1,C2,D12,D21e,Sf,P0,t,1.0e-5);
gmf2 = 0.3*gmf2opt;
[Af_t,Bf_t,Cf_t,Df0] = pim_thinf2(gmf2,A,B1e,B2,C1,C2,D12,D21e,Sf,P0,t);
% Simulation
randn('state',0); Wd = 4;    Vd = eye(2);
w_t = sqrt(Wd)*randn(1,Ns+1);    v_t = randn(2,Ns+1);   we_t = [w_t;v_t];
[x_t,u_t,xe_t,y_t] = pim_simthinf2(gmf2,A,B1e,B2,C1,C2,D12,D21e,Sf,P0,t,x0,x0e,we_t);
%%%===plot figure===%%%
```

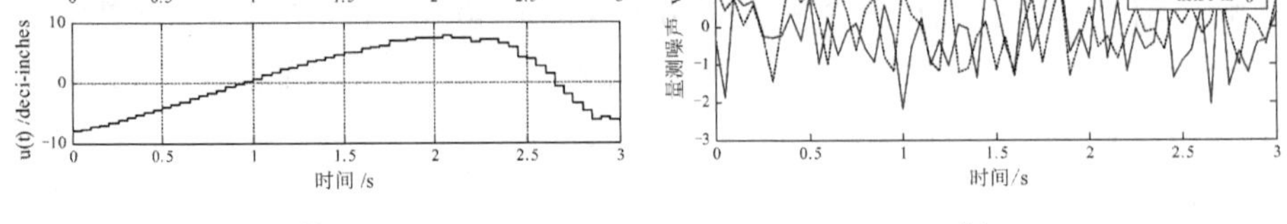

(a)　　(b)

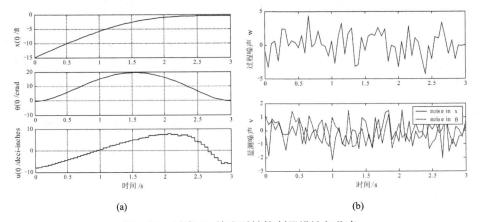

图 9.4.1　时变 H_∞ 输出反馈控制器设计与仿真

(a) 控制系统的状态和输入轨迹；　(b) 过程噪声和量测噪声历程

2. 离散系统的时变 H_∞输出反馈控制

1) 问题描述

系统方程：
$$\boldsymbol{x}_{k+1}=\boldsymbol{\Phi}\boldsymbol{x}_k+\boldsymbol{G}_w\boldsymbol{w}_k+\boldsymbol{G}_u\boldsymbol{u}_k \tag{9.4.10}$$

量测方程：
$$\boldsymbol{y}_k=\boldsymbol{C}_2\boldsymbol{x}_k+\boldsymbol{D}_{21}\boldsymbol{w}_k \tag{9.4.11}$$

输出方程：
$$\boldsymbol{z}_k=\boldsymbol{C}_1\boldsymbol{x}_k+\boldsymbol{D}_{12}\boldsymbol{u}_k \tag{9.4.12}$$

其中，$k\in[0,N]$，状态向量 $\boldsymbol{x}_k\in\boldsymbol{R}^n$，量测向量 $\boldsymbol{y}_k\in\boldsymbol{R}^q$，过程噪声向量 $\boldsymbol{w}_k\in\boldsymbol{R}^l$，输入 $\boldsymbol{u}_k\in\boldsymbol{R}^m$ (在滤波中认为是已知的确定性输入量)，噪声向量 $\boldsymbol{v}_k\in\boldsymbol{R}^m$，状态向量的线性组合 $\boldsymbol{z}_k\in\boldsymbol{R}^p$ 是需要估计的向量，$\boldsymbol{\Phi},\boldsymbol{G}_w,\boldsymbol{G}_u,\boldsymbol{C}_1,\boldsymbol{D}_{12},\boldsymbol{C}_2,\boldsymbol{D}_{21}$ 是具有相容维数的矩阵，且 $\boldsymbol{D}_{12}^{\mathrm{T}}\boldsymbol{D}_{12}=\boldsymbol{I}_m,\ \boldsymbol{D}_{21}\boldsymbol{D}_{21}^{\mathrm{T}}=\boldsymbol{I}_q$，通常，也有 $\boldsymbol{C}_1^{\mathrm{T}}\boldsymbol{D}_{12}=\boldsymbol{0},\ \boldsymbol{G}_w\boldsymbol{D}_{21}^{\mathrm{T}}=\boldsymbol{0}$。

次优的离散 H_∞输出反馈控制问题的提法：寻找系统式(9.4.10)~(9.4.12)的线性控制器 $\boldsymbol{u}_k=\Gamma(\boldsymbol{y}_k)$，对于给定的正数 γ^2，使该控制器闭环系统从外扰 $\boldsymbol{w}_k$ 到输出 $\boldsymbol{z}_k$ 的 H_∞诱导范数满足，

$$\left\|\boldsymbol{G}_{zw}\right\|_{\infty,[0,N]}=\sup_{\|\boldsymbol{w}(t)\|_{2,[0,t_{\mathrm{f}}]}\neq 0}\frac{\left\|\boldsymbol{z}_k\right\|_{2,[0,N-1]}}{\left\|\boldsymbol{w}_k\right\|_{2,[0,N-1]}}<\gamma^2 \tag{9.4.13}$$

$$\left\|\boldsymbol{z}_k\right\|_{2,[0,N]}=\sum_{k=0}^{N-1}\boldsymbol{z}_k^{\mathrm{T}}\boldsymbol{z}_k+\boldsymbol{x}_{\mathrm{f}}^{\mathrm{T}}\boldsymbol{S}_{\mathrm{f}}\boldsymbol{x}_{\mathrm{f}},\quad \left\|\boldsymbol{w}_k\right\|_{2,[0,N]}=\sum_{k=0}^{N-1}\boldsymbol{w}_k^{\mathrm{T}}\boldsymbol{w}_k \tag{9.4.13a}$$

其中，$\boldsymbol{S}_{\mathrm{f}}$ 是对称半正定矩阵，反映了对终端状态的加权；已知初始状态的估计值和方差，

$$E[\boldsymbol{x}(0)]=\bar{\boldsymbol{x}}_0,\quad E[\boldsymbol{x}(0)\boldsymbol{x}^{\mathrm{T}}(0)]=\bar{\boldsymbol{P}}_0 \tag{9.4.13b}$$

H_∞诱导范数存在一个临界值 γ_{cr}^2，给定的参数须满足 $\gamma^2>\gamma_{\mathrm{cr}}^2$；否则，不存在相应的控制器。因此，$\gamma_{\mathrm{cr}}^2$ 的计算就显得非常重要了。

3.4 节讲述了无限长时间离散系统的定常 H_∞ 输入反馈控制器设计，是当 $N\to\infty$ 时的情况，此时终端状态加权阵 $\boldsymbol{S}_{\mathrm{f}}$ 和初始状态估计的方差阵 $\bar{\boldsymbol{P}}_0$ 不能对 H_∞ 诱导范数及输出反馈控制器设计产生影响，问题导向两个代数 Riccati 方程的求解，得到的输出反馈控制器是定常的。

当 N 为有限值时，边界条件 $\boldsymbol{S}_{\mathrm{f}}$ 和 $\bar{\boldsymbol{P}}_0$ 对 H_∞ 输出反馈控制系统的诱导范数及控制器设计的影响不能被忽略，问题导向两个有限长时间差分矩阵 Riccati 方程的求解，导出的控制器也成为时变的。

有限长时间的离散 H_∞输出反馈控制器是时变的，可用状态空间描述如下：

$$\begin{cases}\hat{\boldsymbol{x}}_{k+1}=\boldsymbol{A}_{\mathrm{f},k}\hat{\boldsymbol{x}}_k+\boldsymbol{B}_{\mathrm{f},k}\boldsymbol{y}_k\\ \boldsymbol{u}_k=\boldsymbol{C}_{\mathrm{f},k}\hat{\boldsymbol{x}}_k+\boldsymbol{D}_{\mathrm{f},k}\boldsymbol{y}_k\end{cases} \tag{9.4.14}$$

其中，$[\boldsymbol{A}_{\mathrm{f},k},\boldsymbol{B}_{\mathrm{f},k},\boldsymbol{C}_{\mathrm{f},k},\boldsymbol{D}_{\mathrm{f},k}]$ 是输出反馈控制器的状态空间实现矩阵序列，是时变的，

$$\begin{aligned}&\boldsymbol{A}_{\mathrm{f},k}=\boldsymbol{\Phi}-\bar{\boldsymbol{L}}_{\mathrm{d},k}\boldsymbol{C}_2-\boldsymbol{G}_u\boldsymbol{K}_{\mathrm{d},k}(\boldsymbol{I}-\gamma^{-2}\bar{\boldsymbol{P}}_k\boldsymbol{S}_k)^{-1},\quad \boldsymbol{B}_{\mathrm{f},k}=\bar{\boldsymbol{L}}_{\mathrm{d},k}\\&\boldsymbol{C}_{\mathrm{f},k}=-\boldsymbol{K}_{\mathrm{d},k}(\boldsymbol{I}-\gamma^{-2}\bar{\boldsymbol{P}}_k\boldsymbol{S}_k)^{-1},\quad \boldsymbol{D}_{\mathrm{f},k}\equiv 0\end{aligned}\tag{9.4.14a}$$

这里，$\boldsymbol{K}_{\mathrm{d},k}$ 和 $\bar{\boldsymbol{L}}_{\mathrm{d},k}$ 分别是单独设计的时变的全状态反馈增益矩阵序列和滤波增益矩阵序列，如下：

$$\boldsymbol{K}_{\mathrm{d},k}=\boldsymbol{G}_u^{\mathrm{T}}\boldsymbol{S}_k+\boldsymbol{D}_{12}^{\mathrm{T}}\boldsymbol{C}_1,\quad \bar{\boldsymbol{L}}_{\mathrm{d},k}=\left(\boldsymbol{\Phi}-\boldsymbol{G}_w\boldsymbol{D}_{21}^{\mathrm{T}}\boldsymbol{C}_2\right)\hat{\boldsymbol{P}}_k\boldsymbol{C}_2^{\mathrm{T}}+\boldsymbol{G}_w\boldsymbol{D}_{21}^{\mathrm{T}}\tag{9.4.14b}$$

其中，$\hat{\boldsymbol{P}}_k=\left(\bar{\boldsymbol{P}}_k^{-1}+\boldsymbol{C}_2^{\mathrm{T}}\boldsymbol{C}_2-\gamma^{-2}\boldsymbol{C}_1^{\mathrm{T}}\boldsymbol{C}_1\right)^{-1}$。

上式中的 $\boldsymbol{S}_k$ 和 $\bar{\boldsymbol{P}}_k$ 分别满足下面的矩阵代数 Riccati 方程，

$$\boldsymbol{S}_k=\tilde{\boldsymbol{C}}^{\mathrm{T}}\tilde{\boldsymbol{C}}+\tilde{\boldsymbol{\Phi}}^{\mathrm{T}}\boldsymbol{S}_{k+1}\left(\boldsymbol{I}+(\boldsymbol{G}_u\boldsymbol{G}_u^{\mathrm{T}}-\gamma^{-2}\boldsymbol{G}_w\boldsymbol{G}_w^{\mathrm{T}})\boldsymbol{S}_{k+1}\right)^{-1}\tilde{\boldsymbol{\Phi}},\quad \boldsymbol{S}_N=\boldsymbol{S}_{\mathrm{f}}\tag{9.4.15}$$

其中，$\tilde{\boldsymbol{\Phi}}=\boldsymbol{\Phi}-\boldsymbol{G}_u\boldsymbol{D}_{12}^{\mathrm{T}}\boldsymbol{C}_1$，$\tilde{\boldsymbol{C}}^{\mathrm{T}}\tilde{\boldsymbol{C}}=\boldsymbol{C}_1^{\mathrm{T}}(\boldsymbol{I}-\boldsymbol{D}_{12}\boldsymbol{D}_{12}^{\mathrm{T}})\boldsymbol{C}_1$。

$$\bar{\boldsymbol{P}}_{k+1}=\bar{\boldsymbol{G}}\bar{\boldsymbol{G}}+\bar{\boldsymbol{\Phi}}\left(\bar{\boldsymbol{P}}_k^{-1}+\boldsymbol{C}_2^{\mathrm{T}}\boldsymbol{C}_2-\gamma^{-2}\boldsymbol{C}_1^{\mathrm{T}}\boldsymbol{C}_1\right)^{-1}\bar{\boldsymbol{\Phi}}^{\mathrm{T}},\quad \bar{\boldsymbol{P}}_0\text{ 已知}\tag{9.4.16}$$

这里，$\bar{\boldsymbol{\Phi}}=\boldsymbol{\Phi}-\boldsymbol{G}_w\boldsymbol{D}_{21}^{\mathrm{T}}\boldsymbol{C}_2$，$\bar{\boldsymbol{G}}\bar{\boldsymbol{G}}=\boldsymbol{G}_w\left(\boldsymbol{I}-\boldsymbol{D}_{21}^{\mathrm{T}}\boldsymbol{D}_{21}\right)\boldsymbol{G}_w^{\mathrm{T}}$。

同时要求在时间离散点上满足

$$\rho(\boldsymbol{S}_k\bar{\boldsymbol{P}}_k)<\gamma^2\tag{9.4.17}$$

2)　PIMCSD 工具箱中的实现

PIMCSD 工具箱提供了计算有限长时间离散系统的 H_∞输出反馈控制的临界诱导范数的实现函数 pim_normdhcf()，以及时变 H_∞输出反馈控制器设计与仿真的实现函数 pim_tdhinf 2()和 pim_simtdhinf 2()，其调用格式分别如下：

(1) pim_ normdhcf()的调用格式如下：

$$\gamma_{\mathrm{cr}}^{-2}=\text{pim\_normdhcf}(\boldsymbol{\Phi},\boldsymbol{G}_w,\boldsymbol{G}_u,\boldsymbol{C}_1,\boldsymbol{C}_2,\boldsymbol{D}_{12},\boldsymbol{D}_{21},\boldsymbol{S}_{\mathrm{f}},\bar{\boldsymbol{P}}_0,N_{\mathrm{s}},\text{tol})$$

参数简单说明：

返回参数 $\gamma_{\mathrm{cr}}^{-2}$ 表示有限长时间离散 H_∞输出反馈控制系统临界诱导范数。

输入参数中 $\boldsymbol{\Phi},\boldsymbol{G}_w,\boldsymbol{G}_u,\boldsymbol{C}_1,\boldsymbol{C}_2,\boldsymbol{D}_{12},\boldsymbol{D}_{21}$ 对应离散系统方程式(9.4.10)~(9.4.12)的参数矩阵；$\boldsymbol{S}_{\mathrm{f}}$ 是终端状态的加权阵；$\bar{\boldsymbol{P}}_0$ 是初始状态估计的方差阵；N_{s} 指定有限长时间区段的离散步数；tol 是指定的求解精度，默认情况下为 0.001。

(2) pim_tdhinf2()的调用格式如下：

$$[\boldsymbol{A}_{\mathrm{f}},\boldsymbol{B}_{\mathrm{f}},\boldsymbol{C}_{\mathrm{f}},\boldsymbol{D}_{\mathrm{f}}]=\text{pim\_tdhinf 2}(\gamma^{-2},\boldsymbol{\Phi},\boldsymbol{G}_w,\boldsymbol{G}_u,\boldsymbol{C}_1,\boldsymbol{C}_2,\boldsymbol{D}_{12},\boldsymbol{D}_{21},\boldsymbol{S}_{\mathrm{f}},\bar{\boldsymbol{P}}_0,N_{\mathrm{s}})$$

$$[\boldsymbol{A}_{\mathrm{f}},\boldsymbol{B}_{\mathrm{f}},\boldsymbol{C}_{\mathrm{f}},\boldsymbol{D}_{\mathrm{f}},\boldsymbol{K}_{\mathrm{d}},\bar{\boldsymbol{L}}_{\mathrm{d}}]=\text{pim\_tdhinf 2}(\gamma^{-2},\boldsymbol{\Phi},\boldsymbol{G}_w,\boldsymbol{G}_u,\boldsymbol{C}_1,\boldsymbol{C}_2,\boldsymbol{D}_{12},\boldsymbol{D}_{21},\boldsymbol{S}_{\mathrm{f}},\bar{\boldsymbol{P}}_0,N_{\mathrm{s}})$$

参数简单说明：

返回参数中 $\boldsymbol{A}_{\mathrm{f}},\boldsymbol{B}_{\mathrm{f}},\boldsymbol{C}_{\mathrm{f}},\boldsymbol{D}_{\mathrm{f}}$ 给出了离散输出反馈的状态空间实现形式，第二种调用格式还返回全状态反馈增益矩阵序列 $\boldsymbol{K}_{\mathrm{d}}$ ，以及滤波增益矩阵 $\bar{\boldsymbol{L}}_{\mathrm{d}}$ 序列，如式(9.4.14a,b)所示。 $\boldsymbol{A}_{\mathrm{f}},\boldsymbol{B}_{\mathrm{f}},\boldsymbol{C}_{\mathrm{f}},\boldsymbol{D}_{\mathrm{f}},\boldsymbol{K}_{\mathrm{d}},\bar{\boldsymbol{L}}_{\mathrm{d}}$ 都是与时间序列相对应的矩阵序列，最后一维长度为 N_{s} 。

输入参数中 γ^{-2} 是指定的离散系统 H_∞输出反馈控制设计参数，应满足 $\gamma^{-2}<\gamma_{\mathrm{cr}}^{-2}$ ；$\boldsymbol{\Phi},\boldsymbol{G}_w,\boldsymbol{G}_u,\boldsymbol{C}_1,\boldsymbol{C}_2,\boldsymbol{D}_{12},\boldsymbol{D}_{21}$ 对应系统方程式(9.4.10)~(9.4.12)中的参数矩阵； $\boldsymbol{S}_{\mathrm{f}}$ 是终端状态的加权阵；$\bar{\boldsymbol{P}}_0$ 是初始状态估计的方差阵；N_{s} 指定有限长时间区段的离散步数。

(3) pim_simtdhinf2()的调用格式如下：

$$[\boldsymbol{x},\boldsymbol{u},\hat{\boldsymbol{x}},\boldsymbol{y},\boldsymbol{R}_{\mathrm{m}}]=\mathrm{pim\_simtdhinf2}(\gamma^{-2},\boldsymbol{\Phi},\boldsymbol{G}_w,\boldsymbol{G}_u,\boldsymbol{C}_1,\boldsymbol{C}_2,\boldsymbol{D}_{12},\boldsymbol{D}_{21},\boldsymbol{S}_{\mathrm{f}},\bar{\boldsymbol{P}}_0,N_{\mathrm{s}},\boldsymbol{x}_0,\bar{\boldsymbol{x}}_0,\boldsymbol{w})$$

$$[\boldsymbol{x},\boldsymbol{u},\hat{\boldsymbol{x}},\boldsymbol{y}]=\mathrm{pim\_simtdhinf2}(\boldsymbol{R}_{\mathrm{m}},\boldsymbol{\Phi},\boldsymbol{G}_w,\boldsymbol{G}_u,\boldsymbol{C}_2,\boldsymbol{D}_{21},N_{\mathrm{s}},\boldsymbol{x}_0,\bar{\boldsymbol{x}}_0,\boldsymbol{w})$$

参数简单说明：

该函数给出了有限长时间离散 H_∞输出反馈控制系统的仿真。

返回参数中 $\boldsymbol{x},\boldsymbol{u},\hat{\boldsymbol{x}},\boldsymbol{y}$ 分别表示 H_∞输出反馈控制系统的状态、输入、状态估计，以及量测的时间历程，它们都是与时间序列相对应的向量序列。其中， $\boldsymbol{x},\hat{\boldsymbol{x}},\boldsymbol{y}$ 最后一维长度为 $N_{\mathrm{s}}+1$； $\boldsymbol{u}$ 的最后一维大小 N_{s} 。

第一种调用格式还可以返回仿真信息矩阵序列 $\boldsymbol{R}_{\mathrm{m}}=\{\boldsymbol{A}_{\mathrm{f}},\boldsymbol{B}_{\mathrm{f}},\boldsymbol{C}_{\mathrm{f}}\}$ ，可由 pim_tdhinf2()给出，可以用于对其他初值、噪声干扰条件下的仿真，供第二种调用格式使用。

输入参数中 γ^{-2} 是指定的 H_∞输出反馈控制设计参数，应满足 $\gamma^{-2}<\gamma_{\mathrm{cr}}^{-2}$ ；$\boldsymbol{\Phi},\boldsymbol{G}_w$, $\boldsymbol{G}_u,\boldsymbol{C}_1,\boldsymbol{C}_2,\boldsymbol{D}_{12},\boldsymbol{D}_{21}$ 对应系统方程式(9.4.10)~(9.4.12)中的参数矩阵；$\boldsymbol{S}_{\mathrm{f}}$ 是终端状态的加权阵；$\boldsymbol{P}_0$ 是初始状态估计的方差阵；N_{s} 指定有限长时间区段的离散步数；$\boldsymbol{x}_0$ 和 $\bar{\boldsymbol{x}}_0$ 分别表示初始状态值和估计值； $\boldsymbol{w}$ 为干扰噪声序列。

3) 设计实例

例 9.4.2 将例 9.4.1 所示的连续系统离散化，试对离散化模型进行 H_∞输出反馈控制器的设计与仿真。

解 首先将该连续系统采用pim_c2d()离散化，将离散系统转化为式(9.4.10)~(9.4.12)描述的标准形式，然后调用 PIMCSD 工具箱中的 pim_normdhcf()得到离散 H_∞输出反馈控制系统的临界诱导范数 $\gamma_{\mathrm{cr}}^{-2}=0.0174$ ，取设计参数 $\gamma^{-2}=0.3\times\gamma_{\mathrm{cr}}^{-2}$ ，调用 pim_tdhinf2()进行时变 H_∞输出反馈控制器设计，并调用 pim_simtdhinf2()函数完成仿真，表 9.4.2 给出了程序代码，图 9.4.2(a)给出了有限长时间 H_∞输出反馈控制系统的最优轨迹和输入曲线，可以看出过渡过程是光滑的，达到了期望的终端状态；图 9.4.2(b)给出了过程噪声和量测噪声的时间历程。

表 9.4.2　离散系统的时变 H_∞ 输出反馈控制器设计与仿真代码

```
%%%===OH-6A Data===%%%
% dot(x) = A*x + B1*w + B2*u
%        y = C2*x + v
%        z = C1*x + D12*u
A  = [ -0.0257, 0.013, -0.322, 0; 1.26,   -1.765, 0, 0;   0, 1, 0, 0;   1, 0 ,0 ,0];
B2 = [ 0.086, -7.408, 0, 0 ]';
B1 = [ 0.0257, -1.26, 0, 0 ]';
C2 = [0, 0, 0, 1;   0,0,1,0]; D21 = eye(2);
C1 = [0, 0, 0, 1; 0,0,0,0];   D12=[0;1];
x0=[10, 0, -0.3550, -15]';   x0e = x0 + 0.1*rand(size(x0)); %rand('state',9);
P0 = 1.0e-2*diag([1,1,1,1]);   Sf = 1.0e3*diag([1,1,1,1]);
tf=3.0;      Ns=60;      Ts=tf/Ns;   t=0:Ts:tf;
%convert to discrete-time nodel
[Phi,Gwu] = pim_c2d(A, [B1,B2], Ts);
nw = size(B1,2);   nu = size(B2,2);
Gw = Gwu(:,1:nw);   Gu = Gwu(:,nw+1:nw+nu);
% convert to standard forms
%        x = Phi*x + Gwe*[w;v];
%        y = C2*x + D21e [w;v]
%        z = C1*x + D12*u;
[nx,nw] = size(Gw);      [ny,nv] = size(D21);
Gwe = [Gw,zeros(nx,nv)];   D21e = [zeros(ny,nw),D21];
% Critical H-inf norm and H-inf output feedback controller
gmf2opt = pim_normdhcf(Phi,Gwe,Gu,C1,C2,D12,D21e,Sf,P0,Ns,1.0e-5);
gmf2 = 0.3*gmf2opt;
[Af_t,Bf_t,Cf_t,Df0] = pim_tdhinf2(gmf2,Phi,Gwe,Gu,C1,C2,D12,D21e,Sf,P0,Ns);
% Simulation
randn('state',1); Wd = 4;     Vd = eye(2);
w_t = sqrt(Wd)*randn(1,Ns+1);     v_t = randn(2,Ns+1);
we_t = [w_t;v_t];
DscRM_t = {Af_t,Bf_t,Cf_t};
[x_t,u_t,xe_t,y_t] = pim_simtdhinf2(DscRM_t,Phi,Gwe,Gu,C2,D21e,Ns,x0,x0e,we_t);
%%%===plot figure===%%%
```

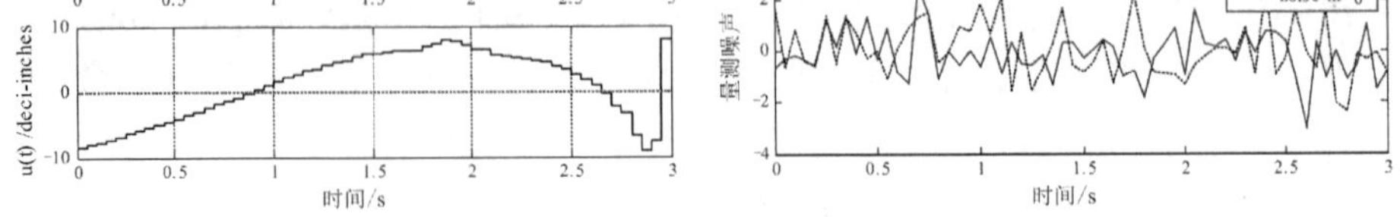

(a)　　　　　　　　(b)

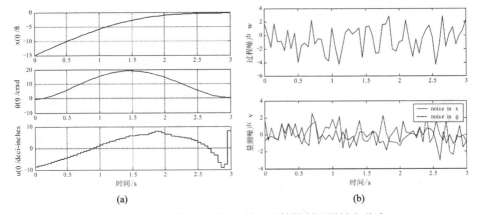

图 9.4.2　离散系统的时变 H_∞输出反馈控制器设计与仿真

(a) 控制系统的状态和输入轨迹；　(b) 过程噪声和量测噪声历程

参 考 文 献

[1] 冯康, 秦孟兆. 哈密尔顿系统的辛几何算法[M]. 杭州: 浙江科学技术出版社, 2003

[2] 谭述君, 钟万勰. 精细积分方法研究进展[J]. 中国力学文摘, 2007, 21(3): 1-12

[3] 谭述君, 钟万勰. 基于精细积分的(最优)控制系统程序库[C]. 技术科学论坛第二十三次学术报告会议论文集, 2006, 10, 75-94

[4] 王治宝, 韩京清. CADCSC 软件系统——控制系统计算机辅助设计[M]. 北京: 科学出版社, 1997

[5] 吴志刚. 线性鲁棒控制的理论与计算[M]. 大连: 大连理工大学出版社, 2003

[6] 薛定宇. 反馈控制系统设计与分析[M]. 北京: 清华大学出版社, 2000

[7] 薛定宇. 控制系统计算机辅助设计——MATLAB 语言与应用(第二版)[M]. 北京: 清华大学出版社, 2006

[8] 解学书. 最优控制理论与应用[M]. 北京: 清华大学出版社, 1986

[9] 张红卫, 叶庆凯. 关于控制系统计算机辅助设计的研究进展[J]. 控制理论与应用, 1998, 15(5): 649-655

[10] 郑大钟. 线性系统理论[M]. 北京: 清华大学出版社, 1990

[11] 钟万勰, 欧阳华江, 邓子辰. 计算结构力学与最优控制[M]. 大连: 大连理工大学出版社, 1993

[12] 钟万勰. 应用力学对偶体系[M]. 北京: 科学出版社, 2002

[13] 钟万勰. 应用力学的辛数学方法[M]. 北京: 高等教育出版社, 2006

[14] 钟万勰, 吴志刚, 谭述君. 状态空间控制理论与计算[M]. 北京: 科学出版社, 2007

[15] 钟万勰, 高强. 辛破茧——辛拓展新层次[M]. 大连: 大连理工大学出版社, 2011

[16] Anderson B D O, Moore J B. Optimal Control: Quadratic Methods[M]. New Jersey: Prentice-Hall, 1990

[17] Arnold V I. Mathematical Methods of Classical Mechanics[M]. New York: Springer, 1978

[18] Bryson A E, Ho Y. C. Applied Optimal Control: Optimization, Estimation, and Control[M]. New York: Hemisphere Publishing Corp., 1975

[19] Bryson A E. Dynamic Optimization[M]. California: Addison Wesley Longman, Inc, 1999

[20] Bryson A E. Applied Linear Optimal Control: Examples and Algorithms[M]. Cambridge: Cambridge University Press, 2002

[21] Burl J B. Linear Optimal Control: H_2 and H_∞ Methods[M]. California: Addision Wesley, Inc, 1999

[22] Control System Toolbox User's Guide[M]. The MathWorks, Inc., 1995

[23] President's Information Technology Advisory Committee. Computational Science: Ensuring America's competitiveness[R]. 2006

[24] Doyle J C, Glover K, Khargonekar P P, Francis B A. State space solution to standard H_2 and H_∞ control problems[J]. IEEE Transactions on Automatic Control, 1989, 34: 831-847

[25] Green M, Limebeer D J N. Linear Robust Control[M]. New Jersey : Prentice-Hall, 1995

[26] Guibout V M, Scheeres D J. Solving relative two point boundary value problems: Applications to spacecraft formation flight transfers[J]. Journal of Guidance, Control, and Dynamics, 2004, 27(2): 693-704

[27] Franklin G F, Powell J D, Workmen M. Digital Control of Dynamics Systems(3rd Edition)[M]. Beijing: Tsinghua University Press, 2001

[28] Golub G H, Van-Loan Charles F. Matrix Computations(3rd Edition)[M]. London: The Johns Hopkins University Press, 1996

[29] Hairer E, Lubich C, Wanner G. Geometric Numerical Integration: Structure-preserving Algorithms for Ordinary Differential Equations(2nd Edition)[M]. Berlin: Springer, 2006

[30] Moler C B, Van-Loan C F. Nineteen dubious ways to compute the exponential of a matrix, twenty-five years later[J]. SIAM Review, 2003, 45(1): 3-49

[31] Sage A P. White-III C C, Optimum Systems Control [M]. New York: Prentice-Hall, 1977
[32] Stengel R. Stochastic Optimal Control[M]. New York: Wiley, 1986
[33] Varga A. Numerical awareness in control[J]. IEEE Control Systems Magazine, 2004: 14-17
[34] Van-Loan C F. Computing integrals involving the matrix exponential[J]. IEEE Transactions on Automatic Control, 1978, 23(3): 395-404
[35] Zhong W X, Williams F W. H_∞ filtering with secure eigenvalue calculation and precise integration[J]. International Journal for Numerical Method in Engineering, 1999, 46: 1017-1030
[36] Zhong W X. On precise integration method[J]. Journal of Computational and Applied Mathematics, 2004, 163: 59-78
[37] Zhong W X. Duality System in Applied Mechanics and Optimal Control[M]. Boston: Kluwer Academic Publishers, 2004
[38] Zhou K M, Doyle J C, Grove K. Robust and Optimal Control[M]. New Jersey: Prentice-Hall, 1996